Werner Thrun
Michael Stern

Steuerungstechnik im Maschinenbau

Werner Thrun
Michael Stern

Steuerungstechnik im Maschinenbau

Mit 181 Bildern und 32 Tabellen

ISBN-13: 978-3-528-04971-3 e-ISBN-13: 978-3-322-89853-1
DOI: 10.1007/978-3-322-89853-1

Der Verlag Vieweg ist ein Unternehmen der Bertelsmann Fachinformation GmbH.

Umschlaggestaltung: Klaus Birk, Wiesbaden
Technische Redaktion und Layout: Hartmut Kühn von Burgsdorff

Gedruckt auf säurefreiem Papier

Vorwort

Die Lerninhalte der Steuerungstechnik sind Bestandteil der beruflichen Erstausbildung, der Weiterbildung und des Studiums in den gewerblich-technischen Berufen.

Für den Lernenden des Maschinenbaus ergeben sich folgende Fragen zur Steuerungstechnik:

- Was ist Steuerungstechnik?
- Welche technischen Geräte gibt es zur Realisierung von Steuerungsaufgaben und wie funktionieren diese?
- Welche funktionalen Zusammenhänge bestehen zwischen den Ein- und Ausgangsgrößen von Steuerungen und wie können diese beschrieben werden?
- Wie kann die Lösung des Steuerungsproblems dargestellt und realisiert werden?

Da nicht von vornherein zu entscheiden ist, wie Bewegungen im automatisierten Fertigungsprozeß optimal zu realisieren sind, werden zunächst verschiedene gerätetechnische Komponenten für Steuerungen dargestellt. Ihre Beschreibung erfolgt entsprechend ihrer Funktion in der Steuerkette.

Zur Darstellung der logischen Verknüpfungen zwischen den Eingangssignalen der Steuereinrichtung und den Ausgangssignalen dient die Boolesche Algebra. Die Anwendung ihrer Axiome und Rechenregeln ergibt die Möglichkeit, jene Verknüpfungsgleichung zu finden, die den geringsten Geräteaufwand erfordert. Grafisch können Boolesche Verknüpfungen durch das Karnaugh-Veitch-Diagramm dargestellt und minimiert werden.

In zahlreichen verbindungs- und speicherprogrammierbaren Verknüpfungs- und Ablaufsteuerungen wird die Anwendung der theoretischen und gerätetechnischen Grundlagen unter Berücksichtigung sicherheitstechnischer Aspekte vorgestellt.

Programmierung und Anwendung universeller Funktionsbausteine (SPS) vervollständigen die Beispiele.

Die Verarbeitung analoger Signale in digitalen Steuerungen zeigt die SPS als digitalen Abtastregler in Verbindung mit entsprechenden Softwarepaketen.

Aufgrund der ausführlich kommentierten Schaltpläne und Anwenderprogramme kann das Buch sowohl zur Unterrichtsbegleitung als auch für das Selbststudium genutzt werden.

Für fachliche Anregungen sind wir den interessierten Lesern dankbar.

Stahnsdorf, im April 1997

Werner Thrun
Michael Stern

Inhaltsverzeichnis

1 Grundbegriffe der Steuerungstechnik

1.1 Einleitung

Mit Beginn der Automatisierung nahm die Bedeutung der Steuerungs- und Regelungstechnik sprunghaft zu. Die Fertigungsanlagen verlangten immer anspruchsvollere Steuer- und Regeleinheiten. Die Steuerungstechnik stand lange im Schatten der Regelungstechnik, die sich zuerst als eigenständiges Fachgebiet entwickelte. Heute sind viele Fertigungsanlagen mit aufwendigen Steuerungen ausgestattet, die schnell, genau und sicher reagieren. Steuerungen werden immer dann ausgewählt, wenn der aufgabengemäß zu beeinflussende Teil der Maschine oder der Anlage stabil ist und erfaßbare Störgrößen auftreten. In der DIN 19226 sind allgemeine Grundbegriffe und Angaben zur Planung, für den Aufbau, die Prüfung und den Betrieb von technischen Steuerungen und Regelungen enthalten. Detaillierungen sind in weiteren Normen für die Bereiche der fluidischen, elektromechanischen und speicherprogrammierbaren Steuerungen enthalten.

Besondere Bedeutung kommt der digitalen Steuerungstechnik zu. Als Folge dieser Entwicklung haben die theoretischen Grundlagen der Digitaltechnik große Bedeutung gewonnen. Nehmen die den Prozeß steuernden Signale nur 2 Zustände an, bezeichnet man diese als binäre Signale. Ein wichtiges Werkzeug zur Analyse von Steuerungen, deren Informationen im Binärcode dargestellt werden können, ist die Schaltalgebra. Sie stellt Axiome und Rechenregeln zur Verknüpfung binärer Schaltgrößen zur Verfügung. Funktionspläne ermöglichen die problemorientierte Darstellung von Ablaufsteuerungen, unabhängig von deren gerätetechnischer Realisierung.

Für die technische Ausführung der Steuerungsaufgaben ist die Kenntnis der Eigenschaften und Funktion technischer Bauelemente erforderlich. Es läßt sich nicht von vornherein sagen, ob ein pneumatisches, hydraulisches oder elektronisches System am besten zur Lösung des Steuerungsproblems geeignet ist; möglicherweise müssen auch Kombinationen mehrerer Systeme verwendet werden. Pneumatische, hydraulische und elektrische Steuerungskomponenten haben ihren Stellenwert überwiegend als Stell- und Antriebselemente sowie als zugeschnittene Module. Der Einsatz der Pneumatik liegt insbesondere in Bereichen mit Explosionsgefahr und hohen hygienischen Ansprüchen. Pneumatische Bauelemente bleiben bei Überlastung unbegrenzte Zeit ohne Schaden. Hohe Leistungsdichte, Wegegenauigkeit und gute Steuerbarkeit in Verbindung mit der Elektrotechnik sichern der Hydraulik einen breiten Anwendungsbereich. Elektrotechnische Bauelemente zeichnen sich hinsichtlich leichter Energieversorgung, hoher Lebensdauer und Wartungsfreundlichkeit aus. Sie sind unverzichtbar im Bereich der Gefahrenabschaltung. Signalverknüpfungen erfolgen fast ausschließlich durch speicherprogrammierbare Steuerungen (SPS). Ihre Flexibilität ist konkurrenzlos. Die Steuerprogramme können jederzeit verändert und neuen Bedingungen angepaßt werden. Ihre Hard- und Software ist weitgehend standardisiert und geprüft.

Sicherlich sind neben technischen auch häufig ökonomische und ökologische Gesichtspunkte zu beachten.

Im Rahmen dieses Buches werden für unterschiedliche Steuerungsaufgaben exemplarisch Lösungen entwickelt und diskutiert. Da der Maschinenbau ein sehr breites Spektrum der Technik abbildet, beschränken sich die gewählten Beispiele auf die Steuerung geradliniger und drehender Bewegungen. Solche Bewegungen sind erforderlich, um mit Hilfe von Maschinen und Anlagen Werkstücke zu spannen, zu fertigen, zu handhaben, zu prüfen, zu fördern und zu verpacken. Gemäß dem didaktischen Prinzip der Faßlichkeit werden zunächst für einfache Beispiele Lösungsschritte dargestellt. Als Werkzeuge zur Untersuchung der funktionalen Zusammenhänge zwischen den Eingangs- und Ausgangsgrößen der Steuerung dienen die Schaltalgebra sowie Schalt- und Funktionspläne. Zur Realisierung der Steuerung werden aus der Vielfalt der Steuerungskomponenten häufig verwendete Standard-Bauelemente exemplarisch ausgewählt und erklärt.

1.2 Steuerungsvorgang

In der DIN 19226 (T1 und T4) wird Steuerung wie folgt definiert:

„Das Steuern, die Steuerung, ist der Vorgang in einem System, bei dem eine oder mehrere Größen als Eingangsgrößen andere Größen als Ausgangsgrößen auf Grund der dem System eigentümlichen Gesetzmäßigkeit beeinflussen. Kennzeichen für das Steuern ist der offene Wirkungsweg oder ein geschlossener Wirkungsweg, bei dem die durch die Eingangsgrößen beeinflußten Ausgangsgrößen nicht fortlaufend und nicht wieder über dieselben Eingangsgrößen auf sich selbst wirken."

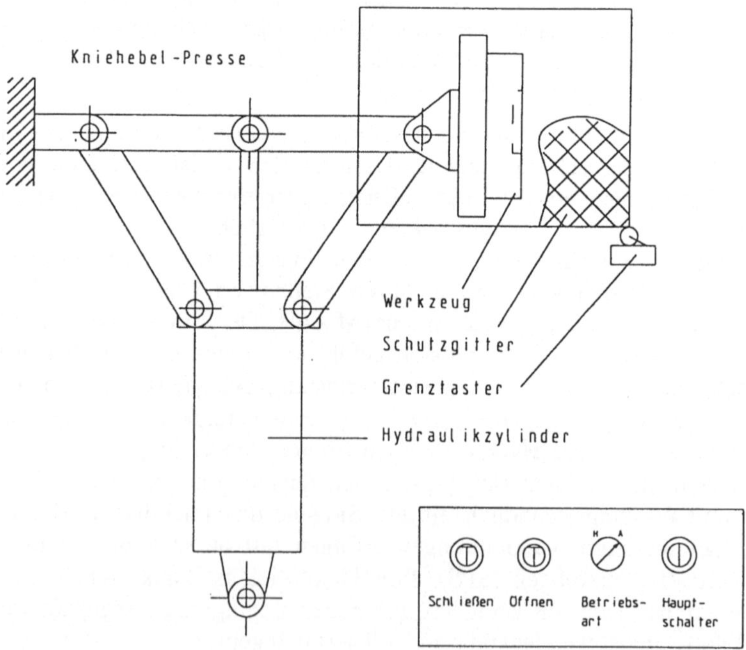

Bild 1.1 Steuerung der Schließeinheit einer Spritzgießmaschine

Folgendes Beispiel soll zur begrifflichen Klärung dienen: Die Schließeinheit einer Spritzgießmaschine wird durch einen Hydraulikzylinder gesteuert. Der Hydraulikzylinder soll durch Betätigung von Tastern manuell gesteuert werden können. Voraussetzungen für das Ein- und Ausfahren des Hydraulikzylinders sind der betätigte Hauptschalter der Spritzgießmaschine, die Betriebsart Hand und das geschlossene Schutzgitter.

Im Sinne der Definition des Steuerns erzeugen diese Signalgeber die Eingangsgrößen des Systems „Schließeinheit". Diese Eingangsgrößen wirken aufgrund der dem System eigentümlichen Gesetzmäßigkeit auf die Ausgangsgröße, welche über geeignete Bauelemente den Hydraulikzylinder der Schließeinheit beeinflußt.

Bild 1.2
Wirkungsplan des Systems Schließeinheit

Kennzeichen des Systems Schließeinheit ist der offene Wirkungsweg. Er liegt immer dann vor, wenn von der beeinflußten Größe kein Wirkungsweg zu den verursachenden Größen zurückführt.

Verursachende Größen sind die Eingangsgrößen:

- der betätigte Hauptschalter,
- die eingestellte Betriebsart Hand,
- das geschlossene Schutzgitter und
- ein betätigter Taster (Schließen/Öffnen der Schließeinheit).

Beeinflußte Größe ist der Schließweg des Werkzeugs.

Betrachtet man das System Schließeinheit einschließlich der angesprochenen Gesetzmäßigkeit der Verknüpfung der Eingangsgrößen genauer, läßt sich der Wirkungsplan detaillierter darstellen.

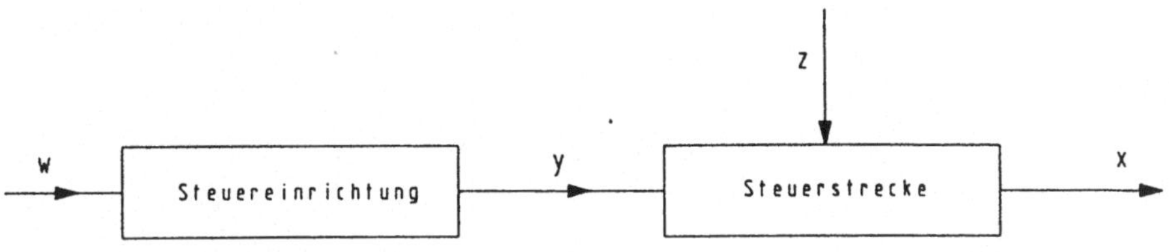

Bild 1.3 Wirkungsplan einer Steuerung

Die Steuereinrichtung ist derjenige Teil des Wirkungsweges, welcher die aufgabengemäße Beeinflussung der Strecke über das Stellglied bewirkt. Das Stellglied ist am Eingang der Strecke angeordnet.

Die Steuerstrecke ist derjenige Teil des Wirkungsweges, welcher den aufgabengemäß zu beeinflussenden Bereich der Anlage darstellt.

Die Führungsgröße w einer Steuerung ist eine von der betreffenden Steuerung nicht beeinflußte Größe, die der Steuerkette von außen zugeführt wird. Die Ausgangsgröße (Steuergröße x) der Steuerung soll der Führungsgröße in vorgegebener Abhängigkeit folgen. Führungsgrößen in Steuerungen sind häufig Eingabe- und Grenzsignale. Eingabesignale kommen von außerhalb der Steuerung und wirken auf ein Eingabeglied oder unmittelbar auf die Signalverarbeitung. Ein Grenzsignal ist das binäre Ausgangssignal eines Grenzsignalgliedes.

Die Stellgröße y ist die Ausgangsgröße der Steuereinrichtung und zugleich die Eingangsgröße der Strecke. Sie überträgt die steuernde Wirkung der Steuereinrichtung über das Stellglied auf die Steuerstrecke.

Störgrößen (z) sind von außen wirkende Größen, welche die beabsichtigte Wirkung in der Steuerung beeinträchtigen.

Der Wirkungsweg zwischen verursachender und beeinflußbarer Größe wird bei Steuerungen durch verschiedene Gebilde, Wirkungslinien, Verzweigungen und Additionen verdeutlicht.

Im eingangs beschriebenen Beispiel soll die Schließeinheit der Spritzgießmaschine den Eingabesignalen folgen. Die Eingabesignale erzeugen binäre Schaltgrößen. Dies sind im allgemeinen die Werte 0 und 1, die in gewünschter Weise durch die Steuereinrichtung verknüpft werden. Die Wertekombinationen der Eingangsgrößen können in Schalttabellen dargestellt und den Ausgangsgrößen zugeordnet werden. Der Zusammenhang wird durch die Verknüpfungsfunktion mit Hilfe der Booleschen Algebra beschrieben. Ist die Verknüpfungsfunktion erfüllt, so wirkt die Ausgangsgröße – im Verlauf des Wirkungsweges der Steuerkette ist dies die Stellgröße y – über das Stellglied auf die Steuerstrecke ein. Die Schaltfunktion im Eingangsbeispiel ist erfüllt, wenn alle Eingabesignale den Wert 1 haben. Ist dies der Fall, gibt das Stellglied, ein Ventil, den Weg der Hydraulikflüssigkeit frei, und der Kolben des Hydraulikzylinders bewegt sich entlang des gesteuerten Weges und schließt das Werkzeug. Störgrößen werden hier nicht erfaßt.

Bei der Störgrößenaufschaltung werden diese der Steuereinrichtung als zusätzliche Eingangsgröße zugeführt.

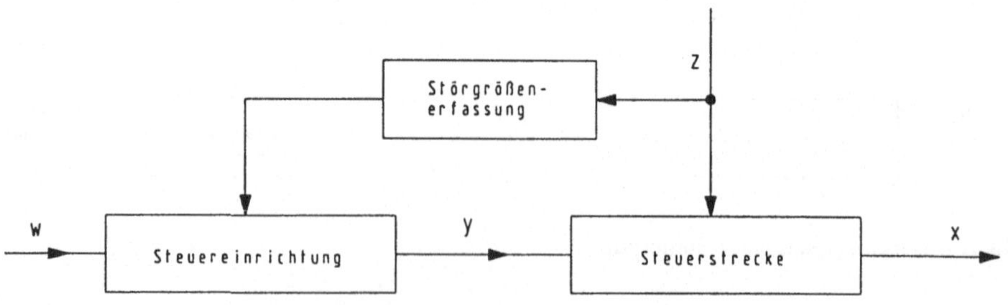

Bild 1.4 Wirkungsplan einer Steuerung mit Störgrößenerfassung

Wird die Steuerung durch ein Schaltwerk, z.B. eine Ablaufsteuerung, realisiert, so enthält sie eine Speicherfunktion. Die Strecke wird dann durch die Setzbedingung für den Speicher so lange beeinflußt, bis der Speicher durch die Rücksetzbedingung, z.B. das Signal eines Grenzsignalgliedes, rückgesetzt wird.

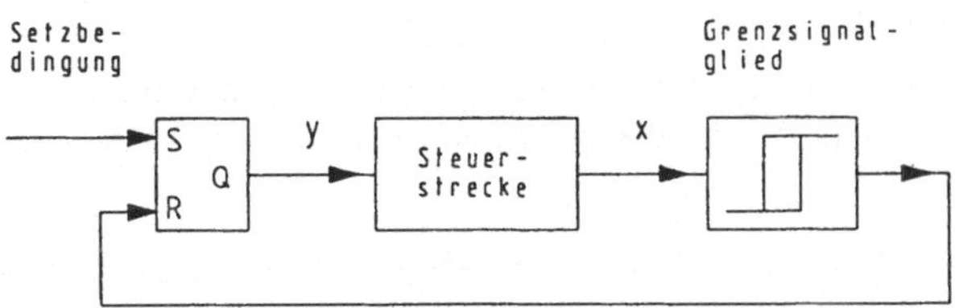

Bild 1.5 Wirkungsplan einer Steuerung mit Rücksetzkreis

Sowohl bei der Störgrößenaufschaltung als auch bei Steuerungen mit Speicherverhalten und einem Rücksetzkreis handelt es sich nicht um Regelungsvorgänge. Die Regelung ist ein Vorgang, bei dem fortlaufend die zu regelnde Größe erfaßt, mit der Führungsgröße verglichen und im Sinne einer Angleichung an die Führungsgröße beeinflußt wird. Kennzeichen für das Regeln ist der geschlossene Wirkungsablauf, bei dem die Regelgroße im Wirkungsweg des Regelkreises fortlaufend sich selbst beeinflußt (DIN 19226, T4).

Bei der Steuerung mit geschlossenem Wirkungsweg wird die beeinflußte Ausgangsgröße nicht fortlaufend erfaßt und wirkt nicht wieder über dieselben Eingangsgrößen auf sich zurück.

1.3 Unterscheidungsmerkmale für Steuerungen

1.3.1 Informationsdarstellung

Die Eingangsgrößen der Steuerung sind Signale, welche bestimmte Informationen aus dem Prozeß oder aus dem Betriebsartenteil geben. Nach der Art der Signaldarstellung kann zwischen analogen, digitalen und binären Steuerungen unterschieden werden.

Ein analoges Signal ist im Idealfall ein stetes Abbild der zu verarbeitenden Größe. Die meisten physikalischen Größen ändern sich stetig und werden deshalb analog dargestellt; sie sind ein Abbild der Steuergröße. Die Verarbeitung analoger Signale kann mit stetig wirkenden Funktionsgliedern (z. B. analoge Sensoren, Ventile) erfolgen. Häufig werden die analogen Signale aber mittels Analog-Digital-Umsetzer in abzählbare Einheiten zerlegt und binär codiert der digital arbeitenden Steuereinrichtung zugeführt.

Digitale Steuerungen arbeiten vorwiegend mit zahlenmäßig dargestellten Informationen. Der Wertebereich eines solchen Signals ist ein Vielfaches der kleinsten Einheit des Informationsparameters (Weg, Spannung, u.a.). Die Signalverarbeitung erfolgt vorwiegend mit Funktionseinheiten wie Zähler, Register, Speicher und Rechenwerk.

Es gibt aber auch Größen, die nur zwei Werte oder Zustände annehmen können. Solche zweiwertigen Signale werden z. B. von einem Schalter (Ein/Aus) oder von einem Relais (Kontakt geschlossen/geöffnet) abgegeben. Die Steuerung verarbeitet binäre Eingangssignale mit Verknüpfungs-, Speicher- und Zeitgliedern zu binären Ausgangssignalen.

1.3.2 Signalverarbeitung

Bei den digitalen und binären Steuerungen unterscheidet man nach der Art der Signalverarbeitung synchrone und asynchrone Steuerungen sowie Verknüpfungssteuerungen (DIN 19226, T5).

Bei synchronen Steuerungen erfolgt die Signalverarbeitung synchron zu einem Taktsignal. Asynchrone Steuerungen arbeiten taktunabhängig. Eine Signaländerung erfolgt nur in Abhängigkeit von der Änderung der Eingangssignale.

Eine Verknüpfungssteuerung ordnet den Zuständen der Eingangssignale durch Verknüpfungsfunktionen bestimmte Zustände der Ausgangssignale zu. Eine Verknüpfungsfunktion ist eine Schaltfunktion für binäre Schaltgrößen. Sie kann durch die Boolesche Algebra beschrieben werden. Grundverknüpfungen sind die ODER-Funktion (Disjunktion), die UND-Funktion (Konjunktion) und die Negation. Auch Steuerungen mit Speicher- und Zeitfunktionen ohne zwangsläufig schrittweisen Ablauf werden Verknüpfungssteuerungen genannt.

Die Steuerung der Schließeinheit ist eine Verknüpfungssteuerung. Sie arbeitet asynchron in Abhängigkeit von den Eingabesignalen. Die Eingabesignale sind binäre Schaltgrößen. Ihre Verknüpfung kann durch eine Schaltfunktion beschrieben werden.

1.3.3 Ablaufsteuerungen

Ablaufsteuerungen sind Steuerungen mit zwangsläufig schrittweisem Ablauf. Das Weiterschalten von einem Schritt zum programmgemäß folgenden Schritt erfolgt in Abhängigkeit von Übergangsbedingungen. Übergangsbedingungen sind die Voraussetzungen für den programmgemäß folgenden Schritt. Die Schrittfolge kann jedoch auch mit Sprüngen, Schleifen und Verzweigungen programmiert werden.

Bei prozeßabhängigen Ablaufsteuerungen sind die Übergangsbedingungen vorwiegend von Signalen aus der gesteuerten Anlage abhängig. Bei zeitgeführten Ablaufsteuerungen sind die Übergangsbedingungen nur von der Zeit abhängig.

1.3.4 Programmverwirklichung

Hinsichtlich der Programmverwirklichung unterscheidet man zwischen verbindungsprogrammierten und speicherprogrammierbaren Steuerungen. Als Programm einer Steuerung gilt grundsätzlich die Gesamtheit aller Steuerungsanweisungen und Vereinbarungen für die Signalverarbeitung einer Steuerung, durch die die Ausgangsgröße aufgabengemäß beeinflußt wird (DIN 19226, T5).

Bei verbindungsprogrammierten Steuerungen bestimmen die Funktionseinheiten und deren Verbindungen (Verdrahtung, Verschlauchung u.a.) den Programmablauf. Speicherprogrammierbare Steuerungen enthalten einen Programmspeicher, in dem das Steuerprogramm gespeichert wird. Der Speicher ist eine Funktionseinheit, die Programme und andere Daten in digitaler Darstellung aufnimmt und abrufbar bereithält. Die Art des Speichers bestimmt Umfang und Art der Änderungsmöglichkeiten für das Steuerprogramms.

Eine speicherprogrammierbare Steuerung, die einen Nur-Lese-Speicher als Programmspeicher enthält, der nur durch Eingriff in die Steuereinrichtung ausgetauscht werden kann, wird als austauschprogrammierbare Steuerung bezeichnet.

Eine speicherprogrammierbare Steuerung, die einen Schreib-Lese-Speicher als Programmspeicher enthält, welcher beliebig verändert werden kann, wird als freiprogrammierbar bezeichnet.

2 Technische Ausführung von Komponenten der Steuerungstechnik

2.1 Signaleingabe

2.1.1 Signalarten

Ein Signal ist die Darstellung von Informationen. Die Darstellung erfolgt durch den Wert (digital) oder den Werteverlauf (analog) einer physikalischen Größe (DIN 19226, T5). Informationsparameter ist diejenige Größe des Signals, welche die Information darstellt.

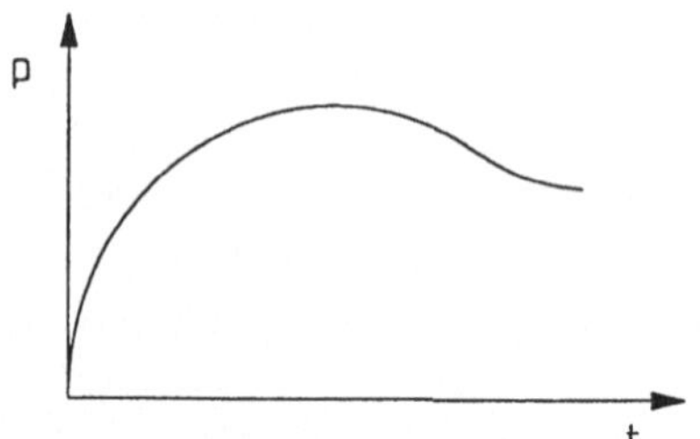

Bild 2.1 Analogsignal

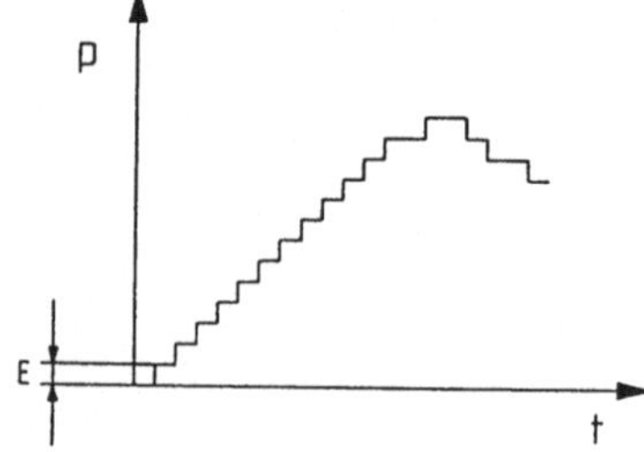

Bild 2.2 Digitales Signal

Ein analoges Signal ist ein Signal, bei dem einem kontinuierlichen Werteverlauf des Informationsparameters Punkt für Punkt unterschiedliche Information zugeordnet ist (DIN 19226, T5). Aus der Abbildung ist ersichtlich, daß zu jedem beliebigen Zeitpunkt dem Signalparameter Druck (p) ein Wert (eine Information) zugeordnet werden kann.

Digitale Signale sind diskrete (abzählbare) Signale, deren Informationsparameter innerhalb bestimmter Grenzen eine endliche Zahl von Werten annehmen kann. Der Wertebereich des Informationsparameters ist ein ganzzahliges Vielfaches der Grundeinheit E, hier ein Vielfaches der kleinsten Einheit des Druckes p.

Werden Informationen von analogen Signalen von digital arbeitenden Systemen genutzt, so muß die analoge Darstellung der Information durch ein Zuordnungssystem zwischen kontinuierlich veränderbaren (analogen) Größen und einem System von Zeichen (z.B. Ziffern) umgewandelt werden. In der Digitaltechnik geschieht dies durch entsprechende Umsetzer. Analog-Digital-Umsetzer lösen kontinuierliche Signale auf und zerlegen sie in abzählbare codierte Einheiten. Der Digital-Analog-Umsetzer liefert eine dem digitalen Wert proportionale physikalische Größe, die um so genauer ist, je besser das Auflösungsvermögen des Umsetzers ist.

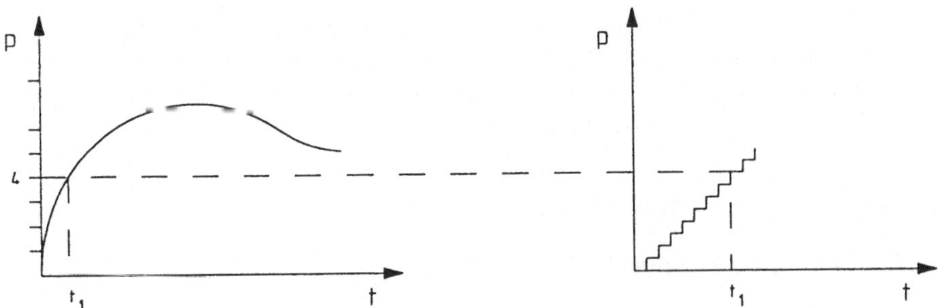

Bild 2.3 Digitalisierung analoger Signale

Signale, die nur zwei Informationszustände darstellen können, nennt man binäre Signale. Ein Binärsignal ist ein einparametrisches Signal mit nur zwei Wertebereichen des Informationsparameters. Die Wertebereiche können sein: z.B. Druck EIN/Druck AUS oder 1/0. Die Verarbeitung solcher Informationszustände ist als Bitverarbeitung bekannt. Für die Darstellung im Zweier-System werden in der Mathematik zwei Symbole, nämlich die logischen Zustände 0 und 1, verwendet:

0 wird beschrieben mit $0 * 2^0 = 0$,

1 wird beschrieben mit $1 * 2^0 = 1$.

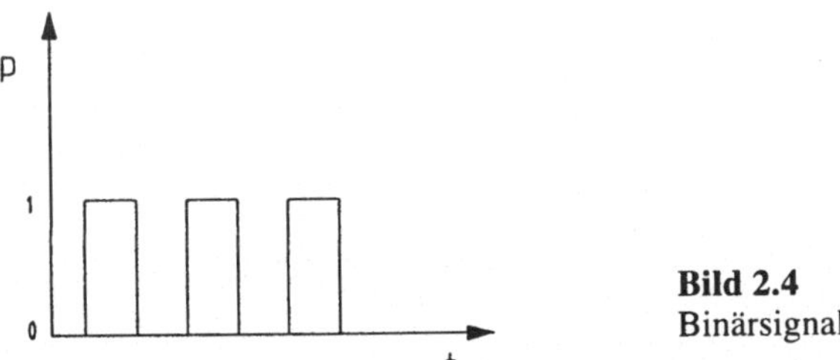

Bild 2.4
Binärsignal

Bei der gerätetechnischen Ausführung muß dem jeweiligen Wertebereich entsprechend den logischen Zuständen ein eindeutiger Größenbereich für die Signalpegel zugeordnet werden. Zwischen dem oberen und dem unteren Bereich des Signalpegels muß ein Sicherheitsbereich liegen.

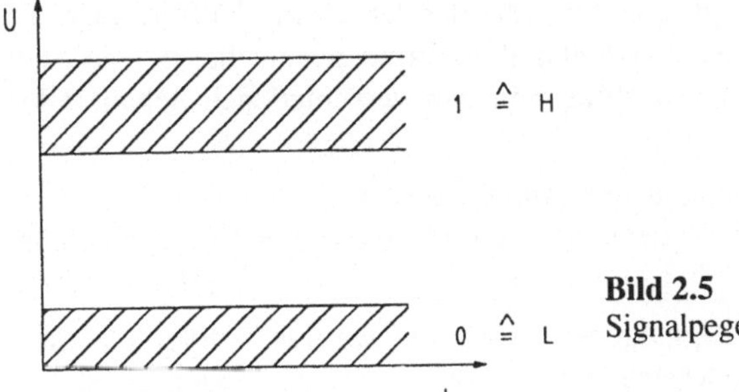

Bild 2.5
Signalpegel

Der obere Wertebereich des Signalpegels (H), entspricht z.B. einem Druck von 6 bar, bzw. einem bestimmten Schaltabstand. Dies entspricht dem Zustand logisch „1". Der untere Wertebereich (L) entspricht dem Zustand logisch „0" und beinhaltet die Signalpegel, welche nicht dem erforderlichen Druck bzw. Schaltabstand entsprechen.

2.1.2 Bauarten von Signalgebern

2.1.2.1 Pneumatische Signalgeber

Pneumatische Steuerungen bestehen aus pneumatischen Steuereinrichtungen, Stellgliedern und den entsprechenden Antriebselementen (Zylinder, Motor), die in die Steuerstrecke eingreifen.

Signale, die von außerhalb der Steuerung über Steuer- und Stellglieder auf die Steuerstrecke einwirken, werden Eingabesignale genannt. Sie werden häufig von Wegeventilen gegeben. Diese beeinflussen den Weg durch Start- oder Haltsignale, indem sie die Durchflußrichtung des Druckmittels sperren oder freigeben.

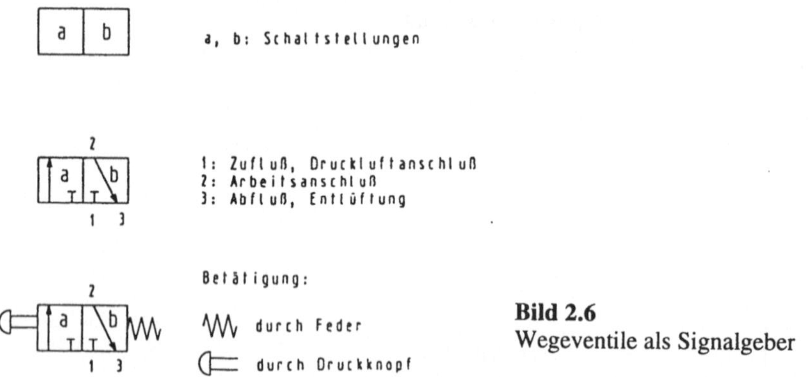

Bild 2.6
Wegeventile als Signalgeber

Die Schaltstellungen (a) und (b) werden durch Rechtecke dargestellt. Die Anzahl der Felder entspricht der Anzahl der Schaltstellungen. Die Ventile haben Anschlüsse für den Zufluß des Druckmittels, für die Arbeitsleitungen und für die Entlüftung. Die Ausgangsstellung ist jene, die ein Ventil nach dem Einschalten der Druckquelle einnimmt und mit der das Steuerprogramm beginnt. Ist das Druckmittel in der Ausgangsstellung gesperrt, so spricht man von der Sperr-Nullstellung; strömt das Druckmittel in der Ausgangsstellung durch das Ventil, so spricht man von der Durchfluß-Nullstellung. Die Anschlüsse müssen in den verschiedenen Schaltstellungen an genau die gleiche Stelle gesetzt werden, damit sich die Leitungsanschlüsse in den verschiedenen Schaltstellungen decken.

Aus der Anzahl der Schaltstellungen und der Anzahl der Anschlüsse leitet sich die Bezeichnung des Ventils ab, z.B. 3/2-Wegeventil. Dies bedeutet: Das Ventil hat 3 Anschlüsse und 2 Schaltstellungen.

Die Betätigung der Ventile, die als Signalgeber verwendet werden, erfolgt i.a. durch Muskelkraft (Knopf, Hebel, Pedal) oder mechanisch durch Stößel, Feder, Rolle. Die

Betätigungsarten sind genormt und werden außerhalb der Ventile angeordnet (DIN ISO 1219). Die Auswahl des Ventils als Signalgeber in pneumatischen Steuerungen erfolgt entsprechend dem Verwendungszweck und der geforderten Funktion. Bei Ventilen mit 2 Schaltstellungen kann das Signal nur zwei Zustände annehmen: EIN/AUS oder die logischen Zustände 0 bzw. 1. Es handelt sich dann um binäre Signale.

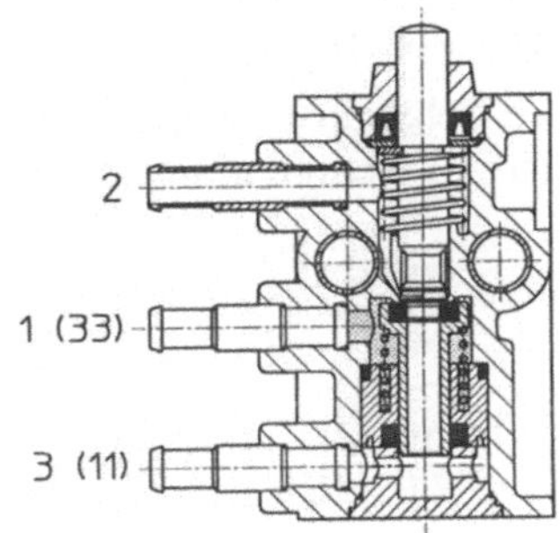

Bild 2.7
3/2-Wegeventil (Festo)

2.1.2.2 Elektromechanische Signalgeber

Hierunter werden Schaltkontakte verstanden, die entweder von Hand, durch Nocken oder durch Fernbedienung betätigt werden. Die Fernbedienung erfolgt meistens durch ein Relais oder Schütz. Man unterscheidet bei den Schaltkontakten zwischen Schließerkontakten und Öffnerkontakten. Schließerkontakte schließen bei Betätigung einen Stromkreis, Öffnerkontakte unterbrechen bei Betätigung einen Stromkreis. Schließerkontakte dienen zum Einschalten von Maschinen und Anlagen. Ausgeschaltet wird mit Hilfe von Öffnerkontakten.

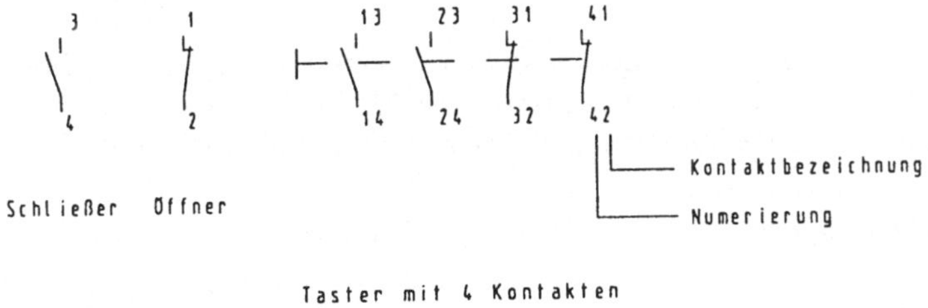

3 1 13 23 31 41

4 2 14 24 32 42

Kontaktbezeichnung

Schließer Öffner

Numerierung

Taster mit 4 Kontakten

Bild 2.8 Schaltkontakte

Im Sinne der Digitaltechnik können sowohl Öffner als auch Schließer nur 2 Zustände annehmen: Sie schließen oder unterbrechen einen Stromweg (1/0).

Nach der Art der Betätigung wird zwischen Tastschaltern (Tastern) und Stellschaltern (Schaltern) unterschieden.

Taster wirken nur während der Dauer ihrer Betätigung. Der Kontakt oder die Unterbrechung des Kontakts erfolgt über bewegliche Schaltstücke. Häufig enthalten Tastschalter mehrere Kontakte, z.B. 2 Schließer und 2 Öffner. Eine Feder sorgt im allgemeinen dafür, daß die Ausgangsstellung nach der Zurücknahme der Krafteinwirkung wieder erreicht wird. Die Kontakte werden durchnumeriert.

Grenztaster werden häufig durch Schaltnocken betätigt. Sie signalisieren z.B. das Erreichen von Endlagen. Sie sind mit Sprungschaltern ausgerüstet, damit bei langsamer Betätigung sprungartig ein Kontakt geschlossen oder unterbrochen wird.

Stellschalter verharren in jener Schaltstellung, in die sie durch Betätigung versetzt wurden. Sie werden ausgeführt als Kippschalter oder Wahlschalter mit mehreren Schaltstellungen.

2.1.2.3 Sensoren

Zur Steuerung und Überwachung eines Prozesses müssen im allgemeinen Informationen aus dem Prozeß erfaßt, verarbeitet und an die Stellglieder zurückgegeben werden. Für die Bedienung durch den Menschen sind Bedienelemente wie Taster, Schalter, aber auch optische und akustische Anzeigeelemente erforderlich. Im automatisierten Prozeß werden die verschiedenen physikalischen Größen durch Sensoren erfaßt und in elektrische Signale gewandelt. Ein Sensor ist eine in sich abgeschlossene Steuerungskomponente, die an ihrem Eingang durch einen geeigneten Meßfühler mit der Meßgröße in Verbindung steht und diese in ein elektrisches Signal umformt. Die Umformung kann binär oder analog erfolgen. Bei der binären Umformung wird nach Überschreitung eines Grenzwerts ein Schaltsignal gegeben; bei der analogen Umformung entspricht jedem Wert der Meßgröße (z.B. Druck) ein Ausgangssignal (z.B. Spannung) des Sensors. Ein Sensor erfüllt also folgende Aufgaben:

- Erfassen der Meßgröße,
- Umwandlung der Meßgröße in eine elektrische Größe und
- Bereitstellung der Signale für die Auswertung durch eine Steuerung.

Häufige Meßgrößen in verschiedenen Anwendungsbereichen des Maschinenbaus sind: Weg/Abstand, Temperatur, Druck, Kraft, Drehzahl, Drehmoment. Für diese Meßgrößen gilt es, geeignete Sensoren auszuwählen. Dabei sind folgende Kriterien zu beachten:

- Materialabhängigkeit
- Reichweite
- Wiederholgenauigkeit
- Schmutzempfindlichkeit
- Feuchteempfindlichkeit
- Temperaturbereich
- Schwingungsempfindlichkeit
- Energieart
- Schaltspielzahl
- Kosten
- Lebensdauer
- Wartungsfreundlichkeit
- Selbstdiagnose.

Tabelle 2.1 Sensorauswahl

Phys. Größe	Druck, Weg (Abstand), Kraft	Temperatur	Magnetische Feldstärke
Techn.-phys. Effekt, z.B.	Piezoeffekt, Kapazitätsmessung, Dehnungsmeßstreifen (DMS)	Metall, Heißleiter, Kaltleiter	Halleffekt
Elektr. Größe, z.B.	Widerstand, Kapazität, elektr. Feldstärke	Widerstand, Spannung	Widerstand, Spannung
Sensor, z.B.	Ind. Sensor, Kap. Sensor, Wegsensor, Winkelsensor, Verformungssensor	Temperatursensor	Magnetfeldsensor
Anwendung, z.B.	Identifizieren, Positionieren, Druckerfassung, Kraftmoment, Drehmoment	Temperaturfühler, Niveaufühler	Wegmessung, Position erfassen, Drehzahlmessung

2.2 Signalverarbeitung

2.2.1 Signalverarbeitung mit pneumatischen und elektrischen Bauelementen

2.2.1.1 Logische Grundverknüpfungen

In der Technik auftretende und logisch erfaßbare Probleme lassen sich mit Hilfe der folgenden logischen Grundverknüpfungen beschreiben: UND, ODER, NICHT. Die logischen Grundverknüpfungen lassen sich technisch durch entsprechende Bauelemente und Schaltungen bequem realisieren. Diese Analogien ermöglichen die Anwendung der Ergebnisse der mathematischen Aussagenlogik zur Analyse und Synthese von binären Verknüpfungssteuerungen. Die Schaltzeichen nach DIN 40900 T12 dienen zur grafischen Darstellung logischer Schaltungen.

a) UND-Schaltung

Eine UND-Verknüpfung liegt dann vor, wenn das Eintreten der Ausgangsbedingung von der gleichzeitigen Erfüllung aller Eingangsbedingungen abhängig ist. Anders gesagt: Der Ausgang befindet sich nur dann im 1-Zustand, wenn sich alle Eingänge im 1-Zustand befinden (DIN 40900, T12). Dieser logische Sachverhalt läßt sich auch in Form einer Schalttabelle (DIN 19226, T3) darstellen. Bei der Darstellung der Grundverknüpfungen beschränkt man sich auf 2 Signalgeber. Die beiden Taster A und B geben die Signale a und b, um die UND-Verknüpfung zu erfüllen. Bei offenem Schalter A ist der

Signalzustand a = 0; bei geschlossenem Schalter ist der Signalzustand a = 1. Der Wert des Ausgangssignals wird der Variablen y zugeordnet.

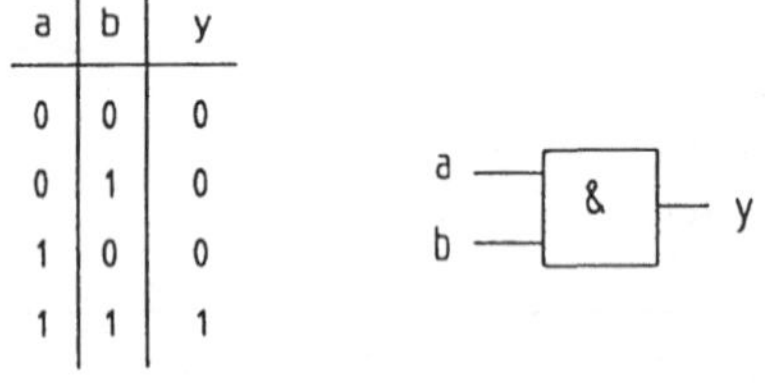

Bild 2.9
Darstellung der UND-Verknüpfung

Die Schalttabelle ist die Zusammenstellung aller Wertekombinationen der Eingangsgrößen und der ihnen zugeordneten Werte der Ausgangsgrößen einer Schaltfunktion (DIN 19226, T3).

Die Eingangssignale können den Zustand/Wert 0 oder 1 einnehmen. Man erhält somit bei der Grundverknüpfung 4 Kombinationsmöglichkeiten, allgemein: $m = n^2$.

m: Anzahl der Kombinationsmöglichkeiten
n: Anzahl der Signalgeber

In der Pneumatik gibt es verschiedene Möglichkeiten zur Realisierung der UND-Funktion. Zwei Schaltungen seien dargestellt.

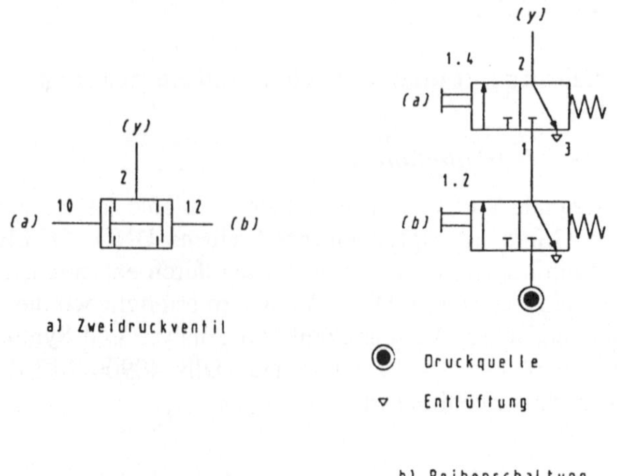

Bild 2.10 Pneumatische UND-Schaltung

Das Zweidruckventil ist ein Sperrventil. Der Durchfluß der Druckluft erfolgt nur dann, wenn beide Steuersignale a und b an den Steueranschlüssen (10,12) anliegen. Steht nur ein Steuersignal an, ist der Durchfluß gesperrt. Sind die Steuersignale zeitlich versetzt, gelangt das zuletzt ankommende Signal zum Ausgang (2). Herrscht in den Steuerleitungen ein Druckunterschied, wird der Sitz an der Seite des hohen Drucks geschlossen, der geringere Druck gelangt zum Ausgang. Die Reihenschaltung von zwei 3/2-Wegeventilen mit Federrückstellung entspricht der Funktion des Zweidruckventils. Die Steuersignale a, b können dabei sowohl von Hand, mechanisch oder durch Druckluft erzeugt werden. Das Ausgangssignal (y = 1) liegt an, wenn sowohl das Ventil 1.2 und das Ventil 1.4 betätigt worden sind. Erst dann kann die Druckluft von der Druckquelle in die Arbeitsleitung strömen.

Elektrisch wird die UND-Verknüpfung durch die Reihenschaltung von 2 Schließern (Taster S1, S2) realisiert.

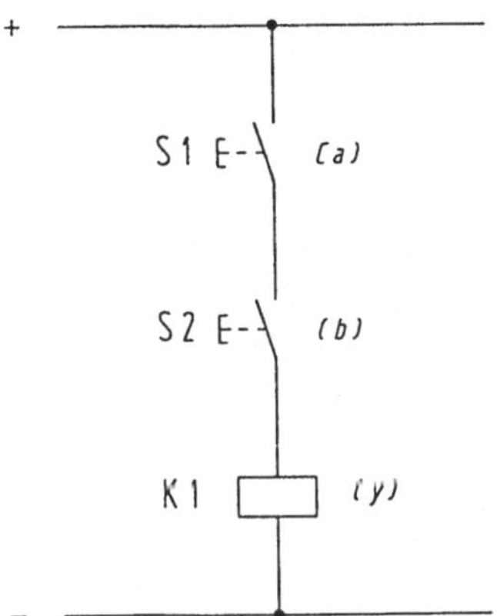

Bild 2.11
Reihenschaltung

Die beiden Schließerkontakte geben die Signale a bzw. b. Sind die Taster nicht betätigt, haben beide Signale den logischen Zustand 0. Nach Betätigung erzeugen sie den logischen Zustand 1. Die Ausgangsvariable y hat den logischen Zustand 1, wenn das Relais K1 durch den Strom erregt wird. Dies ist der Fall, wenn sowohl S1 (a = 1) und S2 (b = 1) betätigt werden.

b) ODER-Schaltung

Eine ODER-Verknüpfung liegt vor, wenn das Eintreten der Ausgangsbedingung durch die Erfüllung einer unabhängigen Eingangsbedingung erfolgt.

a	b	y
0	0	0
0	1	1
1	1	1
1	1	1

a) Schalttabelle

a, b — ≥ 1 — y

b) Schaltzeichen

Bild 2.12
Darstellung der ODER-Verknüpfung

Betrachtet man die Schalttabelle, so erkennt man, daß der Ausgang 1-Zustand hat, wenn einer der beiden Eingänge 1-Zustand hat. Es dürfen allerdings auch mehrere Eingänge 1-Zustand haben.

Für die Pneumatik sollen wieder 2 Möglichkeiten zur Realisierung der ODER-Verknüpfung von Signalen dargestellt werden.

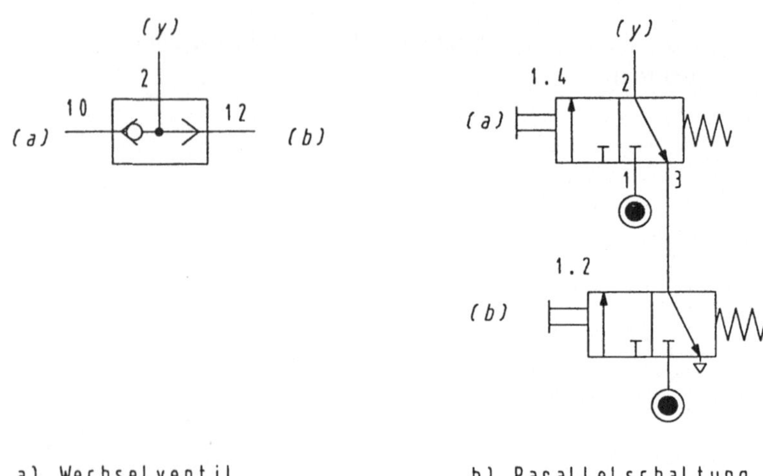

Bild 2.13 Pneumatische ODER-Schaltung

Das Wechselventil ist ebenfalls ein Sperrventil. Es verbindet den Steueranschluß mit dem höheren Druck mit der Arbeitsleitung (Anschluß 2). Wird nur ein Steueranschluß mit Druckluft beaufschlagt (z.B. Signal a), dann verhindert das Ventil durch den Kugelsitz, daß die beaufschlagte Steuerleitung durch ein parallel geschaltetes Signalglied entlüftet wird. Werden beide Steuerleitungen mit Druckluft beaufschlagt, wird das zeitlich zuerst ankommende Signal zur Arbeitsleitung gelangen bzw. das Signal aus der Steuerleitung mit dem höheren Druck. Bei der Parallelschaltung der Signalglieder 1.2 und 1.4 genügt das Signal a oder b, damit die Luft in der Durchlaßstellung des jeweiligen Ventils in die Arbeitsleitung (2) strömen kann. Die Ventile können in beide Richtungen von der Luft durchströmt werden.

Elektrisch wird die ODER-Funktion durch Parallelschaltung von 2 Schließerkontakten erreicht.

Wird der Schließerkontakt S1 oder S2 betätigt, so ist der Stromweg zum Relais K1 geschlossen. Das 1-Signal der Variablen a oder b bewirkt das Anziehen des Relais K1 (y = 1).

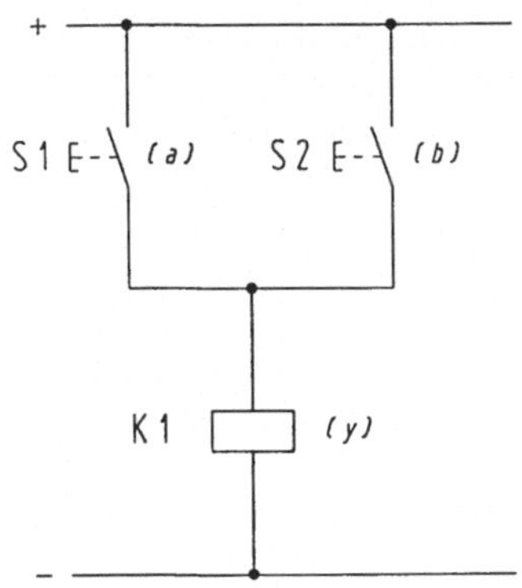

Bild 2.14
Parallelschaltung

c) NICHT-Schaltung

Eine NICHT-Funktion liegt vor, wenn das Zustandekommen der Ausgangsbedingung durch die NICHT-Erfüllung einer Eingangsbedingung bewirkt wird.

a	y
0	1
1	0

a —[1]o— y

a) Schalttabelle b) Schaltzeichen

Bild 2.15
Darstellung der NICHT-Funktion

Der Ausgang des NICHT-Elements befindet sich nur dann im 0-Zustand, wenn sich der Eingang im 1-Zustand befindet. Logische Probleme mit NICHT-Funktionen müssen mit besonderer Sorgfalt behandelt werden! Viele Schwierigkeiten bei der Lösung von Steuerungsaufgaben resultieren aus dem fahrlässigen Umgang mit der Negation.

Pneumatisch läßt sich die NICHT-Funktion durch eine 3/2-Wegeventil mit Durchfluß-Nullstellung erreichen.

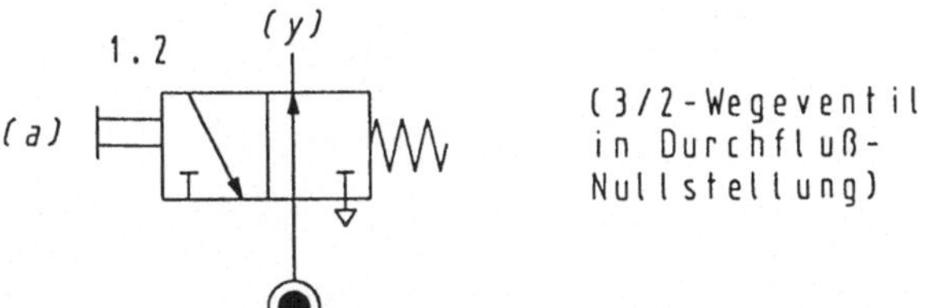

Bild: 2.16
Pneumatische Realisierung der NICHT-Funktion

Wird das Wegeventil 1.2 durch Betätigung in die Sperrstellung versetzt, bedeutet dies, die Variable a führt 1-Signal. Aufgrund der Sperrstellung des Ventils führt die Arbeitsleitung keine Druckluft, die Ausgangsvariable y hat 0-Signal.

In der Elektrotechnik entspricht ein Ventil mit Durchfluß-Nullstellung einem Öffnerkontakt.

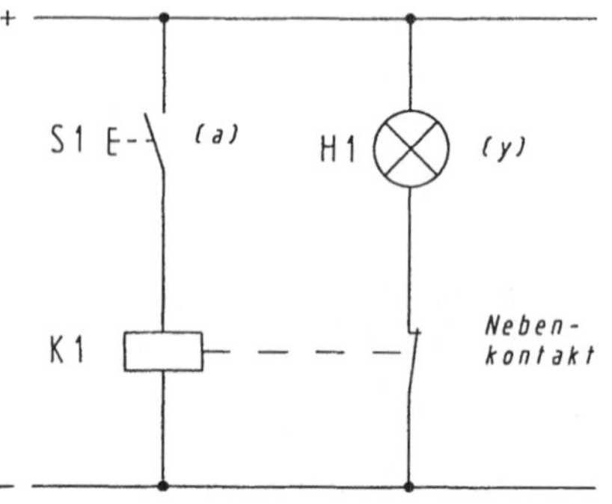

Bild 2.17
Schaltung mit Öffnerkontakt (Negation eines Signals)

Wird der Taster S1 betätigt, dann entspricht dies dem Wert a = 1 des Signals. Das Relais K1 zieht an und unterbricht über den Nebenkontakt, einen Öffner, den Stromweg für die Leuchte H1. Diese erlischt; die abhängige Variable y hat den Wert 0.

2.2.1.2 Signalspeicherung

Bei der Steuerung von Maschinen, Anlagen und Prozessen wird häufig Bezug genommen auf vorhandene, also gespeicherte Informationen. Speicher haben die Aufgabe, Informationen bis auf Widerruf zu speichern. Ein binärer Speicher kann zwei Schaltzustände annehmen: Er ist gesetzt, d.h. er beinhaltet eine Information, oder er ist rückgesetzt, d.h. die Information ist gelöscht. Ein solches bistabiles Kippmoment ist z.B. der Stellschalter in der Elektrotechnik. In der betätigten (gesetzten) Stellung ist ein Stromkreis dauerhaft geschlossen. Wird der Stellschalter erneut betätigt (rückgesetzt), wird der Stromkreis dauerhaft unterbrochen. Diese Art der Signalspeicherung reicht für die Bedürfnisse der Steuerungstechnik, insbesondere im Hinblick auf die Sicherheitsanforderungen, nicht aus. In der Elektrotechnik werden Signalzustände deshalb durch einen Selbsthaltekontakt gespeichert.

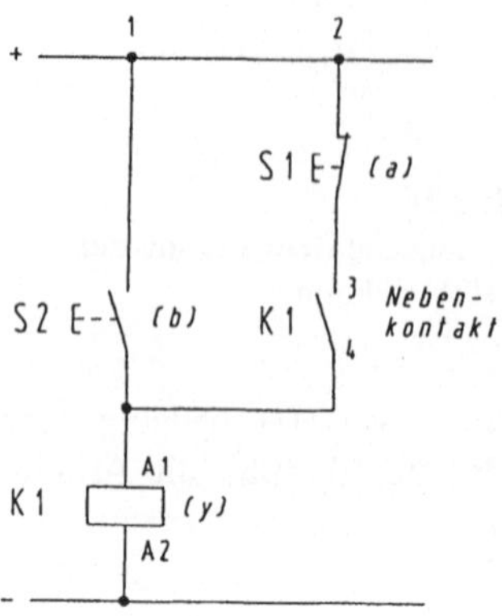

Bild 2.18
Selbsthaltung, dominierend EIN

Das Einschalten eines Stromkreises erfolgt durch einen Schließer, das Ausschalten durch einen Öffner (DIN VDE 0113). Haltbefehle müssen Vorrang vor zugeordneten Startbefehlen haben.

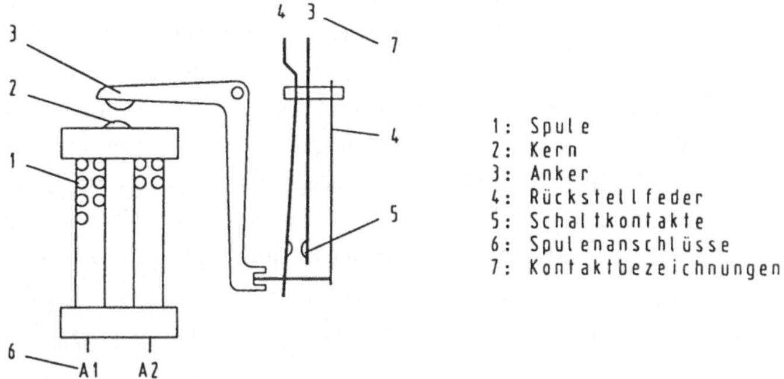

Bild 2.19 Relais mit Schaltkontakt

Wird der Taster S2 betätigt (Eingabesignal b = 1), dann ist der Stromweg zum Relais K1 geschlossen (Ausgabesignal y = 1). Direkt nach Betätigung des Tasters S2 fließt Strom durch die Relaisspule. Diese erzeugt ein Magnetfeld, und der drehbar gelagerte Anker (3) wird durch den Kern (2) angezogen. Dabei wird der Nebenkontakt des Relais durch den Anker im 2. Stromweg geschlossen. Nach dem Loslassen des Tasters S2 bleibt die Relaisspule über diesen Nebenkontakt erregt und „hält" sich selbst (Selbsthaltung). Diese Selbsthaltung oder Signalspeicherung kann nur durch Unterbrechung des die Stromversorgung sichernden Stromweges aufgehoben werden. Hierzu dient ein Öffner. Wird der Taster S1 betätigt, wird die Relaisspule stromlos und der Nebenkontakt fällt durch die Federkraft der Rückstellfeder ab. Informationstechnisch wird das Eingabesignal a = 0.

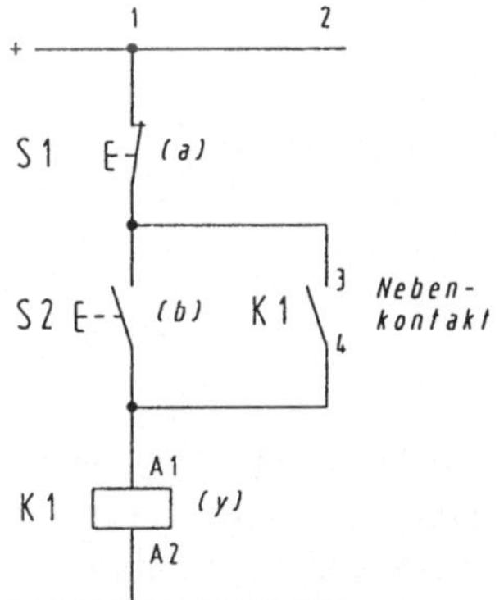

Bild 2.20
Selbsthaltung, dominierend AUS

Betrachtet man die Funktion dieser Selbsthaltung bei gleichzeitiger Betätigung beider Taster, so stellt man fest, daß der Vorrang des Haltbefehls nicht erfüllt ist, denn das Relais wird bei betätigtem Taster S2 stromdurchflossen und könnte einen Schaltvorgang über weitere Nebenkontakte im Arbeitsstromkreis bewirken. Die Selbsthalteschaltung in Bild 2.20 genügt den Sicherheitsanforderungen.

Werden in dieser Schaltung beide Taster gleichzeitig betätigt, so dominiert die Unterbrechung des Stromweges zum Relais durch den Taster S1 (dominierendes Rücksetzen). Bei unabhängiger Betätigung kann jedoch durch S2 die Selbsthaltung über den Nebenkontakt des Relais K1 erreicht werden. Sie kann später durch Betätigung von S1 unterbrochen werden. Da S1 und S2 in Reihe geschaltet wurden, entspricht diese Schaltung einer Reihenschaltung. Eine Reihenschaltung entspricht logisch einer UND-Verknüpfung. Diese ist jedoch nur erfüllt, wenn beide Eingabesignale 1-Signal haben. Im vorliegenden Beispiel ist dies der Fall, wenn S2 betätigt wird (b = 1) und der Taster S1 nicht betätigt wird. Diese Nichtbetätigung bewirkt den Signalzustand a = 1.

Der Schaltplan für die Signalspeicherung mit pneumatischen Bauelementen beinhaltet zum Setzen ein 3/2-Wegeventil in Sperr-Nullstellung und zum Rücksetzen des Speichers ein 3/2-Wegeventil mit Durchfluß-Nullstellung. Die Schaltfunktion wird von einem 3/2-Wegeventil mit Sperr-Nullstellung, Federrückstellung und Druckluftbetätigung übernommen.

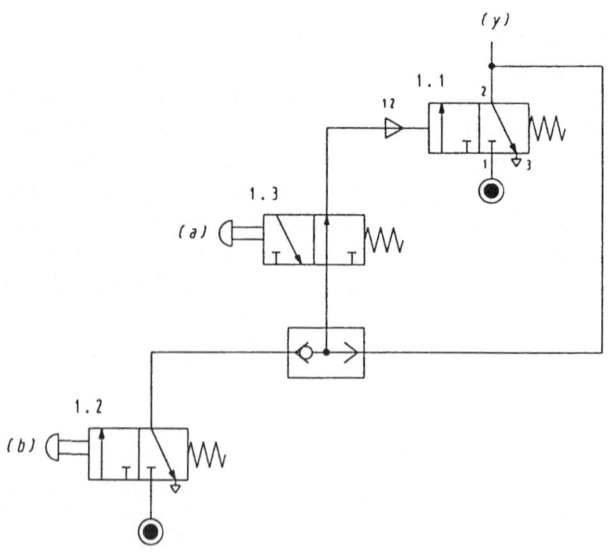

Bild 2.21 Pneumatische Signalspeicherung

Nach Betätigung des Ventils 1.2 mittels Druckknopf wird die Druckluft freigegeben (Schaltvariable b = 1). Das Ventil 1.3 hat Luftdurchlaß, so lange es nicht betätigt ist (Schaltvariable a = 1). Die direkte Beaufschlagung der Arbeitsleitung wird durch das Wechselventil gesperrt.

Das Ventil 1.1 wird in die Durchlaßstellung geschoben, und die Luft strömt von der Druckquelle (1) durch das Ventil zum Arbeitsanschluß (2). Das Ausgangssignal y hat 1-Signal. Nach dem Loslassen des Druckknopfs am Ventil 1.2 schiebt die Feder das Ventil wieder in Sperrstellung. Die aus der Arbeitsleitung entnommene Druckluft wirkt über das Wechselventil und das Ventil 1.3 auf den Steueranschluß (12). Das Ventil hält sich selbst. Das Wechselventil verhindert das Ausströmen der Luft über das Ventil 1.2. Durch Betätigung des Ventils 1.3 mittels Druckknopf wird die Steuerleitung zum Ventil 1.1 gesperrt. Die Druckfeder schiebt den Ventilsitz zurück in die Sperrstellung. Der Druck in der Arbeitsleitung (2) fällt ab. Nach dem Loslassen des Tasters am Ventil 1.3 schaltet dieses wieder in die Durchlaßstellung. Der rückgesetzte Speicher bleibt rückgesetzt (Ausgangsvariable y = 0).

Werden beide Ventile gleichzeitig betätigt, dann dominiert die Sperrstellung des Ventils 1.3. Die zweite Leitung wird durch das Wechselventil gesperrt. Schaltungstechnisch sind die signalgebenden Ventile in Reihe geschaltet, was einer UND-Verknüpfung entspricht. Bei gleichzeitiger Betätigung führt die Variable b 1-Signal und die Variable a 0-Signal; die UND-Verknüpfung ist nicht erfüllt. In der Praxis ist es eher üblich, Wegeventile, die Haftverhalten haben, als Speicher zu verwenden. Solch ein Ventil ist ein durch Luftimpulse gesteuertes 5/2-Wegeventil. Impulsventile haben keine definierte Ausgangsstellung. Deshalb ist die Schaltstellung des Ventils nach dem Zuschalten der Druckluft ungewiß.

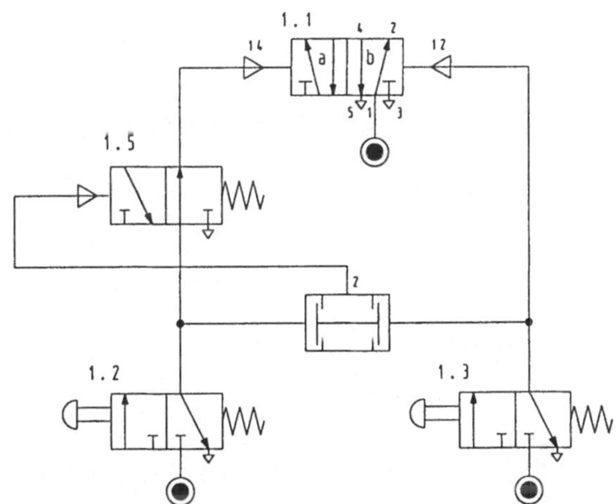

Bild 2.22 Speicherschaltung mit 5/2-Wegeimpulsventil

Die in Bild 2.22 gezeichnete Stellung des Ventils 1.1 ist die Ausgangsstellung b. Deshalb sind in dieser Stellung die Bezeichnungen der Anschlüsse eingetragen. Nach Betätigung des Ventils 1.2 wird das Ventil 1.1 über die Steuerleitung 14 in die Schaltstellung a geschoben. Die Arbeitsleitung 4 ist nun druckbeaufschlagt. Nach Druckabfall in der Steuerleitung 14 bleibt das Ventil 1.1 in der Schaltstellung a (Haftverhalten). Die Leitung 2 dient zur Entlüftung eines angeschlossenen Antriebselements. Durch kurzzeitige Betätigung des Signalventils 1.3 wird das Ventil 1.1 über die Steuerleitung 12 zurückgesetzt in die Ausgangsstellung (b) und behält nun diese bei.

Werden beide Signalgeber gleichzeitig betätigt, so wirkt die Druckluft beidseitig auf das Zweidruckventil. Dieses schaltet das 3/2-Wegeventil mit Durchfluß-Nullstellung (1.5) in die Sperrstellung. Der Druckluftimpuls des Ventils 1.2 kann nicht wirksam werden. Es dominiert das Haltsignal des Ventils 1.3, welches durch die Steuerleitung 12 auf das Ventil 1.1 wirkt und dieses in der Ausgangsstellung b beläßt.

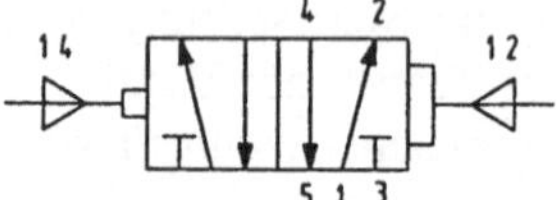

Bild 2.23
5/2-Wegeventil mit domierender Schaltstellung

Da diese Schaltung aufwendig ist, werden in der Praxis häufig Ventile mit einer dominierenden Schaltstellung verwendet. Dies erreicht man durch unterschiedliche Querschnitte an den Anschlüssen des Steuerschiebers. Abgeleitet aus der allgemeinen Druckgleichung p = F/A ergibt sich an der Stelle des größen Querschnitts eine größere Kraft zum Verschieben des Steuerschiebers im Ventil: F = p * A.

2.2.1.3 Signalverzögerung

In Verknüpfungssteuerungen oder in Ablaufsteuerungen sind häufig zeitliche Verzögerungen erwünscht, z.B.

- ein Eingangsimpuls soll zeitverzögert an ein Stellglied oder an einen Ausgang gegeben werden,
- ein Verbraucher soll erst nach einer zeitlichen Verzögerung abgeschaltet werden.

Sowohl die Elektrotechnik als auch die Pneumatik stellen geeignete Steuerelemente zur Verfügung.

a) Anzugsverzögerung

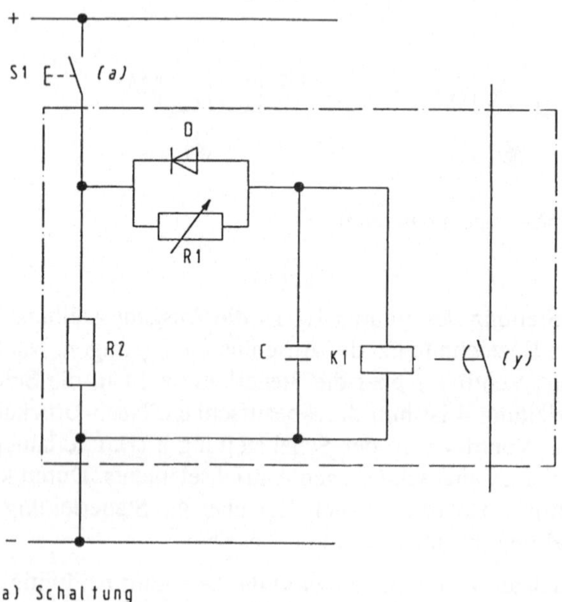

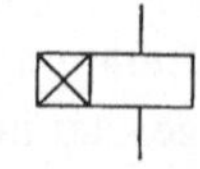

Bild 2.24 Relais mit Anzugsverzögerung

Sobald der Taster S1 betätigt wird, fließt über den Widerstand R1 der Strom zum Kondensator C. Die parallel geschaltete Diode sperrt. Der Kondensator wird aufgeladen. Der Widerstand R2 verhindert nach dem Schließen des Tasters S1 einen Kurzschluß. Beim Aufladen des Kondensators steigt die Spannung am Relais langsam an. Ist die Schaltspannung erreicht, schaltet K1. Die Anzugsverzögerung wird am Widerstand R1 eingestellt.

Ein großer Widerstand bedeutet eine große Verzögerungszeit. Bei einem kleinen Widerstand fließt ein größerer Strom. Dies bewirkt eine geringere Verzögerungszeit. Sobald das Signal des Tasters abfällt, entlädt sich der Kondensator über die Diode D und den Widerstand R2 sehr schnell.

Pneumatisch wird die Verzögerung durch die Drossel und den Luftspeicher erreicht.

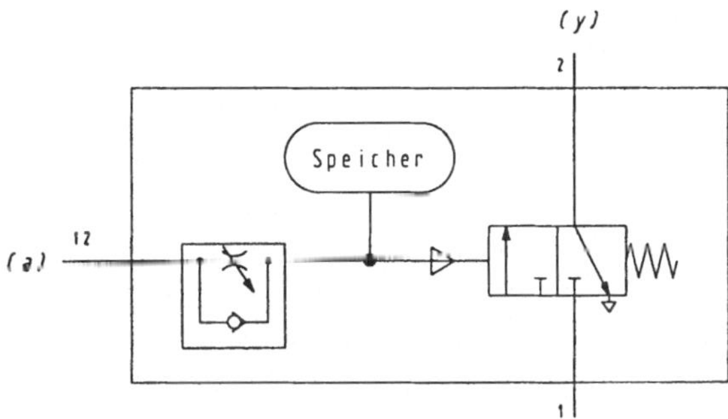

Bild 2.25 Pneumatische Anzugsverzögerung

Einstellbar ist die Verzögerung durch die verstellbare Drossel. Sie verlangsamt den Druckaufbau im Speicher. Erst wenn der aufgebrachte Luftdruck höher als die Federkraft ist, schaltet das Ventil durch, und die Arbeitsleitung (2) wird durch Druckluft beaufschlagt.

Fällt das Steuersignal (12) ab, kann die Steuerluft sehr schnell über das Sperrventil abfließen, da die Kugel zurückschlägt. Die Kombination aus Drossel und Sperrventil wird als Drosselrückschlagventil bezeichnet.

b) Abfallverzögerung

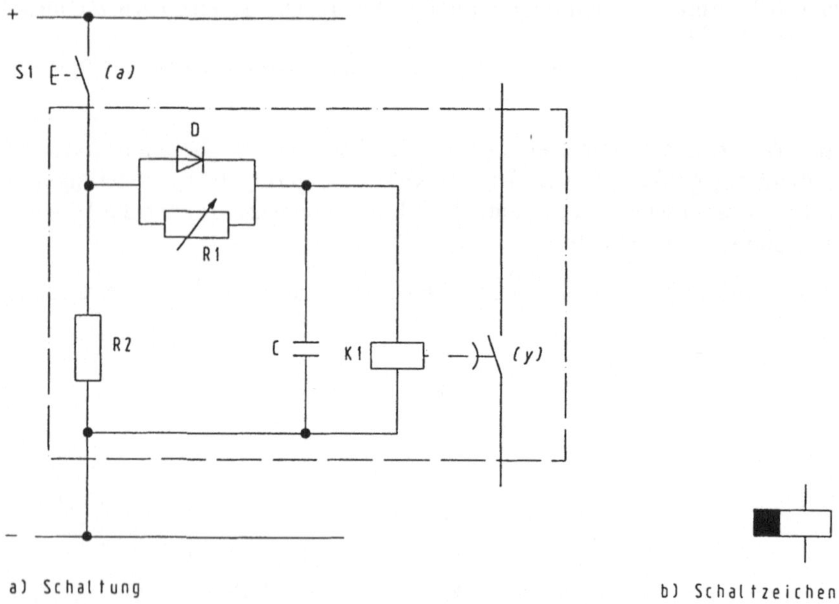

Bild 2.26 Relais mit Abfallverzögerung

Nachdem S1 betätigt wurde, fließt der Strom über die in Durchlaßrichtung geschaltete Diode zum Kondensator und zum Relais, welches sofort schaltet. Nach dem Spannungsabfall, verursacht durch das Loslassen des Tasters S1, entlädt sich der Kondensator über die in Reihe liegenden Widerstände und über die Magnetspule des Relais K1. Ist R1 groß eingestellt, so fließt dort nur ein kleiner Strom. Für die Spule am Relais ist dann noch ein ausreichender Teilstrom vorhanden. Der Anker fällt erst verzögert ab.

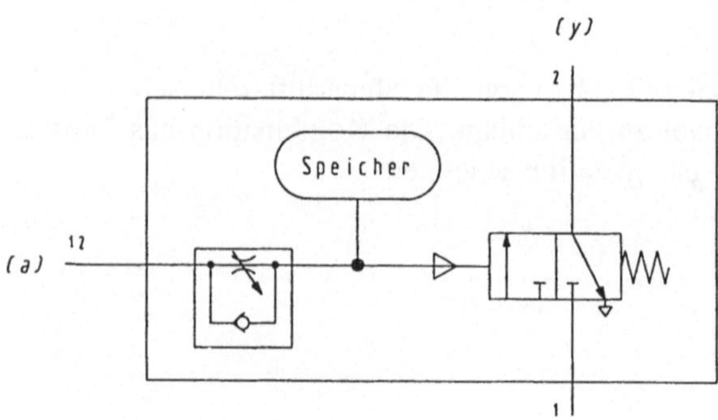

Bild 2.27 Pneumatische Abfallverzögerung

Im pneumatischen Verzögerungsventil ist lediglich die Sperrichtung im Drosselrückschlagventil vertauscht. Dies führt zu einem schnellen Schaltvorgang über die Leitung mit dem Rückschlagventil, welches nun öffnet. Die Druckluft kann durch die Arbeitsleitung (2) zu einem Arbeitselement fließen. Fällt das Steuersignal in der Steuerleitung (12) ab, dann dauert es eine gewisse Zeit, bis der Speicher über die Drossel entlüftet. Das 3/2-Wegeventil wird erst nach einer gewissen Zeit durch die Feder in die Sperrstellung geschoben.

2.2.2 Signalverarbeitung mit speicherprogrammierbaren Steuerungen

Speicherprogrammierbare Steuerungen beinhalten die Möglichkeit, ihre Funktionsweise frei zu wählen. Sie lassen sich unabhängig von ihrer Hardware an nahezu beliebige Probleme anpassen. Dies erfüllt den Wunsch nach Flexibilität, im Unterschied zur fest verdrahteten bzw. verschlauchten Logik der Pneumatik oder Hydraulik. Entwickelt wurden speicherprogrammierbare Steuerungen (SPS) als Ersatz für Relaissteuerungen.

Für die im folgenden zu diskutierenden Steuerungsaufgaben wird die Steuerung Modicon A 120 der AEG-Schneider-Automation verwendet.

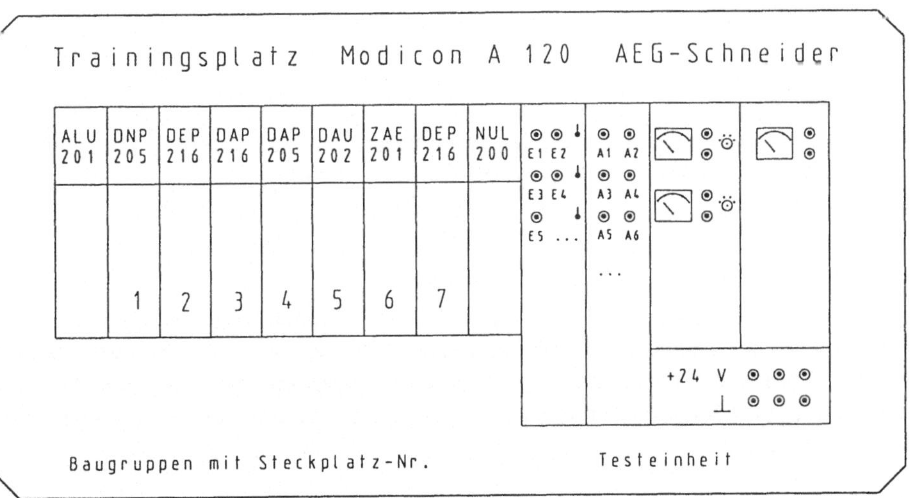

Bild 2.28 Steuerung Modicon A 120 mit Testeinheit

Die Modicon A 120 ist eine modular aufgebaute Kleinsteuerung, die als Laborversion mit einer Testeinheit mit Gebern für digitale und analoge Signale ausgestattet ist. Sie besteht in der verwendeten Version aus folgenden Baugruppen:

Zentraleinheit	:	ALU 201	
Versorgungeinheit	:	DNP 205,	1. Steckplatz
Binäre Eingabeeinheit	:	DEP 216,	2. Steckplatz
Binäre Ausgabeeinheit	:	DAP 216,	3. Steckplatz
Analog-Digital-Umsetzer	:	ADU 204,	4. Steckplatz
Digital-Analog-Umsetzer	:	DAU 202,	5. Steckplatz
Zähler-Baugruppe	:	ZAE 201,	6. Steckplatz
Binäre Eingabeeinheit	:	DEP 216,	7. Steckplatz

Als Programmiergerät dient ein Personalcomputer (PC). Programmiergeräte sind die gerätetechnische Schnittstelle zwischen dem Anwender und dem Automatisierungsgerät. Sie sind erforderlich, um mit vorgegebenen Befehlen für eine Aufgabenstellung die erwartete Funktion programmieren zu können.

Programmiersprachen:

Das Anwenderprogramm kann in den nach DIN EN 61131-3 definierten Programmiersprachen Anweisungsliste (AWL), Kontaktplan (KOP) und Funktionsbaustein-Sprache (FBS) erstellt werden.[1]

Die Programmierung in Kontaktplan ist für einfache Verknüpfungssteuerungen geeignet. Im Unterschied zum Stromlaufplan stellt der Kontaktplan nur die logischen Verknüpfungen in Form von Bildelementen für 1- bzw. 0-Signale dar. In der Praxis vorkommende Programme in Kontaktplan-Darstellung sind ein Gemisch aus Funktionsbaustein-Elementen und den wenigen Kontaktplanelementen.

FBS-Programmierung eignet sich sowohl für Schrittketten mit und ohne Verzweigung als auch für Verknüpfungssteuerungen. Sie ist übersichtlich und sowohl für den Anwender als auch für den Informatiker leicht zu verstehen.

Die Anweisungsliste nimmt mnemotechnische Abkürzungen oder mathematische Symbole für die zu programmierenden Funktionen zu Hilfe. Sie geht funktionell über die grafischen Sprachen hinaus. Eine Steuerungsanweisung setzt sich aus einer Operation und einem Operanden zusammen.[2] Ein Anwenderprogramm besteht aus einer Folge einzelner Anweisungen.

Programmstrukturen:

Bei der linearen Programmierung wird das Anwenderprogramm in der Reihenfolge abgearbeitet, in der es im Programmspeicher abgelegt ist. Die Zeit für einen Programmdurchlauf nennt man Zykluszeit. Am Ende eines Zyklus wird das Prozeßabbild aus den internen Speichern über die Steuerungsausgänge auf die Stellglieder übertragen. Ein

---

[1] Im Programmiersystem Dolog AKF wird die zuletzt genannte grafische Programmiersprache als Funktionsplan (FUP) bezeichnet. Hier wird durchgehend der Begriff FBS-Sprache verwendet als Unterscheidung zum Funktionsplan nach DIN 40719.

[2] Im Anhang befindet sich eine Liste von verfügbaren Operationen, Operanden und Systemvariablen für die Modicon A120. Siehe auch AEG, Modicon A120, Programmierung mit Dolog AKF

Ausgangssignal wirkt also erst am Zyklusende. Nach Erreichen des Programmendes beginnt ein erneuter Programmdurchlauf.

Mit Hilfe der Bausteintechnik ist es möglich, komplexe Steuerungsprobleme in abgeschlossene Programmschritte zu zerlegen. Diese Strukturierung erlaubt es, Programmbausteine beliebig oft und jederzeit wieder aufzurufen. Die Vorteile sind:

- Einsparen von Programmierzeit,
- mehrere Programmierer können an einem Problem arbeiten.

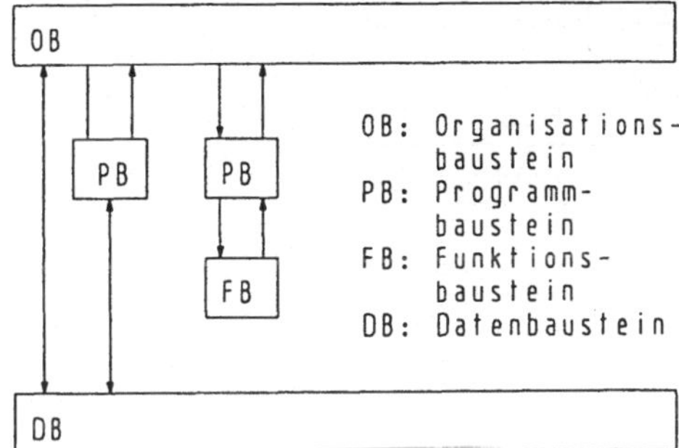

Bild 2.29
Programmstruktur

Die oberste Ebene der Programmbearbeitung bildet der Organisationsbaustein (OB). Er enthält die Auflistung der Bausteinaufrufe. Der Bausteinaufruf kann bedingt oder unbedingt erfolgen. Die Programmteile werden in der Reihenfolge ihres Auftretens zyklisch abgearbeitet.

Die Programmbausteine (PB) enthalten technologisch zusammengehörende Programmteile in den Darstellungsarten Anweisungsliste, Kontaktplan und/oder Funktionsbaustein-Sprache.

Spezielle Funktionsbausteine (FB) enthalten häufig wiederkehrende, komplexe Funktionen: Rechenfunktionen, Störwertmeldungen, Betriebsarten von Steuerungen u.a.

Alle Bausteine sind in Netzwerke aufgegliedert. Ein Netzwerk beinhaltet einen Ausgang.

In den Datenbausteinen (DB) sind Kommentare und symbolische Namen für die Hardware-Adressen abgelegt.

2.2.2.1 Logische Grundverknüpfungen

Um Signale entsprechend den logischen Grundverknüpfungen verarbeiten zu können, fragt die SPS die Signalzustände an den Steuerungseingängen ab. Die Signale werden von Sensoren oder anderen Signalgebern, die an die Eingänge der SPS angeschlossen sind, gegeben.

Nach der Signalverknüpfung entsprechend dem Anwenderprogramm wird das Verknüpfungsergebnis in den internen Speichern abgelegt und am Ende des Programmdurchlaufs den Steuerungsausgängen zugewiesen.

Jeder Programmzyklus erzeugt also ein Prozeßabbild der Ein- und Ausgangssignalzustände.

Um die Signalgeber und die Stellglieder den Ein- und Ausgängen der SPS eindeutig zuordnen zu können, wird dies in Form einer Belegungsliste getan.

Tabelle 2.2 Belegungsliste

Betriebsmittel	Bez.	Signalpegel aktiv	Signalpegel passiv	Operand
Taster	S1	1	0	E 2.1
Taster	S2	1	0	E 2.2
Meldeleuchte	H1	1	0	A 3.1

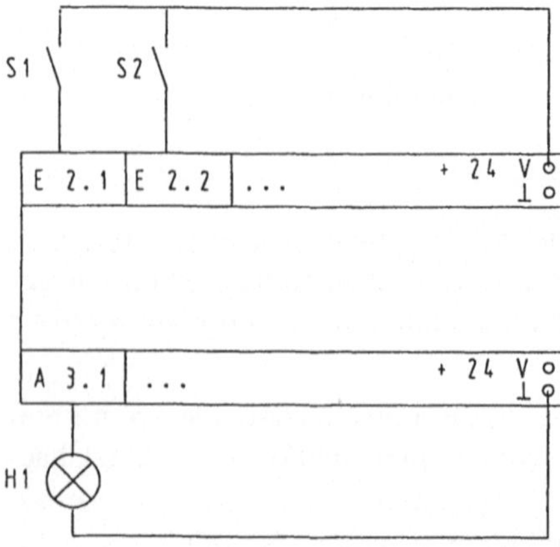

Bild 2.30
SPS-Beschaltung

Für die Programmierung der SPS muß bekannt sein, ob die verwendeten Signalgeber Schließer- oder Öffnerkontakte haben. Schließer- als auch Öffnerkontakte können den Zustand logisch 1 erzeugen. Die speicherprogrammierbare Steuerung kann nur die logischen Zustände 0 und 1 unterscheiden, nicht aber, ob der Geber ein Schließer oder ein Öffner ist. Die Unterscheidung der Signalgeber kann also nur durch die unterschiedliche Abfrage der Signalgeber erfolgen. Aufgrund der Funktion von Schließer- und Öffnerkontakten wird der Schließerkontakt auf logisch 1 (Einschalten) und der Öffnerkontakt auf logisch 0 (Ausschalten) abgefragt.

Tabelle 2.3 Schließer-/Öffnerkontakt

Kontakt	Schalt-zeichen	Zustand	Schalt-zeichen	Log. Zustand	Anmerkung
Schließer		betätigt	⇑	1	Der Schließer wird i.a. auf 1 abgefragt:
		unbetätigt		0	z.B. U E 2.1 O E 2.1
Öffner		betätigt	⇑	0	Der Öffner wird i.a. auf 0 abgefragt:
		unbetätigt		1	z.B. UN E 2.1 ON E 2.1

a) UND-Vernüpfung

Bei der Darstellung der Steuerungsanweisungen in der Funktionsbaustein-Sprache (FBS) werden weitgehend die binären Schaltzeichen nach IEC 617-12 (DIN 40900, T12) verwendet.

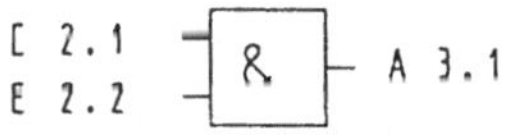

E 2.1
E 2.2
&
A 3.1

a) Funktionsbaustein-Sprache

```
U   E 2.1
U   E 2.2
=   A 3.1
***
```

b) Anweisungsliste

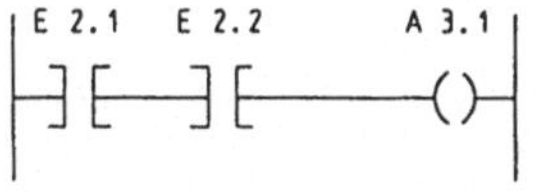

E 2.1 E 2.2 A 3.1

c) Kontaktplandarstellung

Bild 2.31
UND-Verknüpfung

Erkennen der Eingang 1 (Operand E 2.1) und der Eingang 2 (Operand E 2.2) der Eingangsbaugruppe (DEP 216) auf dem 2. Steckplatz der modular aufgebauten Steuerung Modicon A 120 je ein 1-Signal, so wird das Verknüpfungsergebnis dem Ausgang 1 (Operand A 3.1) der Ausgangsbaugruppe (DAP 216) auf dem 3. Steckplatz der Steuerung zugewiesen. Die UND-Verknüpfung ist erfüllt. Zuweisung (=) bedeutet die Zuweisung eines Wertes an eine Variable. Die Operation wird durch das UND-Schaltzeichen dargestellt.

Eine andere Form der Darstellung von Steuerungsanweisungen ist die Anweisungsliste. Sie beinhaltet eine Folge von Steuerungsanweisungen, die untereinander geschrieben werden. Die Steuerungsanweisung besteht aus einer Operation (Symbol, welches die Aktion darstellt, mit der eine Operation durchgeführt wird: hier U für UND) und einem Operanden (Sprachelement, mit dem eine Operation durchgeführt wird; hier z.B. E 2.1 für den 1. Eingang der Baugruppe 2). Andere Operanden sind Ausgänge, Merker u.a.

Der Kontaktplan ist dem Stromlaufplan nachempfunden. Er stellt die UND-Verknüpfung als Reihenschaltung dar. Die UND-Verknüpfung ist erfüllt, wenn für alle in Reihe liegenden Symbole die Schließerkontakte geschlossen sind.

b) ODER-Verknüpfung

Für die ODER-Verknüpfung wird in der Funktionsbaustein-Sprache das ODER-Schaltzeichen editiert.

E 2.1 — ≥1 — A 3.1
E 2.2 —

a) Funktionsbaustein-Sprache

```
O   E 2.1
O   E 2.2
=   A 3.1
...
```

b) Anweisungsliste

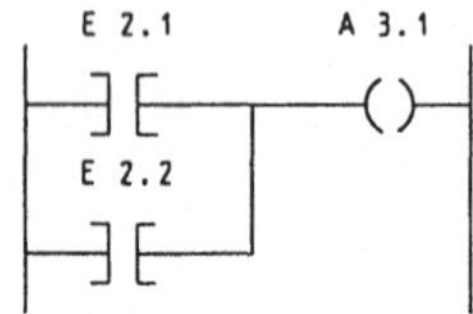

c) Kontaktplandarstellung

Bild 2.32
ODER-Verknüpfung

Erkennt einer der beiden editierten Eingänge 1-Signal, so wird dem Ausgang 1-Wert am Ende der Zykluszeit zugewiesen.

Die Darstellung in Kontaktplan entspricht der Parallelschaltung zweier Schließer.

c) NICHT-Funktion

Die Signalzustände der SPS-Eingänge können durch die NICHT-Funktion invertiert (umgekehrt) werden. Die Modicon A 120 stellt entsprechende Schaltzeichen zur Verfügung.

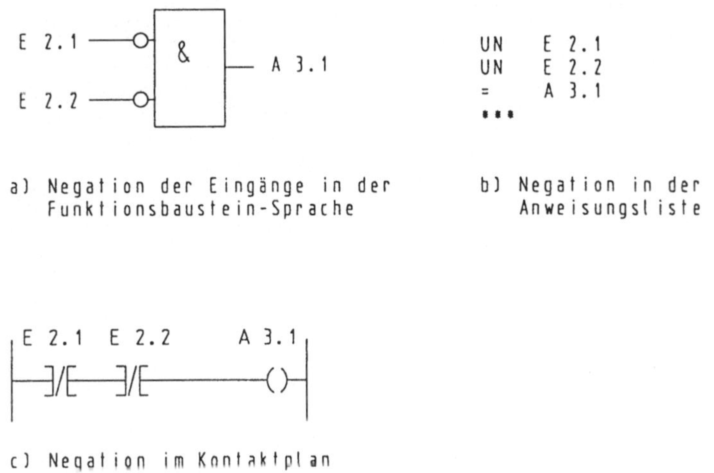

Bild 2.33 Negation von Signalen

Werden z.B. die beiden Eingangssignale einer UND-Verknüpfung negiert, so ist die UND-Verknüpfung erfüllt, wenn beide Eingänge 0-Signal erkennen. Beide 0-Signale werden negiert und als 1-Signale interpretiert. Dem Ausgang wird am Zyklusende 1-Signal zugewiesen.

Erkennt der erste Eingang 1-Signal und der zweite 0-Signal, dann ist die UND-Verknüpfung nicht erfüllt.

2.2.2.2 Die Speicherfunktion

a) Selbsthaltung

In der Relais- und Schütztechnik wird die Speicherfunktion durch die Selbsthaltung realisiert. Sie läßt sich durch die SPS mit den Grundverknüpfungen UND und ODER nachbilden.

Tabelle 2.4 Belegungsliste

Betriebsmittel	Bez.	Signalpegel aktiv	passiv	Operand
Taster	S1	0	1	E 2.1
Taster	S2	1	0	E 2.2
Meldeleuchte	H1	1	0	A 3.1

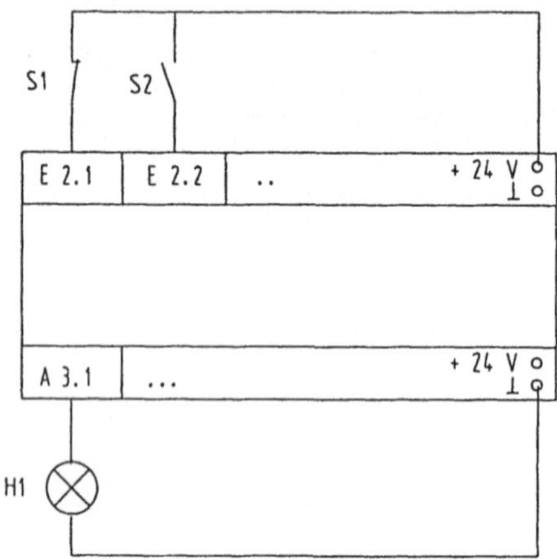

Bild 2.34
SPS-Beschaltung

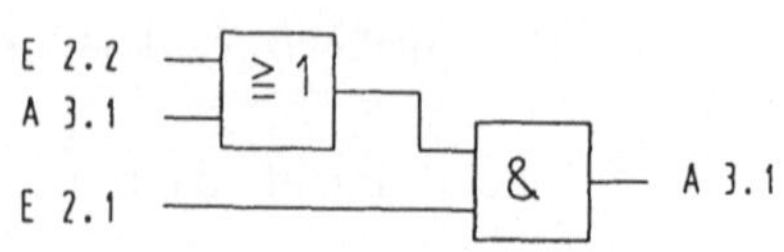

a) Dominierendes Ausschalten
Darstellung in FBS-Sprache

```
U(
O  E 2.2
O  A 3.1
)
U  E 2.1
=  A 3.1
...
```

Darstellung in
Anweisungsliste

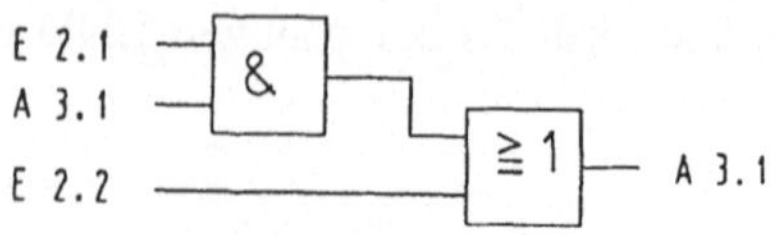

b) Dominierendes Einschalten
Darstellung in FBS-Sprache

```
U(
U  E 2.1
U  A 3.1
)
O  E 2.2
=  A 3.1
...
```

Darstellung in
Anweisungsliste

Bild 2.35 Selbsthaltung als Speicherfunktion

aa) Dominierendes Ausschalten

Die Meldeleuchte H1 wird durch kurzzeitiges Betätigen des Tasters S2 eingeschaltet. Der auf 1 abgefragte Eingang E 2.2 der Steuerung weist aufgrund des Anwenderprogramms dem Ausgang A 3.1 1-Wert zu. Dieser läßt die Meldeleuchte erleuchten. Zur Erläuterung: Aufgrund der ODER-Verknüpfung des Ausgangs A 3.1 mit dem Eingang E 2.2 genügt das kurzzeitige Signal des Tasters S2 um die ODER-Verknüpfung zu erfüllen. Der nicht betätigte Öffner S1 (passiv = 1) liefert dem Eingang E 2.1 ebenfalls 1-Signal. An beiden Eingängen des UND-Bausteins liegen nun 1-Signale an. Dem Ausgang A 3.1 wird 1-Wert zugewiesen. Fällt das Signal des Schließers S2 nach dem Loslassen des Tasters ab, so bleibt dennoch die ODER-Verknüpfung erfüllt, da am Eingang des ODER-Bausteins der abgefragte Ausgang A 3.1 1-Signal führt. Die UND-Verknüpfung ist nun dauerhaft erfüllt. Erst wenn der Öffner S1 betätigt wird, liefert der Eingang E 2.1 0-Signal, wodurch dann die Bedingung der UND-Verknüpfung nicht mehr erfüllt ist. Die Meldeleuchte erlischt. Untersucht man das Anwenderprogramm auf Dominanz, stellt man folgendes fest: Gleichzeitige Betätigung des Öffners und des Schließers führt zu einer Nichterfüllung der Bedingung des UND-Bausteins, da der Öffner über den Eingang E 2.1 0-Signal liefert. Das Anwenderprogramm hat also dominierendes Ausschalten der Meldeleuchte zur Folge.

ab) Dominierendes Einschalten

Durch Vertauschen des UND- und ODER-Bausteins entsprechend Bild 2.35 b) ergibt sich folgendes Verhalten:

Die Einschaltfunktion kommt durch einen Impuls des Tasters S2 (E 2.2) auf den ODER-Baustein zustande, weil damit die ODER-Verknüpfung erfüllt ist. Im folgenden Programmzyklus ist die Bedingung des UND-Bausteins durch die Abfrage des 1-Signal führenden Ausgangs A 3.1 und des Eingangs E 2.1, welcher aufgrund der Nichtbetätigung des Öffners S1 1-Signal liefert, erfüllt. Wird S1 betätigt, erkennt die Steuerung am Eingang E 2.1 0-Signal, wodurch das Ausgangssignal des UND-Bausteins auf 0 fällt. Da am Eingang E 2.2 ebenfalls 0-Signal aufgrund des unbetätigten Tasters S2 anliegt, ist die ODER-Verknüpfung ebenfalls nicht erfüllt. Der Ausgang A 3.1 fällt ab, die Meldeleuchte erlischt.

Die Prüfung des Dominanzverhaltens bei gleichzeitiger Betätigung beider Signalgeber führt zu folgendem Ergebnis: Da der Schließerkontakt von S2 über den Eingang E 2.2 direkt auf den ODER-Baustein wirkt, genügt dieses Signal, um die ODER-Verknüpfung zu erfüllen. Das Anwenderprogramm weist dem Ausgang A 3.1 1-Wert zu.

b) Speicher mit Haftverhalten

Unabhängig von der Möglichkeit, durch Selbsthaltung Speicherverhalten zu erzeugen, bieten speicherprogrammierbare Steuerungen spezielle Speicherelemente. Die Modicon A 120 stellt als Funktionsbausteine den S/R-Speicher und den R/S-Speicher zur Verfügung.

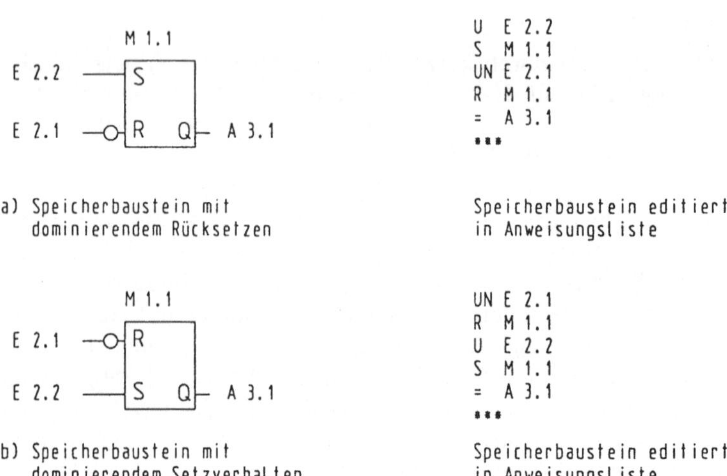

Bild 2.36 Speicher mit drahtbruchsicherem Rücksetz-Eingang

Der S/R-Speicher wird über den Setzeingang (S) auf 1-Signal am Ausgang (Q) gesetzt, sobald die Steuerung am Eingang E 2.2 1-Signal erkennt. Dieses Signal wird durch den Taster S2 bei Betätigung gegeben. Der Speicher trägt die Bezeichnung M 1.1. M ist das Operandenkennzeichen eines Merkers. Merker sind 1-Bit-Speicher innerhalb der Zentraleinheit, in denen Zwischenergebnisse aufbewahrt (gespeichert) werden. Ihr logischer Zustand wirkt nur geräteintern. Der Signalzustand Q = 1 wird erst am Zyklusende auf den physikalischen Ausgang A 3.1 übertragen. Merker sind Hilfsspeicher, die bei Spannungsabfall ihren Inhalt verlieren. Rückgesetzt wird der Speicher über den Rücksetzeingang (R). Das Rücksetzen erfolgt durch das negierte, auf 0 abgefragte Signal des Eingangs E 2.1. Auf den Eingang E 2.1 wirkt als Signalgeber der Öffner S1 (s. Tabelle 2.4). Dieser liefert, so lange er nicht betätigt wird, 1-Signal, welches aber aufgrund der Negation nicht wirksam werden kann. Erst wenn der Öffner betätigt wird, führt dies zu einem 0-Signal am Eingang E 2.1 der Steuerung. Nun bewirkt die Negation ein 1-Signal, welches als Schaltsignal zum Rücksetzen des Merkers M 1.1 führt. Im betrachteten Beispiel fällt der Ausgang A 3.1 auf 0-Signal ab. Der Rücksetzeingang wirkt hier statisch. Dies bedeutet, so lange das Signal des Gebers S1 einwirkt, kann der Speicher nicht gesetzt werden.

Was geschieht bei gleichzeitiger Betätigung der beiden Signalgeber S1 und S2? Da ein Programm immer zyklisch, also Befehl nach Befehl, abgearbeitet wird, hat der zuletzt gelesene Befehl Dominanz, denn erst am Zyklusende wird das Prozeßabbild aus den internen Speichern den Ausgängen zugewiesen. Dies führt beim S/R-Speicher zu dominierendem Rücksetzverhalten. Liegt z.B. zwischen dem Öffnerkontakt (Taster S1) und dem Eingang der SPS ein Drahtbruch vor, so findet ein Signalwechsel von 1 nach 0 statt. Dies führt dazu, daß der Speicher M 1.1 am Ausgang Q 0-Signal führt. Ist der Drahtbruch behoben, muß der Speicher erneut gesetzt werden. Es besteht also nicht die Gefahr des selbständigen Anlaufens eines Motors oder einer Maschine.

Speicher können grundsätzlich auch durch Schließer rückgesetzt werden. Allerdings beinhaltet dieses Gefahrenmomente und ggf. einen Verstoß gegen die Sicherheitsforderungen der DIN VDE 0113.

Das Verhalten der R/S-Speicher entspricht bei nicht gleichzeitigem Betätigen dem Verhalten des zuvor besprochenen Speichers. Nur bei gleichzeitiger Betätigung bewirkt das zuletzt gelesene 1-Signal am Setzeingang (S) dominierendes Setzverhalten.

2.2.2.3 Zeitfunktionen

Die Steuerung Modicon A 120 stellt fünf verschiedene Zeitfunktionen zur Verfügung:

- Zeitfunktion Impuls,
- Zeitfunktion verlängerter Impuls,
- Zeitfunktion Einschaltverzögerung,
- Zeitfunktion speichernde Einschaltverzögerung,
- Zeitfunktion Ausschaltverzögerung.

Bei diesen Zeitfunktionen handelt es sich um Software-Zeiten. Sie müssen in jedem Programmzyklus einmal durchlaufen werden. Die Zeitfunktionen können sowohl grafisch als Funktionsbausteine oder auch alphanumerisch editiert werden. Alle Zeitgeber stehen in einem bestimmten zeitlogischen Verhalten zu ihren Ausgängen.

Zur Erläuterung der Funktion der Timer soll ein Beispiel genügen. Die in Steuerungsaufgaben verwendeten Timer werden dort erläutert und in ihrer Funktion begründet.

Tabelle 2.5 Belegungsliste

Betriebsmittel	Bez.	Signalpegel aktiv	passiv	Operand
Taster Start	S1	1	0	E 2.1
Taster Halt	S2	0	1	E 2.2
Meldeleuchte	H1	1	0	A 3.1
Zeitglied				T1

Bei einem Signalwechsel von 0- nach 1-Signal am Eingang (1^V) des Zeitglieds T1 (verlängerter Impuls) wird die im Sollwertregister TSW1 eingetragene Zeit gestartet. Der Sollwert der Laufzeit ergibt sich aus:

ZB * SW = 1000 ms * K2 = 2000 ms.

Als Zeitbasen können unter dem Parameter ZB 10 ms, 100 ms oder 1000 ms eingetragen werden. Zur Sollwertvorgabe können z.B. Konstanten parametriert werden. Eine Konstante kann jeden Wert zwischen 1 bis +65535 annehmen. Im vorliegenden Beispiel übergibt die Konstante den Wert 2. Die eingestellte Zeit ist abgelaufen, wenn die internen Zeitimpulse den Zählerstand auf Null gesetzt haben.

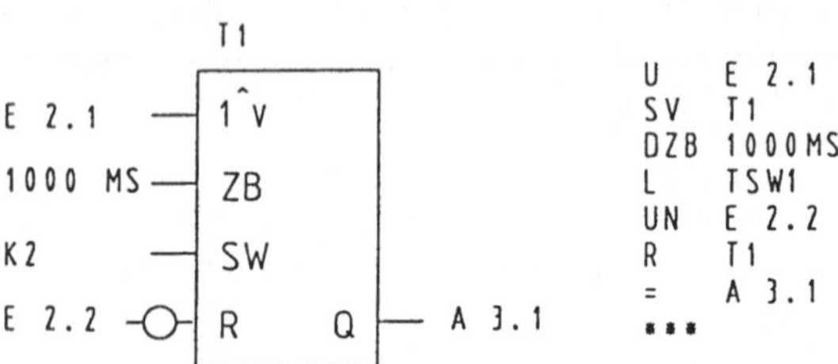

... editiert in
Anweisungsliste

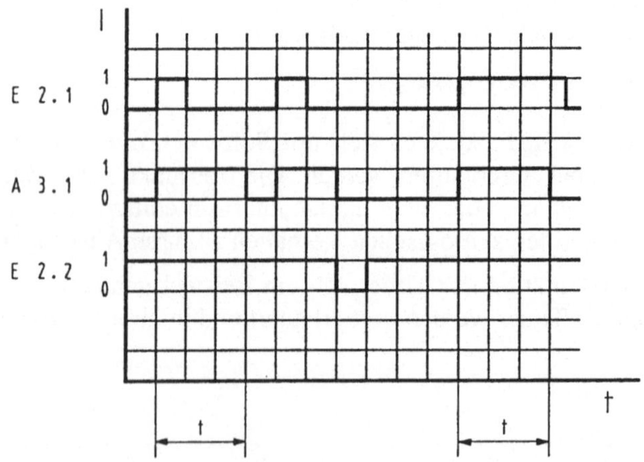

b) Signaldiagramm

Bild 2.37 Zeitfunktion verlängerter Impuls

Das Eingabesignal von S1 auf den Eingang E 2.1 kann während der Laufzeit wieder auf 0 abfallen. Dies hat bei dem vorgestellten Zeitglied keinen Einfluß auf den Zeitablauf. Es darf allerdings auch länger als die eingestellte Laufzeit auf den Eingang des Zeitglieds einwirken, ohne einen Einfluß auf den Zeitablauf zu haben. Der Ausgang (Q) des Zeitglieds T1 wird unmittelbar nach dem Flankenwechsel von 0 nach 1 am Eingang (1^V) auf 1-Signal gesetzt. Dieses Ausgangssignal bleibt so lange erhalten, bis die eingestellte Impulslaufzeit abgelaufen ist. In diesem Moment fällt der Ausgang Q auf 0-Signal ab. Tritt während der Impulslaufzeit am Eingang ein erneuter Impuls auf, beginnt die eingestellte Laufzeit erneut von vorne. Dies führt zu einer Verlängerung der eingestellten Laufzeit des Impulses.

Über den Rücksetzeingang (R) kann die Impulslaufzeit jederzeit unterbrochen werden. Der Ausgang Q fällt auf 0 ab! Das Rücksetzen erfolgt durch einen Öffner (S2). Der Öffner wird auf 0 abgefragt; das Signal des Eingangs E 2.2 muß also negiert abgefragt werden. Das Zeitglied wird drahtbruchsicher rückgesetzt. Das Rücksetzsignal wirkt statisch, d.h. solange der Signalgeber S2 einwirkt, ist ein erneutes Starten des Zeitglieds nicht möglich. Ein verlängerter Impuls kann z.B. genutzt werden, um Ventile (Trägheit, Schaltzeit) sicher zu schalten.

2.2.2.4 Zähler, Vergleicher und Flankenbausteine

Für die Modicon A 120 können mit dem Softwarepaket Dolog AKF 12 folgende Zähler programmiert werden:

- Zähler vorwärts,
- Zähler rückwärts,
- Zähler vorwärts/rückwärts.

Es handelt sich bei diesen Funktionsbausteinen um Software-Zähler. Sie sind nicht geeignet für Anwendungen etwa in Positionier-Steuerungen. Hierfür gibt es den externen Hardware-Zähler ZAE 201. Die Software-Zähler dienen zum Erfassen von Stückzahlen, Mengen oder Mengendifferenzen.

Bei den Vorwärtszählern beginnt die Zählung bei Null. Ist der voreingestellte Zählerstand erreicht, gibt der Zählerausgang 0-Signal.

Der häufig verwendete Rückwärtszähler zählt von einem programmierten Ausgangszählstand zurück nach Null. Ist der Zählerstand Null erreicht, führt der Ausgang 0-Signal.

Soll bei Erreichen eines Zählstandes entsprechend der Sollwertvorgabe der Ausgang 1-Signal führen, so ist dies mit Hilfe eines nachgeschalteten Vergleichers möglich. Die im Zähler stehenden Ist- und Sollwerte werden durch eine Ladeanweisung abgefragt und in andere Operandenbereiche transferiert. Ein Vergleicher überprüft nun z.B. den Zähler-Istwert (ZIW) und vergleicht ihn mit dem vorgegebenen Zähler-Sollwert (ZSW). Ist die Vergleichsbedingung erfüllt, führt der Vergleicher am Ausgang 1-Signal. Folgende Vergleichsfunktionen können durchgeführt werden:

- Gleich ==
- Ungleich <>
- Größer >
- Größer-Gleich >=
- Kleiner <
- Kleiner-Gleich <=

Der Zähler vorwärts/rückwärts ist ein Differenzzähler. Er kann z.B. zur Überwachung eines Parkhauses verwendet werden. Ist die Differenz NULL, führt der Ausgang 1-Signal. Meldung: das Parkhaus ist besetzt.

Flankenbausteine dienen zur Erkennung von Signalflanken:

- Positive Flanke (FLP): Erkennung 0 – 1,
- Negative Flanke (FLN): Erkennung 1 – 0,
- Flanke (FL): Erkennung 0 – 1/1 – 0.

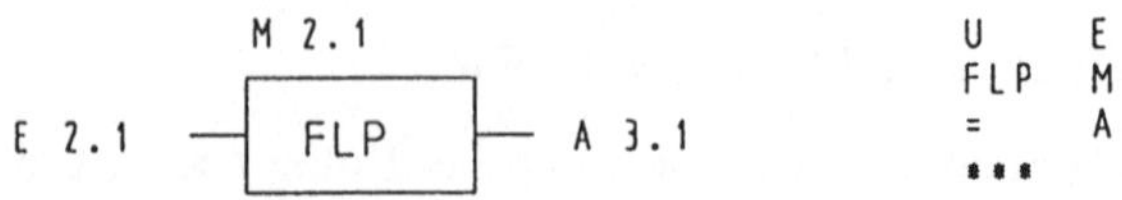


```
U    E 2.1
FLP  M 2.1
=    A 3.1
...
```

a) Flankenbau editiert in FBS-Sprache

... editiert in Anweisungsliste

M 2.1 M 2.2
E 2.1 FLP S
E 2.2 R Q A 3.1

```
U   E 2.1
FLP M 2.1
S   M 2.2
UN  E 2.2
R   M 2.2
=   A 3.1
...
```

b) Setzen eines Speichers mit positiver Flanke

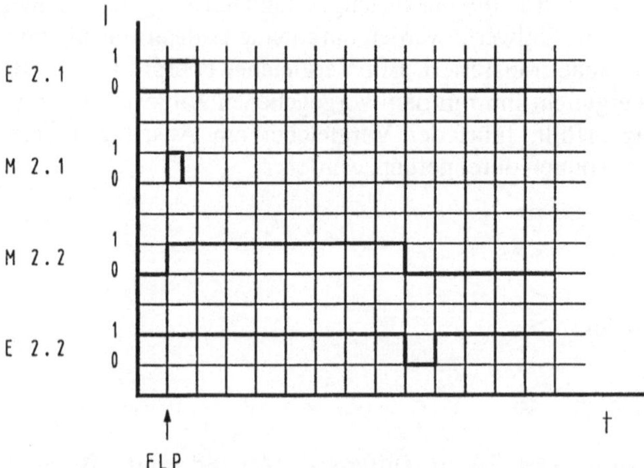

c) Signalverlauf

Bild 2.38 Flankenerkennung

Das Erkennen und Verarbeiten einer Flanke ist in der sequentiellen Abarbeitung eines Programms durch die SPS begründet, da bei jedem Programmdurchlauf geprüft wird, ob sich der Signalzustand eines Signalgebers verändert hat.

Bei der Erkennung einer Eingangsflanke wird der am Ausgang des Flankenbausteins definierte Parameter für einen Zyklus auf log. 1 gesetzt.

BEISPIEL:

Bei einem Signalwechsel von 0 nach 1 am Eingang E 2.1 steht am Ausgang A 3.1 ein Signal von der Länge einer Zykluszeit an. Interner Speicher des binären Signals ist der Merker M 2.1.

Die positive Flanke kann auch genutzt werden, um z.B. den statischen Speicher M 2.2 zu setzen. Der Merker M 2.2 speichert das Signal so lange, bis er durch den Rücksetzeingang (R) drahtbruchsicher (0-Signal auf E 2.2) rückgesetzt wird.

2.3 Signalausgabe

Die von der verdrahteten/verschlauchten Logik oder von der SPS ausgegebenen Stellsignale wirken nicht direkt auf die Antriebselemente für die Steuerstrecke, sondern auf die Stellglieder ein. Stellglieder steuern den Energiefluß zum Antriebselement. Stellglieder zur Steuerung der pneumatischen und elektrischen Energie sind Ventile und Schütze, bzw. Relais.

2.3.1 Wegeventile als Stellelemente

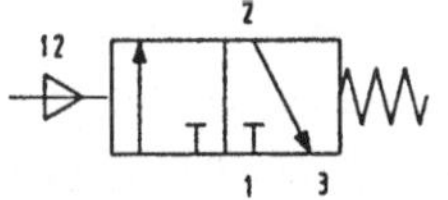

1: Druckluftanschluß
2: Arbeitsleitung
3: Entlüftung
12: Steuerleitung

Bild 2.39 3/2-Wege-Ventil mit Federrückstellung und pneumatischer Betätigung (Schaltzeichen)

3/2-Wegeventile dienen als Stellglieder für einfachwirkende Zylinder. Der Kolben des einfachwirkenden Zylinders wird durch eine Druckfeder zurückgestellt, sobald die Druckluft, die das Ausfahren bewirkt, abfällt. Für das Ausfahren des Kolbens wird das 3/2-Wegeventil durch pneumatische oder elektromagnetische Kraft (Stellsignal) in Durchflußstellung geschaltet. Sobald das Stellsignal abfällt, schiebt die Feder das Ventil wieder in Sperrstellung. Die Luftzufuhr zum Zylinder wird unterbrochen, und der Kolben fährt durch die Federkraft wieder in die hintere Endlage. Der Zylinder wird dabei durch das 3/2-Wegeventil (Anschluß 3) entlüftet.

3/2-Wegeventile können auch beidseitig elektrisch oder pneumatisch betätigt werden.

Doppeltwirkende Zylinder werden in pneumatischen Anlagen durch 5/2-Wegeventile gesteuert. Diese Ventile können u.a. folgendermaßen gesteuert werden:

- einseitige Druckluftbeaufschlagung und Federrückstellung,
- beidseitige Druckluftbeaufschlagung (Impulsventil),
- einseitige elektrische Betätigung und Federrückstellung,
- beidseitige elektrische Betätigung (Impulsventil).

5/2-Wegeventile mit Federrückstellung haben eine definierte Ausgangsstellung. Impulsventile haben keine definierte Ausgangsstellung.

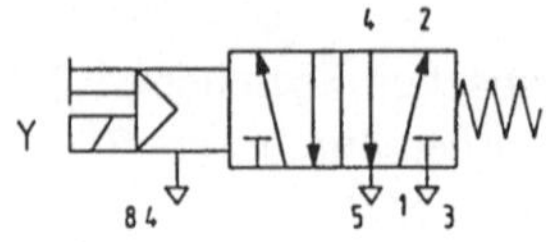

4, 2: Arbeitsleitung
1: Druckluftanschluß
5, 3: Entlüftung
Y: Elektr. Betätigung
84: Entlüftung Steuerleitung

Bild 2.40
5/2-Wege-Magnetventil mit Federrückstellung und Handhilfsbetätigung (Schaltzeichen)

2.3.2 Elektrische Stellelemente

Als elektrische Stellelemente werden im Rahmen der hier diskutierten elektrischen Antriebselemente Schütze oder Relais verwendet.

Schütze sind elektromagnetisch angetriebene Schalter, die mit kleiner Steuerleistung große Arbeitsleistungen schalten können. Im ausgeschalteten Zustand drückt die Druckfeder den Anker nach oben. Die Kontakte sind geöffnet. Wird die Spule über die Spulenanschlüsse erregt, wird der Anker nach unten gezogen. Gleichzeitig werden die 3 hintereinander liegenden Bahnen der Hauptkontakte des Leistungsschützes geschlossen. Ein Elektromotor könnte anlaufen.

Der zusätzliche Hilfskontakt kann zur Schützüberwachung genutzt werden. Nach dem Abfall der Steuerspannung wird der Anker wieder zurückgedrückt. Für die Auswahl eines Schützes ist die Leistungsaufnahme des Antriebselementes ein kennzeichnendes Merkmal.

Schütze schalten hohe Leistungen, sind weitgehend wartungsfrei und haben eine galvanische Trennung von Steuer- und Arbeitsstromkreis. Nachteilig sind u.a. der Kontaktabrieb, Schaltgeräusche und begrenzte Schaltgeschwindigkeiten.

2.4 Antriebselemente

Antriebselemente verändern die Lage oder den Zustand eines Arbeitselements. Dabei wird die pneumatische oder elektrische Energie in mechanische Energie umgeformt.

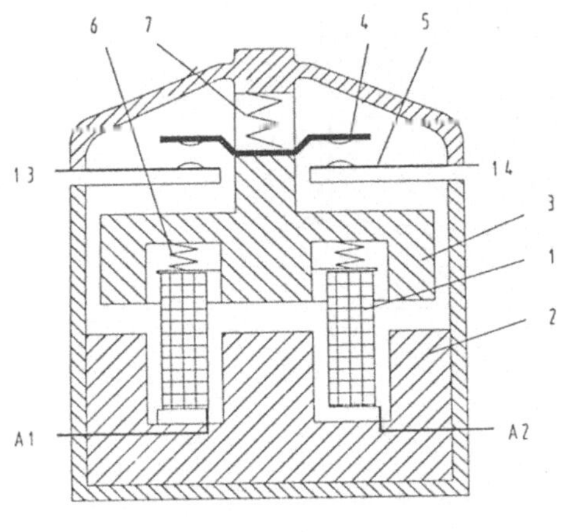

1 Spule
2 Eisenkern
3 Anker
4 bewegliche Kontakte
5 feste Kontakte
6 Druckfeder
7 Kontaktdruckfeder

a) Konstruktionsprinzip

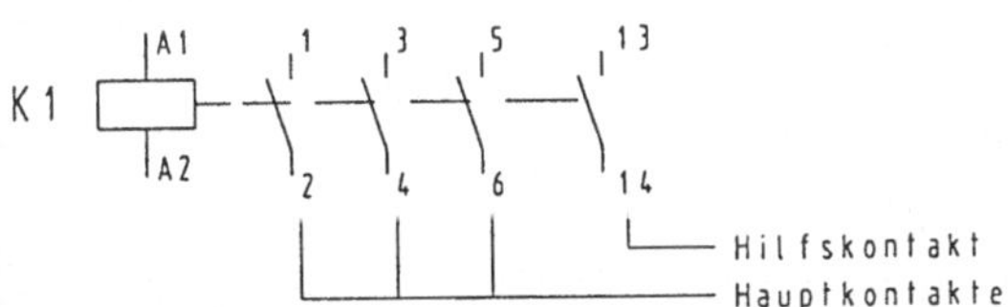

b) Schaltzeichen

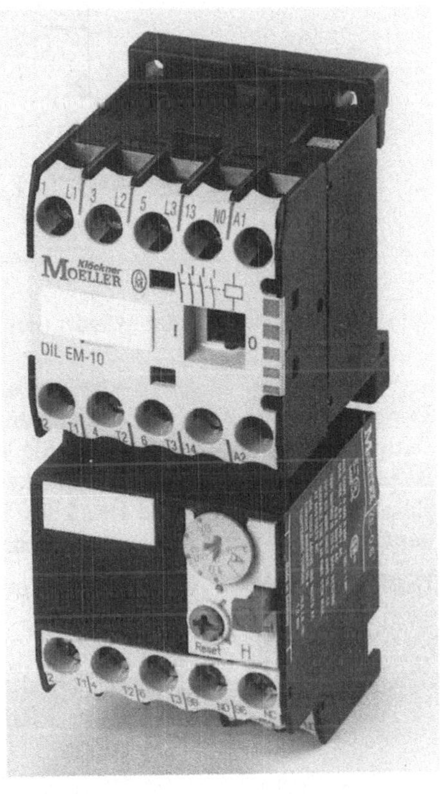

c) Leistungsschütz (Klöckner-Moeller)

Bild 2.41
Leistungsschütz mit einem Hilfskontakt

Zylinder dienen zur Realisierung geradliniger Bewegungen. Einfachwirkende Zylinder werden nur von einer Seite mit Druckluft beaufschlagt. Sie leisten nur beim Ausfahren mechanische Arbeit. Der Rückhub erfolgt durch die eingebaute Rückstellfeder. Diese Rückstellfeder bedingt eine verringerte tatsächliche ausgeübte Kraft. Die Kraft der Rückstellfeder wird vom Kolbenhub beeinflußt. Eine weitere Verringerung der tatsächlichen Kolbenkraft wird durch die Reibung, bedingt durch Dichtungselemente, Oberflächengüte und Schmierung, bewirkt. Die tatsächliche Kolbenkraft ergibt sich mit:

$$F = A * p_e - F_R - F_F$$

F	:	Kraft an der Kolbenstange	daN
A	:	Kolbenfläche	cm^2
p_e	:	Überdruck	bar
F_R	:	Reibungskraft	daN
F_F	:	Kraft der Rückstellfeder bedingt durch Federlänge	daN

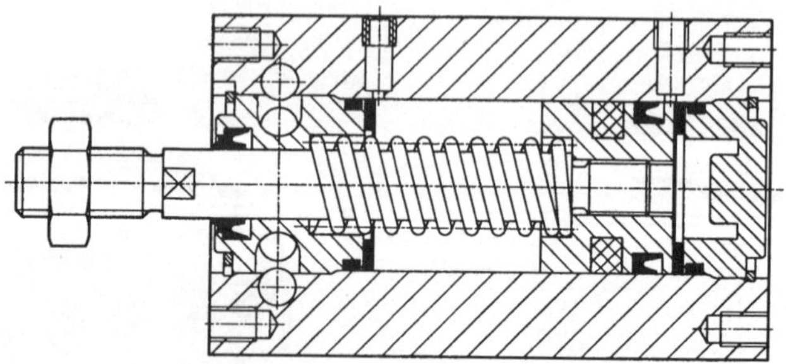

Bild 2.42 Einfachwirkender Zylinder (Festo)

Doppeltwirkende Zylinder werden zum Aus- und Einfahren der Kolbenstange wechselseitig mit Druckluft beaufschlagt. Sie leisten in beiden Bewegungsrichtungen Arbeit. Es ist jedoch zu beachten, daß die Rückzugskraft geringer ist als die Kraft beim Vorhub. Beim Ausfahren wirkt die Druckluft auf die gesamte Kolbenfläche, beim Rückhub ist der Querschnitt der Kolbenstange zu berücksichtigen.

Die Dauer des Rückhubs ist dadurch etwas geringer.

$$F = A * p_e * \eta$$

η: Wirkungsgrad (0,8 bei normalen Betriebsverhältnissen)

A: Beim Vorhub Kreisfläche, beim Rückhub Kreisringfläche

$$A = D^2 * \frac{\pi}{4}$$ D: Kolbendurchmesser

$$A = (D^2 - d^2) * \frac{\pi}{4}$$ d: Kolbenstangendurchmesser

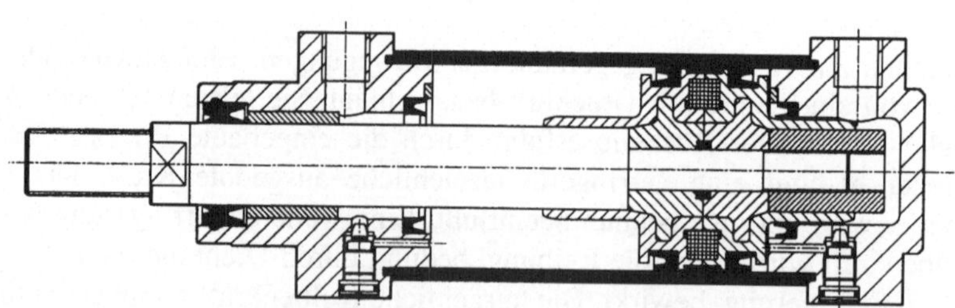

Bild 2.43 Doppeltwirkender Zylinder mit beidseitig einstellbarer Endlagendämpfung (Festo)

Werden mit Zylindern größere Massen bewegt, so wird ein hartes Anschlagen in den Endlagen durch Endlagendämpfung verhindert.

Zur berührungsfreien Betätigung von Signalgebern (z.B. Reed-Kontakte) in den Endlagen werden in die Kolben Ringmagnete eingebaut, die mit ihrem Kraftfeld die am Zylinder befestigten Magnetschalter betätigen. Für beide Grundbauarten der Zylinder gibt es viele Ausführungen, die auf bestimmte Anwendungen abgestimmt sind.

Motoren dienen als Antriebselemente zur Erzeugung drehender Bewegungen. Druckluftmotoren haben eine kompakte Bauweise. Drehzahl und Drehmoment können während des Betriebes durch Druckregelventile stufenlos verändert werden. Sie können, ohne Schaden zu nehmen, überlastet werden, sind explosionssicher und erreichen sehr hohe Drehzahlen. Durch die Expansion der Druckluft werden sie fortlaufend gekühlt. Druckluftmotoren werden in verschiedenene Bauformen für unterschiedliche Anwendungen hergestellt, z.B.

- Axialkolbenmotoren für Schwenk- und Wendevorrichtungen,
- Zahnradmotoren im Bergbau (Explosionsgefahr),
- Lamellenmotoren in Bearbeitungseinheiten zum Schleifen, Polieren und für Druckluftschrauber.

Wichtigste Elektromotoren sind der Gleichstrommotor und als Drehstrommaschine der Asynchronmotor. Die Anwendung im Bereich des Maschinenbaus ergibt sich aus dem Betriebsverhalten der Antriebe.

Gleichstrommotoren lassen sich durch die Drehzahl und das Drehmoment charakterisieren. Der fremderregte- und der Nebenschlußmotor sind für alle Antriebe geeignet, die eine nahezu konstante Drehzahl erfordern: Drehmaschinen, Bohrmaschinen usw. Der Hauptschlußmotor ist geeignet als Motor für den Bahnbetrieb, aber auch für Lüfter, Kreiselpumpen und Handbohrmaschinen. Doppelschlußmotoren werden dort eingesetzt, wo der Nebenschlußmotor aus Stabilitätsgründen nicht ausreicht, z.B. an Förderanlagen, Pressen, Scheren, Stanzen.

Drehstrommotoren sind in der Antriebstechnik weit verbreitet. Sie werden u.a. zum Antrieb von Lüftern, Ventilatoren, Wasserpumpen, Gebläsen und in Werkzeugmaschinen verwendet.

2.5 Bauelemente der Hydraulik

Die Hydraulik steht als Mittel zur Leistungsübertragung und -steuerung neben der Elektrotechnik und der Pneumatik. Hohe Betriebsdrücke und kleine, preiswerte Bauelemente sprechen häufig für ihren Einsatz.

Die Weggenauigkeit ist bei hydraulischen Systemen aufgrund des kaum kompressiblen Öls sehr gut, im Gegensatz zur stark kompressiblen Druckluft.

Die Steuer- und Regelbarkeit sowie die Signalverarbeitung ist bei hydraulischen Systemen über Ventile und Verstellpumpen sehr gut. Elektrische Systeme sind bei größeren Leistungen weniger gut steuerbar. Optimiert werden kann die Steuerbarkeit hydraulischer Systeme in Verbindung mit der Elektrotechnik. So ist es üblich, für den Energiefluß einer Anlage die Hydraulik und für den Signalfluß die Elektrotechnik zu wählen. Die Auswahl ist unter Berücksichtigung aller Randbedingungen, der Kosten und der Betriebssicherheit zu treffen.

2.5.1 Elemente zur Energiesteuerung

In ölhydraulischen Anlagen wird mechanische Energie in hydraulische Energie umgewandelt, transportiert, gesteuert und schließlich wieder in mechanische Energie rückgewandelt.

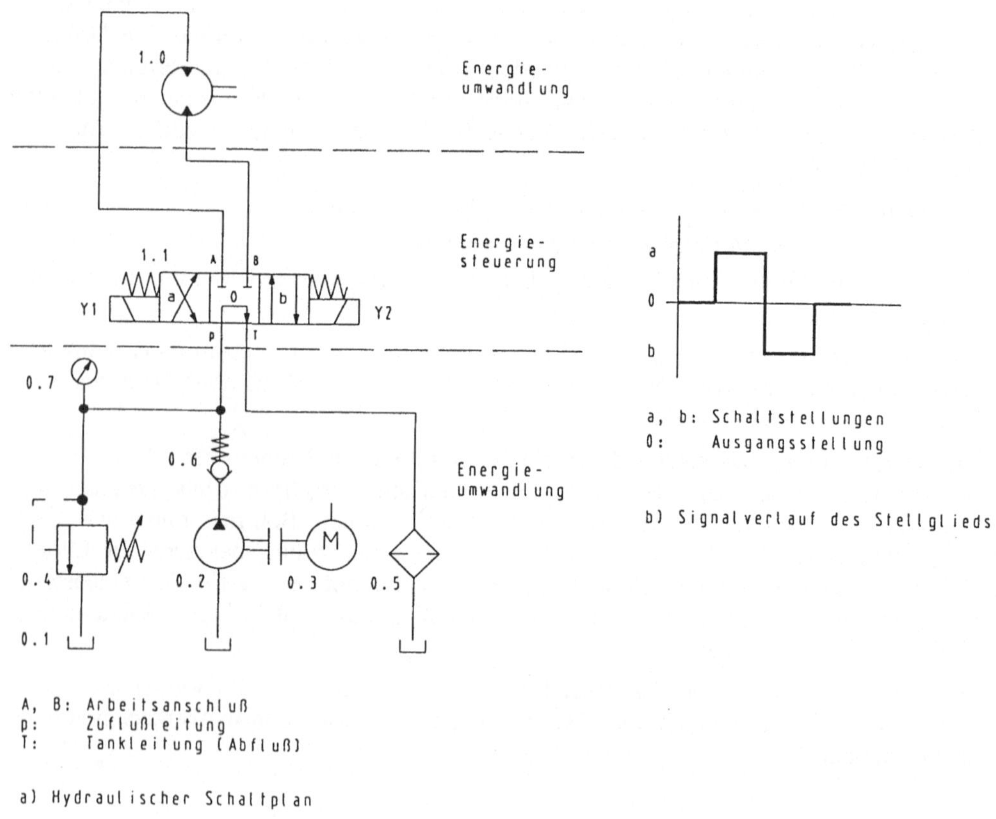

Bild 2.44 Steuerung eines Hydromotors

Zur Steuerung des Energiestroms sind Signalglieder, Steuereinrichtungen und Stellglieder erforderlich. Diese Aufgaben werden von Ventilen, Schaltern, Schützen oder Relais und/oder speicherprogrammierbaren Steuerungen erfüllt.

Wegeventile haben, wie in der Pneumatik, die Aufgabe, Leitungen zu sperren, freizugeben oder laufend wechselnde Leitungsverknüpfungen herzustellen. Die Schaltzeichen sind nach DIN ISO 1219 festgelegt.

Aus der Vielzahl der in der Hydraulik häufig verwendeten Wegeventile sei exemplarisch das 4/3-Wegeventil mit Federzentrierung und elektrischer Steuerung (Bild 2.45) vorgestellt. Das 4/3-Wegeventile (1.1) dient zur Richtungssteuerung des Hydromotors (1.0). In der Schaltstellung a findet Rechtslauf, in der Schaltstellung b Linkslauf des Hydromotors statt. Liegt keine Steuerspannung an den Spulen (Y1, Y2) des Ventils an, geht das Ventil aufgrund der Federzentrierung in die Ausgangsstellung 0. Der Ölstrom wird unterbrochen und der Hydromotor hält. Die Pumpe fördert das Hydrauliköl in den Ölbehälter zurück.

Bild 2.45
4/3-Wegeventil mit Federzentrierung, elektrisch betätigt (Festo)

Bei Druckventilen wird durch die Veränderung des Volumenstroms der Druck gesteuert. Man unterscheidet:

a) Druckbegrenzungsventile begrenzen die Höhe des Systemdrucks (Sicherheitsventil). Das Ventil 0.4 (Bild 2.44) öffnet, sobald der Druck im System den eingestellten Druck überschreitet.

b) Folgeventile geben druckabhängig den Ölstrom frei, bzw. sperren ihn bei Druckabfall (Druckschaltventil).

c) Druckregelventile halten den Druck in einem nachgeordneten System nach oben konstant, unabhängig vom Hauptkreis.

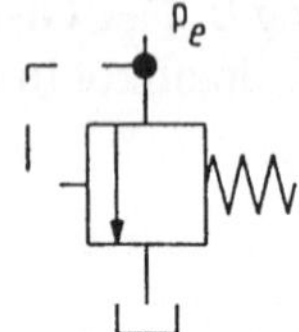

a) Druckbegrenzungsventil

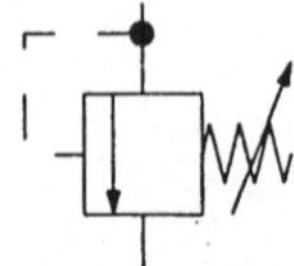

b) Folgeventil, einstellbar

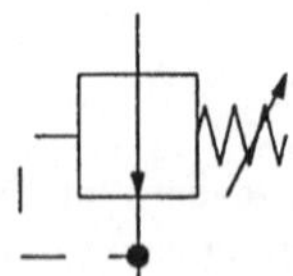

c) Druckregelventil, einstellbar, ohne Abflußöffnung

Bild 2.46
Druckventile

Stromventile ermöglichen eine stufenlose Geschwindigkeitssteuerung bei Hydrozylindern und -motoren.

a) 2-Wege-Stromregelventil mit konstantem Abfluß

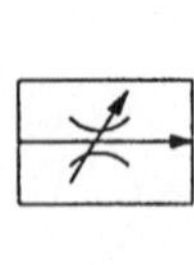

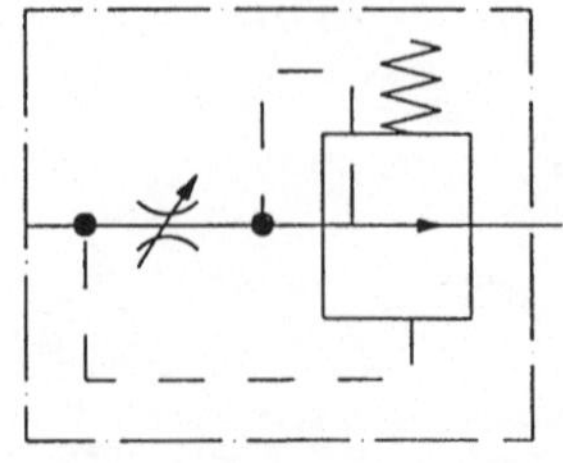

vereinfacht ausführlich

b) 2-Wege-Stromregelventil mit einstellbarem Abfluß

Bild 2.47
Stromventile

Unterschieden wird zwischen Drosselventilen und Stromregelventilen. Drosselventile verringern oder erweitern den Durchflußquerschnitt. Der durchfließende Ölstrom ist abhängig von der Druckdifferenz zwischen dem Ventileingang und dem Ventilausgang. Bei Stromregelventilen bleibt der durchfließende Ölstrom konstant, unabhängig von der Druckdifferenz.

Sperrventile sind vorzugsweise als Rückschlagventile (0.6) ausgeführt, die den Ölstrom in einer Richtung sperren und in der anderen Richtung freigeben. Das Drosselrückschlagventil beinhaltet als zweites wesentliches Funktionselement neben dem Rückschlagventil eine Drossel, durch die in Durchflußrichtung der Durchflußquerschnitt beeinflußt werden kann.

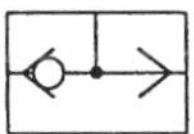

a) Wechselventil

b) Rückschlagventil, federbelastet

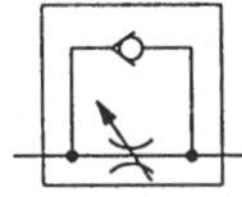

c) Drosselrückschlagventil

Bild 2.48
Sperrventile

2.5.2 Elemente zur Energieumwandlung

Hydropumpen saugen das Hydrauliköl an und fördern es über verschiedene Bauelemente zum Hydromotor oder -zylinder. Von dort fließt es bei offenen Kreisläufen (Bild 2.44) in den Vorratsbehälter, bei geschlossenen Kreisläufen zur Saugseite der Pumpe zurück. Hydraulikpumpen arbeiten nach dem Verdrängerprinzip und wandeln mechanische in hydraulische Energie. Der Druck in hydraulischen Anlagen baut sich durch Reibung und vor allem durch den Widerstand von außen am Hydromotor oder am Kolben auf. Er wird nach oben begrenzt durch die Belastbarkeit der Leitungen und Bauelemente. Pumpen und Motoren werden nach dem Fördervolumen unterschieden in:

- Pumpen/Motoren mit konstantem Verdrängungsvolumen und
- Pumpen/Motoren mit veränderlichem Verdrängungsvolumen.

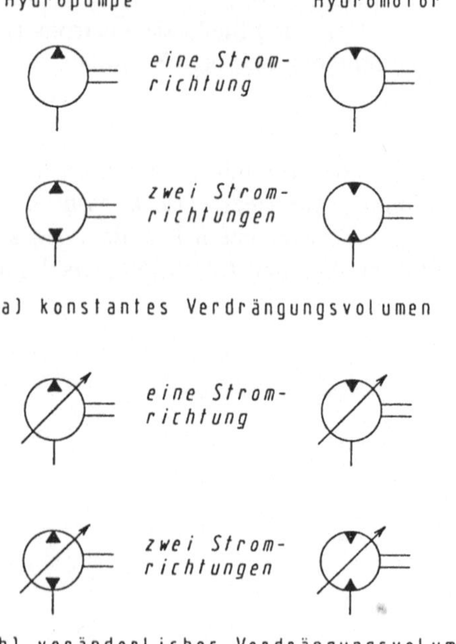

Bild 2.49
Hydropumpen und Hydromotoren

Nach dem Verdrängungsprizip unterscheidet man zwischen:

- Zahnradpumpen,
- Flügelzellenpumpen,
- Schraubenpumpen,
- Axial- und Radialkolbenpumpen.

Hydromotoren formen hydraulische in mechanische Energie um. Sie sind rotierende Geräte, die ebenfalls nach dem Verdrängungsprinzip arbeiten.

Hydrozylinder sind geradlinig arbeitende Geräte, die hydraulische in mechanische Energie umwandeln. Grundsätzlich sind, vergleichbar der Pneumatik, einfachwirkende und doppeltwirkende Zylinder zu unterscheiden, die in verschiedenen Bauformen gefertigt werden.

2.6 Energieversorgung bei pneumatischen und hydraulischen Anlagen

2.6.1 Physikalische Eigenschaften der Luft

Die Luft ist ein Gasgemisch, daß sich aus Stickstoff, Sauerstoff, verschiedenen Edelgasen, Kohlendioxid und Wasserstoff zusammensetzt. Hinzu kommen Wasser in Dampfform und eine Reihe von Verunreinigungen.

Das Verhalten der Luft in den Arbeitsdruckbereichen der Pneumatik wird charakterisiert durch folgende Eigenschaften:

- Kompressibilität, verbunden mit Wärmeabgabe bei der Kompression und Wärmeaufnahme bei der Expansion,
- Volumenänderung bei Temperaturschwankungen,
- Aufnahme von Wasser in Abhängigkeit von der Temperatur.

Bedingt durch dieses Verhalten wird der Luftzustand durch 3 Einflußgrößen verändert:

- Volumenänderung
- Temperaturänderung
- Druckänderung.

Die Zusammenhänge zwischen diesen 3 Einflußgrößen werden durch die Gasgesetze von Gay-Lussac und Boyle-Mariotte beschrieben:

$$\frac{p_1 * V_1}{T_1} = \frac{p_2 * V_2}{T_2} = \text{const.}$$

p: Druck (abs.) in Pa
V: Volumen in m^3
T: Temperatur in K

Der Einfluß der Temperatur wird bei praktischen Berechnungen in der Pneumatik meistens vernachlässigt, da die Geräte als Wärmetauscher wirken.

Für Zustandsänderungen bei konstanter Temperatur gilt:

$$p_1 * V_1 = p_2 * V_2 = \text{const.}$$

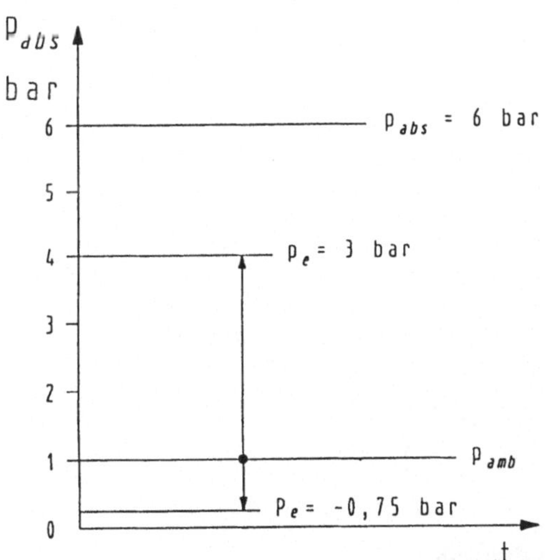

Bild 2.50
Technische Druckgrößen

Der auf der Erde herrschende atmosphärische Druck p_{amb} wurde durch Toricelli nachgewiesen. Er beträgt im Jahresmittel in Meereshöhe bei 15 °C etwa 101300 Pa. 1 Pascal entspricht einer Kraft von 1 N, die senkrecht und gleichmäßig auf eine Fläche von 1 m^2

wirkt. Die Luftmoleküle üben also auf diese Fläche eine Gewichtskraft von 101300 N aus.

Neben dem atmosphärischen Druck unterscheidet man in der Technik zwischen weiteren Druckgrößen.

Der absolute Druck p_{abs} wird gegenüber dem luftleeren Raum, dem Vakuum, gemessen. Die Differenz zwischen dem absoluten Druck und dem jeweiligen atmosphärischen Druck ist der Überdruck p_e.

$$p_e = p_{abs} - p_{amb}$$

abs: unabhängig (absolutus)
amb: umgebend (ambiens)
e: überschreitend (excedens)

In pneumatischen Anlagen benötigte Luft wird durch Kompressoren verdichtet und in Behältern gespeichert. Die angesaugte Luft enthält in Abhängigkeit von ihrem Volumen und der Temperatur eine nicht sichtbare Menge Wasserdampf. Nach der Verdichtung ist das Volumen der Luft geringer geworden. Die relative Feuchtigkeit der verdichteten Luftmenge ist dadurch höher als in der angesaugten Luft. Je nach Anforderung an die Druckaufbereitungsanlage sind deshalb Trockner und Nachkühler vorzusehen. Bei Bedarf strömt die Luft über eine Aufbereitungseinheit durch Leitungen und Ventile zu den Arbeitselementen. Die Aufbereitungseinheit besteht aus einem Druckfilter, dem Druckregler und dem Druckluftöler. Der Filter entfernt aus der Luft mitgeführte feste und flüssige Verunreinigungen. Der Regler soll Druckschwankungen, die aus veränderlichen Drehzahlen oder Schubkräften herrühren, ausgleichen. Der Öler sorgt für eine Minimierung der Reibung, des Verschleißes und für den Korrosionsschutz an allen beweglichen Teilen in den pneumatischen Bauelementen, die im Luftstrom liegen.

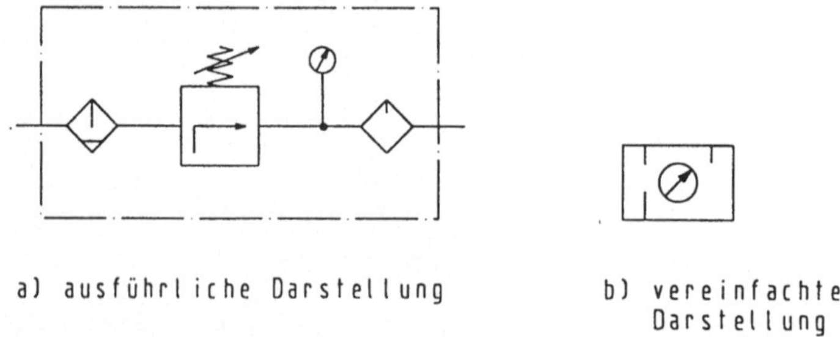

Bild 2.51 Aufbereitungseinheit für Druckluft

2.6.2 Physikalische Grundlagen der Hydraulik

Jede ruhende Flüssigkeit ruft einen Druck auf die umgebenden Wände und auf die Bodenfläche hervor, den hydrostatischen Druck. Es gilt:

$$p = \rho * g * h \, .$$

ρ: Dichte in kg/m³
g: Erdbeschleunigung in m/s²
h: Höhe in m
p: hydrostatischer Druck in Pa/bar

Der hydrostatische Druck beschreibt den Überdruck gegenüber dem atmosphärischen Druck.

Wirkt auf eine Flüssigkeit eine äußere Kraft, so breitet sich der entstehende Druck allseitig in gleicher Stärke in der Flüssigkeit aus. Der Druck hat in jeder Richtung und in jedem Punkt im Innern der Flüssigkeit dieselbe Größe. Wirkt dieser Druck nun auf die Fläche eines Kolbens, dann entsteht der statische Druck p. Es gilt:

$$p = \frac{F}{A} \, .$$

p: statischer Druck in Pa/bar
F: Kraft in N
A: druckbeaufschlagte Fläche in m²/cm²

Wirkt in einem hydraulischen System ein hoher Druck, so kann der geringe hydrostatische Druck vernachlässigt werden. Man rechnet dann nur mit dem Druck infolge der äußeren Kräfte.

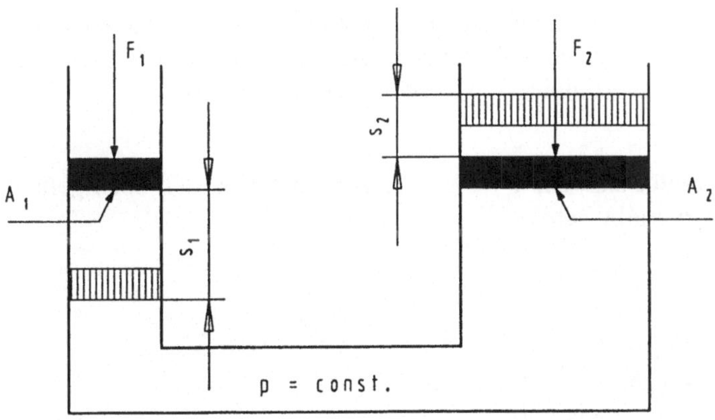

Bild 2.52 Hydraulische Presse

Flüssigkeiten sind inkompressibel (V = const.). Eine gewisse Volumen-Elastizität nimmt mit steigenden Drücken ab. Die Inkompressibilität des Hydrauliköls macht man sich technisch zunutze. Bei V = const. gilt:

$$\frac{F_1}{A_1} = \frac{F_2}{A_2} \text{ bzw. } \frac{F_1}{F_2} = \frac{A_1}{A_2} \, .$$

Die Kräfte verhalten sich also wie die Flächen zueinander. Wirkt nun eine Kraft F_1 auf eine Fläche A_1, so wirkt der entstehende Druck über die Druckflüssigkeit in alle Richtungen fort. Wirkt die Druckflüssigkeit auf eine größere Fläche A_2, dann erzeugt sie eine größere Kraft F_2, die dem Verhältnis der Flächen entspricht.

Kommt hierbei eine Kolbenbewegung zustande, ist der dabei zurückgelegte Weg des kleineren Kolbens mit der Fläche A_1 größer als der des größeren Kolbens mit der Fläche A_2. Die verrichtete Arbeit ist gleich (Reibung bleibt unberücksichtigt). Es gilt:

$$F_1 * s_1 = F_2 * s_2 \quad \text{bzw.} \quad \frac{F_1}{F_2} = \frac{s_2}{s_1} \ .$$

Die Kräfte verhalten sich also umgekehrt wie die Kolbenwege.

Die Fortpflanzung des Druckes erfolgt auch in bewegten Flüssigkeiten. Flüssigkeiten lassen sich leicht verschieben, da sie die Form des umgebenden Gefäßes annehmen. Für die Durchflußmenge gilt die Gleichung:

$$Q = \frac{\Delta V}{\Delta t} = \frac{A * \Delta l}{\Delta t} \ .$$

Setzt man für $\Delta l/\Delta t = v$, so ergibt sich:

$$Q = v * A \ .$$

Q: Volumenstrom

A: Querschnitt der Leitung/des Kolbens

v: Strömungsgeschwindigkeit

Die Energie, die eine Hydraulikanlage abgibt, z.B. an einen Hubzylinder, ist abhängig von der Kolbenkraft und dem Kolbenweg. Sie entspricht: $W = F * s = p * A * s$. Ersetzt man $A * s$ durch das Volumen V, so ergibt sich:

$$W = p * V \ .$$

Die Leistung ergibt sich aus $P = W/t$. Setzt man für W den oben gefundenen Zusammenhang ein, so ergibt sich:

$$P = \frac{p * V}{t} = p * Q \ .$$

P: Leistung in W

p: Druck in Pa

Q: Volumenstrom in m^3/s

3 Beschreibung von Steuerungsaufgaben

3.1 Grundlagen der Schaltalgebra

3.1.1 Rechenregeln für die Grundverknüpfungen

3.1.1.1 Die UND-Verknüpfung

In einer schaltalgebraischen Gleichung können die Ausgangsgröße (y) und die Eingangsgrößen (a, b, ...n) als Variable oder Schaltgrößen nur zwei Werte, nämlich 0 und 1, annehmen:

$$y = f(a, b, ...n)$$

Für eine Eingangsvariable gilt: $y = a$,

dabei ist $y = 1$, wenn $a = 1$ ist

und $y = 0$, wenn $a = 0$ ist.

Für die UND-Verknüpfung von 2 Eingangsvariablen (a, b) gilt:

$$y = a \wedge b.$$

($\wedge$: UND)

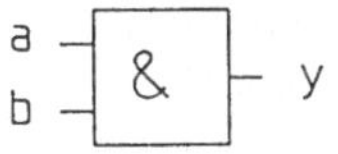

Bild 3.1 UND-Schaltzeichen

Die Verknüpfungsfunktion (Schaltfunktion) beschreibt mit den Operationen der Booleschen Algebra den funktionellen Zusammenhang zwischen den Werten/Zuständen der Eingangssignale (a, b) und denen des Ausgangssignals (y). Die Anzahl der Verknüpfungsmöglichkeiten (m) ergibt sich mit $m = 2^n$. Dies ergibt bei n = 2 Variablen 4 Kombinationsmöglichkeiten. Diese können in einer Schalttabelle dargestellt werden. Schalttabellen beinhalten die Zusammenstellung aller Wertekombinationen der Eingangsgrößen und der ihnen zugeordneten Werte der Ausgangsgröße einer Schaltfunktion (DIN 19226, T3).

Schalttabelle

a	b	$a \wedge b$	y
0	0	$0 \wedge 0$	0
0	1	$0 \wedge 1$	0
1	0	$1 \wedge 0$	0
1	1	$1 \wedge 1$	1

Die Reihenfolge der Eingangsvariablen ist bedeutungslos. Es gilt:

$a \wedge b = b \wedge a$ (Kommutativgesetz)

Hat bei einer UND-Verknüpfung ein Eingangssignal ständig den Wert 0, so ist der Wert der Ausgangsgröße ständig 0.

$a \wedge 0 = 0$

Bild 3.2 UND-Schaltung 1

Der Wert der Ausgangsgröße bleibt auch ständig 0, wenn eine Eingangsgröße ein Signal gibt und gleichzeitig an den anderen Eingang des Verknüpfungselements das invertierte Signal gelegt wird.

$a \wedge \bar{a} = 0$

Bild 3.3 UND-Schaltung 2

Führt ein Eingang ständig den Wert 1, dann gilt:

$a \wedge 1 = a$

Bild 3.4 UND-Schaltung 3

Weiter gilt: $a \wedge a = a$

Eine UND-Schaltung mit mehr als 2 Eingangsgrößen läßt sich aus UND-Grundverknüpfungen aufbauen.

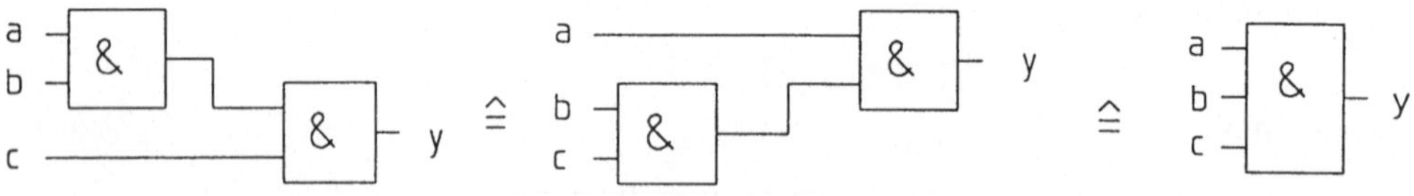

Bild 3.5 UND-Schaltung 4

$y = (a \wedge b) \wedge c = a \wedge (b \wedge c) = a \wedge b \wedge c$ (Assoziativ-Gesetz)

3.1.1.2 Die ODER-Verknüpfung

Für die ODER-Verknüpfung von Eingangsvariablen gilt:

$y = a \vee b$

($\vee$: ODER)

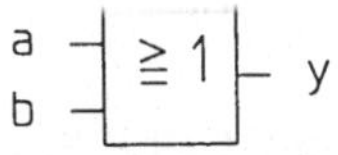

Bild 3.6 ODER-Schaltzeichen

Schalttabelle:

a	b	$a \vee b$	y
0	0	$0 \vee 0$	0
0	1	$0 \vee 1$	1
1	0	$1 \vee 0$	1
1	1	$1 \vee 1$	1

Auch bei der ODER-Verknüpfung ist die Reihenfolge der Eingangsgrößen ohne Bedeutung. Es gilt:

$a \vee b = b \vee a$ (Kommutativ-Gesetz)

Der Wert der Ausgangsgröße ist ständig 1, wenn das Signal der Eingangsgröße gleichzeitig invertiert über den zweiten Eingang abgefragt wird.

$a \vee \bar{a} = 1$

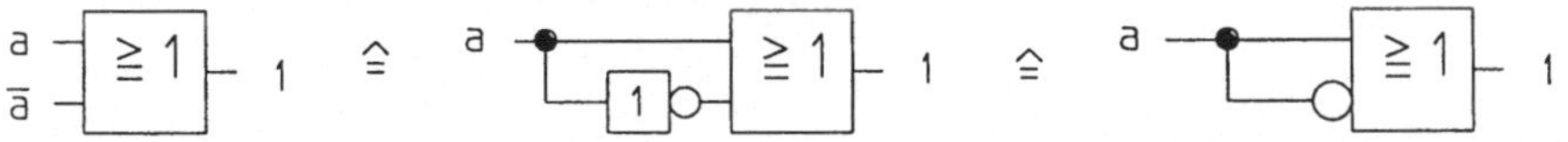

Bild 3.7 ODER-Schaltung 1

Führt bei der ODER-Verknüpfung zweier Eingänge eine Eingangsgröße ständig den Wert 0, so ist die Ausgangsgröße abhängig von der anderen Eingangsgröße.

$a \vee 0 = a$

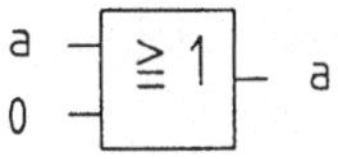

Bild 3.8 ODER-Schaltung 2

Führt einer der beiden Eingänge ständig den Wert 1, so gilt:

$a \vee 1 = 1.$

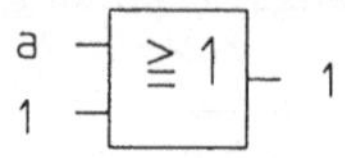

Bild 3.9 ODER-Schaltung 3

Weiter gilt: $a \vee a = a$

Eine Oder-Schaltung mit mehr als 2 Eingangsgrößen kann entsprechend der UND-Verknüpfung aus ODER-Grundverknüpfungen aufgebaut werden.

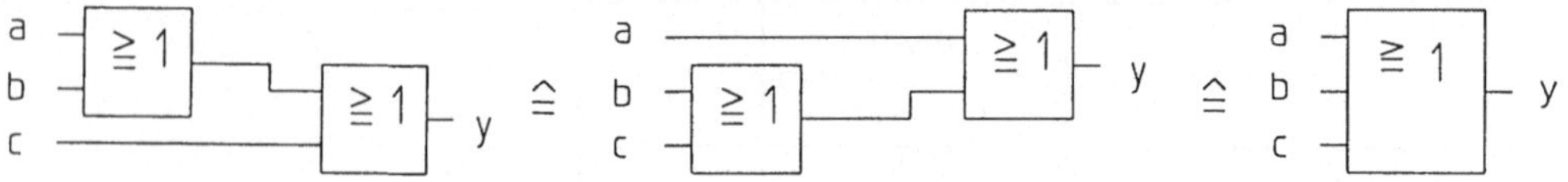

Bild 3.10 ODER-Schaltung 4

$y = (a \vee b) \vee c = a \vee (b \vee c) = a \vee b \vee c$ (Assoziativ-Gesetz)

3.1.1.3 Die Negation

Für die NICHT-Funktion (Negation) gilt:

$\bar{a} = y$

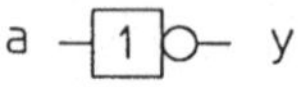

Bild 3.11 NICHT-Schaltzeichen

Schalttabelle:

a	$\bar{a}$	y
0	1	1
1	0	0

Werden zwei Inverter hintereinander geschaltet, so gilt:

$\bar{\bar{a}} = a = y$

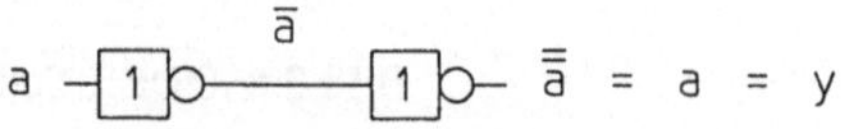

Bild 3.12 NICHT-Schaltung

3.1.2 Regeln für gemischte Schaltungen

3.1.2.1 Das Distributivgesetz

UND-, ODER-Verknüpfungen und Negationen lassen sich in größeren Schaltungen kombinieren.

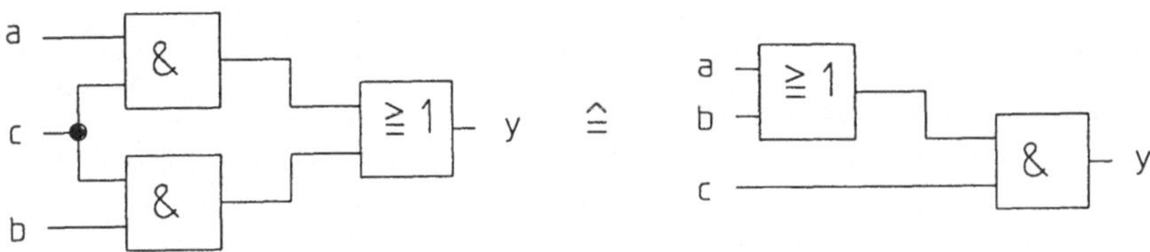

Bild 3.13 Gemischte Schaltung 1

$a \wedge c \vee b \wedge c = y$ $\qquad$ $(a \vee b) \wedge c = y$

Die Klammer besagt, daß das Ergebnis der ODER-Schaltung mit c verknüpft wird.

$(a \vee b) \wedge c = a \wedge c \vee b \wedge c$ $\qquad$ (1. Distributivgesetz)

Die folgende Schaltung führt zu einem weiteren Verteilungsgesetz.

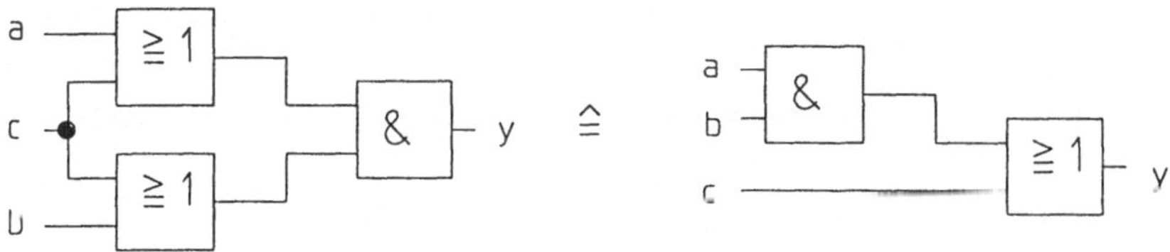

Bild 3.14 Gemischte Schaltung 2

$(a \vee c) \wedge (b \vee c) = a \wedge b \vee c = y$ $\qquad$ (2. Distributivgesetz)

Auch dieses Ergebnis führt zu einer Schaltungsvereinfachung. Für die Realisierung des vereinfachten Ausdrucks sind nur noch 2 Grundelemente mit 2 Eingängen erforderlich.

Kommen die UND- und die ODER-Verknüpfung in einer Gleichung vor, muß zuerst die UND-Verknüpfung (Konjunktion) und dann die ODER-Verknüpfung (Disjunktion) durchgeführt werden. Dies gilt jedoch nur dann, wenn keine Klammern gesetzt sind.

BINDUNGSREGELN: Die UND-Verknüpfung hat Vorrang vor der Oder-Verknüpfung, wenn durch Klammern nichts anderes vorgeschrieben wird.

$a \wedge b \vee c = (a \wedge b) \vee c$

Kommt in einer gemischten Schaltung eine Negation vor, so ist diese zuerst auszuführen:

$a \wedge \overline{b} \vee c = y$

Darstellung mittels Schalttabelle:

a	b	c	$\overline{b}$	$a \wedge \overline{b}$	$(a \wedge \overline{b}) \vee c = y$
0	0	0	1	0	$0 \vee 0 = 0$
0	0	1	1	0	$0 \vee 1 = 1$
0	1	0	0	0	$0 \vee 0 = 0$
0	1	1	0	0	$0 \vee 1 = 1$
1	0	0	1	1	$1 \vee 0 = 1$
1	0	1	1	1	$1 \vee 1 = 1$
1	1	0	0	0	$0 \vee 0 = 0$
1	1	1	0	0	$0 \vee 1 = 1$

Der erste Schritt zur Findung der Wertes der Ausgangsgröße y ist die Negation der Eingangsgröße b. Die negierte Eingangsgröße b wird mit a konjunktiv verknüpft. Das Ergebnis ist in der Spalte 5 dargestellt. Anschließend wird dieses Ergebnis in der folgenden Spalte mit der Eingangsgröße c disjunktiv verknüpft; das Verknüpfungsergebnis wird der Ausgangsgröße y zugewiesen.

3.1.2.2 Das Absorptions-Gesetz

Das Absorptions-Gesetz stellt ebenfalls eine Möglichkeit zur Vereinfachung von Schaltfunktionen dar.

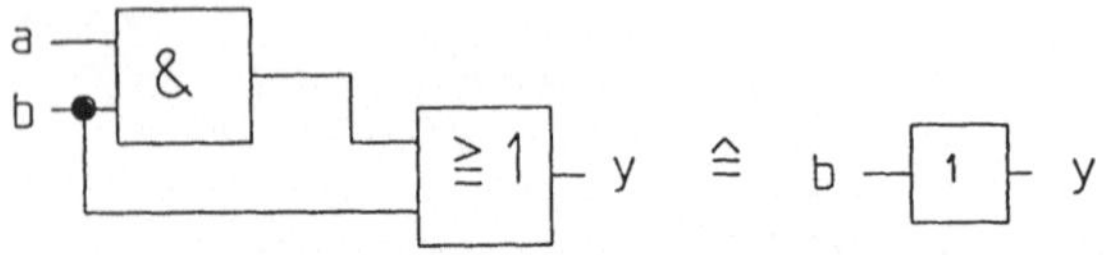

a
b
&
≧1
y
≙
b
1
y

Bild 3.15
Gemischte Schaltung 3

$$y = (a \wedge b) \vee b = b \wedge (1 \vee a) = b$$

Die Ausgangsgröße y wird immer nur von dem Wert der Eingangsgröße b bestimmt, unabhängig vom Wert der Eingangsgröße a.

für a = 0 gilt: $(0 \wedge b) \vee b = b$

für a = 1 gilt: $(1 \wedge b) \vee b = b$

$(a \wedge b) \vee b = b$ (Absortionsgesetz)

3.1.2.3 Die Gesetze von de Morgan

Wird die UND- oder die ODER-Verknüpfung durch ein nachgeschaltetes NICHT-Element negiert, dann spricht man von der NAND- oder NOR-Funktion.

a) NAND-Verknüpfung

$\overline{(a \wedge b)} = y$

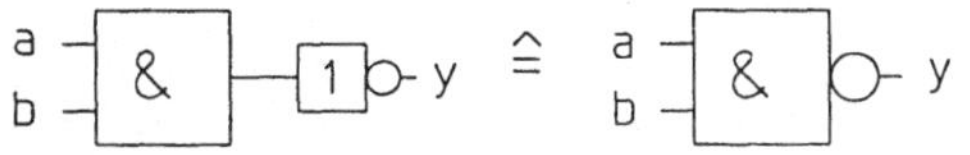

Bild 3.16 NAND-Schaltzeichen

Schalttabelle:

a	b	$a \wedge b$	$\overline{a \wedge b} = y$
0	0	0	1
0	1	0	1
1	0	0	1
1	1	1	0

b) NOR-Verknüpfung

$\overline{(a \vee b)} = y$

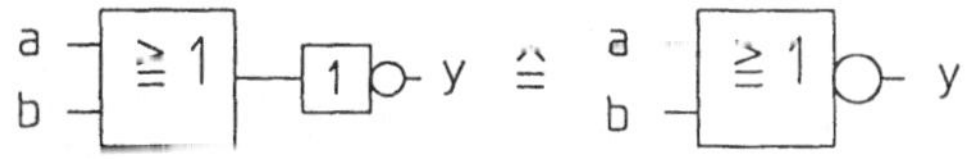

Bild 3.17 NOR-Schaltzeichen

Schalttabelle:

a	b	$a \vee b$	$\overline{a \vee b} = y$
0	0	0	1
0	1	1	0
1	0	1	0
1	1	1	0

Das Ergebnis der NAND-Verknüpfung läßt sich auch durch die disjunktive Verknüpfung zweier Variablen erreichen, wenn beide Eingänge des ODER-Elements negiert werden.

Schalttabelle:

a	b	$\overline{a}$	$\overline{b}$	$\overline{a} \vee \overline{b} = \overline{a \wedge b} = y$
0	0	1	1	1 = 1 = 1
0	1	1	0	1 = 1 = 1
1	0	0	1	1 = 1 = 1
1	1	0	0	0 = 0 = 0

$\bar{a} \vee \bar{b} = \overline{a \wedge b}$ (1. Gesetz von de Morgan)

Die NOR-Verknüpfung kann durch eine entsprechende Konjunktion von 2 negierten Eingängen ersetzt werden.

$\overline{a \vee b} = \bar{a} \wedge \bar{b}$ (2. Gesetz von de Morgan)

Ferner gelten die folgenden Ausagen:

$\bar{a} \vee \bar{b} \vee \bar{c} = \overline{a \wedge b \wedge c}$	$\overline{a \vee b \vee c} = \bar{a} \wedge \bar{b} \wedge \bar{c}$
$\overline{\bar{a} \vee \bar{b} \vee \bar{c}} = \overline{\overline{a \wedge b \wedge c}}$	$\overline{\overline{a \vee b \vee c}} = \overline{\bar{a} \wedge \bar{b} \wedge \bar{c}}$
$\overline{\bar{a} \vee \bar{b} \vee \bar{c}} = a \wedge b \wedge c$	$a \vee b \vee c = \overline{\bar{a} \wedge \bar{b} \wedge \bar{c}}$

Zusammenstellung der Theoreme und Gesetze der Schaltalgebra

<table>
<tr><td>$a \wedge 0 = 0$</td><td>$a \vee 0 = a$</td><td>Netz mit offenem Kontakt</td></tr>
<tr><td>$a \wedge 1 = a$</td><td>$a \vee 1 = 1$</td><td>Netz mit geschlossenem Kontakt</td></tr>
<tr><td>$a \wedge a = a$</td><td>$a \vee a = a$</td><td>Gesetze der Idempotenz</td></tr>
<tr><td>$a \wedge \bar{a} = 0$</td><td>$a \vee \bar{a} = 1$</td><td>Gesetze des Komplements</td></tr>
<tr><td colspan="2">$\bar{\bar{a}} = a$</td><td>Doppeltes Komplement</td></tr>
<tr><td>$a \wedge b = b \wedge a$</td><td>$a \vee b = b \vee a$</td><td>Kommutativ-Gesetz</td></tr>
<tr><td colspan="2">$(a \wedge b) \wedge c = a \wedge (b \wedge c) = a \wedge b \wedge c$</td><td>1. Assoziativ-Gesetz</td></tr>
<tr><td colspan="2">$(a \vee b) \vee c = a \vee (b \vee c) = a \vee b \vee c$</td><td>2. Assoziativ-Gesetz</td></tr>
<tr><td colspan="2">$a \wedge c \vee b \wedge c = (a \vee b) \wedge c$</td><td>1. Distributiv-Gesetz</td></tr>
<tr><td colspan="2">$(a \vee c) \wedge (b \vee c) = a \wedge b \vee c$</td><td>2. Distributiv-Gesetz</td></tr>
<tr><td colspan="2">$\overline{a \wedge b} = \bar{a} \vee \bar{b}$</td><td>1. Gesetz von de Morgan</td></tr>
<tr><td colspan="2">$\overline{a \vee b} = \bar{a} \wedge \bar{b}$</td><td>2. Gesetz von de Morgan</td></tr>
<tr><td colspan="2">$a \wedge (a \vee b) = a$</td><td>Absorptionsgesetz</td></tr>
<tr><td colspan="2">$a \vee (a \wedge b) = a$</td><td>Absorptionsgesetz</td></tr>
</table>

3.2 Das Karnaugh-Veitch-Diagramm

3.2.1 Allgemeines

Das Karnaugh-Veitch-(KV-)Diagramm dient zur grafischen Darstellung von Schaltfunktionen. Für jede Ausgangsgröße muß ein KV-Diagramm entwickelt werden. Ein solches Diagramm entsteht durch wiederholtes Spiegeln der Felder.

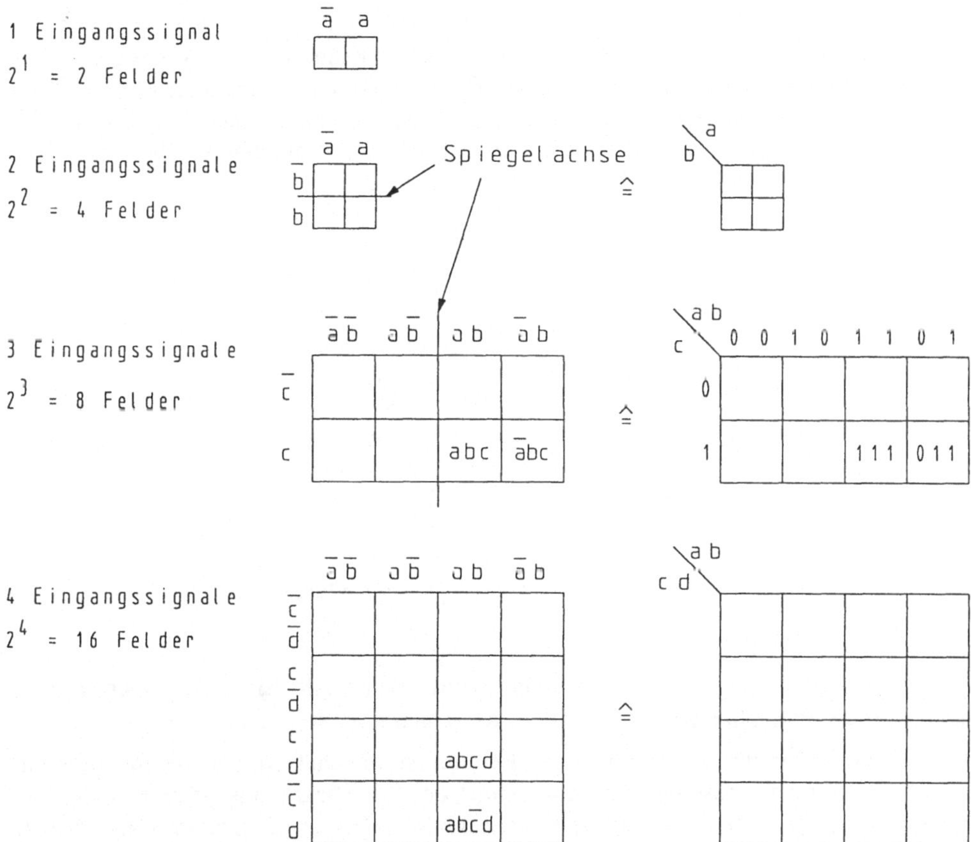

Bild 3.18 Entwicklung des KV-Diagramms

Für jede hinzukommende Eingangsgröße wird das ursprüngliche Feld um ein weiteres erweitert. Im ursprünglichen Feld hat die neu hinzukommende Eingangsgröße den Wert 0; im neuen Feld hat sie den Wert 1. Die Variablen der Eingangsgrößen werden üblicherweise an den Rand des KV-Diagramms geschrieben. In die Felder des KV-Diagramms wird eingetragen, wie die Ausgangsgröße auf die Kombination der Zustände der Eingangsgröße reagiert in Abhängigkeit von der Verknüpfungsfunktion. Das Vorgehen entspricht der Erstellung einer Schalttabelle. Es wird also geprüft, ob die Verknüpfungsfunktion y = 0 oder y = 1 liefert, wenn die Eingangsgrößen die Werte annehmen, die die Variablen der Eingangsgrößen am Rand vorgeben (Bild 3.18).

3.2.2 Die Darstellung der Grundverknüpfungen im KV-Diagramm

	$\bar{a}$	a
$\bar{b}$	0	0
b	0	1

Bild 3.19
UND-Verknüpfung

Aus der Schalttabelle für die UND-Verknüpfung ist bekannt, daß die Ausgangsgröße y nur dann den Wert 1 annimmt, wenn beide Eingangsgrößen, a und b, den Wert 1 führen. Diese Bedingung der UND-Verknüpfung ist in exakt einem Feld des KV-Diagramms erfüllt. Dieses Feld ist mit 1 belegt. Werden 4 Eingangsgrößen mit UND verknüpft, so stellt sich dies im KV-Diagramm wie folgt dar:

	$\bar{a}\,\bar{b}$	$a\,\bar{b}$	$a\,b$	$\bar{a}\,b$
$\bar{c}\,\bar{d}$	0	0	0	0
$c\,\bar{d}$	0	0	0	0
$c\,d$	0	0	1	0
$\bar{c}\,d$	0	0	0	0

$\hat{=}$

	$\bar{a}\,\bar{c}$	$a\,\bar{c}$	$a\,c$	$\bar{a}\,c$
$\bar{b}\,\bar{d}$	0	0	0	0
$b\,\bar{d}$	0	0	0	0
$b\,d$	0	0	1	0
$\bar{b}\,d$	0	0	0	0

Bild 3.20 KV-Diagramm für 4 Eingangsvariable (UND-Verknüpfung)

Die UND-Verknüpfung ist also nur dann erfüllt, wenn alle Eingangsgrößen 1-Wert haben. Dieses Feld läßt sich leicht aus dem KV-Diagramm ermitteln.

Bei der Zuordnung der Variablen zu den Feldern ist zu beachten, daß sie ebenfalls um die jeweilige Spiegelachse bei der Entwicklung des KV-Diagramms gespiegelt werden. Beim Übergang von einem Feld zum benachbarten Feld darf sich in waagerechter (Abszisse) und senkrechter (Ordinate) Richtung immer nur eine Variable ändern! Wenn diese Bedingung beachtet wird, darf sich die Reihenfolge der eingetragenen Variablen ändern: also anstelle a, b nach a, c in der Abszissenachse und von c, d in der Ordinatenachse nach b, d.

	$\bar{a}$	a
$\bar{b}$	0	1
b	1	1

Bild 3.21
ODER-Verknüpfung

Die ODER-Grundverknüpfung ist nur dann nicht erfüllt, wenn beide Variablen der Eingangsgröße 0-Wert haben. Alle anderen Felder liefern y = 1.

Bei der Negation beinhalten die Felder des KV-Diagramms den umgekehrten (invertierten) Wert der Eingangsgröße a.

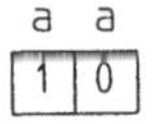

$\bar{a}$	a
1	0

Bild 3.22
NICHT-Funktion

3.2.3 Darstellung wichtiger Regeln der Schaltalgebra im KV-Diagramm

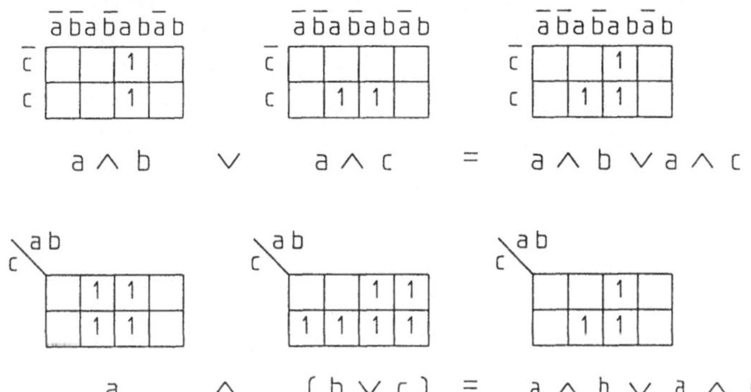

Bild 3.23 Distributiv-Gesetz

Zunächst sind jeweils die Felder mit 1 belegt, in denen $a \wedge b$ bzw. $a \wedge c$ 1-Wert haben. Diese Felder sind aufgrund der Anordnung der Variablen der Eingangsgrößen am KV-Diagramm leicht zu identifizieren. Die Verknüpfung dieser Felder durch das logische ODER führt zu 3 Feldern, die mit 1-Wert belegt sind. Werden die Variablen b, c durch eine Klammer zusammengefaßt und durch ODER verknüpft ($b \vee c$), führt dies zu 6 Feldern, die 1-Wert haben. Die Variable a hat in 4 Feldern den Wert 1. Zu ermitteln sind anschließend alle Felder, die sowohl durch a und durch die Verknüpfung der Variablen in der Klammern belegt sind. Dieses sind genau jene drei Felder, die der oberen Darstellung entsprechen.

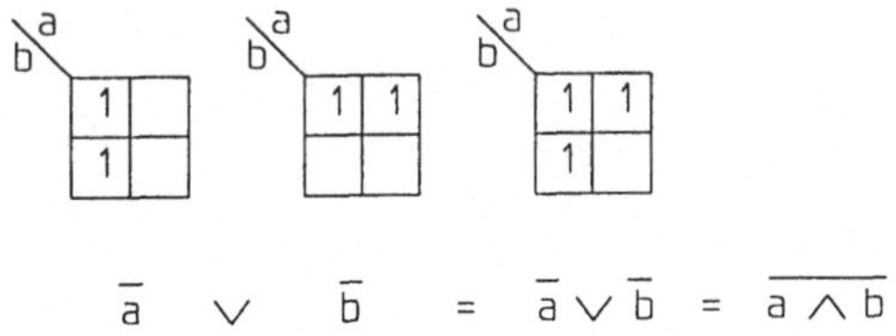

$$\bar{a} \quad \vee \quad \bar{b} \quad = \quad \bar{a} \vee \bar{b} \quad = \quad \overline{a \wedge b}$$

Bild 3.24
1. Gesetz von de Morgan

Die variablen Eingangsgrößen a bzw. b haben in je zwei Feldern den Zustand 0 und in zwei Feldern den Zustand 1. Aufgrund ihrer Negation wird in die 0-Felder 1-Wert eingetragen. Werden die beiden negierten variablen Eingangsgrößen durch ODER verknüpft, führt dies zu dem dargestellten Ergebnis. Dieses Ergebnis entspricht der Negation der konjunktiven Verknüpfung der beiden Variablen a und b.

$$\overline{a} \wedge \overline{b} = \overline{a} \wedge \overline{b} = \overline{a \vee b}$$

Bild 3.25
2. Gesetz von de Morgan

Im 2. Gesetz von de Morgan werden die negierten variablen Eingangsgrößen mit UND verknüpft. Als Ergebnis bleibt 1 Feld mit 1-Wert. Das Ergebnis der Disjunktion der beiden Variablen belegt 3 Felder mit 1-Wert und 1 Feld mit 0-Wert. Die Negation führt zu einer Umkehrung dieses Ergebnisses, also zu einem Feld mit 1-Wert.

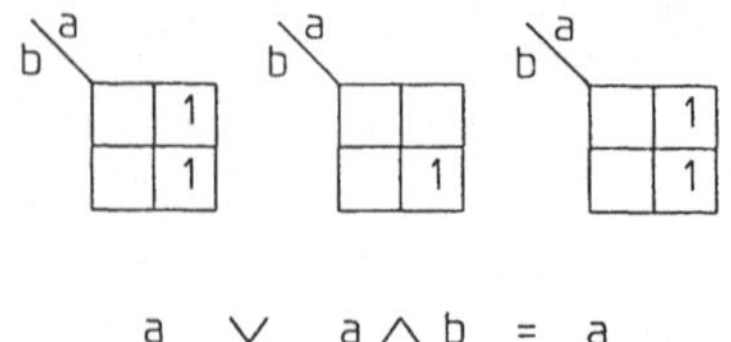

Bild 3.26
Absorptionsgesetz

Werden die Felder entsprechend der zerlegten Gleichung in bekannter Weise für a=1 bzw. a∧b=1 belegt und anschließend zusammengefaßt, so wird deutlich, daß der Wert der Variablen a für das Ergebnis der Verknüpfung entscheidend ist.

3.3 Vereinfachung von Verknüpfungsfunktionen

3.3.1 Ermittlung von Verknüpfungsfunktionen aus Schalttabellen

3.3.1.1 Die disjunktive Normalform der Verknüpfungsfunktion

Möglicherweise sind von einer Verknüpfungssteuerung nur die Eingangsgrößen und die Ausgangsgröße bekannt; die Schaltung nicht. Die Bedingungen, die zur Erfüllung der Schaltfunktion (y = 1) führen, können dann mit Hilfe einer Schalttabelle ermittelt werden. Dazu werden die Belegungen der Eingänge und die zugeordneten Werte der Ausgangsgröße in einer Schalttabelle dargestellt.

Schalttabelle:

a	b	y
0	0	0
0	1	1
1	0	1
1	1	0

Aus dieser einfachen Schalttabelle muß nun eine Schaltung – eine Verknüpfungssteuerung – entworfen werden, welche die Signale für die Ausgangsgrößen liefert.

Hierzu seinen 2 Möglichkeiten aufgezeigt.

In der Schalttabelle liefern zwei Zeilen für die Ausgangsgröße y den Wert 1. Diese sind:

1. a = 0 und b = 1

   oder

2. a = 1 und b = 0.

Verknüpft man die beiden Variablen der Eingangsgrößen mit UND, so ist die Verknüpfung für y = 1 nur dann erfüllt, wenn der Wert der Variablen a negiert wird. Für die 2. Zeile, in der y = 1 ist, muß, damit die UND-Verknüpfung der beiden variablen Eingangsgrößen erfüllt ist, die Variable b negiert werden.

Werden die beiden Konjunkte nun disjunktiv verknüpft, erhält man die disjunktive Normalform der Verknüpfungsfunktion.

$$\bar{a} \wedge b \vee a \wedge \bar{b} = y$$

Werden in diese Gleichung die Werte der Zeilen 1 und 4 eingesetzt, dann ist die Bedingung y = 1 nicht erfüllt. In der disjunktiven Normalform der Schaltgleichung werden alle Konjunktionen der Eingangsgrößen, welche für y = 1 liefern, disjunktiv verknüpft. Den konjunktiven Term nennt man den MINTERM, da nur eine Verknüpfung aller Eingangsvariablen für die Ausgangsgröße den Wert 1 liefert.

Die grafische Darstellung der disjunktiven Normalform der Verknüpfungsgleichung ist nachstehend im KV-Diagramm dargestellt.

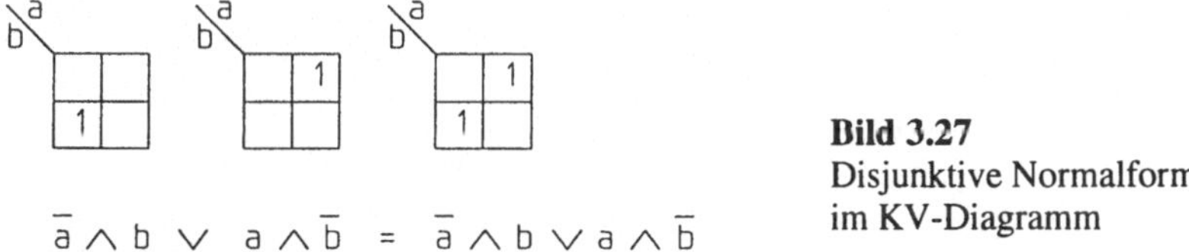

Bild 3.27
Disjunktive Normalform im KV-Diagramm

Beide Konjunktionen belegen jeweils 1 Feld im KV-Diagramm. Aufgrund der disjunktiven Verknüpfung der beiden Felder sind als Ergebnis 2 Felder im KV-Diagramm belegt.

3.3.1.2 Die konjunktive Normalform der Verknüpfungsfunktion

Für die konjunktive Normalform der Schaltgleichung reicht es nicht aus, jeweils die UND- gegen eine ODER-Verknüpfung auszutauschen. Eine ODER-Verknüpfung der Eingänge ergibt nur eine Eingangssignal-Kombination, welche 0 als Ausgangssignal liefert. Alle anderen Signalkombinationen liefern 1 als Ausgangssignal. Den disjunktiven Term nennt man deshalb den MAXTERM. Die konjunktive Normalform muß in den Zeilen der Schalttabelle gesucht werden, in denen y = 0 ist. Dies trifft für die Zeilen 1 und 4 zu. Für die erste Zeile gilt:

a = 0 oder b = 0 führt zu y = 0.

Die ODER-Verknüpfung der Variablen mit dem Wert 1 in der Zeile 4 führt nicht zu y = 0. Wie bekannt, hat die ODER-Verknüpfung von zwei Variablen nur für die Bedingung der 1. Zeile 0-Wert als Ausgangsgröße. Dieses ist nur dann zu erreichen, wenn die Eingangsgrößen der 4. Zeile negiert werden, also:

$$\bar{a} \vee \bar{b} = y$$

Die konjunktive Normalform lautet somit:

$$(a \vee b) \wedge (\bar{a} \vee \bar{b}) = y$$

Sie ist nur erfüllt, wenn beide Disjunkte 1 liefern. Dies ist nur der Fall, wenn die Werte der Eingangsgrößen der Zeilen 2 oder 3 auftreten.

$$(0 \vee 1) \wedge (\bar{0} \vee \bar{1}) = 1 \wedge 1 = 1$$

Nachstehend ist die konjunktive Verknüpfung im KV-Diagramm nachgebildet.

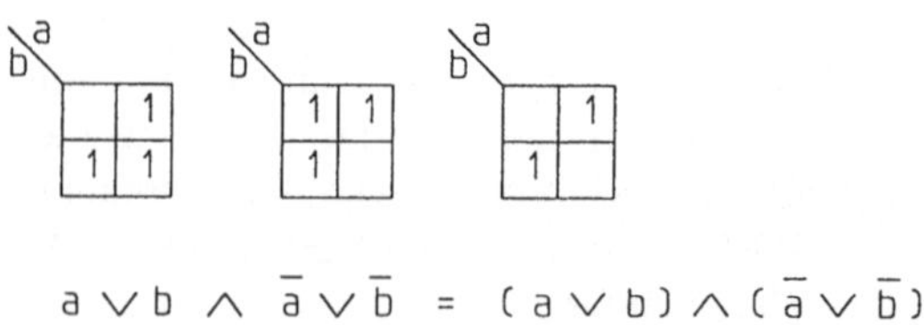

Bild 3.28
Konjunktive Normalform im KV-Diagramm

Die Lösung für die Verknüpfungssteuerung entspricht einem Antivalenz-Glied (Exklusiv-ODER), welches immer dann am Ausgang den Wert 1 führt, wenn die Zustände an den Eingängen verschieden sind.

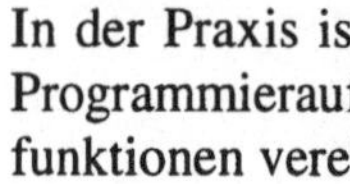

a
b
= 1
y

Bild 3.29
Antivalenz-Glied (XOR)

3.3.2 Minimierung von Verknüpfungsfunktionen mit Hilfe der Schaltalgebra und des KV-Diagramms

In der Praxis ist man bestrebt, Schaltungen mit wenigen Bauelementen oder geringem Programmieraufwand zu entwickeln. Anhand einiger Beispiele sollen Verknüpfungsfunktionen vereinfacht (minimiert) werden.

Zunächst soll aus einer vorhandenen Schalttabelle die Verknüpfungsfunktion ermittelt und vereinfacht werden.

Da die Ausgangsgröße y je 4-mal den Wert 0 und 1 hat, kann zur Ermittlung der Verknüpfungsfunktion sowohl die disjunktive als auch die konjunktive Normalform gewählt werden.

Schalttabelle:

a	b	c	y
0	0	0	0
0	0	1	1
0	1	0	0
0	1	1	1
1	0	0	0
1	0	1	0
1	1	0	1
1	1	1	1

Disjunktive Normalform (DNF):

$$\bar{a} \wedge \bar{b} \wedge c \vee \bar{a} \wedge b \wedge c \vee a \wedge b \wedge \bar{c} \vee a \wedge b \wedge c = y$$

$$[\bar{a} \wedge c \wedge (\bar{b} \vee b)] \vee [a \wedge b \wedge (\bar{c} \vee c)] = y$$

$$[\bar{a} \wedge c \wedge 1] \vee [a \wedge b \wedge 1] = y$$

$$\bar{a} \wedge c \vee a \wedge b = y$$

Aus der Schalttabelle werden alle Zeilen, die y = 1 liefern, disjunktiv verknüpft. Durch Anwendung des Distributivgesetzes können die beiden ersten Konjunkte und die beiden letzten Konjunkte zusammengefaßt werden. In der verbleibenden Klammer ist ersichtlich, daß sowohl die Variable b als auch c jeweils auf 1 oder 0 abgefragt werden. Aufgrund des Komplement-Gesetzes ergibt sich somit ein ständiger 1-Wert, eine Konstante. Konstanten entsprechen ständig geschlossenen (oder geöffneten) Kontakten und haben somit keine Schaltfunktion. Übrig bleibt die minimierte Schaltgleichung.

Konjunktive Normalform (KNF):

$$(a \vee b \vee c) \wedge (a \vee \bar{b} \vee c) \wedge (\bar{a} \vee b \vee c) \wedge (\bar{a} \vee b \vee \bar{c}) = y$$

$$[(a \vee c) \wedge (b \vee \bar{b})] \wedge [(\bar{a} \vee b) \wedge (c \vee \bar{c})] = y$$

$$[(a \vee c) \wedge 1] \wedge [(\bar{a} \vee b) \wedge 1] = y$$

$$(a \vee c) \wedge (\bar{a} \vee b) = y$$

Die konjunktive Normalform der Verknüpfungsfunktion faßt alle Zeilen der Schalttabelle zusammen, die für die Ausgangsgröße 0-Wert liefern. Damit die Disjunkte in den Klammern 0-Wert ergeben, werden jene Eingangsgrößen, die 1-Wert haben, negiert. Die so formulierte konjunktive Normalform der Verknüpfungsfunktion kann wiederum mit Hilfe der Regeln der Schaltalgebra minimiert werden.

Werden die variablen Zustände der Eingangsgrößen a, b, c entsprechend der Schalttabelle in die gefundenen Schaltgleichungen eingesetzt, nimmt die Ausgangsgröße y die Werte der Schalttabelle an.

Eine minimierte Schaltgleichung kann unter Berücksichtigung der Regeln der Schaltalgebra auch aus dem KV-Diagramm abgelesen werden.

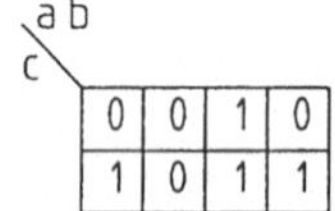

Bild 3.30
KV-Diagramm zur Schalttabelle mit 3 Eingangsvariablen

Dabei sind folgende Regeln zu beachten:

(1) Felder, die gleich belegt sind, können in vertikaler und horizontaler Richtung zu Blöcken zusammengefaßt werden.

(2) Die Zahl der Felder in einem Block muß eine Potenz von 2 sein.

(3) Die zu Blöcken zusammengefaßten Felder müssen benachbart sein. Wird ein Block von einer Spiegel-/Erweiterungslinie geschnitten, so muß er dazu symmetrisch liegen.

(4) Ändert sich innerhalb eines Blockes eine Variable beim Übergang von einem Feld zum anderen, so wird diese Variable nicht abgelesen.

Diese Regel kann auch für Blöcke mit einer Anzahl von Feldern, die eine Potenz von Zwei sind (2, 4, 8, ...) angewendet werden.

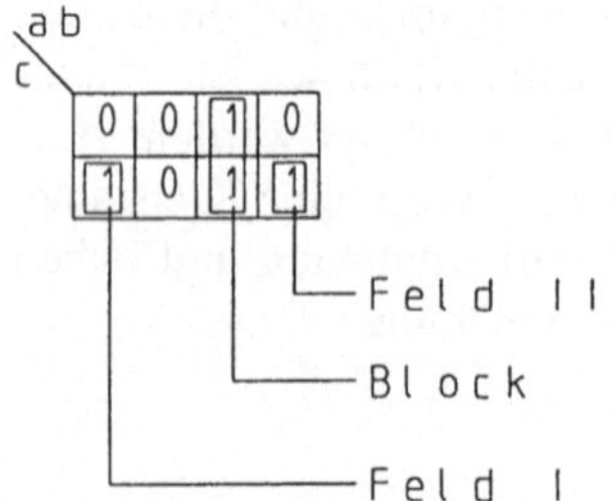

Bild 3.31
KV-Diagramm (DNF)

Folgende Verknüpfungen können aus dem KV-Diagramm abgelesen werden:

Feld I: $\bar{a} \wedge \bar{b} \wedge c$

Feld II: $\bar{a} \wedge b \wedge c$

Die Variablen, die den Wert des Feldes im KV-Diagramm bestimmen, werden in Analogie zum Vorgehen bei der Entwicklung von Schaltfunktionen aus Schalttabellen konjunktiv verknüpft, wenn die Schaltgleichung in disjunktiver Form ermittelt wird. Die beiden Felder des Blockes beinhalten folgende Verknüpfung der Eingangsvariablen:

Block: $a \wedge b \wedge \bar{c}$ bzw. $a \wedge b \wedge c$

Unter Anwendung der Regel (4) wird jene Variable, die beim Übergang von einem Feld zum anderen Feld ihren Wert ändert, nicht abgelesen.

Dies gilt für die Variable c und entspricht:

$$c \vee \bar{c} = 1$$

Folglich kann für den Block unter Berücksichtigung dieser Regel folgende Verknüpfung abgelesen werden:

$$a \wedge b$$

Wendet man die Regel 3 an, so können auch die Felder I und II zusammengefaßt werden. Auch sie liegen spiegelbildlich. Dieses führt für den so entstandenen 2. Block zu der Gleichung:

$$\bar{a} \wedge c$$

Betrachtet man dazu die Gleichungen für die Felder I und II, so ist die Richtigkeit dieser Überlegung leicht einzusehen, denn die Variable b ändert beim Übergang von einem Feld zum anderen ihren Wert! Zusammengefaßt ergibt sich also:

$$a \wedge b \vee \bar{a} \wedge c = y$$

Bild 3.32
KV-Diagramm (KNF)

Zur Ermittlung der minimierten konjunktiven Normalform der Verknüpfungsgleichung verwendet man die Felder des KV-Diagramms, in denen der Wert der Ausgangsgröße 0 ist. Bildet man nun entsprechend den vorstehend erläuterten Regeln Blöcke, so ergibt sich:

Block I: $\bar{a} \vee \bar{c}$

Die Variable b ändert beim Übergang von einem Feld zum anderen Feld ihren Wert, entsprechend:

$$\bar{b} \vee b = 1$$

Werden nun die für diese beiden Felder abzulesenden Werte der variablen Eingangsgrößen eingesetzt, ergibt sich für die Felder des Blocks I der Wert 1, denn sowohl a als auch c haben 0-Wert. Dies ergibt eingesetzt:

$$\bar{0} \vee \bar{0} = 1$$

Damit die Ausgangsgröße den Wert 0 hat, entsprechend dem KV-Diagramm, müssen beide Eingangsgrößen negiert werden, also:

$$\bar{\bar{a}} \vee \bar{\bar{c}} = a \vee c = 0 \vee 0 = 0$$

Block II: $a \vee \bar{b}$

Die Variable c entfällt aufgrund des Wechsels der Wertigkeit.

Aufgrund der diskutierten Gegebenheiten bei der Formulierung der konjunktiven Normalform der Schaltfunktion müssen wieder die Variablen des gefundenen Terms negiert werden. Dies führt zu:

$$\bar{a} \vee b = 0$$

Zusammengefaßt führt dies zu der bekannten Gleichung:

$$(a \vee c) \wedge (\bar{a} \vee b) = y$$

Das besprochene Beispiel war so gewählt, daß die abhängige Schaltgröße je 4-mal 0-Wert und je 4-mal 1-Wert hatte. Im allgemeinen wird die abhängige Größe seltener 1-Wert haben, was zur Verwendung der disjunktiven Normalform der Schaltgleichung führt. Grundsätzlich wird man die Form wählen, welche zu einer überschaubaren Gleichung führt.

Anwendung der Gesetze von de Morgan:

Gegeben sei folgende Verknüpfungsgleichung:

$$y = c \wedge (\overline{a \wedge b}) \vee (\overline{\bar{a} \wedge \bar{b}})$$

Wendet man auf die beiden Klammern die Gesetze von de Morgan an, ergibt sich für erste Klammer folgendes:

$$(\overline{a \wedge b}) = (\bar{a} \vee \bar{b})$$

Für den letzten Term ergibt sich:

$$(\overline{\bar{a} \wedge \bar{b}}) = (\bar{\bar{a}} \vee \bar{\bar{b}})$$

Die letzte Gleichung läßt sich durch Anwendung des Gesetzes vom doppelten Komplement folgendermaßen darstellen:

$$(\bar{\bar{a}} \vee \bar{\bar{b}}) = (a \vee b)$$

Eingesetzt führt dies zu folgender Gleichung:

$$y = c \wedge (\bar{a} \vee \bar{b}) \vee (a \vee b)$$

Durch Anwendung des Kommutativgesetzes und der Gesetze des Komplements ergibt sich, daß die Ausgangsgröße y ausschließlich abhängig ist vom Wert der Eingangsgröße c.

$$y = c \wedge (\bar{a} \vee a) \vee (\bar{b} \vee b)$$

$$y = c \wedge 1 \vee 1$$

$$y = c$$

Term ohne Vollkonjunktion:

Gegeben sei folgende Verknüpfungsgleichung:

$$(\bar{a} \wedge b \wedge c \wedge \bar{d}) \vee (\bar{a} \wedge \bar{c} \wedge \bar{d}) = y$$

Der letzte Term in der vorstehenden Gleichung ist keine Vollkonjunktion, da die Variable b nicht vorhanden ist. Das KV-Diagramm kann nun nicht ohne weiteres zur Vereinfachung herangezogen werden.

Der letzte Term muß mit dem Ausdruck:

$$b \vee \overline{b}$$

„erweitert“ werden.

$$(\overline{a} \wedge \overline{c} \wedge \overline{d}) \wedge (b \vee \overline{b}) \text{ ergibt}$$

$$(\overline{a} \wedge \overline{c} \wedge \overline{d} \wedge b) \vee (\overline{a} \wedge \overline{c} \wedge \overline{d} \wedge \overline{b})$$

Die komplette Schaltgleichung lautet mithin:

$$(\overline{a} \wedge b \wedge c \wedge \overline{d}) \vee (a \wedge \overline{c} \wedge \overline{d} \wedge b) \vee (\overline{a} \wedge \overline{c} \wedge \overline{d} \wedge \overline{b}) = y$$

Sie kann in folgender Weise minimiert werden:

$$\overline{a} \wedge \overline{d} \wedge [(b \wedge c) \vee (\overline{c} \wedge b) \vee (\overline{b} \wedge \overline{c})] = y$$

$$\overline{a} \wedge \overline{d} \wedge [\{b \wedge (c \vee \overline{c})\} \vee (\overline{b} \wedge \overline{c})] = y$$

$$\overline{a} \wedge \overline{d} \wedge [b \wedge 1 \vee (\overline{b} \wedge \overline{c})] = y$$

$$\overline{a} \wedge \overline{d} \wedge [b \vee (\overline{b} \wedge \overline{c})] = y$$

$$\overline{a} \wedge \overline{d} \wedge [b \vee \overline{b} \wedge b \vee \overline{c}] = y$$

$$\overline{a} \wedge \overline{d} \wedge (b \vee \overline{c}) = y$$

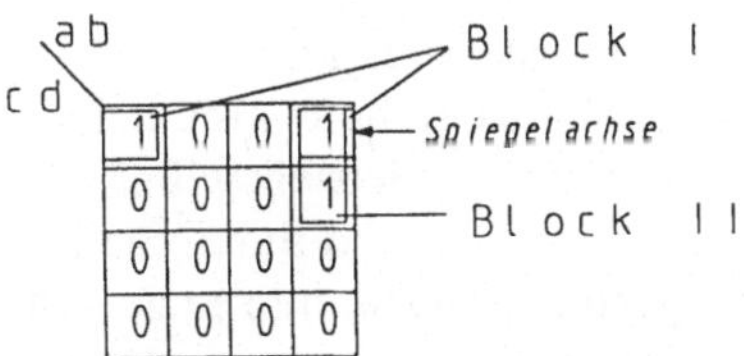

Bild 3.33
KV-Diagramm für 4 Eingangsvariable

Nach der Blockbildung können folgende Gleichungen aus dem KV-Diagramm abgelesen werden:

Block I: $(\overline{a} \wedge \overline{d} \wedge \overline{c})$

Block II: $(\overline{a} \wedge b \wedge \overline{d})$

Werden die beiden Konjunkte mit ODER verknüpft, erhält man die disjunktive Normalform der Verknüpfungsgleichung.

Betrachtet man diese Gleichung, so stellt man fest, daß in den Konjunkten der beiden Blöcken die Variablen a und d negiert vorkommen. Dieses ermöglicht eine weitere Vereinfachung der Verknüpfungsgleichung. Sie hat dann folgende Form:

$$(\overline{a} \wedge \overline{d}) \wedge (b \vee \overline{c}) = y$$

3.4 Grafische Darstellung von Steuerungsaufgaben

3.4.1 Schaltpläne

Ein Schaltplan ist die zeichnerische Darstellung von Betriebsmitteln durch Schaltzeichen. Er zeigt die Art, in der die verschiedenen Betriebsmittel zueinander in Beziehung stehen und miteinander verbunden sind. Schaltpläne können ergänzt werden durch andere Schaltungsunterlagen, welche ebenfalls die Funktion der Schaltung erläutern oder verdeutlichen. Solche sind das Diagramm, die Tabelle und die Beschreibung.

Ein Diagramm ist die grafische Darstellung von Beziehungen zwischen:

- verschiedenen Vorgängen,
- Vorgängen und ihrer Zeitabhängigkeit,
- Vorgängen und physikalischen Größen,
- Zuständen mehrerer Betriebsmittel.

Diagramme sollen das Wesentliche herausstellen und dadurch Vorgänge leicht faßlich und einprägsam darstellen.

Eine Tabelle ist eine systematische angeordnete Übersicht, die ohne erläuternden Text verständlich sein soll.

Die Beschreibung ist die sprachliche Fassung eines Sachverhalts.

3.4.1.1 Schaltpläne für fluidtechnische Steuerungen

In fluidtechnischen Systemen erfolgt die Kraftübertragung und -steuerung durch flüssige oder gasförmige Medien, die unter Druck stehen. Die Schaltpläne beinhalten die Schaltzeichen nach DIN ISO 1219 für pneumatische und hydraulische Betriebsmittel und Zubehör. Die Symbole für die Hydraulik- und Pneumatik-Ausrüstung sind funktionell zu deuten. Die Symbole sind weder maßstäblich noch für irgendeine bestimmte Lage festgelegt. Sie sollen jedoch in etwa der Vorgabe in der Norm entsprechen.

In den Schaltplänen geben die Symbole normalerweise Geräte im unbetätigten Zustand an. Jeder andere Zustand kann jedoch dargestellt werden, wenn er klar bestimmt ist. Die im folgenden zu entwicklenden pneumatischen und hydraulischen Schaltpläne werden im allgemeinen in ihrer Ausgangsstellung gezeichnet. Dabei ist die Energie zugeschaltet und die Bauglieder nehmen festgelegte Zustände ein. Besteht die Steuerung aus mehreren Steuerketten, wird sie in nebeneinanderliegende Steuerketten unterteilt, entsprechend der Reihenfolge des Funktionsablaufs. Die Bauglieder der Steuerkette werden ausgehend von der Energieversorgung in Richtung des Energieflusses angeordnet und gekennzeichnet.

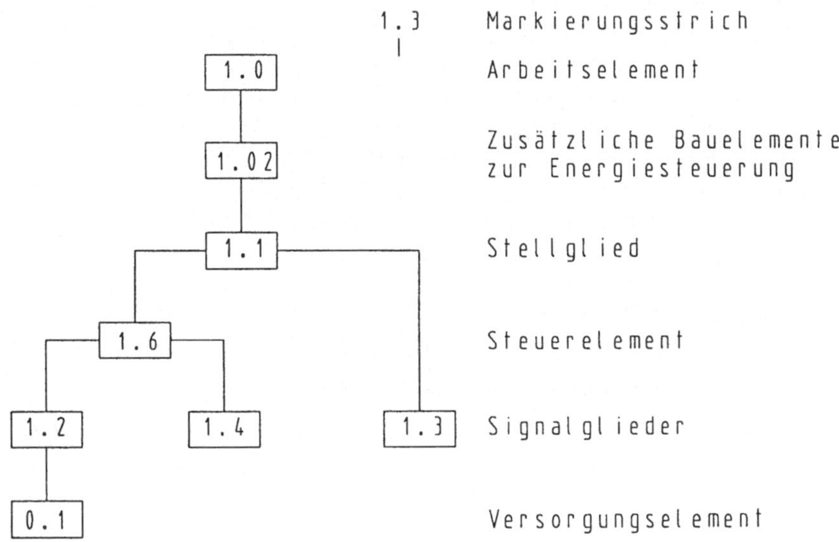

Bild 3.34 Bezeichnungen in Schaltplänen

Die Kennzeichnung des Arbeitselements mit 1.0 soll auf folgendes hinweisen:

1: Bezeichnung der Steuerkette

0: Ordnungs-Nr., welche auf die Funktion innerhalb der Steuerkette hinweist,
z.B. 0 Arbeitselement (= Antriebselement)
1 Stellelement

Die Versorgungsglieder dienen der gesamten Steuerung. Die Druckquelle kann mehrmals eingezeichnet werden, z.B. aus Gründen der Übersichtlichkeit und des Platzes. Signal- und Steuerelemente, die dem Ausfahren dienen, erhalten gerade Ziffern, jene die dem Einfahren dienen, erhalten ungerade Ziffern. Steuerelemente sind Ventile, die der Signalverknüpfung dienen. Werden Signal- oder Stellglieder über die Steuernocke einer Kolbenstange betätigt, wird die Einbaustelle durch einen Markierungsstrich und die Kennzeichnung des Bauelements angegeben.

Bauelemente, die zur Gefahrenabschaltung dienen (NOT-AUS), werden im folgenden mit 0.01, ... gekennzeichnet.

Diese Kennzeichnung wird in den pneumatischen und hydraulischen Schaltplänen angewendet.

3.4.1.2 Elektrische Schaltpläne

Elektrische Schaltpläne für die Steuerungstechnik sollen insbesondere Auskunft geben über die Arbeitsweise der Steuerkette (DIN 40719, T3).

Der Stromlaufplan zeigt die ausführliche Darstellung einer Schaltung mit ihren Einzelteilen und gibt Einsicht in die Arbeitsweise der elektrischen Schaltung. Er stellt die Schaltung mit allen Stromwegen dar. Die Stromwege sollen möglichst geradlinig und ohne Kreuzung dargestellt werden. Die räumliche Lage und der mechanische Zusammenhang wird nicht berücksichtigt; dies ist den Kennzeichnungen zu entnehmen. Die Stromwege werden vorzugsweise so angeordnet, daß die Wirkungsrichtung bzw. die Signalflußrichtung von links nach rechts oder von oben nach unten verläuft. Die Stromversorgung kann gekennzeichnet werden durch +,– / L1, L2 u.a.

Der Zweck dieser Anordnung ist:

- leichtes Lesen des Schaltplans,
- Erkennen der Wirkungsweise eines Betriebsmittels oder einer Teilanlage,
- Erleichterung der Prüfung, Wartung und Fehlersuche.

Zu beachten sind weiterhin die Vorschriften und Normen bezüglich der Sicherheit in elektrischen Anlagen.

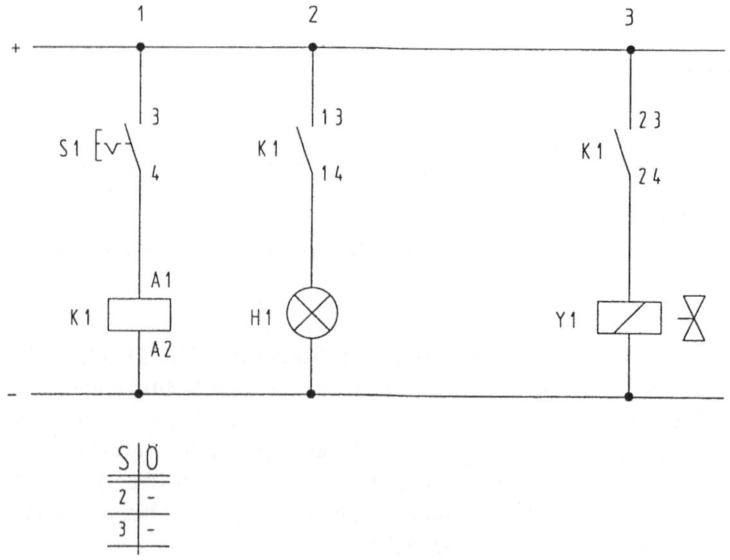

Bild 3.35 Stromlaufplan

Die Kennzeichnung für die Art des Betriebsmittels ist DIN 40719, T2 zu entnehmen, z.B.:

H: Meldeeinrichtung

K: Relais, Schütz

S: Schalter, Wähler

Y: elektrisch betätigte mechanische Einrichtungen.

Die Ziffer gibt die Zählnummer für das jeweilige Betriebsmittel an. Es kann ergänzt werden durch einen Kennbuchstaben für die Funktion, z.B. E = Ein. Eine vollständige Kennzeichnung ist nicht erforderlich. Anschlußbezeichnungen für die einzenen Betriebsmittel sind einzutragen, z.B. 3, 4 für Schließerkontakte oder A1, A2 für Spulenanschlüsse. Die Stromwege sind fortlaufend durchnumeriert. Die Verbindungsstellen werden durch einen Punkt dargestellt. Mechanische Wirkverbindungen können, wenn es für das Verständnis erforderlich ist, gestrichelt dargestellt werden.

Aufgelöst dargestellte Betriebsmittel, z.B. Relais K1, können zum besseren Verständnis der Schaltung an einer Stelle (Stromweg 1) einmal vollständig angegeben werden. Dies kann z.B. geschehen in Form einer Tabelle.

Alle Betriebsmittel werden in der Steuerungs- und Regelungstechnik im spannungs- bzw. stromlosen Zustand und ohne Einwirkung einer Betätigungskraft dargestellt (DIN 40719, T3). Abweichungen hiervon sind besonders zu kennzeichnen.

3.4.2 Der Funktionsplan

Funktionspläne nach DIN 40719, T6 dienen zur grafischen Darstellung von Steuerungen. Sie beschreiben die Funktion und das Verhalten von Steuerungen. Ausgearbeitet wurde diese Form der grafischen Darstellung von Steuerungsaufgaben im Hinblick auf elektrotechnische Anwendungen. Sie kann jedoch auch für pneumatische und hydraulische Steuerungen herangezogen werden, da sie eine allgemeine, prozeßorientierte und von der technischen Realisierung unabhängige Beschreibung ermöglicht.

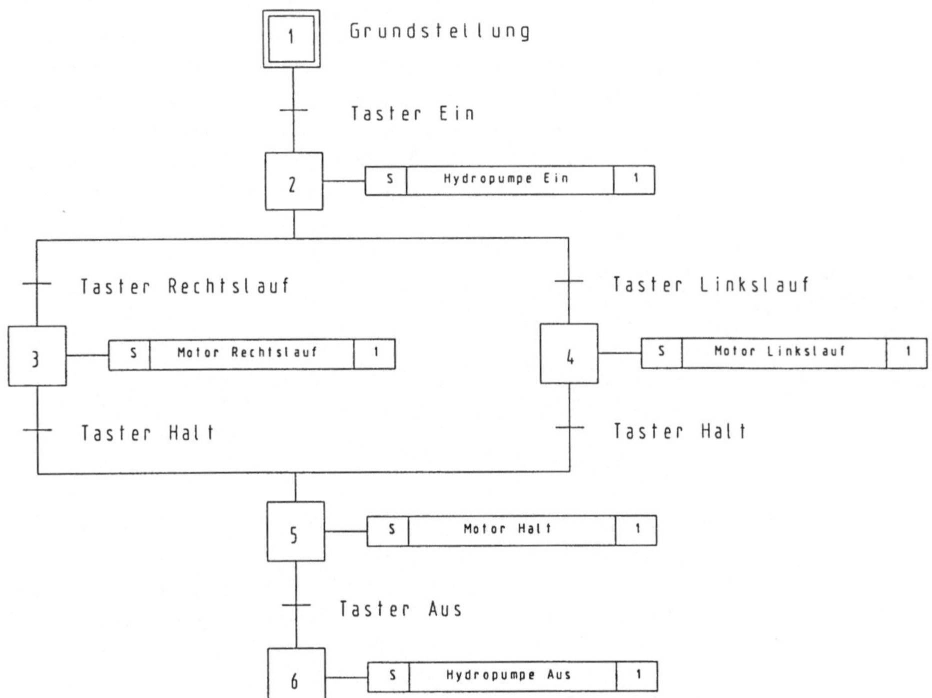

Bild 3.36 Funktionsplan zur Steuerung eines Hydromotors

Funktionspläne nach DIN 40719, T6 können sowohl für die Gesamtbeschreibung einer Steuerungsaufgabe als auch für die präzise Beschreibung der Beziehungen zwischen den Eingängen und dem Ausgang bei Verknüpfungssteuerungen und Ablaufsteuerungen genutzt werden.

Grafische Darstellungen werden im allgemeinen leichter verstanden als geschriebener Text. Da es jedoch schwer ist, für jede Funktion ein Symbol zu finden, erlaubt der Funktionsplan eine Kombination aus grafischen Symbolen und textlichen Aussagen.

Zur Erläuterung der grafischen und textlichen Elemente des Funktionsplans wird die Steuerung des Rechts- und Linkslaufs eines Hydromotors (Schaltplan in Bild 2.44) im Funktionsplan dargestellt.

Der Funktionsplan ist durch folgende Symbole definiert:

- Schritte,
- Übergänge und
- Wirkverbindungen zwischen der Schritten und Übergängen.

3.4.2.1 Schritte und Befehle

Die Schritte charakterisieren das stationäre Verhalten des Systems. Der Schritt wird durch ein Rechteck (empfohlen Quadrat) mit einer Ziffer gekennzeichnet. Der Anfangsschritt wird durch ein doppeltes Quadrat dargestellt und kennzeichnet den Ausgangszustand. Ein Schritt kann zu einem bestimmten Zeitpunkt gesetzt oder nicht gesetzt (rückgesetzt) sein.[1] Wenn ein Schritt gesetzt ist, werden die zugehörigen Befehle ausgegeben.

Um den Ausgangszustand zu überwinden, muß eine Bedingung erfüllt werden, die den ersten Schritt einleitet, im folgenden als Übergangsbedingung bezeichnet. Im betrachteten Beispiel führt die Betätigung des Tasters Ein zu einem neuen Beharrungszustand, dem Schritt 2. Dieser gibt den Befehl „Hydropumpe Ein". Die Pumpe fördert nun andauernd Hydrauliköl. Dieses steht jetzt für den Rechts- bzw. Linkslauf des Hydromotors zur Verfügung. Der Befehl steht rechts neben dem Schritt. Befehle werden wie folgt dargestellt:

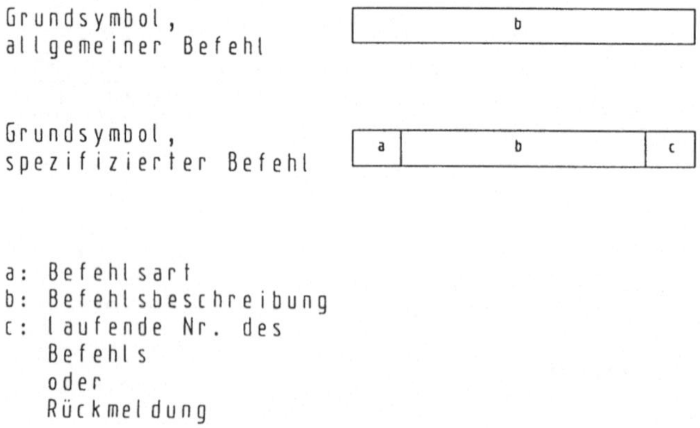

Grundsymbol,
allgemeiner Befehl

b

Grundsymbol,
spezifizierter Befehl

a	b	c

a: Befehlsart
b: Befehlsbeschreibung
c: laufende Nr. des Befehls oder Rückmeldung

Bild 3.37
Befehlssymbole

[1] Dies kann durch die logischen Werte 1 oder 0 dargestellt werden. Ggf. können zu einem bestimmten Zeitpunkt gesetzte Schritte auch durch einen Punkt gekennzeichnet werden.

Ein gesetzter Schritt kann einen oder mehrere Befehle ausgeben.[2] Diese können untereinander oder nebeneinander angeordnet werden. Der durch Schritt 2 ausgegebene Befehl ist ein spezifizierter Befehl. Man unterscheidet folgende Befehlsarten:

S: gespeicherter Befehl
D: verzögerter Befehl
L: zeitlich begrenzter Befehl
P: pulsförmiger Befehl (ersetzt L, wenn die Zeitbegrenzung sehr kurz ist)

Die Buchstaben können auch kombiniert verwendet werden. LS bedeutet, daß das Binärsignal gespeichert und auf eine bestimmte Dauer begrenzt wird.

Im betrachteten Beispiel handelt es sich also um einen gespeicherten Befehl. Er endet nur, wenn er durch einen nachfolgenden Schritt rückgesetzt wird. Dieses erfolgt durch den Schritt 5: „Motor Halt". Die Übergangsbedingung für diesen Schritt ist die Betätigung des Tasters Halt. Auch dieser Befehl ist ein gespeicherter Befehl, da er beibehalten wird.

Das letzte Feld eines spezifizierten Befehls (c) nimmt die laufende Nr. des Befehls auf, wenn mehrere Befehle von einem Schritt ausgegeben werden. Erfolgt nach einer Befehlsausgabe eine Rückmeldung, z.B. durch einen Grenztaster, so kann hier auch die Rückmeldung angegeben werden (R: Befehlswirkung erreicht).

Wird ein Befehl nicht spezifiziert und lautet: „Ventil öffnen", so handelt es sich um einen nicht gespeicherten Befehl, wenn das Ventil im Folgeschritt wieder geschlossen ist. Es öffnet also nur solange, wie der Befehlsgeber betätigt wird.

Ein Befehl kann auch einer Bedingung unterworfen werden. Zur Kennzeichnung dient der Buchstabe C: bedingt. SLC bedeutet, das das Binärsignal gespeichert, zeitbegrenzt und nur dann übertragen wird, wenn die Bedingung C erfüllt ist. Diese Bedingung kann der Befehlsbeschreibung zugefügt oder nahe dem Befehlssymbol angeordnet werden. Eine solche Bedingung kann der logische Zustand eines binären Sensors sein.

3.4.2.2 Übergänge und Wirkverbindungen

Der Übergang von einem Schritt zum folgenden Schritt wird symbolisch durch einen kurzen Strich dargestellt, der in die Wirkverbindung zwischen den Schrittsymbolen gesetzt wird. Jedem Übergang ist ein logischer Ausdruck zugeordnet. Im Funktionsplan zur Steuerung des Hydromotors ist die Übergangsbedingung der Zustand logisch 1 des Tasters Ein. Dieser Zustand wird durch die Betätigung des Tasters erzeugt. Übergangsbedingungen dürfen dargestellt werden durch:

- Textaussagen,
- Boolesche Gleichungen,
- grafische Symbole.

Eine Übergangsbedingung kann ebenfalls zeitabhängig oder vom Wechsel des logischen Zustands der logischen Variablen für die Übergangsbedingung abhängig sein. Hierzu kann der Übergang von 0 nach 1 (steigende Flanke) oder von 1 nach 0 (fallende Flanke) ausgewertet werden (Bild 3.38).

---

[2] Der Ausdruck Befehl kann durch Aktion bei einem gesteuerten System ersetzt werden.

Neben einem Ablauf, der aus einer Reihe von Schritten besteht, die nacheinander gesetzt werden, kann auch eine Auswahl aus mehreren Ablaufmöglichkeiten getroffen werden (Ablaufverzweigung), oder es können gleichzeitig mehrere Abläufe parallel stattfinden (Parallelbetrieb).

Ablaufverzweigung:
Der in Bild 3.36 dargestellte Funktionsplan zeigt eine solche Ablaufverzweigung mit den Alternativen Rechtslauf oder Linkslauf des Hydromotors. Die Übergangsbedingung für den Rechtslauf wird unterhalb der waagerechten Linie angetragen. Oberhalb dieser Linie ist ein Übergangssymbol nicht zulässig.

Für den Übergang von Schritt 2 nach Schritt 3 muß der Taster Rechtslauf betätigt werden.

Ist diese Bedingungen erfüllt, wird der Übergang freigegeben und der Befehl Rechtslauf an das Stellglied für den Hydromotor speichernd ausgegeben. Der vorausgehende Schritt 2 mußte jedoch vorher ebenfalls erfüllt sein.

Die Zusammenführung alternativer Abläufe in der Steuerung erfolgt oberhalb der waagerechten Linie durch so viele Übergangsbedingungen, wie Abläufe zusammenzufassen sind. Der Taster Halt unterbricht im vorliegenden Funktionsplan sowohl den Rechts- als auch den Linkslauf. Die Anlage wird durch den Taster Aus wieder in den Ausgangszustand (= Grundstellung) gesetzt.

Parallelbetrieb:
Der Parallelbetrieb wird gleichzeitig ausgelöst. Zur Darstellung ist ein gemeinsames Übergangssysmbol oberhalb der Synchronisierungs-Doppellinie zugelassen.

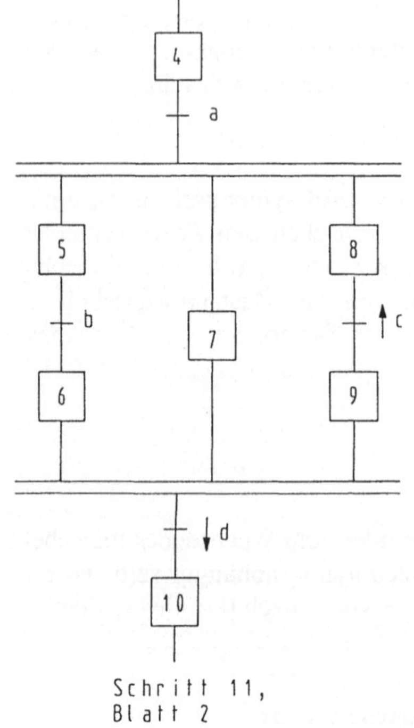

↑c Steigende Flanke des Binärsignals c

↓d Fallende Flanke des Binärsignals d

Bild 3.38
Parallelbetrieb (gleichzeitige Abläufe)

Nach der gleichzeitigen Aktivierung wird der Ablauf der gesetzten Schritte in jedem dieser Zweige voneinander unabhängig. Der Übergang von Schritt 4 zu den Schritten 5, 7 und 8 findet nur statt, wenn Schritt 4 gesetzt und die dem gemeinsamen Übergang zugeordnete Übergangsbedingung a erfüllt ist. Die Zusammenführung der parallelen, unabhängigen Ablaufketten wird durch ein Übergangssymbol unterhalb der doppelten Synchronisationslinie symbolisiert. Der Übergang zum Schritt 10 findet nur statt, wenn die Schritte 6, 7 und 9 gesetzt sind und die gemeinsame Übergangsbedingung, fallende Flanke des binären Signals d, erfüllt ist.

Schritte und Übergänge werden durch Wirkverbindungen miteinander verbunden. Hieraus wird ersichtlich, welcher Schritt oder welche Schritte mit welchen Übergängen verbunden sind. Der Ablauf erfolgt von oben nach unten, entsprechend der Darstellung. Erfolgt der Ablauf von unten nach oben, so ist dies durch einen Pfeil in der Wirkverbindung anzuzeigen. Die Wirkverbindungen verlaufen senkrecht oder waagerecht. Schräge Verbindungen bzw. Kreuzungen von Wirkungslinien sind nur zugelassen, wo sie die Klarheit des Planes verbessern, bzw. wenn keine Beziehung zwischen den sich kreuzenden Verbindungen besteht. Muß eine Wirkungslinie unterbrochen werden, z.B. in umfangreichen, mehrseitigen Funktionsplänen, so ist die Nummer des nächsten Schrittes und die Blatt-Nr., auf dem der Schritt erscheint, anzugeben (Bild 3.38).

4 Verknüpfungssteuerungen

4.1 Steuerung geradliniger Bewegungen

Geradlinige Bewegungen werden im einfachsten Fall durch Zylinder erzeugt. Sie wandeln pneumatische oder hydraulische Energie in mechanische Energie. Einfachwirkende Zylinder werden einseitig mit Druck beaufschlagt, ihr Kolben wird durch Federkraft zurückgestellt. Daher ist nur eine Arbeitsbewegung möglich. Doppeltwirkende·Zylinder können wechselweise von zwei Seiten mit Druck beaufschlagt werden, so daß zwei Arbeitsbewegungen möglich werden. Anhand der nachfolgenden einfachen Problemstellung sollen Möglichkeiten zur Steuerung einfach- und doppeltwirkender Zylinder untersucht werden.

4.1.1 Verknüpfungssteuerungen ohne Speicherverhalten

PROBLEMSTELLUNG:

Der Kolben einer Presse (Z) darf nur dann ausfahren, wenn der Handtaster A oder der Handtaster B betätigt werden und das Schutzgitter C geschlossen ist. Der Zusammenhang stellt sich in einer Verknüpfungsgleichung wie folgt dar:

$$(A \vee B) \wedge C = Z.$$

Da die UND-Verknüpfung Vorrang vor der ODER-Verknüpfung hat, muß die logische Verknüpfung der beiden Handtaster in Klammern gesetzt werden. Dadurch wird das Verknüpfungsergebnis $A \vee B$ mit dem Signalzustand des Schutzgitters durch UND verknüpft und der Ausgangsgröße Z zugewiesen. Hat Z den Signalzustand 1, dann fährt der Kolben des Zylinders aus. Durch die 3 Signalglieder ergeben sich insgesamt $2^3 = 8$ Signalkombinationen, die im KV-Diagramm dargestellt sind.

a, b / c

0	0	0	0
0	1	1	1

Bild 4.1
KV-Diagramm für 3 Variable

Drei Signalkombinationen führen zu Z = 1. Für jedes Feld mit Z = 1 stehen die 3 Eingangsvariablen a, b, c. Diese 3 Felder führen zu der disjunktiven Normalform der Verknüpfungsgleichung:

$$Z = a \wedge \bar{b} \wedge c \vee a \wedge b \wedge c \vee \bar{a} \wedge b \wedge c = 1$$

Faßt man die gleich belegten Felder zu Blöcken zusammen, ergibt sich für die Variable a bzw b:

$$a \vee \bar{a} = 1$$

und

$$b \vee \bar{b} = 1$$

Dies führt zu

$$Z = b \wedge c \vee a \wedge c$$

Nutzt man nun das Distributiv-Gesetz, so erkennt man die kürzeste Form der Verknüpfungsgleichung wieder:

$$Z = c \wedge (b \vee a)$$

Grafisch sind diese funktionalen Zusammenhänge für die disjunktive Normalform der Verknüpfungsgleichung und die minimierte Gleichung im Bild 4.2 mit binären Schaltzeichen nach DIN 40900, T12 dargestellt.

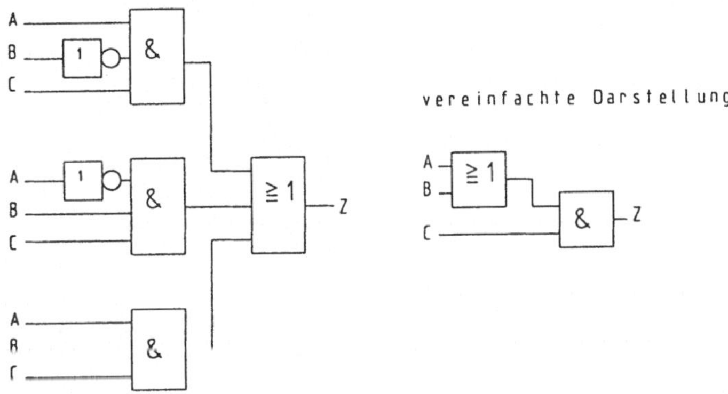

Bild 4.2 Verknüpfungsgleichung, dargestellt mit binären Schaltzeichen

Der Ablauf der Steuerungsaufgabe wird nachfolgend in einem Funktionsplan nach DIN 40719 dargestellt.

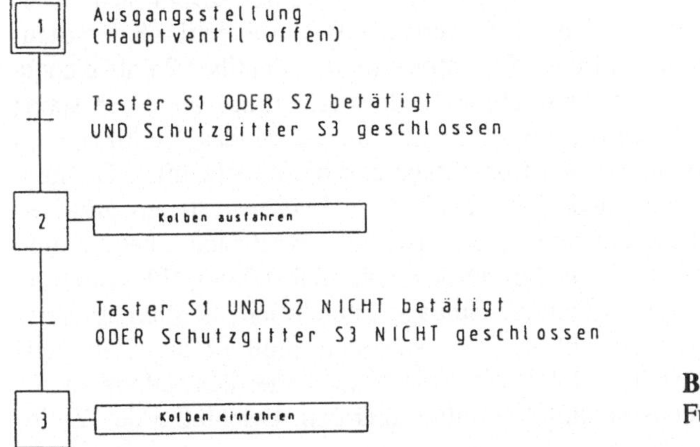

Bild 4.3
Funktionsplan I

In der Ausgangsstellung „Hauptventil offen“ ist die Energieversorgung für die Steuerung sichergestellt. Ist dieser Anfangsschritt erfüllt, das Schutzgitter geschlossen und einer der Taster betätigt, dann fährt der Kolben des Zylinders aus. Der Kolben erreicht jedoch nur die Endlage, wenn die Ausfahrbedingung erhalten bleibt.

Der Kolben fährt ein, sobald der Schritt 2 nicht mehr erfüllt ist. Es handelt sich um einen nichtspeichernden Befehl.

Verknüpfungssteuerungen ohne Speicherverhalten beruhen auf der Anwendung der logischen Grundverknüpfungen

4.1.1.1 Pneumatische und hydraulische Grundsteuerungen

A: Pneumatische Steuerung

Die pneumatische Steuerung wird anhand eines pneumatischen Schaltplanes erläutert, wobei folgende Zuordnung der Variablen zu den pneumatischen Bauelementen vorgenommen wurde:

Tabelle 4.1 Betriebsmittel

Betriebsmittel	Signalpegel		Bez.
	aktiv	passiv	
A: 3/2-Wegeventil, Druckknopf, FR	1	0	1.2
B: 3/2-Wegeventil, Druckknopf, FR	1	0	1.4
C: 3/2-Wegeventil mit Rolle, FR	1	0	1.6
Z: Einfachwirkender Zylinder mit			1.0
Stellglied 3/2-Wegeventil, FR	1	0	1.1

Um die pneumatische Einrichtung zu aktivieren, muß zuerst das 3/2-Wegeventil 0.2 mit Handschiebesitz in Durchlaßstellung geschaltet werden; dies entspricht der Ausgangsstellung. Die gerätetechnische Verknüpfung der Signalglieder entsprechend der Verknüpfungsgleichung erfolgt in der Pneumatik in der Regel durch Zweidruck- bzw. Wechselventile. Betätigt man z.B. das Ventil 1.4, sperrt das Wechselventil 1.8 den Steueranschluß 12, die Druckluft kann nicht über die Entlüftung des Ventils 1.2 entweichen. Am Zweidruckventil 1.10 steht am Steueranschluß 12 der Steuerdruck an. Noch sperrt das Zweidruckventil 1.10 am Steueranschluß 12. Erst nachdem das Ventil 1.6 in Durchlaßstellung geschaltet worden ist, wird der Steueranschluß 14 belüftet. Dadurch kommt es zur Ansteuerung des Stellglieds 1.1 (Schnittstelle zwischen Steuer- und Leistungsteil). Das Ventil geht in die Schaltstellung a, Anschluß 1 wird nach 2 belüftet und der Kolben des Zylinders 1.0 fährt aus. Aufgrund der Federrückstellung (FR) muß die Betätigung solange erfolgen, bis der Kolben die Endlage erreicht hat! Ist die geforderte Signalkombination nicht mehr erfüllt, entlüftet der Steueranschluß 12 des Stellglieds über Ventil 1.6 bzw. 1.4. Das Stellglied 1.1 wird durch die Federrückstellung in die Schaltstellung b rückgesetzt. Der Anschluß 2 entlüftet über den Anschluß 3 den Zylinder. Der Kolben fährt ein.

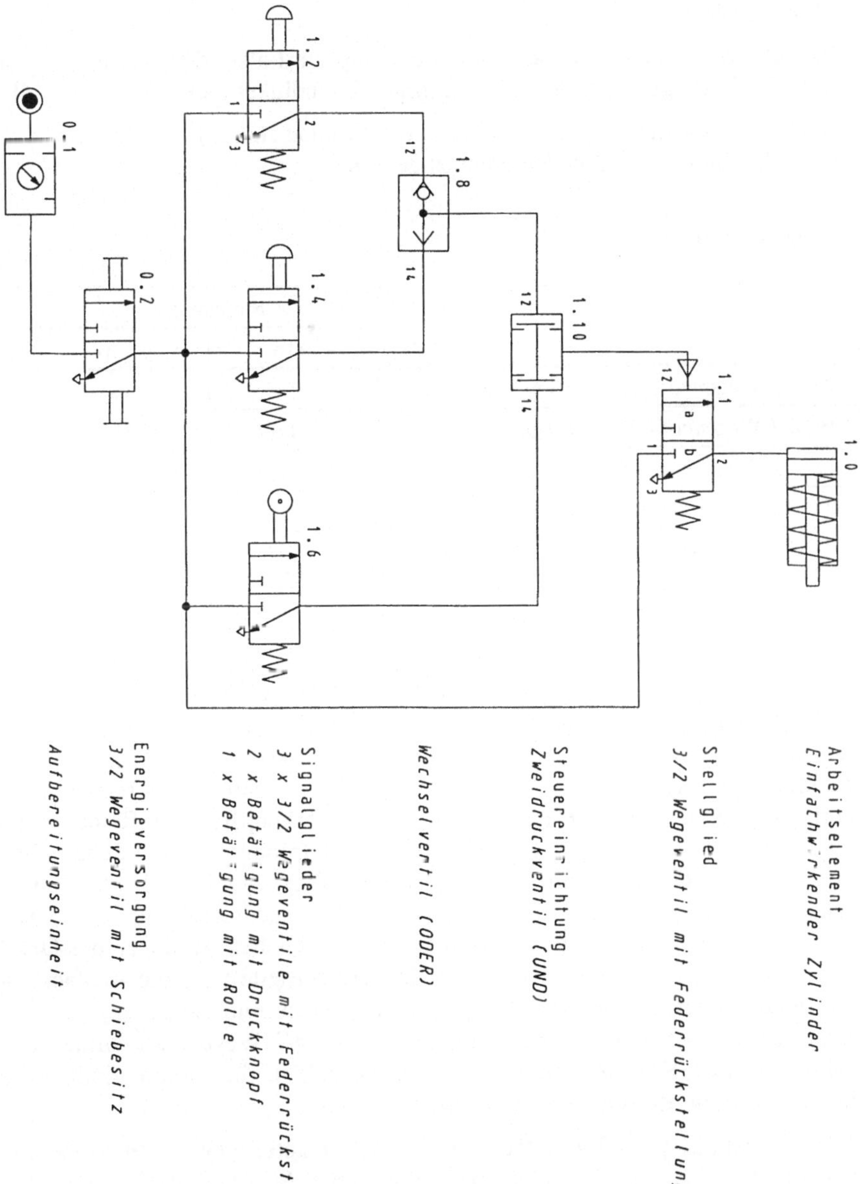
0.1
0.2
1.2
1.4
1.6
1.8
1.10
1.1
1.0
Arbeitselement
Einfachwirkender Zylinder
Stellglied
3/2 Wegeventil mit Federrückstellung
Steuereinrichtung
Zweidruckventil (UND)
Wechselventil (ODER)
Signalglieder
3 x 3/2 Wegeventile mit Federrückst.(FR)
2 x Betätigung mit Druckknopf
1 x Betätigung mit Rolle
Energieversorgung
3/2 Wegeventil mit Schiebesitz
Aufbereitungseinheit

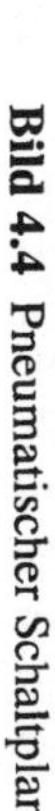

Bild 4.4 Pneumatischer Schaltplan I

B: Hydraulische Steuerung

Abweichend von der pneumatischen Steuerung wird als Arbeitselement ein doppeltwirkender Zylinder gewählt, dessen Ausfahrgeschwindigkeit einstellbar sein soll.

Für die Lösung der eingangs formulierten Problemstellung werden die Variablen folgenden hydraulischen Bauelementen zugeordnet:

Tabelle 4.2 Betriebsmittel

Betriebsmittel	Signalpegel		Bez.
	aktiv	passiv	
A: 3/2-Wegeventil, Druckknopf, FR	1	0	1.2
B: 3/2-Wegeventil, Druckknopf, FR	1	0	1.4
C: 3/2-Wegeventil mit Rolle, FR	1	0	1.6
Z: Doppeltwirkender Zylinder mit			1.0
Stellglied 4/2-Wegeventil, FR	1	0	1.1
Drosselrückschlagventil			1.02

Betrachten wir zunächst die Version A des Schaltplans. Nach dem Einschalten der Hydraulikpumpe 0.2 ist die Energieversorgung sichergestellt (Ausgangsstellung). Die beiden Handtaster sind durch ein Wechselventil verknüpft. Dieses verhindert einen Rückfluß des Hydrauliköls bei Betätigung eines Ventils und realisiert die ODER-Verknüpfung. Das Ventil 1.6 ist der ODER-Verknüpfung in Reihe nachgeschaltet. Durch die Reihenschaltung wird die UND-Verknüpfung mit dem Schutzgitter erreicht. Ist die Ausfahrbedingung erfüllt, wird das 4/2-Wegeventil 1.1 in die Schaltstellung a geschoben und der Kolben des Zylinders 1.0 fährt gedrosselt in die vordere Endlage. Das integrierte Rückschlagventil verhindert ein schnelles Abfließen des Öls. Durch die Einstellung des Drosselquerschnitts an der Drosselstelle wird die Ausfahrgeschwindigkeit reguliert. Sobald das Ausfahrsignal abfällt (siehe Funktionsplan), bzw. das Schutzgitter geöffnet wird, drückt die Rückstellfeder das 4/2-Wegeventil zurück in die Schaltstellung b. Der Kolben fährt ungedrosselt zurück in die hintere Endlage, da das Öl durch das offene Rückschlagventil abfließen kann.

Die Konstantpumpe 0.2 arbeitet nach dem Einschalten gegen den Kolben, der sich in der hinteren Endlage befindet. Der eingestellte Maximaldruck entweicht über das Druckbegrenzungsventil 0.4, welches die Anlage vor Überlastung schützt, in den Hydraulikbehälter 0.1. Günstiger wäre die Verwendung eines 4/3-Wegeventils als Stellglied entsprechend dem Schaltplan in der Version B. In der Schaltstellung 0, die als Umlaufstellung ausgeführt ist, fördert die Pumpe nicht mehr gegen den eingestellten Maximaldruck, sondern das Öl kann ungehindert in den Vorratsbehälter abfließen. Das Stellglied kann durch einen Schalthebel in die Schaltstellungen a bzw. b geschaltet werden, welche das Aus- bzw. Einfahren bewirken. Die Signalspeicherung erfolgt dann jedoch abweichend von der Aufgabenstellung durch die Raststellungen des Ventils. Für das Ausfahren muß jedoch noch das Schutzgitter (1.6) geschlossen werden.

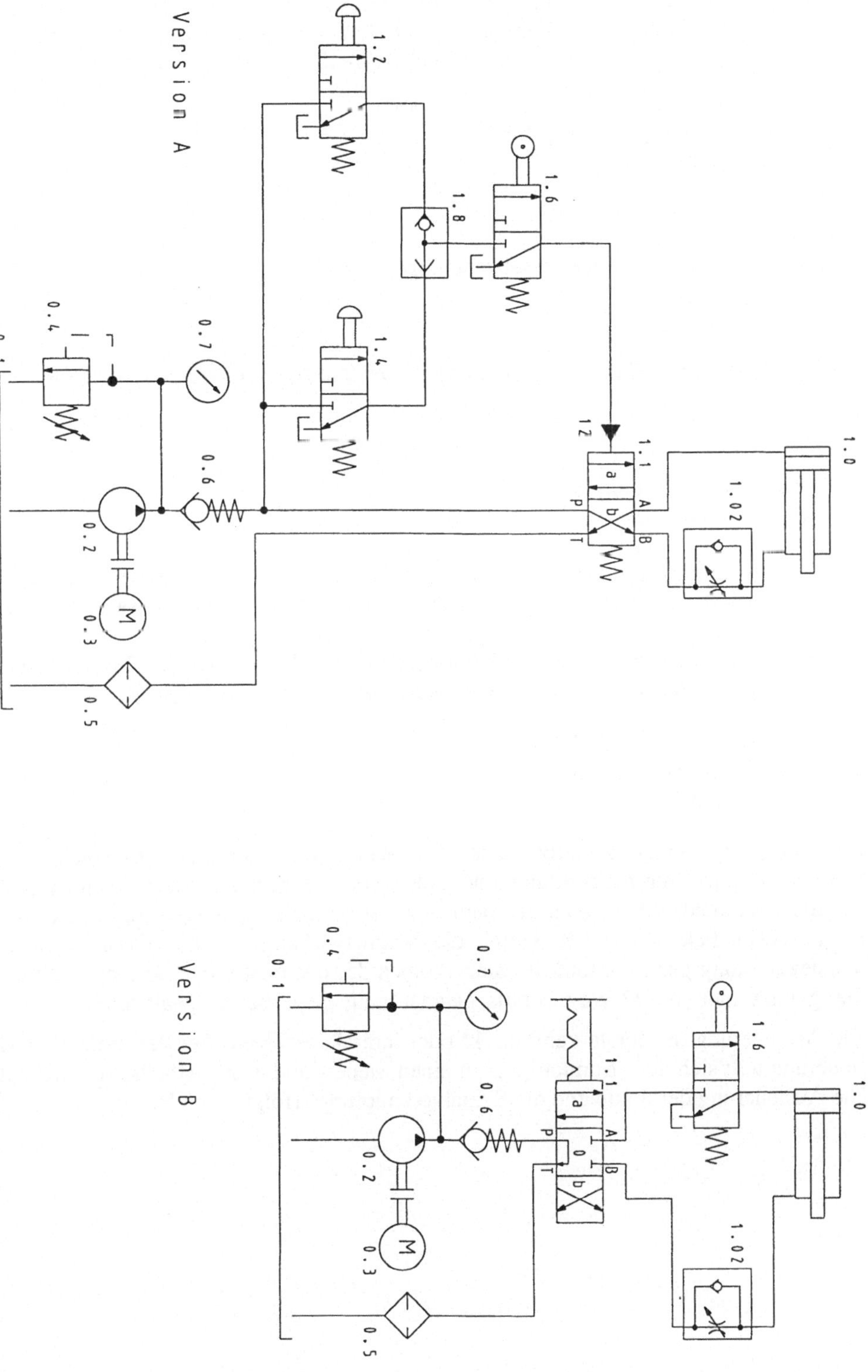

Version A

1.2 1.8 1.6 1.4 0.7 0.4 0.1 0.6 0.2 0.3 0.5 12 1.1 a b P T A B 1.0 1.02 M

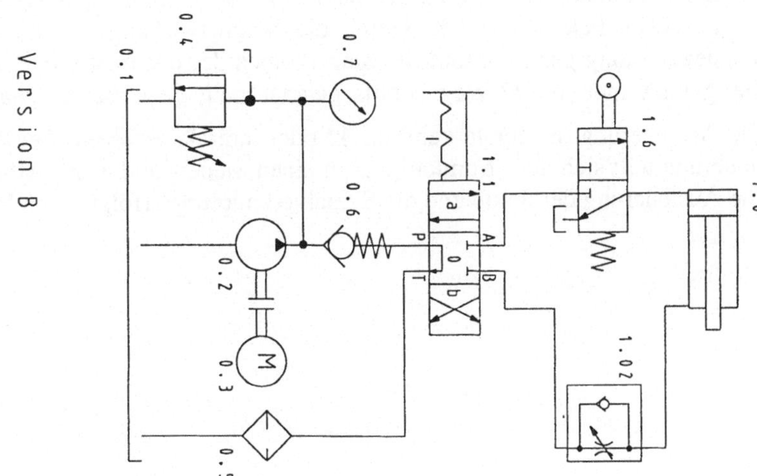

Bild 4.5 Hydraulischer Schaltplan

Das Rückschlagventil 0.6 verhindert ein Rücklaufen des Öls bei abgeschalteter Anlage. Der Filter 0.5 reinigt das zurückfließende Öl. Am Manometer kann der Betriebsdruck abgelesen werden. Anzumerken bleibt, daß hydraulische Anlagen einer Vielzahl von Hardwareproblemen unterliegen, z.B.:

- Druckabsicherung (Druckspitzen)
- Pumpenabschaltung
- Entlüftung
- Leckagen
- Leistungsverluste durch Drosselsteuerungen
- Öltemperatur.

4.1.1.2 Elektrische Steuerung pneumatischer und hydraulischer Arbeitselemente

Die Schaltpläne für mechanisch-elektrische Lösungen von Steuerungsaufgaben werden zweigeteilt in:

- Pneumatik-/Hydraulikplan
- Stromlaufplan.

Die Schnittstelle beider Darstellungen bildet im allgemeinen das Stellglied, welches durch elektrische Steuersignale die pneumatische bzw. hydraulische Energie steuert. Allgemein ist eine Schnittstelle ein System von Vereinbarungen, welche den Informationsaustausch zwischen miteinander kommunizierenden Systemen ermöglichen. Die hier angesprochenen Hardware-Schnittstellen dienen zur Realisierung folgender Aufgaben:

- Energetische Signalanpassung,
- Leistungsverstärkung,
- Energiewandlung.

Das Stellglied (1.1) zur Steuerung eines Zylinders ist im vorliegenden Beispiel ein 5/2-Wegeventil mit Federrückstellung und einer Spule zur elektrischen Betätigung des Ventils. Das elektrische Signal aus dem Steuerstromkreis wird durch die Spule in ein magnetisches Feld gewandelt. Durch die Magnetwirkung des Eisenkerns wird eine Vorsteuerleitung geöffnet, und der Steuerkolben des pneumatischen oder hydraulischen Stellgliedes, hier des 5/2-Wegeventils, gelangt in die gewünschte Schaltstellung.

Die Ansteuerung der Spule kann direkt oder indirekt erfolgen. Bei der indirekten Ansteuerung teilt sich der Stromlaufplan in einen Steuer- und einen Arbeitsstromkreis auf. Die Ansteuerung der Spule und die Signalverknüpfung erfolgt durch Relais.

A: Elektropneumatische Steuerung

Tabelle 4.3 Betriebsmittel

Betriebsmittel	Signalpegel		Bez.
	aktiv	passiv	
A: Taster	1	0	S1
B: Taster	1	0	S2
C: Grenztaster mit Rolle	1	0	S3
Z: DW-Zylinder mit			1.0
Stellglied 5/2-Wege-Magnetventil, FR	1	0	1.1
Drosselrückschlagventil			1.02

Der Pneumatikplan beinhaltet jetzt keine signalgebenden und -verknüpfenden Bauelemente mehr. Zentrales Bauelement ist das 5/2-Wegeventil 1.1, welches durch elektrische Steuersignale über die Spule Y1 gestellt wird. Die Rückstellung des Ventils in die Schaltstellung b erfolgt durch die Feder. Die Druckluft wird durch die Versorgungseinheit 0.1 aufbereitet und durch das 3/2-Wegeventil mit Schiebesitz bereitgestellt (Ausgangsstellung).

Im Stromlaufplan sind die verwendeten Betriebsmittel im spannungs- bzw. stromlosen Zustand dargestellt. Bei der direkten Ansteuerung der Spule Y1, die bei der aufgelösten Darstellung des Stellglieds sowohl im pneumatischen als auch elektrischen Teil des Schaltplans eingetragen wird, erfolgt eine Erregung der Spule nach Betätigung des Schließerkontakts S3 mittels der Rolle durch das Schutzgitter und der Betätigung der Taster S1 oder S2, wobei die ODER-Verknüpfung auch bei Betätigung beider Taster erfüllt ist. Sobald die Spule erregt ist, baut sie ein magnetisches Feld auf und das 5/2-Wegeventil geht in die Schaltstellung a. Die pneumatische Antriebsenergie strömt über die Anschlüsse 1 und 4 in den Zylinderraum. Der Kolben fährt gedrosselt aus. Sobald das Steuersignal abfällt, wird das Stellglied durch die Feder zurückgestellt, und der Kolben fährt zurück in seine Ausgangsposition.

Schließt man bei der indirekten Ansteuerung den Schließerkontakt des Tasters S1 (Signalzustand 1) im Stromweg 1 oder den Schließerkontakt von S2 im Stromweg 2 bei geschlossenem Schutzgitter, dann wird die Spule des Relais K1 (Schnittstelle zwischen Steuer- und Arbeitsstromkreis) erregt, der Nebenkontakt 13/14 des Relais in Stromweg 3 schließt. Nun wird die Spule Y1 des 5/2-Wegeventils 1.1 (Schnittstelle zur Energieanpassung Elektrotechnik/Pneumatik) angesteuert. Das Stellglied geht in Schaltstellung a, Anschluß 1 wird nach 4 belüftet, Anschluß 2 wird nach 3 entlüftet. Der Kolben des Zylinders 1.0 fährt gedrosselt durch das Ventil 1.02 aus. Wenn die geforderte Signalkombination nicht mehr erfüllt ist, liegt an der Relaisspule K1 keine Spannung mehr an, die Nebenkontakte 13/14 in Stromweg 3 öffnen, die Ventilspule ist spannungslos, die Rückstellfeder schiebt das Ventil 1.1 in die Grundstellung (b), Anschluß 2 wird durch 1 belüftet, 4 wird nach 5 entlüftet, und der Kolben fährt ein.

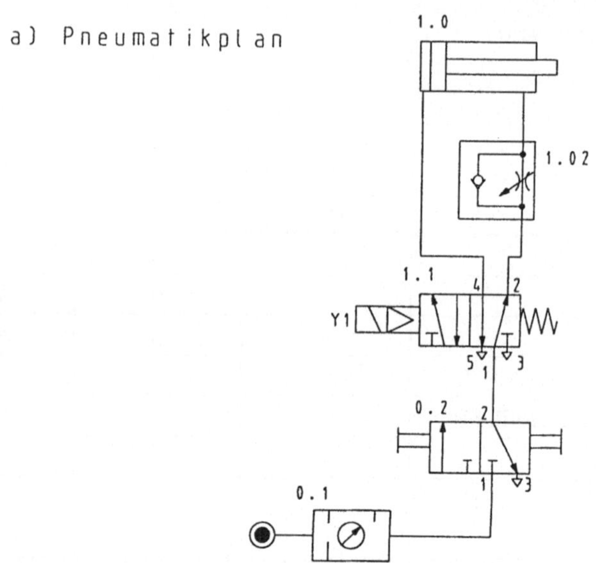

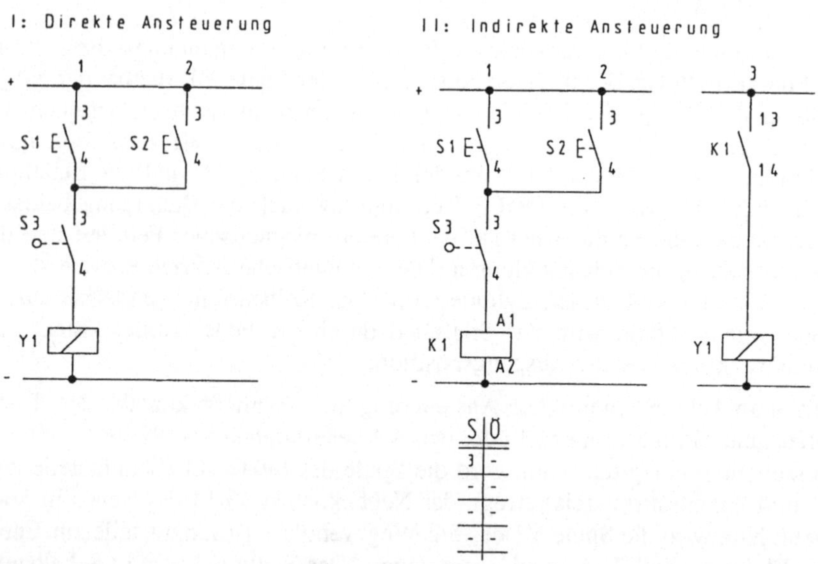

Bild 4.6 Elektropneumatischer Schaltplan I

Durch die indirekte Ansteuerung ergeben sich 2 wesentliche Vorteile:

- geringe Steuerspannungen/-ströme schalten im allgemeinen hohe Arbeitsströme (Sicherheit),
- die übersichtliche Darstellung der Steuerung erleichtert die Fehlersuche.

B: Elektrohydraulische Steuerung

Bei der elektrohydraulischen Steuerung wird als Stellglied ein 4/2-Wege-Magnetventil mit Federrückstellung und elektrischer Betätigung über eine Spule verwendet. Die elektrischen Betriebsmittel verändern sich nicht. Gesteuert wird ebenfalls ein doppeltwirkender Zylinder. Der Hydraulikplan sieht dann bei gleichbleibendem Stromlaufplan folgendermaßen aus:

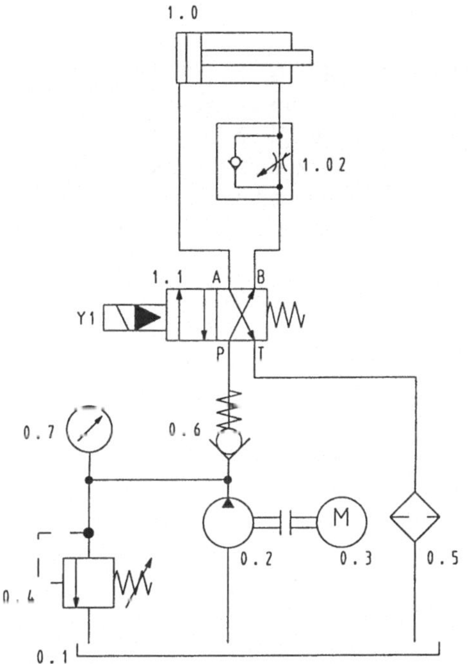

Bild 4.7
Hydraulikplan für eine elektrische Steuerung

Die Steuerung des hydraulischen Stellgliedes 1.1 erfolgt entsprechend dem Stromlaufplan der elektropneumatischen Lösung (Bild 4.6). Das Arbeiten der Pumpe gegen den Kolben wird in dieser Lösung hingenommen.

4.1.2 Verknüpfungssteuerungen mit Speicherverhalten

Der Kolben eines Zylinders (Z) soll, wenn die eingangs beschriebenen Bedingungen erfüllt sind: $(A \vee B) \wedge C = Z$ in seine vordere Endlage ausfahren. Das Einfahrsignal soll durch das Signalglied D ausgelöst werden. Ein zwischenzeitliches Öffnen des Schutzgitters führt zum sofortigen Einfahren des Kolbens.

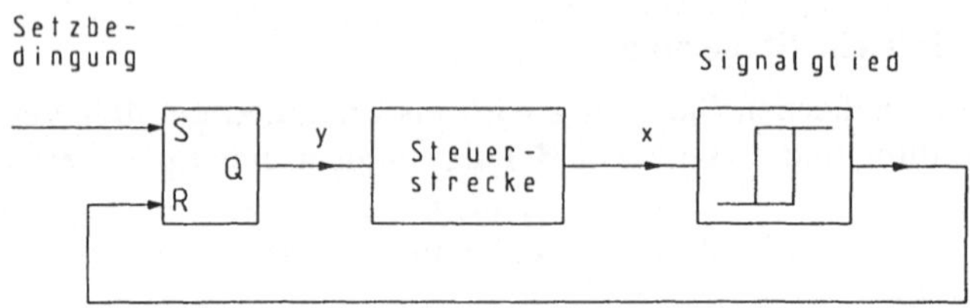

Bild 4.8 Steuerung mit Rücksetzkreis

Die Setzbedingung für den Speicher ist die Signalverknüpfung für das Ausfahren des Kolbens: (A ∨ B) ∧ C. Sie muß solange gespeichert werden, bis der Kolben die vordere Endlage erreicht. Dann wird der Speicher durch das Signalglied D rückgesetzt. Aus Gründen der Sicherheit muß der Speicher jedoch auch rückgesetzt werden, wenn das Schutzgitter (C) geöffnet wird. Somit ergeben sich 2 Rücksetzbedingungen. Die Darstellung der Aus- und Einfahrbedingungen mittels binärer Schaltzeichen führt zu folgender Schaltung:

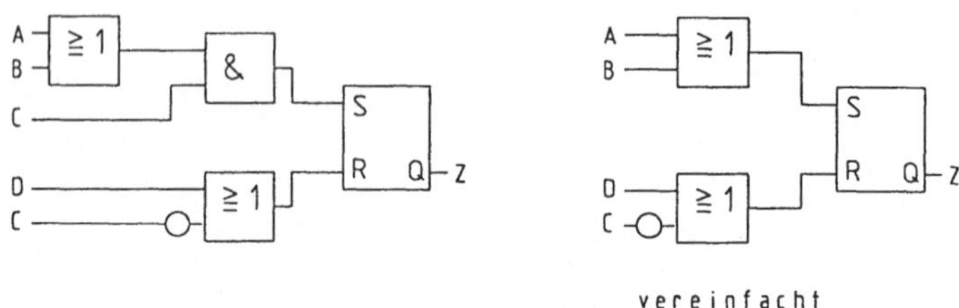

Bild 4.9 Setz- und Rücksetzbedingungen, dargestellt mit binären Schaltzeichen

Das Signal C (Schutzgitterabfrage) wird zum Setzen und Rücksetzen des Speichers verwendet. Zum Rücksetzen wird dieses Signal jedoch negiert abgefragt, d.h. sobald das Schutzgitter geöffnet wird, liefert das Grenzsignalglied O-Signal. Dieses Signal muß zum Rücksetzen des Speichers führen.

Da jedoch das Öffnen des Schutzgitters aus Sicherheitsgründen dominieren muß, kann es als Startsignal entfallen und ausschließlich als Rücksetzbedingung wirken. Führt C den Signalzustand 0, kann der Kolben des Zylinders nicht ausfahren. Der Funktionsplan nach DIN 40719, T6 zeigt dieses Problem im Ablauf der Steuerung deutlich auf.

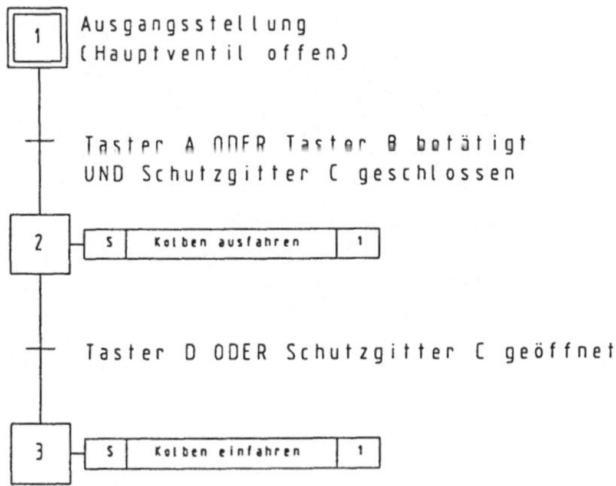

Bild 4.10 Funktionsplan II

Für jede angestrebte technische Lösung sind Hardwareentscheidungen zu treffen. Zu überlegen ist jeweils, ob ein Öffner oder Schließer das geforderte Signal zum Rücksetzen liefert.

4.1.2.1 Pneumatische Grundsteuerungen mit Speicherverhalten

Tabelle 4.4 Betriebsmittel

Betriebsmittel	Signalpegel		Bez.
	aktiv	passiv	
A: 3/2-Wegeventil, Druckknopf, FR	1	0	1.2
B: 3/2-Wegeventil, Druckknopf, FR	1	0	1.4
C: 3/2-WV mit Rolle (Durchlaß-Nullst.), FR	0	1	1.3
D: 3/2-WV mit Druckknopf, FR	1	0	1.5
Z: DW-Zylinder mit			1.0
Stellglied 5/2-Wege-Impulsventil			1.1
Drosselrückschlagventil			1.02

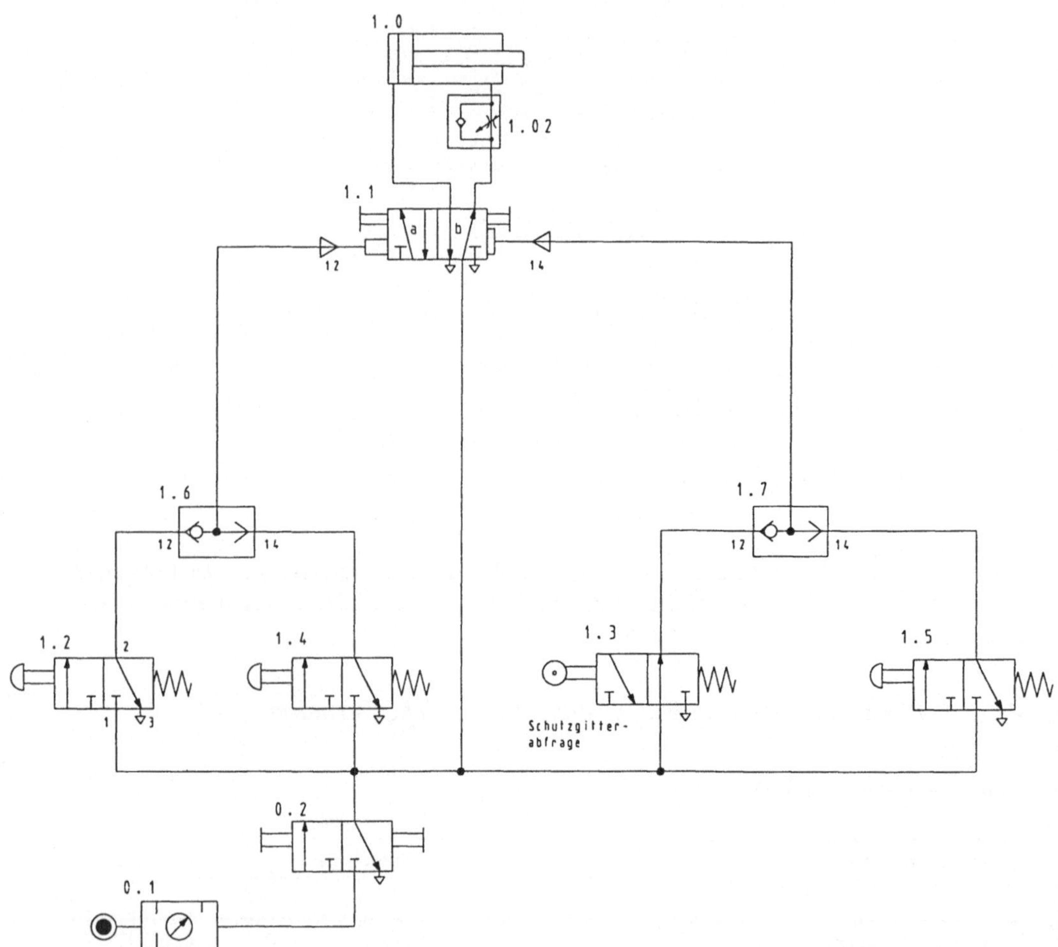

Bild 4.11 Pneumatischer Schaltplan II

Aus dem pneumatischen Schaltplan ist zu erkennen, daß der Funktionsplan durch den Einsatz entsprechender Ventile erfüllt wird. Der Kolben des Zylinders kann erst ausfahren, wenn das Ventil 1.2 oder das Ventil 1.4 betätigt wird und das Schutzgitter geschlossen ist.

Sobald das Schutzgitter geöffnet wird, geht das Ventil 1.3 in Durchlaßstellung und setzt das Stellglied zurück in die Schaltstellung b aufgrund der Dominanz des Signals aus der Steuerleitung 14: Einfahren des Kolbens. Die zweite Rücksetzbedingung wird wirksam, wenn das Ventil 1.5 betätigt wird. Die Speicherfunktion erfüllt das 5/2-Wegeventil 1.1. Durch einen kurzen Impuls auf den Steuerkolben über die Steueranschlüsse 14 bzw. 12 schaltet das Ventil in die Schaltstellungen a oder b. Die jeweils erreichte Schaltstellung wird beibehalten. Zum Erreichen eines dominierenden Rücksetzverhaltens sind die Wirkflächen der beiden Steuerkolben mit den Luftanschlüssen 14 bzw. 12 ungleich ausgeführt. Die Wirkfläche für das Steuersignal 14 ist größer ausgeführt. Dies führt zu einem dominierenden Steuersignal an der Rücksetzseite. Dadurch ist eine definierte Grundstellung der Anlage bei geöffnetem Schutzgitter gegeben. Die Betätigung eines Druckknopfs am Ventil 1.2 oder 1.4 bleibt in dieser Stellung unwirksam!

4.1.2.2 Elektrische Steuerungen mit Speicherverhalten

A1: Variante 1 einer elektropneumatischen Steuerung

Tabelle 4.5 Betriebsmittel

Betriebsmittel	Signalpegel		Bez.
	aktiv	passiv	
A: Taster	1	0	S1
B: Taster	1	0	S2
C: Grenztaster mit Rolle	0	1	S3
D: Taster	1	0	S4
Z: DW-Zylinder mit			1.0
5/2-Wege-Magnetimpulsventil			1.1
Drosselrückschlagventil			1.02

In dieser Variante dient das Stellglied, ein 5/2-Wegeventil mit 2 Spulen (Y1, Y2) und zwei pneumatischen Vorsteuerventilen mit unterschiedlichen Wirkflächen zur Ventilsteuerung, als Signalspeicher. Dieses Ventil arbeitet mit dominierender Ansteuerung bei Y2.

Befindet sich die Steuerung in der Ausgangsstellung, muß zuerst das Schutzgitter geschlossen werden, damit der Öffner (S3) den Stromweg 3 unterbricht und das Relais K2 spannungslos wird. Dadurch fällt der Nebenkontakt von K2 im Stromweg 6 ab, und die Spule Y2 wird nicht mehr angesteuert. Tritt allerdings im Stromweg 3 ein Drahtbruch auf, kann trotz des geöffneten Schutzgitters der Kolben ausfahren! Dieses Sicherheitsrisiko wird bei der elektropneumatischen Steuerung (Schaltplan im Bild 4.13) berücksichtigt.

Nachdem die Spule Y2 stromlos ist, kann das Signal zum Ausfahren des Kolbens (S1 oder S2) wirksam werden. K1 wird angesteuert und schließt seinen Nebenkontakt im Stromweg 5. Die Spule Y1 stellt das Ventil 1.1 in Stellung a. Der Anschluß 1 belüftet nach 4, die Entlüftung erfolgt von 2 nach 3. Der Kolben fährt über die Abluft gedrosselt aus. Der Rückhub wird durch den Taster S4 bewirkt. Das 1-Signal erregt das Relais K2. Dieses schließt den Nebenkontakt im Stromweg 6 und die Spule Y2 setzt das Stellglied 1.1 zurück in die Schaltstellung b. Der Kolben fährt ein.

a) Pneumatikplan

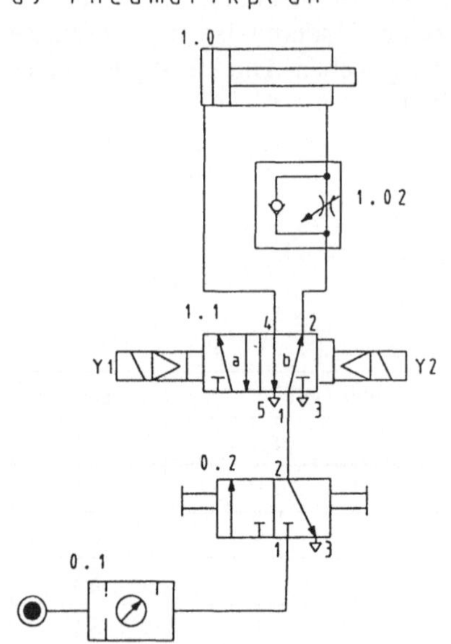

Bild 4.12
Elektropneumatischer Schaltplan II.1

b) Stromlaufplan

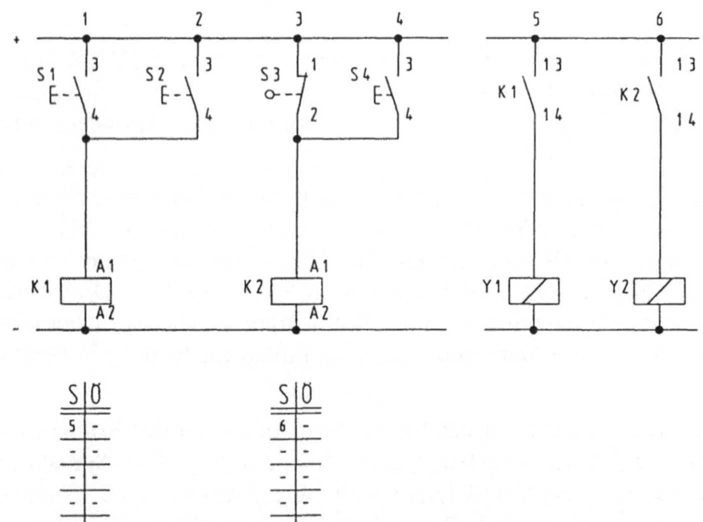

Eine definierte Grundstellung der Anlage wird auch hier durch das offene Schutzgitter erreicht!

Sowohl in der pneumatischen wie auch in dieser elektropneumatischen Lösung wurde für die Schutzgitterfunktion ein Signalglied mit Öffnerfunktion (Betätigung = 0) verwendet. Aus der Analyse des Schaltplans erkennt man jedoch, daß das Signal C zum Rücksetzen des Stellglieds (Speicher) nicht 0, sondern 1 ist. Dies ist aber logisch, da sowohl Ventil 1.3 als der rollenbetätigte Öffnerkontakt von S3 eine Negierung darstellen, die sich zusammen mit der Negierung von C aufheben.

A2: Variante 2 einer elektropneumatischen Steuerung

Die Lösungsvariante 2 zeigt die Steuerung eines EW-Zylinders.

Tabelle 4.6 Betriebsmittel

Betriebsmittel	Signalpegel		Bez.
	aktiv	passiv	
A: Taster	1	0	S1
B: Taster	1	0	S2
C: Grenztaster mit Rolle	1	0	S3
D: Taster	0	1	S4
Z: EW-Zylinder mit			1.0
Stellglied 3/2-Wege-Magnetventil, FR			1.1
Schnellentlüftungsventil			1.01

Das im Schaltplan II.2 verwendete nichtspeichernde 3/2-Wege-Magnetventil mit Federrückstellung als Stellglied hat den großen Vorteil einer definierten Grundstellung. Der Kolben des Zylinders ist also auf jeden Fall eingefahren, wenn die Energie zugeschaltet wird. Die Signalspeicherung muß im Stromlaufplan realisiert werden! Wenn das Schutzgitter (S3) geschlossen ist und Taster S1 oder S2 betätigt wird, liegt das Relais K1 an Spannung. Beide Nebenkontakte von K1 (Stromwege 3 und 4) schließen. Über den Stromweg 3 versorgt sich nun das Relais selbst mit Strom, auch wenn S1 oder S2 nicht mehr betätigt werden. Das Relais hält sich selbst; es speichert den Startimpuls von S1 oder S2. Die im Stromweg 4 erregte Spule Y1 stellt das 3/2 Wegeventil 1.1 in Durchlaßstellung. Die Spule Y1 bleibt solange erregt, bis der Taster S4 betätigt wird (Signalzustand 0). Der Stromweg 1 zum Relais K1 wird dadurch unterbrochen, die Selbsthaltung von K1 und der Stromweg 4 zur Spule Y1 werden unterbrochen. Die Feder stellt das 3/2-Wegeventil 1.1 zurück, und der Kolben fährt ein. Der Zylinder wird über das Schnellentlüftungsventil 1.01 direkt entlüftet. Die Abluft nimmt also nicht den längeren Weg über das Stellglied. Bei dieser Schaltung ist gewährleistet, daß ein Öffnen des Schutzgitters (S3) die Selbsthaltung von K1 unterbricht und den Kolben einfahren läßt (Drahtbruchsicherheit!).

Anhand dieser Beispiele wird deutlich, daß eine Schaltfunktion, ein Funktionsplan und/oder eine Darstellung der Steuerungsaufgabe mit binären Schaltzeichen nicht unbedingt sofort die richtige und sichere Hardwareentscheidung mit sich bringt. Zu unterscheiden ist, ob man die Betätigung der Signalglieder (betätigt = 1, unbetätigt = 0) betrachtet oder ob man die Signalzustände der Signalglieder (Negierungen) mit einbezieht. Dies ist von besonderem Interesse beim Einsatz von speicherprogrammierbaren Steuerungen.

a) Pneumatikplan

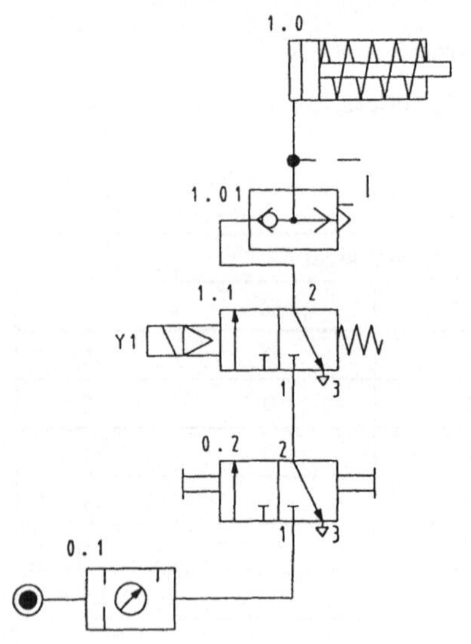

Bild 4.13
Elektropneumatischer Schaltplan II.2

b) Stromlaufplan

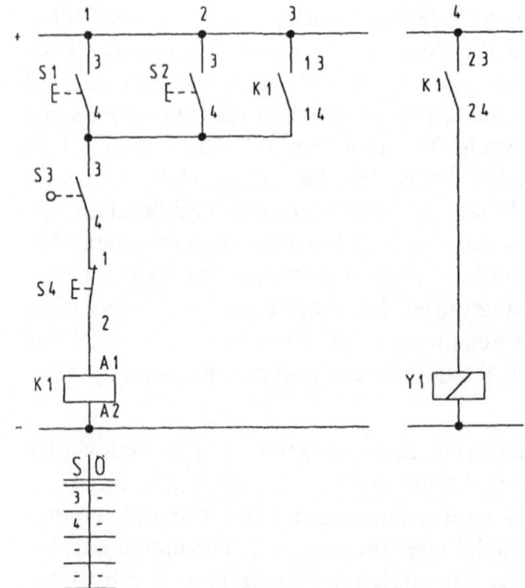

B: Elektrohydraulische Steuerung

Tabelle 4.7 Betriebsmittel

Betriebsmittel	Signalpegel		Bez.
	aktiv	passiv	
A: Taster	1	0	S1
B: Taster	1	0	S2
C: Induktiver Sensor	1	0	B3
D: Taster	1	0	S3
E: 2 Reed-Kontakte	1	0	B1, B2
Z: DW-Zylinder mit Stellglied			1.0
4/3-WV, federzentriert			1.1
2 Drosselrückschlagventile			

Zur Steuerung doppeltwirkender Hydraulikzylinder werden im allgemeinen 4/3-Wegeventile verwendet. Im vorliegenden Beispiel wird ein Magnetventil mit zwei Spulen, Federzentrierung und Umlauf-Nullstellung eingesetzt. Die Kolbengeschwindigkeit soll für den Hin- und Rückhub regulierbar sein.

a) Hydraulikplan

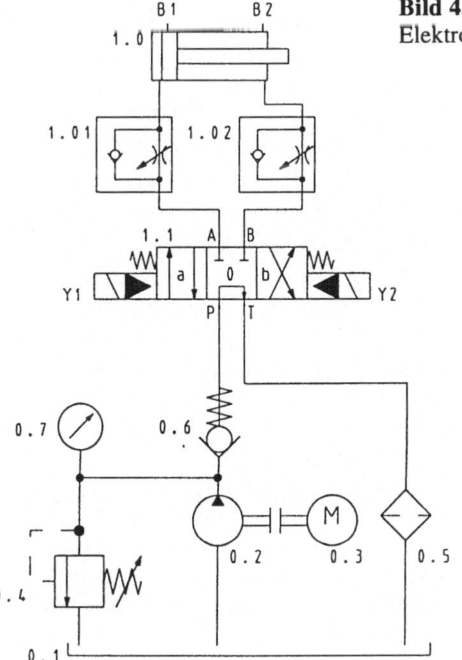

Bild 4.14a
Elektrohydraulischer Schaltplan

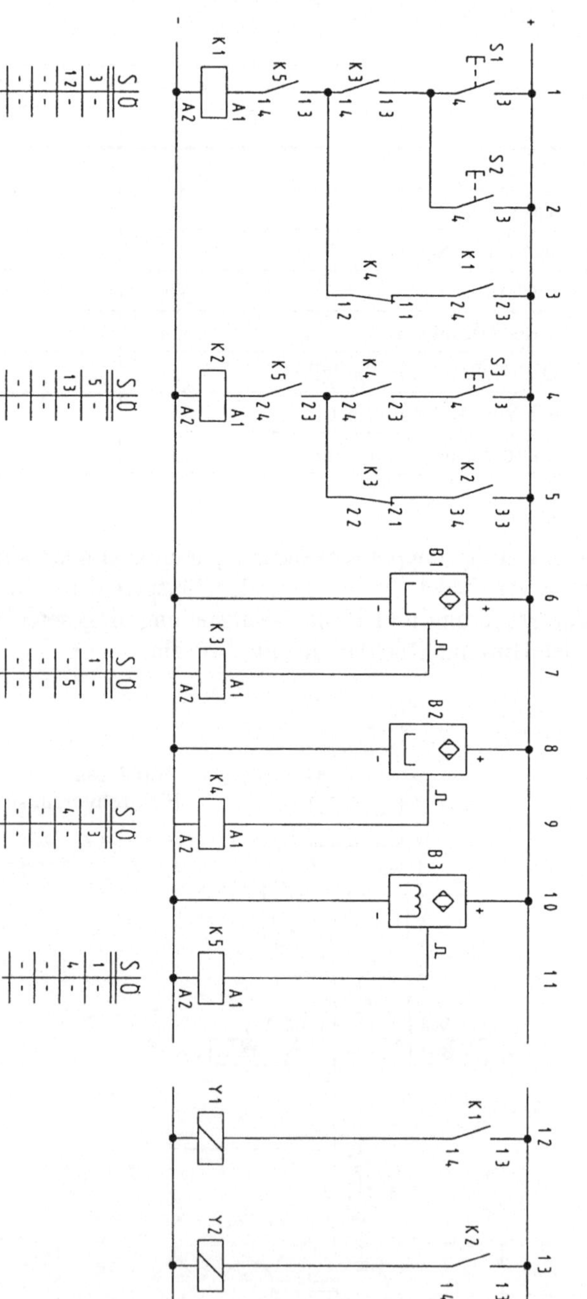

Bild 4.14b Elektrohydraulischer Schaltplan

Reed-Kontakte sind magnetisch betätigte Näherungsschalter. Die Kontakte sind gegen Schmutz, Staub und Feuchtigkeit geschützt. Sie werden durch einen Permanentmagneten im Kolben des Zylinders geschlossen. Sie dienen im vorliegenden Fall zur Endlagenkontrolle.

Der induktive Sensor arbeitet ebenfalls berührungslos. Wird er an Spannung gelegt, baut der Sensor ein elektromagnetisches Feld auf. Eine Störung dieses Feldes durch einen metallischen Gegenstand (Schutzgitter) führt zur Auslösung eines elektrischen Signals.

Ein Startsignal der Taster S1 oder S2 kann nur dann wirksam werden, wenn der Kolben eingefahren ist. Der Reed-Kontakt B1 wird durch den eingefahrenen Kolben betätigt und steuert das Relais K3, welches seinen Schließerkontakt im 1 Stromweg schließt. Wird das Schutzgitter geschlossen, spricht der induktive Sensor B3 (Stromweg 10) an und aktiviert das Relais K5, welches die beiden Nebenkontakte in den Stromwegen 1 und 4 schließt. Nach Betätigung von S1 oder S2 kann das Relais K1 schalten. Durch den Nebenkontakt im 3. Stromweg geht es in Selbsthaltung und steuert im 12. Stromweg die Spule Y1 an. Das Stellglied schaltet und der Kolben fährt gedrosselt aus. Er betätigt in seiner vorderen Endlage den Reed-Kontakt B2. Dieser betätigt das Relais K4. Das Relais K4 unterbricht die Selbsthaltung von K1 und schließt den Kontakt im Stromweg 4. Nach Betätigung des Tasters S3 wird das Relais K2 erregt und realisiert durch seine beiden Schließerkontakte seine Selbsthaltung und die Ansteuerung der Spule Y2. Sie schiebt das Stellglied in die Schaltstellung b. Der Kolben fährt gedrosselt ein und aktiviert in seiner Endlage B1. Das Relais K3 unterbricht die Selbsthaltung von K2 und schließt seinen Schließerkontakt im 1. Stromweg: eine Voraussetzung für einen erneuten Arbeitszyklus.

Ein Öffnen des Schutzgitters während der Ausfahrbewegung des Kolbens führt immer zu einem Signalabfall am induktiven Sensor B3 und somit zu einem Abfallen des Relais K5. Die Nebenkontakte von K5 in den Stromwegen 1 und 4 würden abfallen, und beide Spulen wären stromlos. Die Kolbenbewegung wäre sofort unterbrochen, das 4/3-Wegeventil ginge aufgrund seiner Federzentrierung in die Umlaufstellung. Auch ein Drahtbruch am Sensor B3 oder am Relais K5 führt zum sofortigen Stillstand des Kolbens.

4.1.2.3 Steuerung geradliniger Bewegungen mit speicherprogrammierbaren Steuerungen

Beim Einsatz speicherprogrammierbarer Steuerungen erfolgt die Signalverknüpfung durch das Programm. Signalgeber und Stellelemente verändern sich nicht. Die Signalgeber werden an +24 V gelegt. Der Stromweg zu den Eingängen der SPS kann nun über die Signalgeber geschlossen oder unterbrochen werden. Die an den Eingängen erfaßten Signalzustände (0/1) werden im Programm verarbeitet und an die Ausgänge gegeben, wo sie in eine für die Ansteuerung von externen Bauelementen (Relais, Spule, ...) nutzbare Form gebracht werden. Die Modicon A 120 hat Transistorausgänge, welche bei 1-Wert am Ausgang 24 VDC geben.

Bevor jedoch das Anwenderprogramm zur Steuerung eines Zylinders geschrieben wird, müssen auch hier die Hardwareentscheidungen getroffen werden. Dabei wird im ersten Beispiel zunächst unreflektiert auf die Betriebsmittel, die im elektropneumatischen Schaltplan im Bild 4.12 verwendet wurden, zurückgegriffen. Signalgeber und Stellelemente werden in einer Belegungsliste den Ein- und Ausgängen der SPS zugeordnet.

Die SPS erkennt an den Eingängen der digitalen Eingangsbaugruppe DEP 216 der Steuerung Modicon A 120, ob eine Spannung anliegt oder nicht. Die anliegende Spannung von 24 V entspricht dem Signalzustand 1, der Spannungswert 0 V entspricht dem Signalzustand 0. Die Signalzustände 1 als auch 0 können von einem Schließer und einem Öffner erzeugt werden. Die Steuerung ist also nicht in der Lage, zwischen den Signalen eines Schließers oder eines Öffners zu unterscheiden. Deshalb werden im Anwenderprogramm Öffner negiert (0-Signal) abgefragt und Schließer auf 1 abgefragt. Sicherheitsrelevante Signale, z.B. AUS oder STOP, werden durch Öffnerkontakte realisiert. Diese liefern bei Betätigung ein 0-Signal (Spannungsabfall). Aufgrund der negierten Abfrage wird das 0-Signal intern bei positiver Logik als Schaltsignal interpretiert (Drahtbruchsicherheit!).

Tabelle 4.8 Belegungsliste

Betriebsmittel	Bez.	Signalpegel		Operand
		aktiv	passiv	
A: Taster	S1	1	0	E 2.1
B: Taster	S2	1	0	E 2.2
C: Grenztaster mit Rolle	S3	0	1	E 2.3
D: Taster	S4	1	0	E 2.4
Z: DW-Zylinder mit Stellglied (1.1)	1.0			
5/2-Wege-Magnetimpulsventil	Y1	1	0	A 3.1
	Y2	1	0	A 3.2

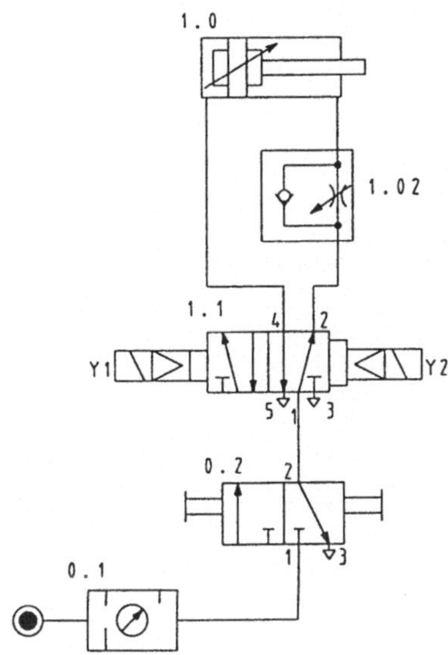

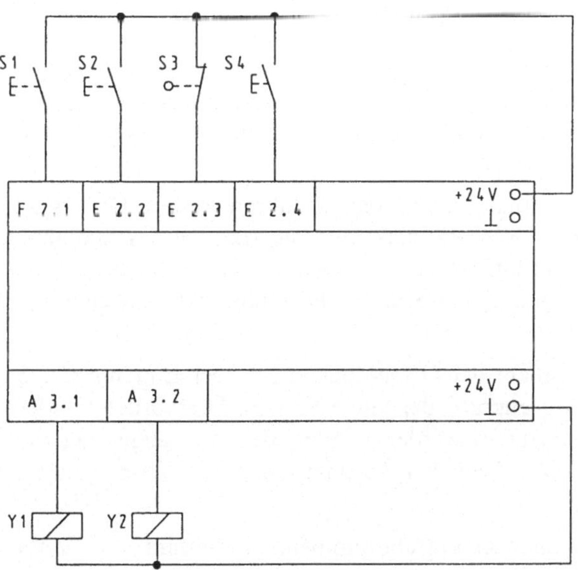

Bild 4.15
SPS-Schaltplan I

Das SPS-Programm soll in der Funktionsbaustein-Sprache, die weitgehend den binären Schaltzeichen entspricht, editiert werden. Anwenderprogramme werden in Programmbausteine (PB) geschrieben und können sich über mehrere Netzwerke verteilen. Werden, wie in diesem Fall, mehrere Ausgänge angesteuert, ist für jeden Ausgang ein Netzwerk (NW) zu editieren. Das Programm wird dadurch insgesamt übersichtlicher.

C:\AKF12\DW-ZYL.1\PB1
AEG Modicon Dolog AKF: Programm-Protokoll

NETZWERK: 0001 Kolben ausfahren

NETZWERK: 0002 Kolben einfahren

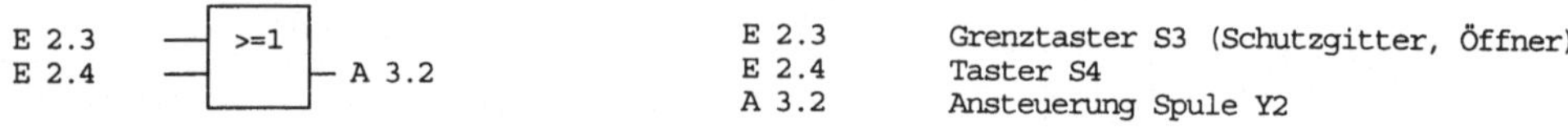

NETZWERK: 0003

Bausteinende

Im ersten Netzwerk wird die Ausfahrbedingung des Kolbens formuliert, d.h. die Signale der Eingänge E 2.1 bzw. E 2.2 werden durch einen ODER-Baustein verknüpft und bei Erfüllung dem Ausgang A 3.1 zugewiesen.

Im zweiten Netzwerk werden die Bedingungen für das Einfahren editiert. Diese sind die Abfrage des Tasters S4 mit einem Schließerkontakt und die Abfrage des Schutzgitters durch den Grenztaster S3 mit einem Öffnerkontakt. Wird der Taster S4 betätigt, dann erkennt die Steuerung am Eingang E 2.4 1-Signal. Dies führt zur Ansteuerung der Spule Y2 über den Ausgang A 3.2.

Wird das Schutzgitter geöffnet, schließt der Öffnerkontakt S3. Der Eingang E 2.3 erkennt das 1-Signal. Es führt zur Ansteuerung der Spule Y2 (Ein Drahtbruch würde hier als geschlossenes Schutzgitter interpretiert werden!). Wenn den Ausgängen der SPS 1-Wert zugewiesen wird, liegen 24 VDC an den Ausgangsbuchsen. Diese dienen zum Schalten des Stellglieds.

Die Signalspeicherung mit entsprechender Einfahrdominanz übernimmt das 5/2-Wege-Impulsventil 1.1.

In einem weiteren Beispiel soll nun der Öffnerkontakt des Grenztasters für das Schutzgitter gegen einen Schließerkontakt vertauscht werden. Der Taster S4 erhält einen Öffnerkontakt. Das Stellglied wird durch ein 5/2-Wege-Magnetventil mit Federrückstellung ersetzt.

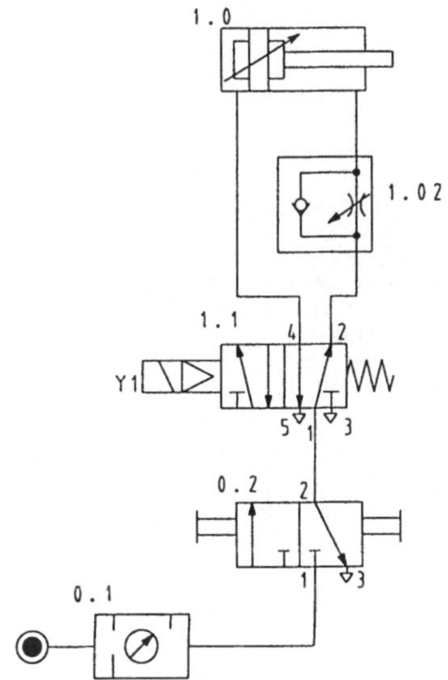

Bild 4.16
SPS-Schaltplan II

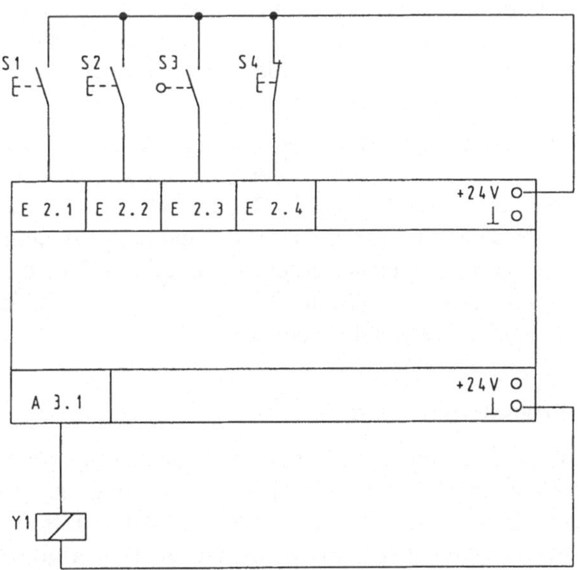

Das 5/2-Wege-Magnetventil mit Federrückstellung hat eine definierte Grundstellung, allerdings kein Speicherverhalten. Die Signalspeicherung muß deshalb durch die SPS übernommen werden. Dies führt zu folgendem Anwenderprogramm:

```
C:\AKF12\DW-ZYL.2\PB1
AEG Modicon Dolog AKF: Programm-Protokoll

NETZWERK: 0001     Zylindersteuerung
```

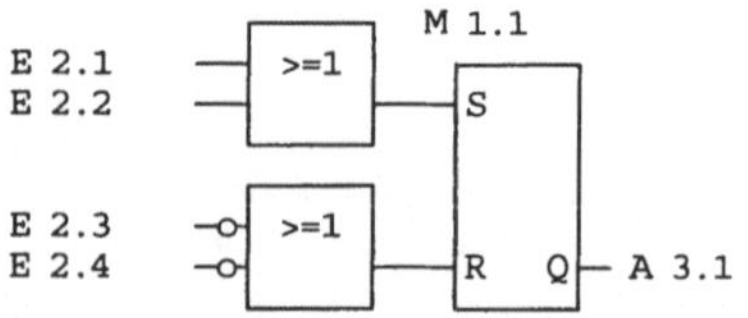


```
M 1.1    Signalspeicher (Ventilansteuerung)
E 2.1    Taster S1
E 2.2    Taster S2
E 2.3    Grenztaster S3 (Schutzgitter)
E 2.4    Taster S4 (Öffner)
A 3.1    Ansteuerung Spule Y1

NETZWERK: 0002

Bausteinende
```

Das Anwenderprogramm wird in ein Netzwerk geschrieben, da ein Ausgang zur Zylindersteuerung genügt. Die Signale der Taster S1 bzw. S2 auf die Eingänge E 2.1 oder E 2.2 sind die Setzbedingungen für den Speicher M 1.1. Da der Speicher dominierendes Rücksetzverhalten hat, kann er nur gesetzt werden, wenn am Rücksetzeingang 0-Signal anliegt. Dies ist gegeben, wenn das Schutzgitter geschlossen ist und der Taster S4 (Öffner) nicht betätigt ist. Das geschlossene Schutzgitter meldet 1-Signal, negiert 0. Der nicht betätigte Taster S4 meldet ebenfalls 1-Signal, negiert 0.

Der gesetzte Speicher aktiviert den Ausgang A 3.1 der Steuerung, welcher nun die Spule Y1 am Stellglied erregt. Dies ist solange der Fall, bis der Speicher M 1.1 rückgesetzt wird. Dies geschieht in der Regel durch Betätigung des Tasters S4, was zu einem Spannungsabfall am Eingang E 2.4 der Steuerung führt. Dieses 0-Signal am Eingang E 2.4 wird negiert und setzt den Speicher zurück. Gleiches geschieht bei einem Öffnen des Schutzgitters, wenn das Signal des Grenztasters S3 abfällt. Tritt in den Rücksetzleitungen Drahtbruch auf, erfolgt ebenfalls ein Rücksetzen des Speichers.

4.1.3 Zeitelemente in Verknüpfungssteuerungen

Eine schon vorhandene Steuerung einer Klebepresse soll um eine Zeitsteuerung ergänzt werden. Eine Dokumentation der Steuerung ist nicht vorhanden. Die Anlage hat vier Signalglieder. Die dadurch möglichen $2^4 = 16$ Signalkombinationen sollen mittels einer Schalttabelle analysiert werden. Aus der Schalttabelle wird die Schaltfunktion ermittelt.

Schalttabelle:

d	c	b	a	Z
0	0	0	0	0
0	0	0	1	0
0	0	1	0	0
0	0	1	1	0
0	1	0	0	0
0	1	0	1	0
0	1	1	0	0
0	1	1	1	0
1	0	0	0	0
1	0	0	1	0
1	0	1	0	0
1	0	1	1	0
1	1	0	0	1
1	1	0	1	1
1	1	1	0	0
1	1	1	1	0

In den Zeilen 13 und 14 hat die Ausgangsgröße Z den Signalzustand 1, d.h. der Kolben des Zylinders fährt aus.

Aus diesen beiden Zeilen wird die disjunktive Normalform für die Verknüpfungsfunktion ermittelt und vereinfacht. Dies führt zu dem nachfolgenden Ergebnis:

$$(\bar{a} \wedge \bar{b} \wedge c \wedge d) \vee (a \wedge \bar{b} \wedge c \wedge d) = Z$$

$$(\bar{b} \wedge c \wedge d) \wedge (a \vee \bar{a}) = Z$$

$$\bar{b} \wedge c \wedge d = Z$$

Die Oder-Verknüpfung des negierten und des 1-Wertes der Eingangsvariablen a führt ständig zu einem 1-Wert. Dies entspricht einem dauerhaft geschlossenen Schalter. Die Verknüpfung kann somit entfallen.

Die Analyse der vorhandenen Schaltung zeigt, daß von den vier Signalgliedern nur drei eine Schaltfunktion haben. Das negierte Signal von b kommt von einem Schutzgitter, welches beim Nichtschließen einen Klebevorgang verhindert. Weiterhin wurde festgestellt, daß die Taster c und d innerhalb von 0,5 Sekunden aus Sicherheitsgründen betätigt werden müssen. Diese Funktion soll von einem handelsüblichen Zweihandsteuerblock übernommen werden. Das pneumatische Ausgangssignal dieses Zweihandsteuerblocks geht auf einen pneu./elektrischen Wandler, dessen Signal von der Steuerung verarbeitet wird.

PE-Wandler werden eingesetzt, wenn ein pneumatisches Signal, z.B. Druck in einer elektrischen Steuerung verarbeitet wird. Durch ein pneumatisches Signal am Luftanschluß wird eine Membran mit Druck beaufschlagt, welche den Stößel eines Microschalters betätigt. Unterschreitet der Druck einen bestimmten Minimalwert, geht der Stößel zurück. Die Kontakte des PE-Wandler schließen oder öffnen einen elektrischen Stromkreis, was zur Ausbildung entsprechender Signale führt.

Der verwendete Wandler arbeitet im Druckbereich von 25 bis 8.000 kPA (0,25 bis 8 bar); dies entspricht den Ausgangswerten des Zweihand-Steuerblocks.

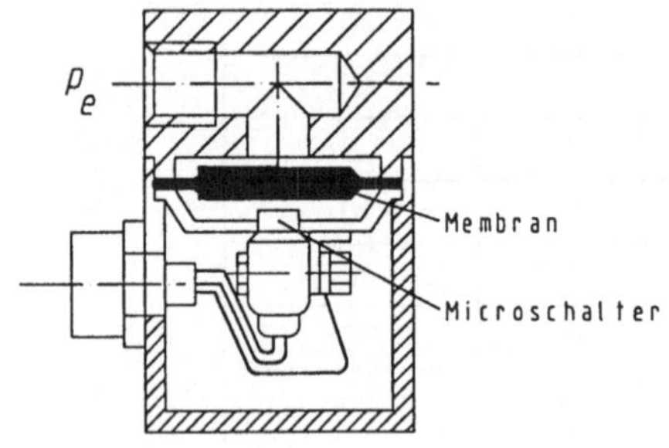

a) Schematische Darstellung des PE-Wandlers

b) Schaltzeichen, pneumatisch

Bild 4.17
PE-Wandler

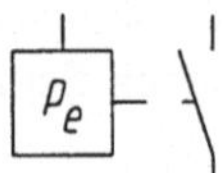

c) Schaltzeichen, elektrisch

Die Endlagen des verwendeten doppeltwirkenden Zylinders sollen von der speicherprogrammierbaren Steuerung durch zwei Reed-Kontakte kontrolliert werden.

Der Funktionsplan nach DIN 40719, T6 verdeutlicht die Steuerungsaufgabe:

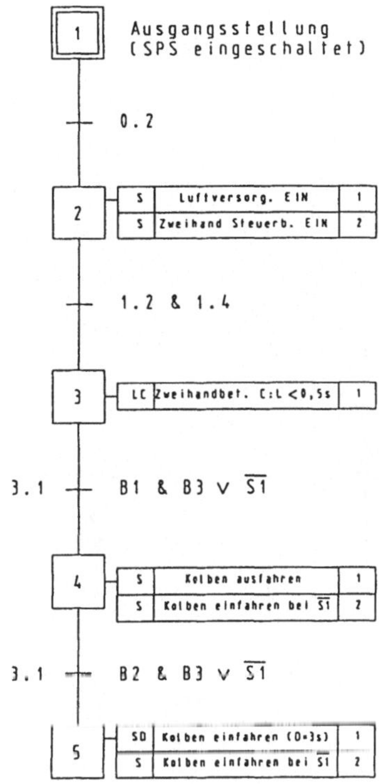

Bild 4.18
Funktionsplan III

Tabelle 4.9 Belegungsliste

Betriebsmittel	Bez.	Signalpegel		Operand
		aktiv	passiv	
b: Grenztaster	S1	1	0	E 2.1
c: Handtaster	1.2	1	0	
d: Handtaster	1.4	1	0	
P/E-Wandler	B3	1	0	E 2.2
Reed-Kontakt	B1	1	0	E 2.3
Reed-Kontakt	B2	1	0	E 2.4
DW-Zylinder	1.0			
5/2-WV mit FR und	1.1			
Spule	Y1	1	0	A 3.1

a) Pneumatikplan

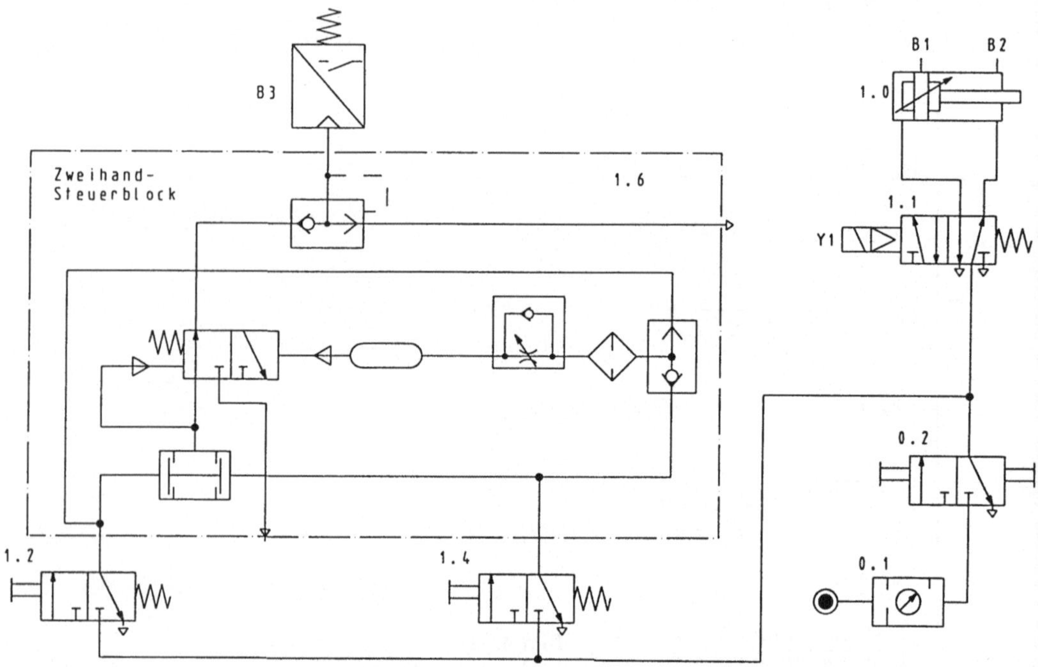

B3
Zweihand-
Steuerblock
1.6
B1
B2
1.0
1.1
Y1
0.2
0.1
1.2
1.4

b) SPS-Beschaltung

B1
B2
S1
B3
Pe
E 2.1
E 2.2
E 2.3
E 2.4
+24V
A 3.1
A 3.2
+24V
Y1

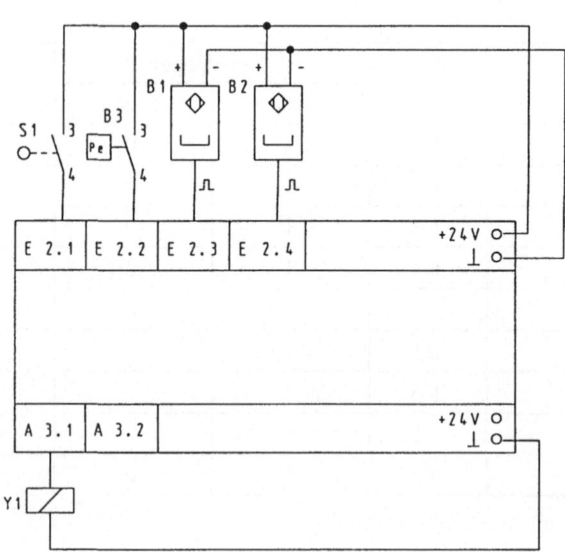

Bild 4.19 SPS-Schaltplan III

```
C:\AKF12\DW-ZYL.3\PB1
AEG Modicon Dolog AKF: Programm-Protokoll

NETZWERK: 0001     Zeitabhängige Zylindersteuerung

                                               E 2.2  --|  &  |      M 1.1
                                               E 2.3  --|     |     |  O   |
                                                                    |      |
                                               E 2.1  -o| >=1 |     |      |
                          T 1                           |     |     |      |
              E 2.4   --|T-0  |                         |     |     |      |
              100MS   --|ZB   |                         |     |     |      |
              K 30    --|SW   |                         |     |     |      |
              M 1.3     |     |                         |     |     |      |
M 1.2    --| FLP |------|R   Q|----|  &  |  M 1.2       |     |     |      |
                   E 2.2    -------|     |-----> >------|     |-----|R    Q|- A 3.1

M 1.1                 Signalspeicher (Ventilansteuerung)
E 2.2                 Signal des PE-Wandlers B3
E 2.3                 Reed-Kontakt B1
E 2.1                 Grenztaster S1 (Schutzgitter)
T 1                   Zeitglied Einfahrverzögerung
E 2.4                 Reed-Kontakt B2
M 1.3                 Flankenmerker
M 1.2                 Merker Konnektorsignal
A 3.1                 Ansteuerung Spule Y1

NETZWERK: 0002

                    | Bausteinende |
```

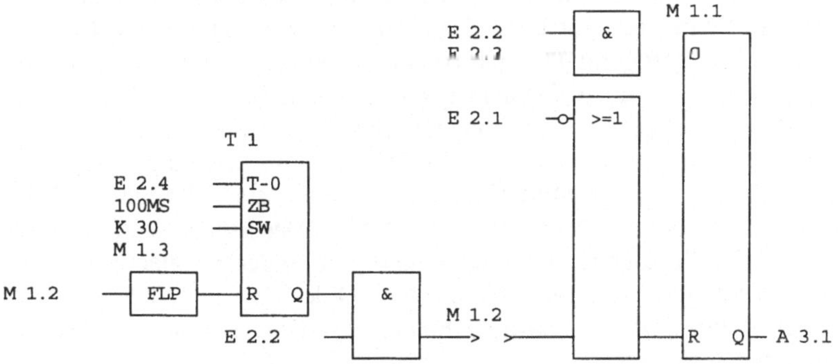

Der Speicher M 1.1 für den Ausgang A 3.1 wird gesetzt, wenn der Kolben des Zylinders eingefahren ist und die beiden Druckknopftaster der pneumatischen Ventile 1.2 und 1.4 innerhalb von 0,5 Sekunden betätigt werden. Werden 1.2 und 1.4 nicht innerhalb dieser Zeit betätigt, sperrt das Zweidruckventil die zugeführte Luft. Dadurch entweicht sie über das Wechselventil und füllt über Filter und Drossel einen Luftspeicher. Sobald dieser Speicher einen Druck größer als die Federkraft am 3/2-Wegeventil aufgebaut hat, wird das Ventil in die Sperrstellung geschoben. Der verspätete Impuls vom zweiten Taster kann nicht mehr wirksam werden.

Der Einsatz von Zweihand-Steuerblöcken ist erforderlich, wenn beide Hände beim Starten einer Anlage unbedingt aus dem Gefahrenbereich entfernt sein müssen. Zweihand-Steuerungen sollen aus Sicherheitsgründen nicht durch entsprechend programmierte Zeitelemente von speicherprogrammierbaren Steuerungen ersetzt werden.

Das Ausgangssignal des Zweihandsteuerblocks wirkt auf die Membran des PE-Wandlers. Übersteigt der Druck einen Grenzwert, wird ein Microschalter betätigt und der Stromweg zum Eingang E 2.2 führt Spannung. Nun erkennen die Eingänge E 2.2 und E 2.3 1-Signal und der Speicher wird gesetzt. Wesentliche Voraussetzung ist allerdings, daß das Schutzgitter (E 2.1) geschlossen ist. Das geschlossene Schutzgitter meldet aufgrund der Negation dem dominierenden Rücksetzeingang des Speichers 0-Signal. Der Kolben fährt aus.

Ein Öffnen des Schutzgitters während des Arbeitszyklusses führt also zum drahtbruchsicheren Rücksetzen des Speichers M 1.1. Der Kolben bleibt ausgefahren, solange die Spule Y1 erregt wird. Der Speicher wird zeitlich verzögert rückgesetzt. Sobald der Reed-Kontakt B2 betätigt wird, erkennt E 2.4 1-Signal. Dieses wirkt auf den Eingang des Zeitglieds T1 (Einschaltverzögerung). Nach Ablauf der eingestellten Verzögerungszeit führt T1 am Ausgang Q 1-Signal. Erkennt der Eingang E 2.2 ebenfalls 1-Signal, wird der Speicher M 1.1 rückgesetzt. Das magnetische Feld der Spule fällt ab, die Rückstellfeder schaltet das Stellglied 1.1 und der Kolben fährt ein. Die eingestellte Verzögerungszeit errechnet sich aus der Multiplikation von Zeitbasis (ZB) mal Sollwert (SW). Dies ergibt eine Zeit: 100 ms * 30 = 3.000 ms oder 3 s. Das Signal von E 2.4 muß für die gesamte eingestellte Verzögerungszeit am Eingang (T-0) des Zeitelements anstehen. Nach Ablauf der Verzögerungszeit hat der Ausgang Q des Zeitglieds 1-Signal. Der Speicher M 1.1 wird rückgesetzt. Die positive Flanke des Konnektorsignals (M 1.2) dient zum Normieren des Zeitglieds.

4.2 Steuerung von Drehbewegungen

4.2.1 Hydromotor

4.2.1.1 Elektrische Steuerung eines Hydromotors

Hydromotoren wandeln hydraulische Energie in mechanisch verwertbare Arbeit mit drehender Bewegung um. Die Drehbewegung der Abtriebswelle kann direkt genutzt oder in eine lineare Bewegung zum Antrieb eines Maschinentisches gewandelt werden. Die Drehzahl des Hydromotors kann stufenlos verändert werden, indem man die zugeführte Ölmenge verändert. Langsam laufende Hydromotoren haben ein fast konstantes Drehmoment über den gesamten Drehzahlbereich. Sie werden den mechanischen und elektrischen Antrieben vorgezogen. Die Höhe des Drehmoments ist abhängig vom Betriebsdruck.

Folgende Forderungen seien an die elektrische Steuerung des Hydromotors gestellt:

- Das Hydraulikaggregat (Pumpe und elektr. Antriebsmotor) wird durch einen Taster mit Schließerkontakt ein- und durch einen Taster mit Öffnerkontakt ausgeschaltet.
- Nach dem Einschalten des Hydraulikaggregats kann zwischen Rechts- und Linkslauf des Hydromotors gewählt werden.
- Bei Tastendruck „Stop“ schaltet der Hydromotor dominierend aus.
- Bei gleichzeitiger Betätigung der Taster Rechts- und Linkslauf soll der Hydromotor abschalten.
- Die Drehzahl für den Rechts- und Linkslauf soll durch ein Stromventil beeinflußt werden können.

Der nachfolgende Funktionsplan spiegelt in Grobstruktur die Forderungen zur Steuerung des Rechts- bzw. Linkslaufs des Hydromotors durch manuellen Eingriff in die Leiteinrichtung wieder.

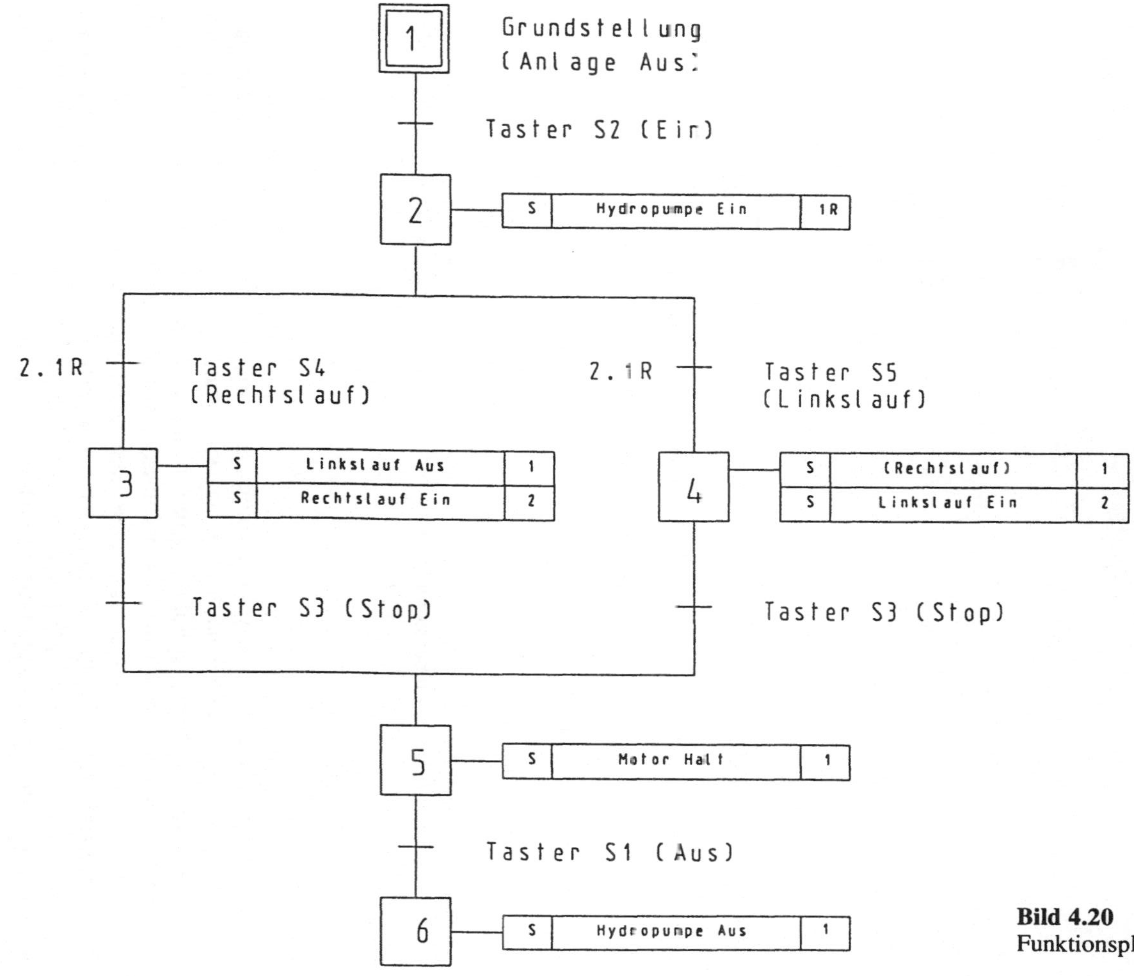

Bild 4.20
Funktionsplan zur Steuerung eines Hydromotors

Der Befehl des 2. Schrittes lautet: Hydropumpe Ein. Im Feld c des Befehlssymbols steht der Buchstabe R, welcher Rückmeldung bedeutet. Die Rückmeldung hat den Wert „1“, solange der formulierte Befehl tatsächlich ausgeführt ist. Für die elektrische Steuerung bedeutet dies, das Schütz K1 muß tatsächlich angezogen haben. Nur wenn ein Hilfskontakt von K1 im Steuerstromkreis geschlossen ist, können die entsprechenden Befehle (Rechts-/Linkslauf) wirksam werden. Für das SPS-Programm heißt dies: Erst wenn die Rückmeldung über einen Hilfskontakt als Eingangssignal erkannt und im Programm verarbeitet wurde, darf durch entsprechende Signale der Rechts- bzw. Linkslauf geschaltet werden können.

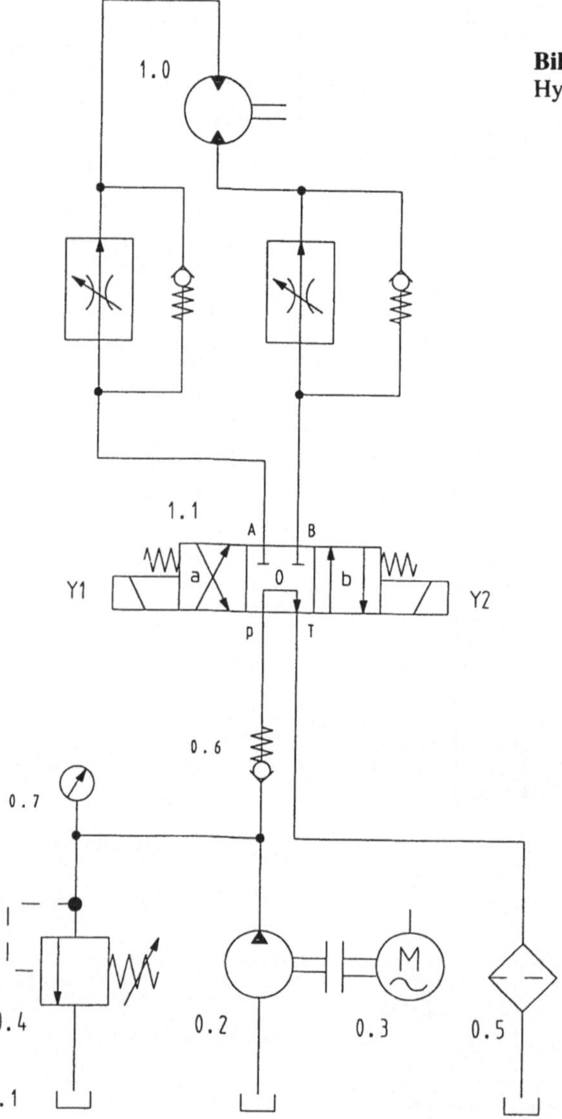

Bild 4.21
Hydraulikschaltplan mit offenem Kreislauf

Die Konstantpumpe 0.2 fördert das Öl nach dem Einschalten des Elektromotors über das 4/3-Wegeventil, welches sich aufgrund der Federzentrierung in Nullstellung (Ölumlauf) befindet, zurück in den Öltank. Durch Ansteuerung der Spule Y1 oder Y2 kann der Hydromotor in Rechts- bzw. Linkslauf versetzt werden. Die Spulen werden über 2 Relais gesteuert. Die 2-Wege-Stromregelventile steuern die Ölzufuhr. Die Rückschlagventile verhindern in der einen Richtung die „Umgehung" der Stromregelventile und ermöglichen in der anderen Richtung den ungehinderten Abfluß des Öls.

Als Ventile zur Beeinflussung des Volumenstroms Q über die Veränderung des Leitungsquerschnitts stehen grundsätzlich Drossel- und Stromregelventile zur Verfügung.

A: Drosselventil

An der Drosselstelle besteht vor und hinter der Drossel ein Druckgefälle Δp. Mit zunehmender Druckdifferenz wird der Ölstrom, also die Drehzahl des Hydromotors, höher. Der Druck p_1 im Zulauf vor dem Drosselventil wird im allgemeinen durch ein Druckbegrenzungsventil konstant gehalten. Der Druck p_2 ist abhängig vom Arbeitswiderstand. Ändert sich dieser, ändert sich auch der Druck p_2.

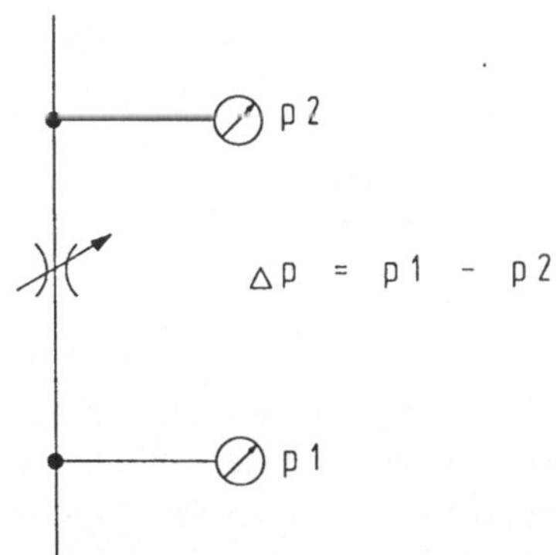

Bild 4.22
Ölstromdrosselung mit einem Drosselventil

Einfache Drosselventile können nur dort eingesetzt werden, wo die Belastungsdrücke (p_2) sich wenig ändern, oder wenn eine von der Belastung abhängige Drehzahl in Kauf genommen wird.

B: 2-Wege-Stromregelventil

Ist eine konstante Drehzahl gefordert, so ist ein Stromregelventil einzusetzen. Das 2-Wege-Stromregelventil besteht aus einer Drossel mit veränderlichem Querschnitt und einem Druckausgleichschieber.

Der Druckausgleichschieber wird an den gleichgroßen Stirnflächen mit dem Druck p_2 vor der Drossel und dem Druck p_3 hinter der Drosselstelle beaufschlagt. Da der Druck hinter der Drosselstelle (p_3) kleiner ist, muß der Druckausgleichschieber ständig durch eine Feder unterstützt werden. Diese Feder ist maßgebend für die Druckdifferenz an der Drosselstelle.

Das Gleichgewicht drückt sich in folgender Gleichung aus:

$$p_2 * A = p_3 * A + F_F$$

$$p_2 * A - p_3 * A = F_F$$

$$(p_2 - p_3) * A = F_F$$

$$\Delta p_{2,3} = F_F/A = \text{const.}$$

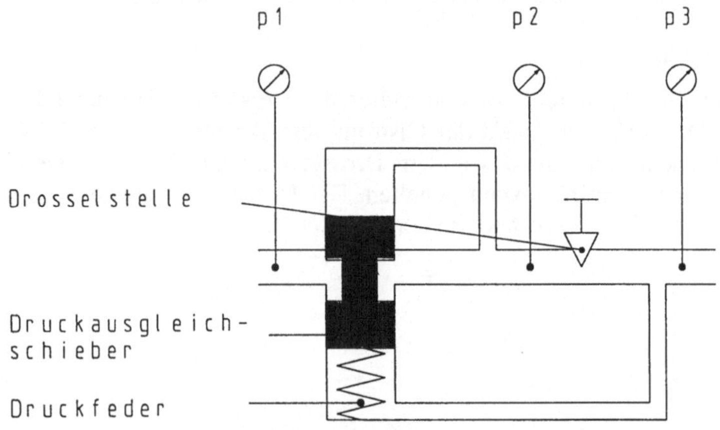

Bild 4.23 Schema eines 2-Wege-Stromregelventils

Tritt z.B. eine Erhöhung der Last am Hydromotor auf, dann steigt p_3 an. Der erhöhte Druck p_3 verändert die Lage des Druckausgleichschiebers so, daß sich der Zuflußquerschnitt weiter öffnet. Dadurch wird der Druck p_2 erhöht und $\Delta p_{2,3}$ wird auf den konstanten Wert korrigiert.

Für die vorliegende Aufgabenstellung wird eine gleichbleibende Drehzahl angestrebt. Beide Zuleitungen zum Hydromotor erhalten ein 2-Wege-Stromregelventil kombiniert mit einem Rückschlagventil, so, daß das verbrauchte Öl ungehindert abfließen kann.

Das Druckbegrenzungsventil 0.4 schützt das Hydrauliksystem vor Überlastungen und hält den Druck vor dem 2-Wege-Stromregelventil konstant.

Nach Betätigung von S2 (Bild 4.24) wird das Schütz K1 erregt und schließt seine Nebenkontakte in den Stromwegen 1, 3, 4 und 6. Elektromotor und Pumpe stellen die hydraulische Energie für den Hydromotor bereit. Durch den Hilfskontakt 23/24 im 3. Stromweg wird die Selbsthaltung des Schützes K1 nach dem Loslassen des Tasters S2 erreicht. In den Stromwegen 4 und 6 werden der 3. und 4. Hilfskontakt ebenfalls geschlossen. Nach dieser Rückmeldung kann die Steuerung für den Rechts- bzw. Linkslauf aktiviert werden.

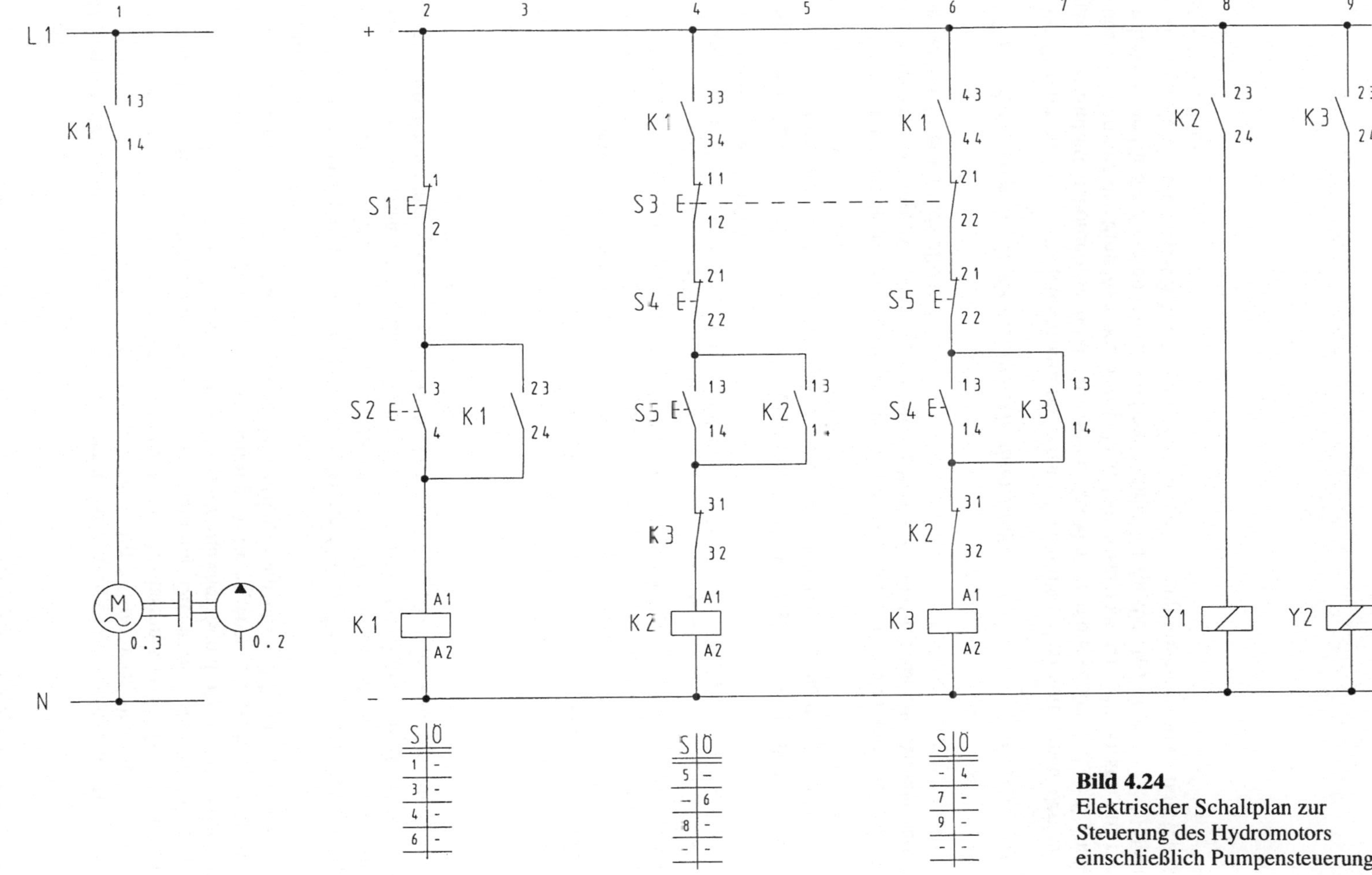

Bild 4.24
Elektrischer Schaltplan zur Steuerung des Hydromotors einschließlich Pumpensteuerung

Linkslauf:

Durch die Betätigung des Tasters S5 wird der 4. Stromweg geschlossen. Das Relais K2 liegt an Spannung und betätigt alle Nebenkontakte. Im 5. Stromweg übernimmt der 1. Nebenkontakt die Selbsthaltung des Relais nach dem Loslassen von S5. Der 2. Nebenkontakt im 8. Stromweg legt die Spule Y1 an Spannung. Die erregte Spule schaltet das 4/3-Wegeventil 1.1 in die Schaltstellung a (Hydraulischer Schaltplan). Der Ölstrom wird über den Anschluß p in die Arbeitsleitung A freigegeben. Er strömt durch das Stromventil zum Hydromotor. Der Weg des abfließenden Öls wird vom Rückschlagventil zum Vorratstank freigegeben.

Der 3. Nebenkontakt von K2 im 6. Stromweg ist ein Öffner. Er unterbricht den Stromweg zum Relais K3. Dies verhindert das gleichzeitige Anziehen der beiden Relais für den Links- und Rechtslauf. Werden S5 und S4 gleichzeitig betätigt, so sorgt der jeweils dem Schließerkontakt parallel geschaltete Öffnerkontakt für die Unterbrechung der Stromwege zum gegenüberliegenden Relais.

Rechtslauf:

Der Rechtslauf wird durch den Taster S4 ausgelöst. Der Öffnerkontakt von S4 unterbricht gleichzeitig den Linkslauf. Sobald das Relais K2 abgefallen ist, geht sein Öffnerkontakt vor dem Relais K3 zurück in seine Grundstellung. Erst jetzt wird die Spule des Relais K3 erregt. Unnötiger Kontaktverschleiß wird vermieden. K3 geht durch den 1. Nebenkontakt in Selbsthaltung. Der 2. Nebenkontakt legt im 9. Stromweg die Spule Y2 an Spannung. Das 4/3-Wegeventil im hydraulischen Bereich der Anlage gibt den Ölstrom zum Hydromotor frei, der rechtslaufend dreht. Der Öffnerkontakt von K3 im 4. Stromweg verriegelt K2.

Durch den Taster S3 kann der Hydromotor sowohl im Rechts- wie im Linkslauf jederzeit angehalten werden. Er hat Dominanz gegenüber den Tastern für das Schalten von Rechts- bzw. Linkslauf.

Ein Abschalten der hydraulischen Energie, Taster S1, führt zu einem sofortigen Stillstand der Hydropumpe. Gleichzeitig fallen die Relais K2 und K3 ab. Die Anlage befindet sich in ihrer Grundstellung.

4.2.1.2 Steuerung des Hydromotors mit einer SPS

Das Programm für die speicherprogrammierbare Steuerung (SPS) soll genau den eingangs formulierten Forderungen zur Steuerung des Hydromotors genügen. Die Signalgeber werden auf die Eingänge der SPS gelegt. Die Ausgänge der SPS wirken auf die Stellelemente für die Aktoren: Diese sind das Schütz K1 für die Hydropumpe (E-Motor) und die beiden Spulen am 4/3-Wegeventil. Die Signalverknüpfungen erfolgen durch das SPS-Programm.

Tabelle 4.10 Belegungsliste

Betriebsmittel	Bez.	Operand
Taster Energie Aus (Öffner)	S1	E 2.1
Taster Energie Ein	S2	E 2.2
Taster Motor Stop (Öffner)	S3	E 2.3
Taster Rechtslauf	S4	E 2.4
Taster Linkslauf	S5	E 2.5
Schütz (Hilfskontakt)	K1	E 2.6
Schütz für E.-Motor der Hydropumpe	K1	A 3.1
4/3-Wegeventil: Spule Linkslauf	Y1	A 3.2
Spule Rechtslauf	Y2	A 3.3

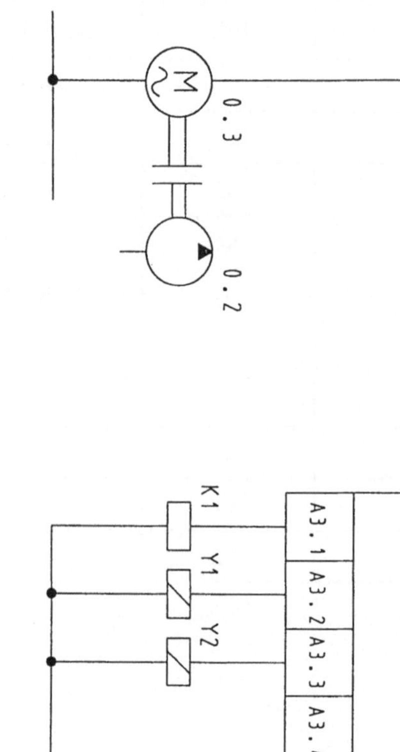

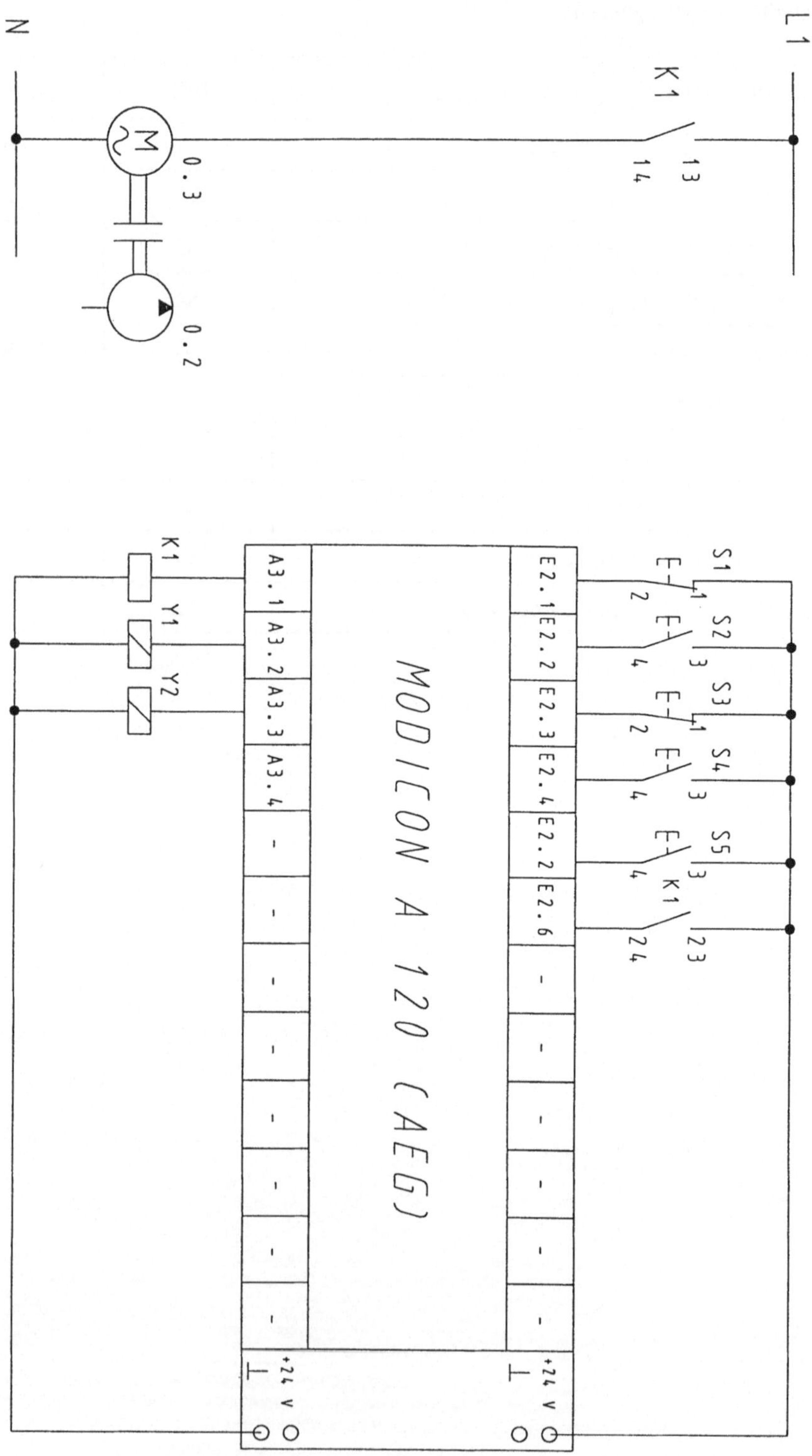

Bild 4.25 SPS-Beschaltung zur Steuerung eines Hydromotors einschließlich der Pumpensteuerung

Hinweis: Der hydraulische Schaltplan (Bild 4.21) für den Hydromotor bleibt unverändert!

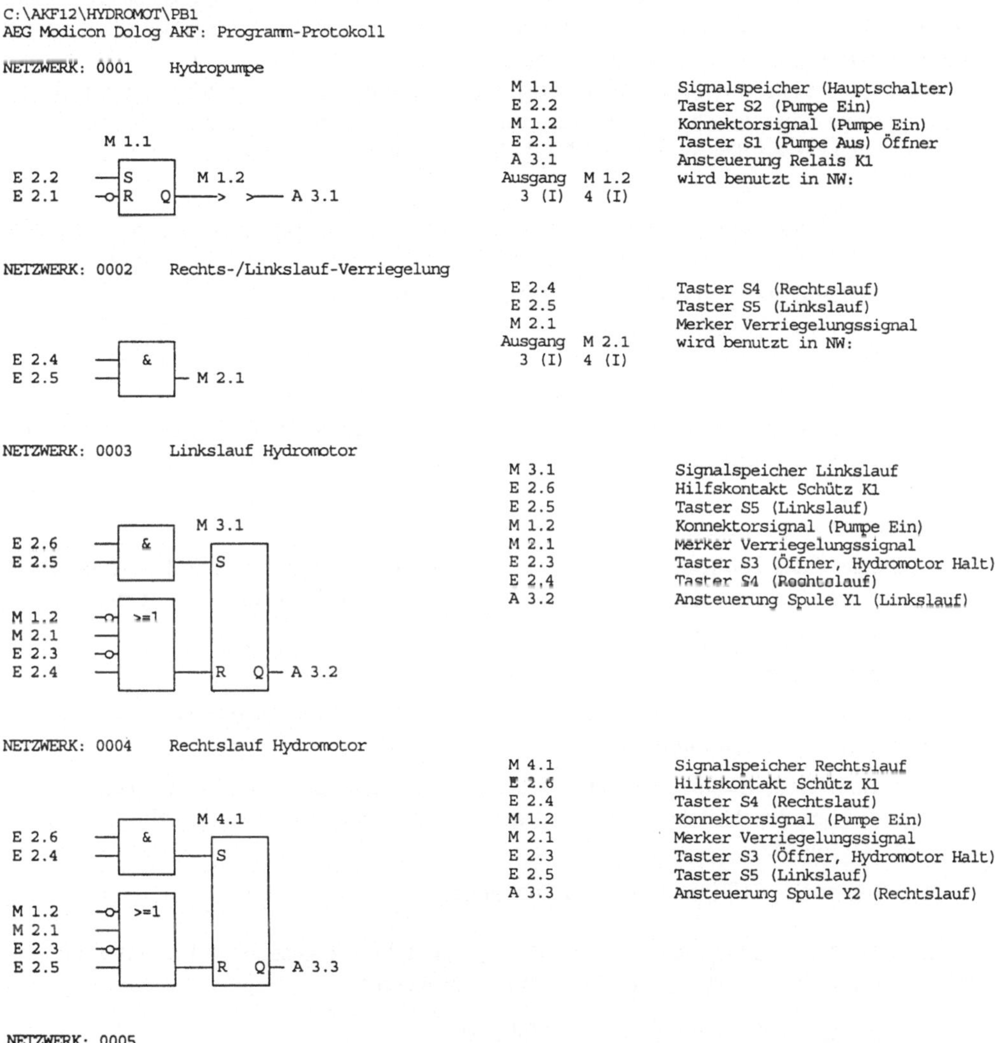

```
C:\AKF12\HYDROMOT\PB1
AEG Modicon Dolog AKF: Programm-Protokoll

NETZWERK: 0001    Hydropumpe
                                              M 1.1        Signalspeicher (Hauptschalter)
                                              E 2.2        Taster S2 (Pumpe Ein)
                                              M 1.2        Konnektorsignal (Pumpe Ein)
          M 1.1                               E 2.1        Taster S1 (Pumpe Aus) Öffner
                                              A 3.1        Ansteuerung Relais K1
 E 2.2    S        M 1.2                      Ausgang  M 1.2   wird benutzt in NW:
 E 2.1    R  Q     >     >  A 3.1              3 (I)   4 (I)

NETZWERK: 0002    Rechts-/Linkslauf-Verriegelung
                                              E 2.4        Taster S4 (Rechtslauf)
                                              E 2.5        Taster S5 (Linkslauf)
                                              M 2.1        Merker Verriegelungssignal
 E 2.4    &                                   Ausgang  M 2.1   wird benutzt in NW:
 E 2.5       M 2.1                             3 (I)   4 (I)

NETZWERK: 0003    Linkslauf Hydromotor
                                              M 3.1        Signalspeicher Linkslauf
                                              E 2.6        Hilfskontakt Schütz K1
                                              E 2.5        Taster S5 (Linkslauf)
 E 2.6    &       M 3.1                       M 1.2        Konnektorsignal (Pumpe Ein)
 E 2.5            S                           M 2.1        Merker Verriegelungssignal
                                              E 2.3        Taster S3 (Öffner, Hydromotor Halt)
 M 1.2    >=1                                 E 2.4        Taster S4 (Rechtslauf)
 M 2.1                                        A 3.2        Ansteuerung Spule Y1 (Linkslauf)
 E 2.3
 E 2.4            R  Q  A 3.2

NETZWERK: 0004    Rechtslauf Hydromotor
                                              M 4.1        Signalspeicher Rechtslauf
                                              E 2.6        Hilfskontakt Schütz K1
                                              E 2.4        Taster S4 (Rechtslauf)
 E 2.6    &       M 4.1                       M 1.2        Konnektorsignal (Pumpe Ein)
 E 2.4            S                           M 2.1        Merker Verriegelungssignal
                                              E 2.3        Taster S3 (Öffner, Hydromotor Halt)
 M 1.2    >=1                                 E 2.5        Taster S5 (Linkslauf)
 M 2.1                                        A 3.3        Ansteuerung Spule Y2 (Rechtslauf)
 E 2.3
 E 2.5            R  Q  A 3.3

NETZWERK: 0005

                    Bausteinende
```

Erläuterung des SPS-Programms:

Netzwerk 1:

Der Speicher M 1.1 hat 2 Aufgaben:

- Er steuert über den Ausgang A 3.1 den Elektromotor der Hydropumpe und
- sein Ausgangssignal ist eine Bedingung für das Setzen der Signalspeicher „Rechts- bzw. Linkslauf". Erfaßt wird das Ausgangssignal durch den Konnektor M 1.2.

Gesetzt wird der Signalspeicher M 1.1 durch den Taster S2, einen Schließer, der auf den Eingang E 2.2 wirkt. Rückgesetzt wird er drahtbruchsicher über den Eingang E 2.1 der SPS. Dieser Eingang wird negiert, also auf 0-Signal abgefragt. Der Geber ist der Taster S1, ein Öffner. Dieser liefert 1-Signal, welches aber aufgund der Negation als 0-Signal interpretiert wird. Deshalb kann der Speicher M 1.1 über den Eingang E 2.2 gesetzt werden. Erst wenn der Taster S1 betätigt wird, also der Stromweg zum Eingang E 2.1 unterbrochen wird, erkennt die SPS an ihrem Eingang 0-Signal, negiert dies und nutzt es zum Rücksetzen des Speichers M 1.1. Bei Spannungsausfall würde der Speicher automatisch rückgesetzt.

Bei gleichzeitiger Betätigung von S1 und S2 dominiert das Signal des Öffners über den Eingang E 2.1, da dieses Signal später im Programm gelesen wird und die Zuweisung zu den Ausgängen erst am Ende eines Programmzyklusses erfolgt.

Netzwerk 2:

Bei gleichzeitiger Betätigung der Taster für den Rechts- und Linkslauf (E 2.4 UND E 2.5) hat der Merker M 2.1 1-Signal. Dieses Signal dient zum Rücksetzen der Ausgänge für die Ansteuerung der Spulen Y1 und Y2.

Netzwerk 3:

Um Linkslauf des Hydromotors zu erreichen, muß der Ausgang A 3.2 1-Signal haben. Die dann am Ausgang anliegende Gleichspannnung von 24 V dient zur Erregung der Spule Y1 für das Schalten des 4/3-Wegeventils.

Folgende Bedingungen müssen erfüllt sein:

- Die Hydropumpe muß eingeschaltet sein (negierte Abfrage des Konnektorsignals M 1.2 über den dominierenden Rücksetzeingang R).
- Das Stellglied, Schütz K1, muß tatsächlich geschaltet haben. Die Rückmeldung erfolgt über den Hilfskontakt 23/24 des Schützes K1, der über den Eingang E 2.6 abgefragt wird.
- Der Taster S5 muß kurzzeitig 1-Signal geben.

Sind diese Bedingungen erfüllt, wird der Speicher M 3.1 gesetzt und damit Linkslauf des Hydromotors bewirkt. Er wird unterbrochen, wenn:

- das Signal des Konnektors M 1.2 abfällt oder
- die Taster für den Rechts- bzw. Linkslauf gleichzeitig betätigt werden (M 2.1) oder
- der Taster S3, Motor Stop, 0-Signal (Öffner) liefert oder
- der Taster S4 (Rechtslauf) Signal auf E 2.4 gibt.

Netzwerk 4:

Die Umschaltung des Hydromotors in den Rechtslauf sollte nicht direkt, sondern erst nach Betätigung von S3 erfolgen.

Nach dem Signal Stop auf den Eingang E 2.3 fällt der Ausgang A 3.2 ab. Wenn folgende Bedingungen erfüllt sind, beginnt der Rechtslauf:

- das Konnektorsignal M 1.2 (Hydropumpe Ein) muß vorhanden sein (dominierender Rücksetzeingang),
- Schütz K1 ist muß tatsächlich angezogen haben (Rückmeldung über den Eingang E 2.6),
- der Taster S4 liefert über E 2.4 kurzzeitig 1-Signal.

Der Signalspeichers M 4.1 weist dem Ausgang A 3.3 1-Wert zu. Er schaltet nun die Spule Y2 am 4/3-Wegeventil und läßt den Hydromotor im entgegengesetzten Drehsinn, also rechtsdrehend, anlaufen.

Der Rechtslauf kann über den Taster S3 drahtbruchsicher wieder abgeschaltet werden. Eine zweite Abschaltmöglichkeit ergibt sich durch das Ausschalten der Hydropumpe. Dies bewirkt über das auf 0 abgefragte Ausgangssignal des Merkers M 1.2 ein Rücksetzen des Speicher M 4.1. Ein Rücksetzen des Signalspeichers erfolgt ebenfalls, wenn direkt in den Linkslauf geschaltet wird (E 2.5) oder wenn irrtümlich die Taster für den Rechts- und Linkslauf gleichzeitig betätigt wurden.

4.2.2 Drehstrommotor

Drehstrommotoren beherrschen die Antriebstechnik. Gesteuert werden sie mit Hilfe von Schützen. Diese werden durch Befehlsgeräte von Hand oder automatisch betätigt. Die Leistungsangabe für den Motor ist das kennzeichnende Merkmal für die Auswahl der Schütze. Die Leistungsschütze haben vielfach Hilfsschütze zur Lösung von Steuerungsaufgaben. Neben der einfachen Handhabung und Wartung spricht hauptsächlich das hohe Sicherheitsniveau für die Anwendung von Hilfsschützen. Schütze gewährleisten durch konstruktive Maßnahmen die galvanische Trennung[1] zwischen Steuer- und Arbeitsstromkreis.

Beim Anschluß elektrischer Maschinen an das Netz sind stets alle notwendigen Schutzeinrichtungen zu berücksichtigen, damit im Fehlerfall keine Gefährdungen für Menschen und Geräte entstehen können. Motorschutzeinrichtungen sollen die Wicklungen von elektrischen Motoren vor unzulässiger Erwärmung durch längerdauernde Überlastströme schützen.

Motorschutzrelais schalten in jede Strombahn des Hauptstromkreises einen Bimetallstreifen. Dieser biegt bei einem längerdauernden Überlaststrom nach einer Seite aus und betätigt einen Hilfsschalter, der den Steuerstromkreis des Hauptschützes unterbricht. Eine Wiedereinschaltsperre muß bei Erkalten der Bimetalle ein automatisches Einschalten des Motors verhindern.

Motorschutzschalter sind handbetätigte Lastschalter mit Schaltschloß. Steigt die Stromstärke über den Motornennstrom an, so wird ein Bimetallstreifen erwärmt. Durch die Erwärmung wird die Auslöseeinrichtung des Schaltschlosses ausgelöst und der Hauptstromkreis allpolig abgeschaltet. Bei Kurzschluß sind die Strombahnen und die Bimetalle zusätzlich durch eine Kurzschlußschnellauslösung geschützt.

---

[1] Galvanische Trennung bedeutet, es besteht keine elektrische Verbindung zwischen zwei Stromkreisen.

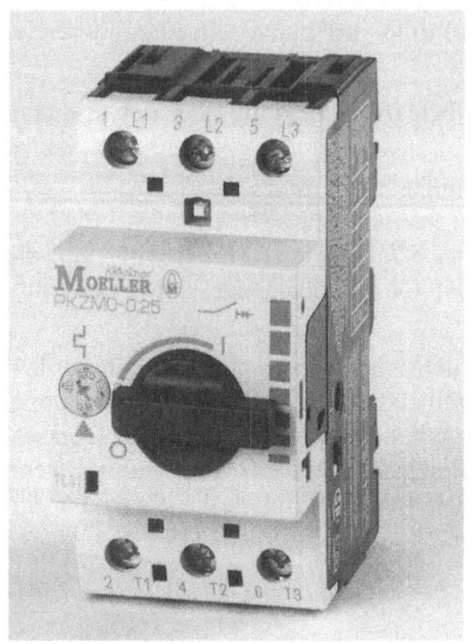

Bild 4.26
Motorschutzschalter (Klöckner-Moeller)

Vorgeschaltete Schmelzsicherungen dienen zum Schutz von Motor und Schutzeinrichtungen.

4.2.2.1 Drehrichtungssteuerung

A: Schützsteuerung

Die Ständerwicklung eines kleinen Drehstrommotors für einen Lüfter zur Be- und Entlüftung einer Halle mit einer Leistung von 1,5 kW soll in Sternschaltung an ein Drehstromnetz (400/230 V; 50 Hz) angeschlossen werden.

Der Motor wird durch einen handbetätigten Motorschutzschalter eingeschaltet. Dieser hat 3 Schaltstellungen:

- Schaltstellung Aus,
- Ausgelöst durch Überlast oder Kurzschluß und
- Schaltstellung Ein.

Das Einschalten erfolgt durch den Motorschutzschalter Q1, der in kompakter Bauform Überlast- und Kurzschlußschutz sowie die Schaltfunktion vereint. Der Einsatz solcher Schalter ist vornehmlich an Netzschaltstellen mit Dauereinschaltung als Hauptschalter. Auf eine vorgeschaltete Schmelzsicherungen wird aufgrund der Kurzschlußauslösung verzichtet. Um eine Betriebs- oder Störmeldung zu ermöglichen, ist der Motorschutzschalter zusätzlich mit einem Meldekontakt ausgerüstet. Nach Betätigung dieses Motorschutzschalters werden der Arbeitstromkreis sowie der Steuerstromkreis über den Meldekontakt 13/14 des Motorschutzschalters Q1 eingeschaltet. Nun kann zwischen Rechtslauf und Linkslauf des Lüfters gewählt werden.

Für die Drehrichtungssteuerung des Lüftermotors liegt der nachfolgende Schaltplan vor:

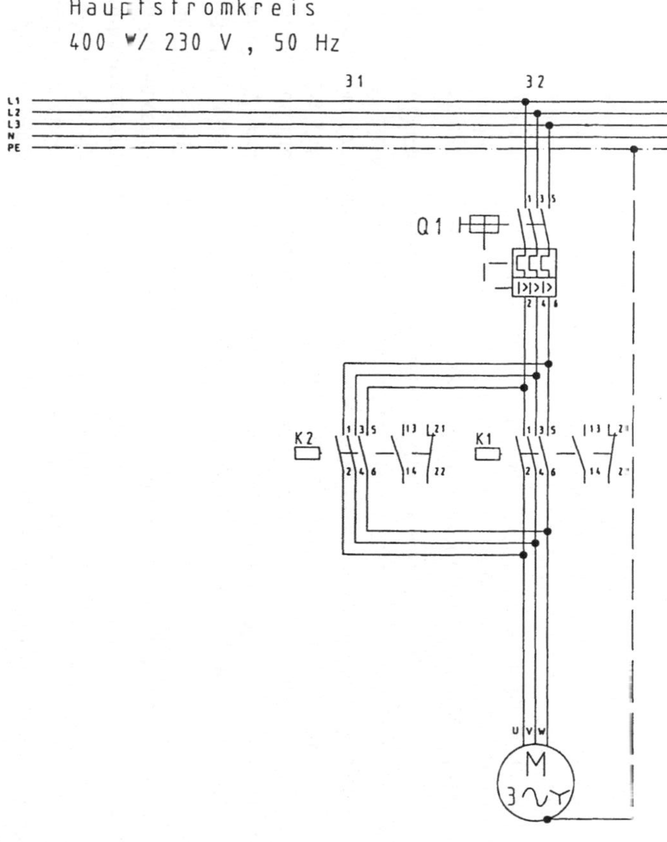

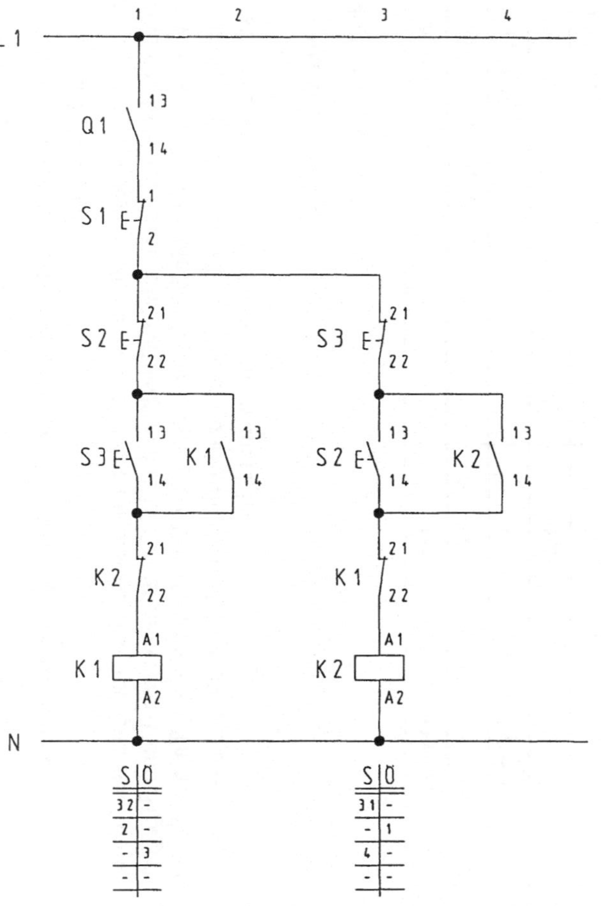

Bild 4-27
Haupt- und Steuerstromkreis für eine Wendeschützschaltung

Rechtslauf wird durch den Taster S3 ausgelöst. Nach dem Anziehen des Schützes K1 geht die Steuerung über den 1. Nebenkontakt (Schließer) in Selbsthaltung. Gleichzeitig schließt der Hauptkontakt des Schützes im Stromweg 32 die drei Strombahnen des Drehstromnetzes und der Motor kann anlaufen. Der 2. Nebenkontakt des Schützes K1, ein Öffnerkontakt, unterbricht den 3. Stromweg zum Schütz K2. Der Lüfter kann durch den Taster S1 gestoppt werden.

Linkslauf wird durch S2 geschaltet. Nach seiner Betätigung wird über den Öffnerkontakt (21/22) der 1. Stromweg unterbrochen. Das Schütz K1 wird stromlos, der Hauptkontakt und die Nebenkontakte fallen ab. Der 3. Stromweg wird durch den Schließerkontakt des Taster geschlossen, vorausgesetzt, Schütz K1 ist tatsächlich abgefallen. Nur dann ist der Öffnerkontakt (21/22) wieder in seiner Ruhestellung. Sollten aus irgendeinem Grund die Kontakte des Schützes K1 „kleben“, wird das Anziehen des Schützes K2 verriegelt! Diese Maßnahme schützt den Motor vor Zerstörung.

Wird K2 erregt, schließt der Hauptkontakt im Stromweg 31 und der Hilfskontakt 13/14 ermöglicht die Selbsthaltung. Die Drehrichtungsänderung des Motors wird durch das Vertauschen von 2 Außenleitern erreicht. Aus dem Schaltplan ist ersichtlich, daß nach dem Anziehen von K2 die Leiter L3 und L1 vertauscht auf die Anschlüsse u bzw. w geführt werden. Der Linkslauf kann wiederum durch den Taster S1, durch erneutes Umschalten in den Rechtslauf oder durch den Motorschutzschalter unterbrochen werden.

Da der Leistungsschalter gleichzeitig die Motorschutzfunktion erfüllt, kann neben dem Ausschalten von Hand auch eine mögliche Überlastung durch Überstrom oder ein Kurzschluß zum Abschalten des Motors führen. Das Schaltschloß nimmt die Stellung „Ausgelöst“ ein. Eine mechanische Wiedereinschaltsperre muß ein selbsttätiges Anlaufen des Motors, z.B. nach Abkühlung, verhindern.

Durch den Meldekontakt (13/14) von Q1 wird der Steuerstromkreis abgeschaltet. Die Schütze K1 und K2 fallen ab.

Neben der Schützverriegelung sind auch die Taster für den Rechts- und Linkslauf durch gleichzeitig betätigte Schließer- und Öffnerkontakte in den Stromwegen 1 und 3 gegeneinander verriegelt. Dies verhindert bei gleichzeitiger Betätigung beider Taster die Erregung der Schütze K1 und K2 für Rechts- und Linkslauf! Das Motorgehäuse hat als Schutzmaßnahme einen Schutzleiteranschluß am Gehäuse.

B: Steuerung durch eine SPS

Tabelle 4.11 Belegungsliste

Betriebsmittel	Bez.	Operand
Motorschutzschalter (Meldekontakt)	Q1	E 2.1
Taster Stop (Öffner)	S1	E 2.2
Taster Rechtslauf	S2	E 2.3
Taster Linkslauf	S3	E 2.4
Schütz Rechtslauf	K1	A 3.1
Schütz Linkslauf	K2	A 3.2

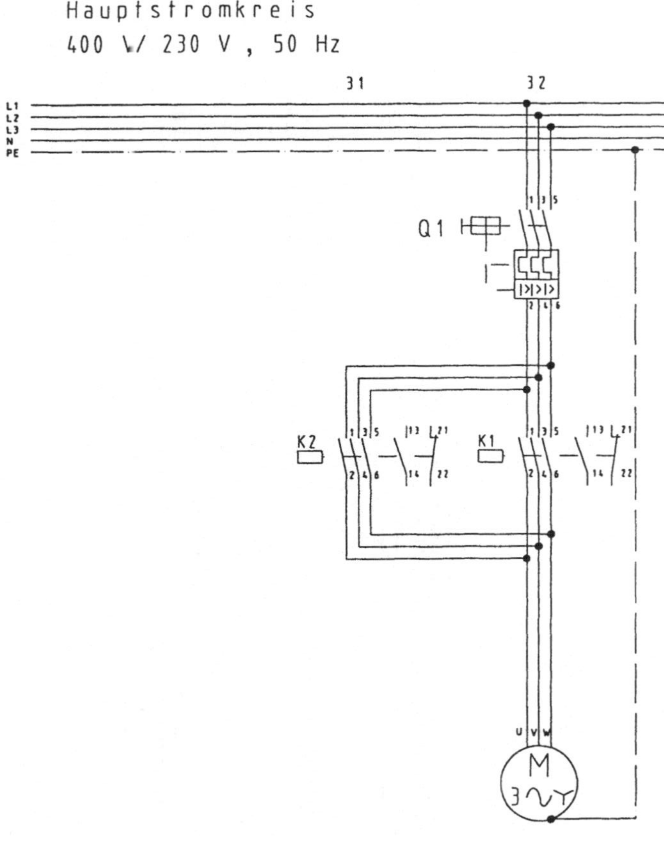

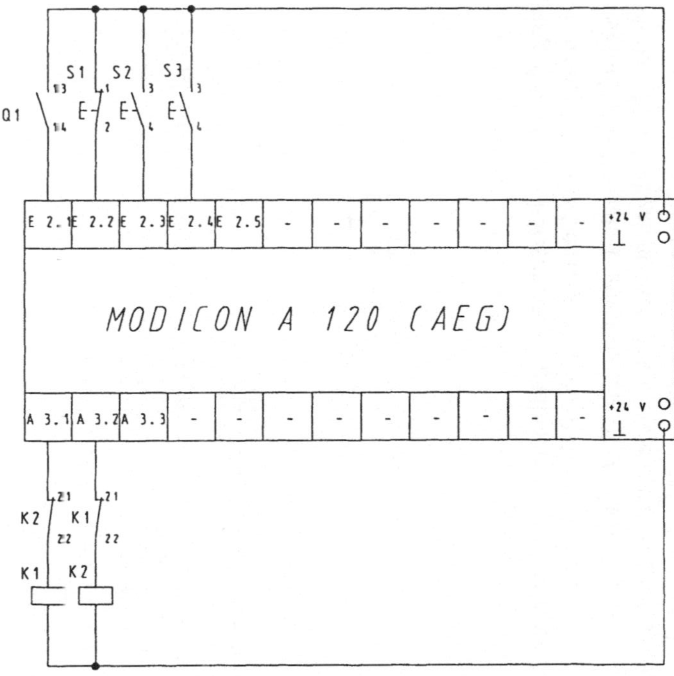

Bild 4-28 SPS-Schaltplan für eine Wendeschützschaltung

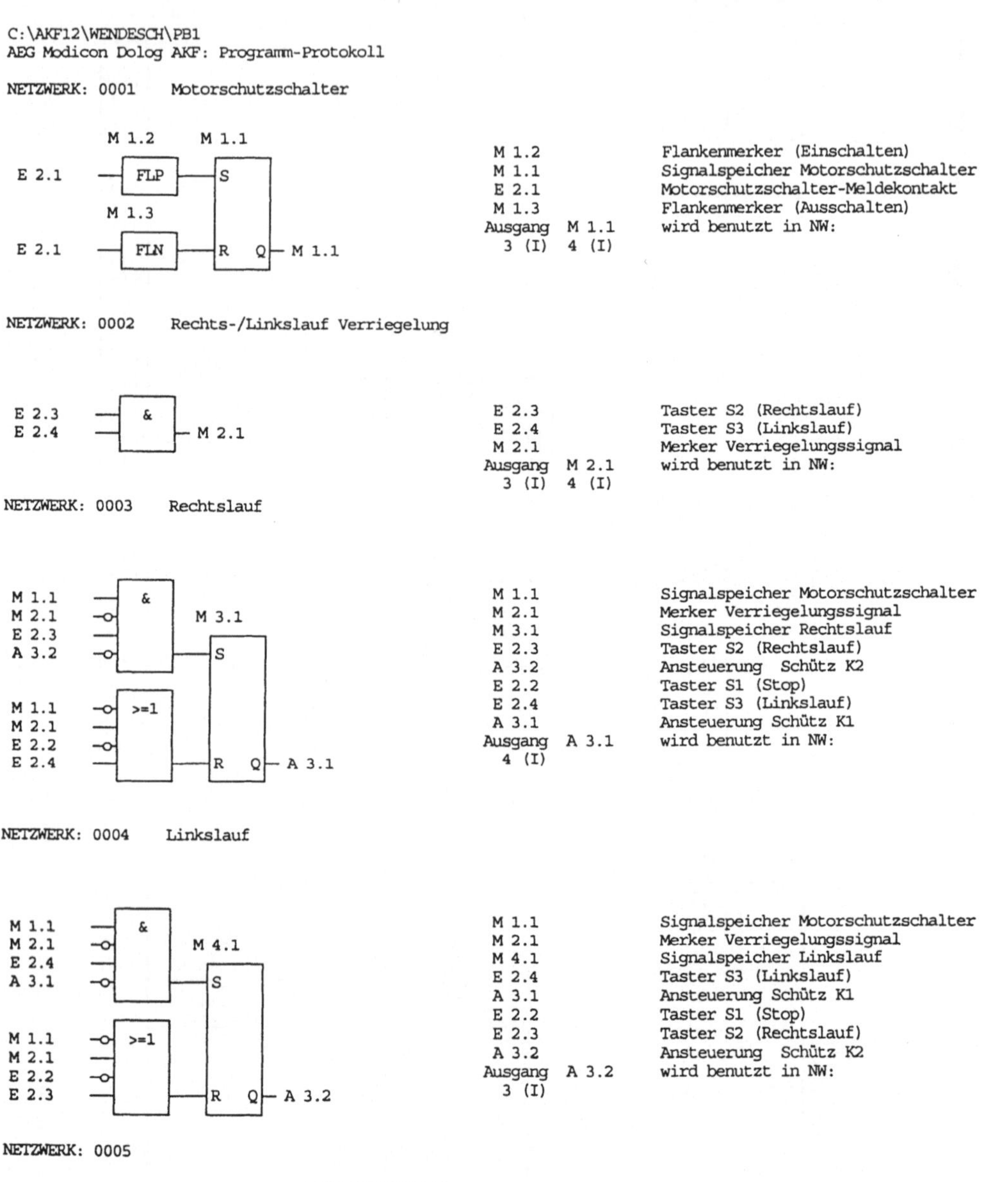

C:\AKF12\WENDESCH\PB1
AEG Modicon Dolog AKF: Programm-Protokoll

NETZWERK: 0001 Motorschutzschalter

M 1.2		Flankenmerker (Einschalten)
M 1.1		Signalspeicher Motorschutzschalter
E 2.1		Motorschutzschalter-Meldekontakt
M 1.3		Flankenmerker (Ausschalten)
Ausgang	M 1.1	wird benutzt in NW:
3 (I)	4 (I)	

NETZWERK: 0002 Rechts-/Linkslauf Verriegelung

E 2.3		Taster S2 (Rechtslauf)
E 2.4		Taster S3 (Linkslauf)
M 2.1		Merker Verriegelungssignal
Ausgang	M 2.1	wird benutzt in NW:
3 (I)	4 (I)	

NETZWERK: 0003 Rechtslauf

M 1.1		Signalspeicher Motorschutzschalter
M 2.1		Merker Verriegelungssignal
M 3.1		Signalspeicher Rechtslauf
E 2.3		Taster S2 (Rechtslauf)
A 3.2		Ansteuerung Schütz K2
E 2.2		Taster S1 (Stop)
E 2.4		Taster S3 (Linkslauf)
A 3.1		Ansteuerung Schütz K1
Ausgang	A 3.1	wird benutzt in NW:
4 (I)		

NETZWERK: 0004 Linkslauf

M 1.1		Signalspeicher Motorschutzschalter
M 2.1		Merker Verriegelungssignal
M 4.1		Signalspeicher Linkslauf
E 2.4		Taster S3 (Linkslauf)
A 3.1		Ansteuerung Schütz K1
E 2.2		Taster S1 (Stop)
E 2.3		Taster S2 (Rechtslauf)
A 3.2		Ansteuerung Schütz K2
Ausgang	A 3.2	wird benutzt in NW:
3 (I)		

NETZWERK: 0005

Bausteinende

Erläuterung des SPS-Programms:

Netzwerk 1:

Nach Betätigung des Motorschutzschalter signalisiert sein Meldekontakt (13/14) der SPS über den Eingang E 2.1 die Betriebsbereitschaft des Elektromotors.

Der Flankenwechsel von 0 nach 1 am Eingang E 2.1 wird für eine Zykluszeit als 1-Signal im Merker M 1.2 abgelegt. Am Zyklusende dient es zum Setzen des Signalspeichers M 1.1. Am Setzeingang (S) des Speichers steht in der Folge kein Signal mehr an, obwohl der Meldekontakt des Motorschutzschalters geschlossen ist. Der Ausgang (Q) führt in der Folge 1-Signal. Er kann jederzeit durch ein Signal auf seinen Rücksetzeingang normiert werden.

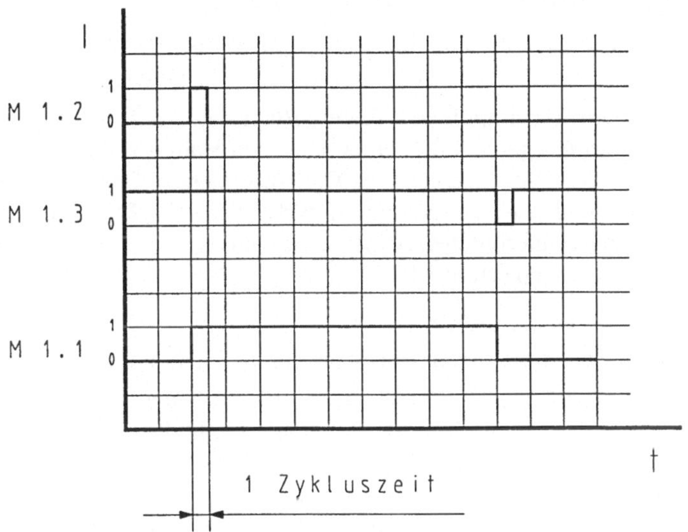

Bild 4.29 Speicher setzen durch Flankenmerker

Rückgesetzt wird der Signalspeicher M 1.1, wenn

- der Motorschutzschalter auf 0 geschaltet wird oder
- wenn der Motorschutzschalter auslöst (Stellung +) durch Überlastung oder Kurzschluß.

In beiden Fällen muß der Meldekontakt 13/14 des Leistungsschalters abfallen. Die fallende (negative) Flanke von 1 nach 0 wird durch den Flankenmerker M 1.3 eine Zykluszeit gespeichert und setzt den statischen Speicher M 1.1 auf 0-Wert am Ausgang zurück.

Netzwerk 2:

Die Verriegelung des Rechts-/Linkslaufs durch gleichzeitige Betätigung eines Öffner- und Schließerkontakts mit einem Taster wird im SPS-Programm durch das Verriegelungssignal M 2.1 ersetzt. Werden die beiden Taster S2 und S3 gleichzeitig betätigt, ist die Bedingung der UND-Verknüpfung erfüllt. Der Merker M 2.1 hat 1-Signal. Dieses Signal wird in den Netzwerken 3 und 4 des Programms benutzt, um die Speicher für den Rechtslauf bzw. Linkslauf dominierend rückzusetzen. Das Verriegelungssignal fällt ab, sobald einer der beiden Taster nicht mehr betätigt wird.

Netzwerk 3:

Der Signalspeicher für den Rechtslauf M 3.1 kann gesetzt werden, wenn folgende Bedingungen erfüllt sind:

- Der Motorschutzsschalter Q1 muß in der Schaltstellung Ein sein und
- der Verriegelungsmerker M 2.1 muß 0-Signal führen.

Beide Bedingungen werden als dominierende Signale über den Rücksetzeingang abgefragt.

Nun genügt ein kurzer Startimpuls des Tasters Rechtslauf (S2). Das 1-Signal des Speichers M 3.1 wird dem Ausgang A 3.1 zugewiesen. Im Hauptstromkreis zieht das Relais K1 an und schließt die 3 Strombahnen des Drehstromnetzes. Der Motor läuft in Sternschaltung rechtsdrehend an. Durch die Öffnerkontakte 21/22 wird das Schütz K2 (Linkslauf) verriegelt. Unterbrochen wird der Rechtlauf des Motors, wenn eine der nachfolgenden Bedingungen erfüllt ist:

- Betätigung des Tasters S1 (Stop),
- unmittelbare Umschaltung in den Linkslauf durch den Taster S3,
- gleichzeitige Betätigung der Taster S2 und S3 (M 2.1) oder
- der Meldekontakt des Motorschutzschalters (M 1.1) abfällt.

Netzwerk 4:

Der Signalspeicher M 4.1 unterliegt ähnlichen Bedingungen wie der Speicher M 3.1. Gesetzt wird er durch einen kurzen Impuls des Tasters S3 auf den Eingang E 2.4. Sein Signal wird speichernd dem Ausgang A 3.2 zugewiesen, der das Relais K2 schaltet. Dies hat Linkslauf zur Folge.

Die Rücksetzbedingungen sind:

- Motorschutzschalter Aus/Ausgelöst (M 1.1) oder
- Signal Stop (E 2.2) oder
- gleichzeitige Betätigung von S2 und S3 (M 2.1) oder
- direkte Umschaltung in den Rechtslauf (E 2.3).

Die beiden Schütze K1 und K2 sind über die Hilfskontakte 21/22 (Öffner) gegeneinander verriegelt. Dies ist die gegenseitige Hardware-Rückmeldung ihres tatsächlichen Schaltungsverhaltens. Diese Maßnahme verhindert das „Anziehen" (Schalten) des jeweils anderen Schützes bei Kontaktkleben des geschalteten Schützes.

4.2.2.2 Anlaßsteuerung mit Stern-Dreieck-Schaltung

Beim direkten Einschalten von Drehstrommotoren beträgt der Anlaufstrom das Mehrfache des Nennstroms. Da leistungsstarke Motoren das Versorgungsnetz so stark belasten, daß der Betrieb anderer Verbraucher beeinträchtigt wird, müssen bei großen Motoren Anlaßverfahren gewählt werden, die den Anlaufstrom auf ein zulässiges Maß begrenzen.

Folgende Werte sind vorgeschrieben:

- Direktes Einschalten bis 5,5 kW,
- Stern-Dreieck-Einschaltung bis 11 kW,
- Einschalten mit Anlaßvorrichtung (z.B. Anlaßtransformator) bis 15 kW.

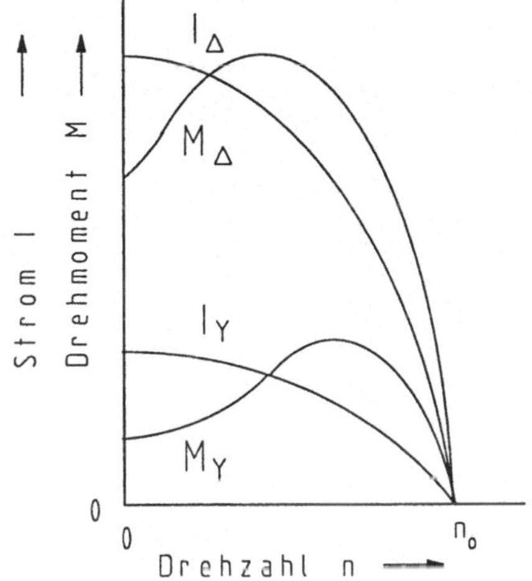

Bild 4.30
Leistungsdiagramm

Für die Anlaßsteuerung eines Drehstrommotors liegt folgende Schützschaltung vor:

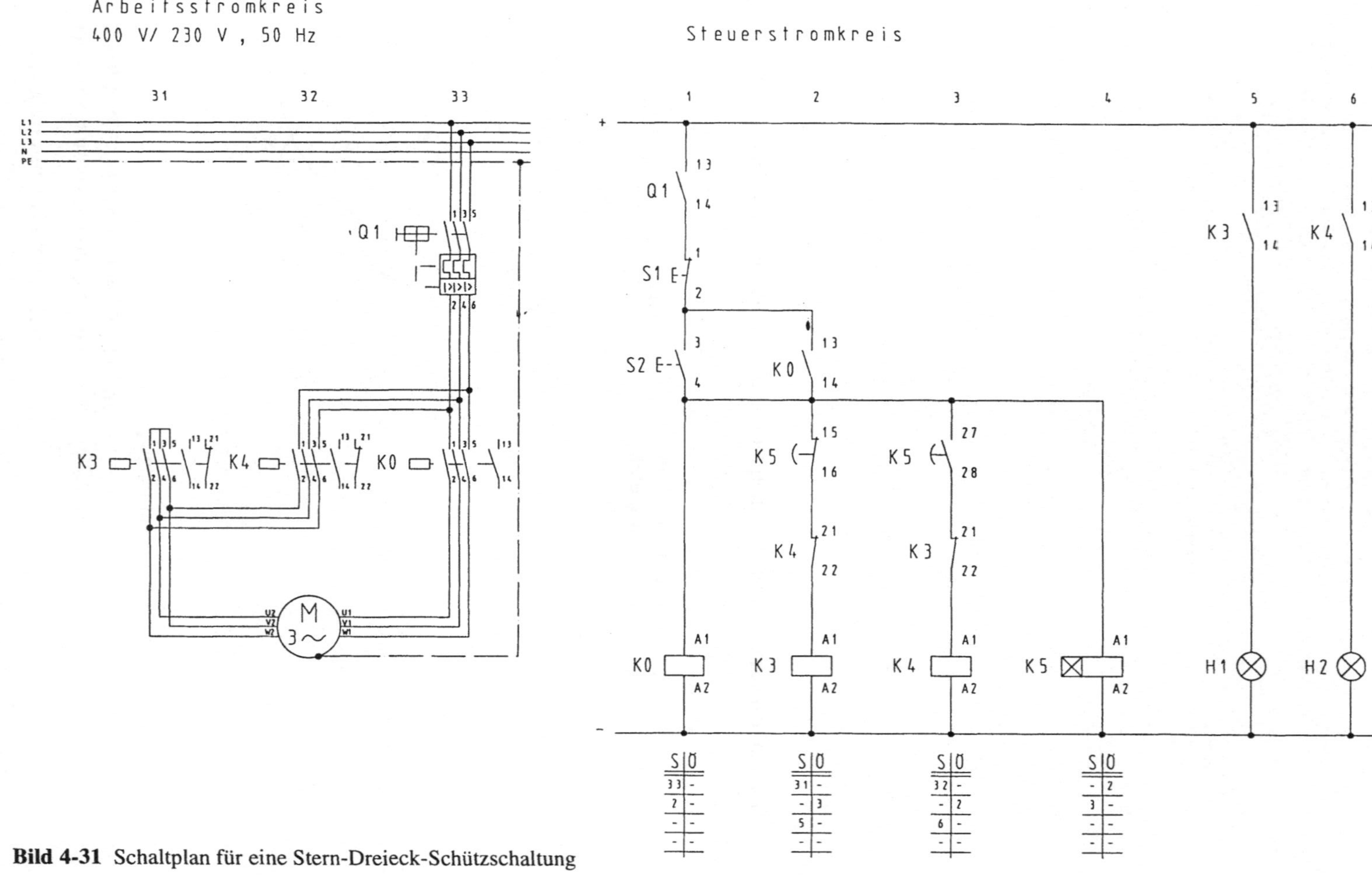

Bild 4-31 Schaltplan für eine Stern-Dreieck-Schützschaltung

Ihre Funktion ist wie folgt:

Das Einschalten des Motors erfolgt durch den Motorschutzschalter Q1 mit 3 Schaltstellungen:

- Stellung Aus (0)
- Stellung Ausgelöst (+)
- Stellung Ein (I).

Bei seiner Betätigung ist die Motoransteuerung vorbereitet. Im Steuerstromkreis wird über den Meldekontakt (13/14) des Motorschutzschalters Q1 24 VAC für die Ansteuerung der Schütze zur Verfügung gestellt.

Der Anlaufvorgang gestaltet sich wie folgt: Nach kurzer Betätigung des Taster S2 im 1. Stromweg des Steuerstromkreises zieht das Schütz K0 an und schließt die Hauptkontakte im Hauptstromkreis, Stromweg 33. Die drei Wicklungsenden U1, V1 und W1 werden für die Sternschaltung an das Netz angeschlossen. Gleichzeitig realisiert der Hilfskontakt im 2. Stromweg des Steuerstromkreises die Selbsthaltung.

Folgende weitere Vorgänge finden statt: Das Sternschütz K3 liegt an Steuerspannung ebenso wie das Zeitrelais K5. Das Schütz K3 schließt die anderen Leiterenden U2, V2 und W2 im Stromweg 31 zum Sternpunkt zusammen. Der Motor läuft nun in Sternschaltung hoch.

An jeder Wicklung liegt

$$400V / \sqrt{3} = 230V$$

an. Der Divisionsfaktor ergibt sich aus dem Verhältnis der unterschiedlichen Spannungen. Die Spannung zwischen den Außenleitern und dem Mittelleiter nennt man die Sternspannung; sie beträgt 230 V. Die Spannung zwischen den Außenleitern nennt man Außenleiterspannung; sie beträgt 400 V.

Bei der Sternschaltung gehen die Außenleiter oder Hauptleiter mit den Bezeichnungen L1, L2 und L3 an die Stranganfänge U1, V1 und W1. Am Sternpunkt läßt sich der Mittelleiter N anschließen. Nach Ablauf der am Zeitrelais K5 eingestellten Verzögerungszeit erfolgt automatisch das Umschalten der Ständerwicklung in die Dreieck-Schaltung.

Folgende Vorgänge finden im Steuerstromkreis statt: Der Öffnerkontakt 15/16 des Zeitrelais unterbricht den Stromweg zum Sternschütz K3, welches nun abfällt. Gleichzeitig schließt der 2. Nebenkontakt 27/28 des Zeitrelais den Stromweg zum Dreieckschütz K4. Wenn das Sternschütz K3 tatsächlich abfällt, geht sein Öffnerkontakt (21/22) wieder in seinen Ausgangszustand zurück. Der Stromweg zum Dreieckschütz ist geschlossen; K4 zieht an. Er schließt im Stromweg 32 die Strombahnen für die Außenleiter L1, L2 und L3 zum Motor. Die Anschlüsse U1 und W2, V1 und U2 sowie W1 und V2 sind miteinander verbunden. Die Dreieckschaltung ist hergestellt.

In der Dreieckschaltung nimmt der Motor die 3-fache Leistung aus dem Netz auf. Sein Drehmoment erhöht sich entsprechend. Das Sternschütz kann aufgrund der Verriegelung durch den nun betätigten Öffnerkontakt 21/22 von K4 im Stromweg 2 nicht an Spannung gelegt werden.

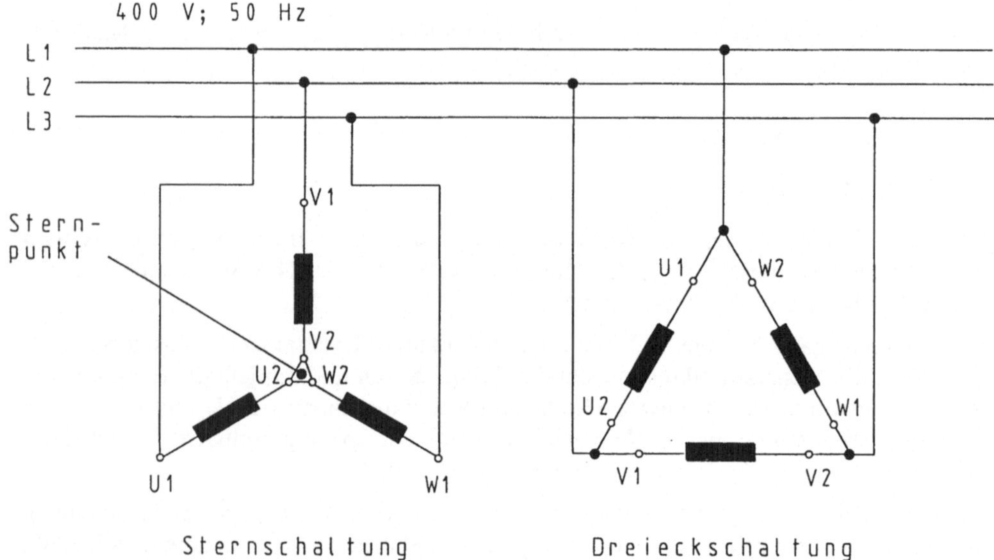

Bild 4.32 Schaltung der Ständerwicklung

Meldeleuchten zeigen die Stern- bzw. Dreieckschaltung an. Sie werden in den Strompfaden 5 und 6 durch Meldekontakte (13/14) des Stern- bzw. Dreieckschützes betätigt.

Angehalten wird der Drehstrommotor durch Betätigen des Tasters S1. Das Abfallen aller Schütze sowie des Zeitrelais sind die Folge.

Die verbindungsprogrammierte Stern-Dreieck-Schützsteuerung soll durch eine speicherprogrammierbare Steuerung ersetzt werden. Dabei soll das Dreieckschütz zur Verringerung des Kontaktverschleisses 0,25 Sekunden nach dem Abfallen des Sternschützes anziehen. Die Verzögerungszeit für das Einschalten des Dreieckschützes beträgt 12 Sekunden.

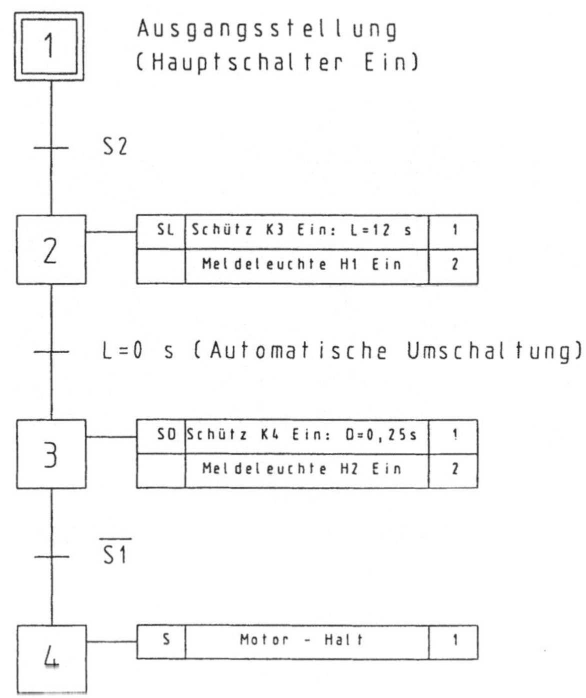

Bild 4.33 Funktionsplan zur Stern-Dreieck-Steuerung

Tabelle 4.11 Belegungsliste

Betriebsmittel	Bez.	Operand
Motorschutzschalter (Meldekontakt)	Q1	E 2.1
Taster Stop (Öffner)	S1	E 2.2
Taster Start	S2	E 2.3
Meldekontakt (Sternschaltung)	K3	E 2.5
Meldekontakt (Dreieckschaltung)	K4	E 2.6
Sternschütz	K3	A 3.3
Dreieckschütz	K4	A 3.4
Meldeleuchte Sternschaltung	H1	A 3.6
Meldeleuchte Dreieckschaltung	H2	A 3.7

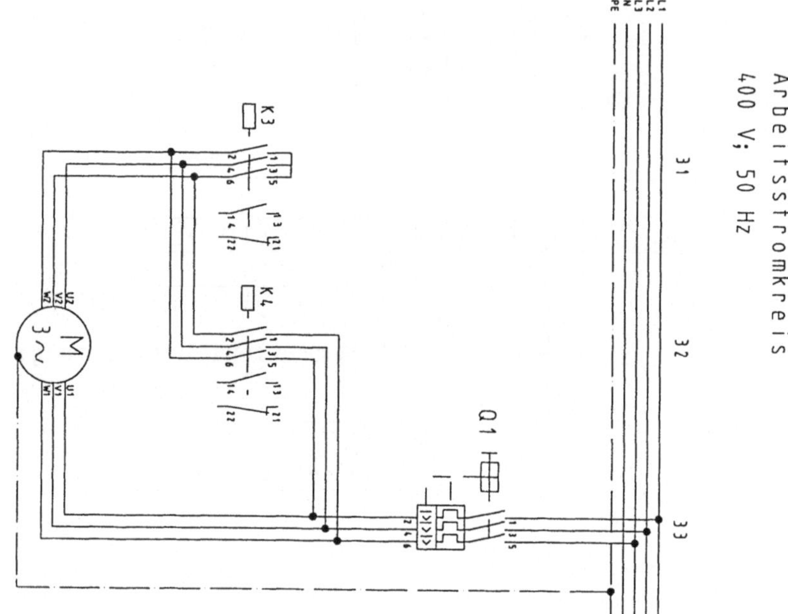

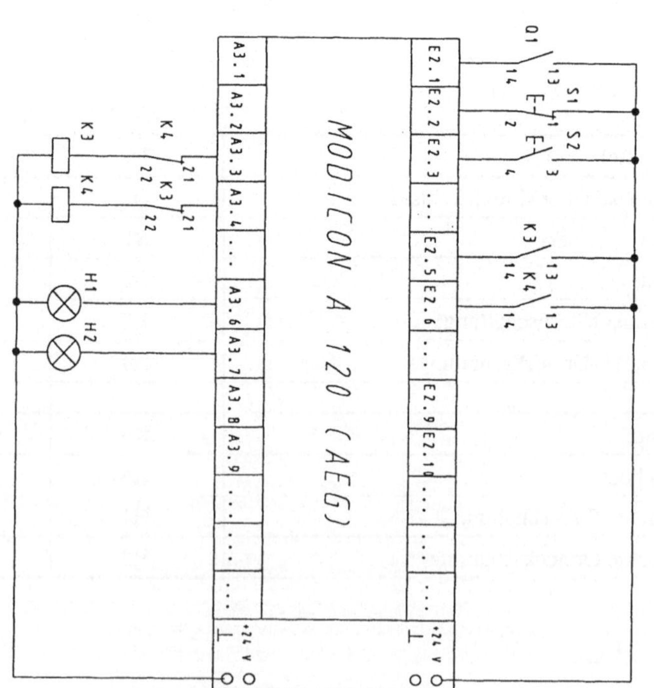

Bild 4-34 SPS-Schaltplan der Stern-Dreieck-Schaltung

C:\AKF12\STDREANL\PB1
AEG Modicon Dolog AKF: Programm-Protokoll

NETZWERK: 0001 Motorschutzschalter

M 1.2
M 1.1
E 2.1
FLP
S
M 1.3
E 2.1
FLN
>=1
SM 2
R
Q
M 1.1

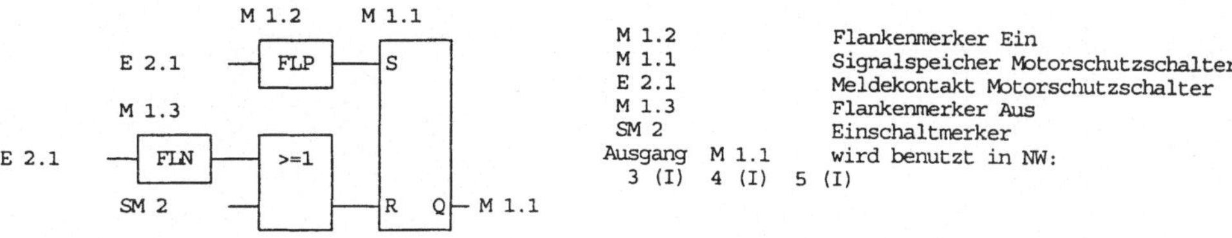

```
    M 1.2                  Flankenmerker Ein
    M 1.1                  Signalspeicher Motorschutzschalter
    E 2.1                  Meldekontakt Motorschutzschalter
    M 1.3                  Flankenmerker Aus
    SM 2                   Einschaltmerker
  Ausgang  M 1.1           wird benutzt in NW:
    3 (I)   4 (I)   5 (I)
```

NETZWERK: 0002 Freigabe Motorlauf

E 2.5
E 2.6
&
M 2.1

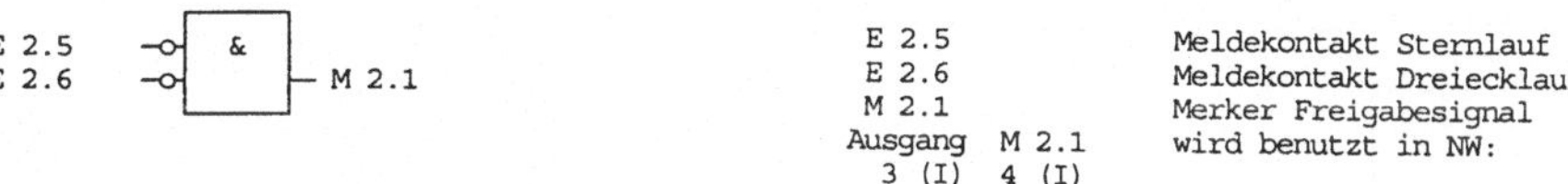

```
    E 2.5                  Meldekontakt Sternlauf
    E 2.6                  Meldekontakt Dreiecklauf
    M 2.1                  Merker Freigabesignal
  Ausgang  M 2.1           wird benutzt in NW:
    3 (I)   4 (I)
```

NETZWERK: 0003 Timer Stern-Dreieck-Umschaltung

M 3.3
E 2.3
FLP
&
T 1
M 2.1
T-S
1000MS
ZB
K 12
SW
E 2.6
E 2.2
SM 2
>=1
R
Q
M 3.2
&
T 2
E 2.5
T-0
10MS
ZB
K 25
SW
E 2.6
M 1.1
SM 2
>=1
R
Q
M 3.1

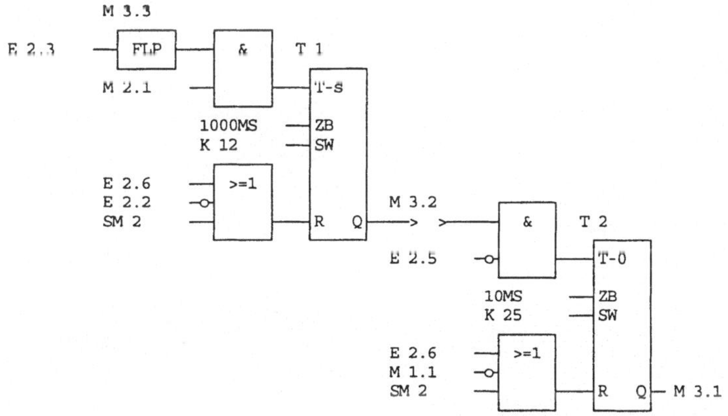

```
    M 3.3                  Flankenmerker Timer Start
    E 2.3                  Taster S2 Start
    T 1                    Timer Stern-Dreieck-Umschaltung
    M 2.1                  Merker Freigabesignal
    E 2.6                  Meldekontakt Dreiecklauf
    E 2.2                  Taster S1 Stop Öffner
    M 3.2                  Merker Ablauf Sternschaltung
    SM 2                   Einschaltmerker
    T 2                    Anzugsverzögerung Dreieckschütz
    E 2.5                  Meldekontakt Sternlauf
    M 1.1                  Signalspeicher Motorschutzschalter
    M 3.1                  Merker Dreieckschütz Ein
  Ausgang  M 3.2           wird benutzt in NW:
    4 (I)
  Ausgang  M 3.1           wird benutzt in NW:
    5 (I)
```

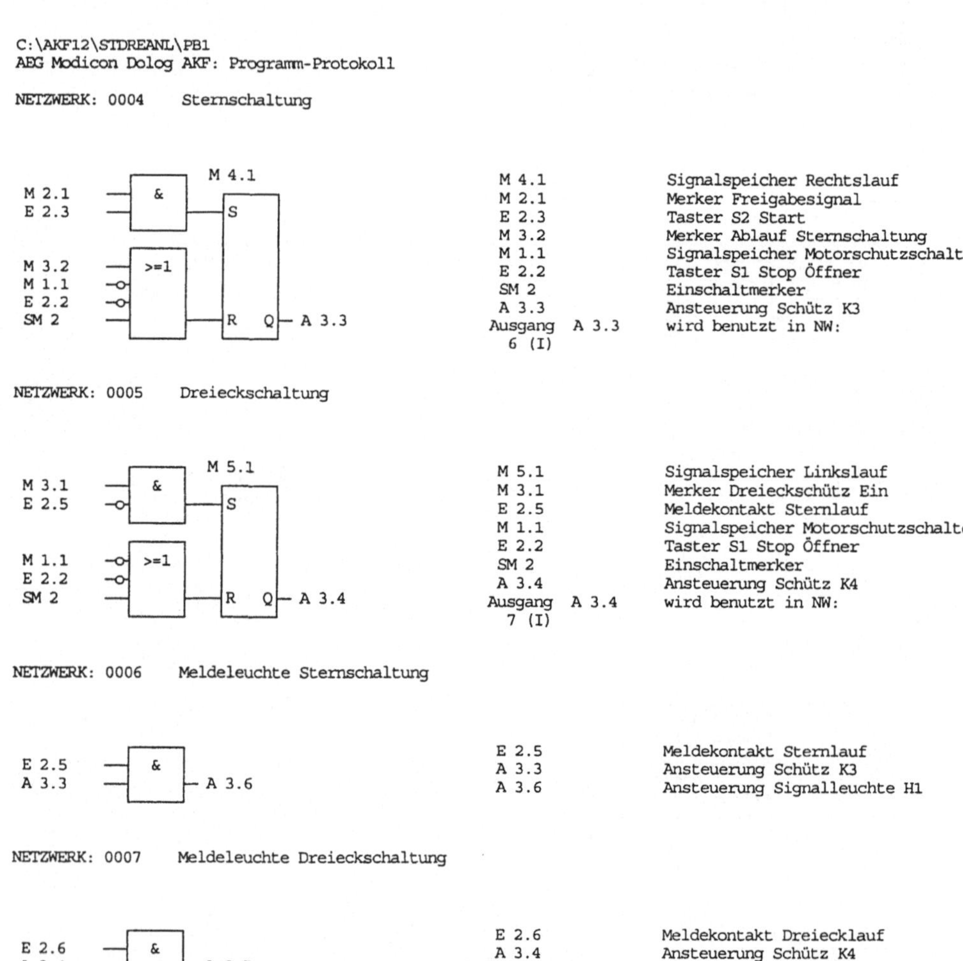

NETZWERK: 0008

Bausteinende

Erläuterung des SPS-Programms

Netzwerk 1:

Der Signalspeicher M 1.1 bildet den Zustand des Motorschutzschalters Q1 ab. Genutzt werden dazu die steigende (Einschalten) bzw. fallende Flanke (Ausschalten oder Störung) bei Betätigung bzw. Auslösung des Schalters. Beim Einschalten der SPS wird M 1.1 durch den Einschaltmerker SM2 normiert.

Der SM2 ist ein Systemmerker. Systemmerker dienen zur Störungsanalyse und zur Auswertung von Systemdaten. Systemmerker werden nur gelesen und verknüpft. Zuweisungen auf Systemmerker sind nicht möglich. Der SM2 hat nur im 1. Aktualisierungslauf nach dem Einschalten der SPS 1-Zustand. Dies genügt um alle Speicher zu normieren. Dadurch wird ein definierter Anfangszustand erreicht.

Netzwerk 2:
Die Freigabe für das Einschalten des Motors erfolgt nur, wenn Stern- und Dreieckschütz abgefallen sind. Dazu wird der Zustand dieser Schütze durch die jeweiligen Meldekontakte über die Eingänge E 2.5 und E 2.6 abgefragt.

Netzwerk 3:
Das Zeitglied T1 (Speichernde Einschaltverzögerung) dient zur Stern-Dreieck-Umschaltung. Das Zeitglied (Timer) erkennt an seinem Eingang (T-s) den Wechsel von 0 nach 1 (pos. Flanke) bei Betätigung des Tasters S2 (Start). Da das Zeitglied Speicherverhalten hat, genügt dieses kurze Signal, um die programmierte Verzögerungszeit ablaufen zu lassen.

Die Sollwertvorgabe erfolgt durch Multiplikation der Zeitbasis (ZB) mit dem Sollwert (SW), also:

$$ZB * SW = 1000 \text{ ms} * K\ 12 = 12000 \text{ ms} = 12 \text{ s}.$$

Modicon A 120 stellt grundsätzlich 3 Zeitbasen zu Verfügung: 10 ms, 100 ms und 1000 ms. Diese können mit beliebigen Konstanten (K) multipliziert werden. Konstanten sind Operanden, die bei ihrem Aufruf einen festen Wert übergeben. Sie haben ein Datenformat von 16 Bit, woraus sich ein Zahlenbereich von 0 ... 65535 bzw. ein Wertebereich von -32768 bis + 32767 ergibt. Das Zeitglied ist also mit einem Zahlenbereich von 0 ... 65535 parametrierbar.

Nach Ablauf der programmierten Zeit wird der Ausgang (Q) des Zeitelements auf 1 gesetzt. Dieses 1-Signal wird durch den Konnektor M 3.2 erfaßt. Es dient zur Aktivierung des Zeitglieds T2: Anzugsverzögerung des Dreieckschützes. Rückgesetzt wird das Zeitelement T1 nach dem Anziehen des Dreieckschützes. Dies wird durch den Eingang E 2.6 der SPS erkannt. Wird beim Anlaufen des Motors der Halttaster betätigt, so führt dies ebenfalls zu einer Normierung von T1. Die Zeit für die Anzugsverzögerung (T2) des Dreieckschützes K4 wird gestartet, wenn das Zeitglied T1 1-Wert an seinem Ausgang Q hat und das Sternschütz abgefallen ist (Meldung von E 2.5). Am Eingang von T2 (T-0) liegt nun 1-Signal an. Die Dauer dieses Signals muß mindestens dem programmierten Sollwert (250 ms) entsprechen oder länger sein. Nach Ablauf der programmierten Zeit führt der Ausgang 1-Wert. Dieses Signal (M 3.1) wird im 5. Netzwerk benutzt.

Netzwerk 4:
Voraussetzung zum Schalten des Sternschützes ist der betätigte Motorschutzschalter. Die Abfrage erfolgt dominierend über den Rücksetzeingang (M 1.1). Liegt das Freigabesignal des Merkers M 2.1 an, genügt ein kurzer Impuls des Tasters S2 auf den Eingang E 2.3 zum Setzen von M 4.1. Das 1-Signal des Signalspeichers M 4.1 wird speichernd dem Ausgang A 3.3 zugewiesen. Das Schütz K3 zieht an. Es schaltet im Hauptstromkreis das Sternschütz. Der Motor läuft hoch.

Das Rücksetzen des Signalspeichers M 4.1 erfolgt automatisch nach Ablauf des Zeitelements T1 (Signal M 3.2). Weitere Rücksetzsignale sind:

- die Schaltstellungen Aus/Ausgelöst des Motorschutzschalters (M 1.1) oder
- die Betätigung des Tasters S1 (E 2.2).

Im 1. Aktualisierungslauf erfolgt eine Normierung durch den Systemmerker SM2.

Netzwerk 5:
Zwei Bedingungen müssen für die Dreieckschaltung erfüllt sein:

- Das Sternschütz muß tatsächlich abgefallen sein. Dazu wird der Eingang E 2.5 auf 0 abgefragt.
- Das Signal M 3.1 muß nach Ablauf der Zeit T2 1-Wert haben.

T2 stellt sicher, daß die Kontakte des Sternschützes abfallen, bevor das Dreieckschütz anzieht. Dies verringert den Kontaktverschleiß an den Schützen und erhöht damit deren Lebensdauer. Das Signal des Speichers M 5.1 wird dem Ausgang A 3.4 zur Ansteuerung des Dreieckschützes zugewiesen. Der Motor läuft in Dreieckschaltung.

Das Rücksetzen des Speicher M 5.1 kann durch eine der nachfolgenden Bedingungen erreicht werden:

- die Schaltstellungen Aus/Ausgelöst des Motorschutzschalters (M 1.1),
- Signal des Tasters Stop auf E 2.2,
- den Systemmerker SM2 im 1. Aktualisierungslauf.

Die Netzwerke 6 und 7 melden bei Übereinstimmung der Signalzustände der SPS-Ausgänge und der zugeordneten Schütze Stern- bzw. Dreickschaltung.

4.2.2.3 SPS-Steuerprogramm für einen Drehstromantrieb

Folgende Forderungen werden an die Steuerung des Drehstromantriebs gestellt:

- Ein Motorschutzschalter soll den Motor sichern

a) gegen Kurzschluß, z.B. bei gleichzeitigem Anziehen der Schütze K1 und K2 bzw. K3 und K4 und

b) gegen Überlast.

Solange Störungen auftreten, soll das SPS-Programm alle Antriebsfunktionen ausschalten. Nach dem Einschalten des Motors durch den Motorschutzschalter (Hauptschalter) bleibt der Antrieb abgeschaltet.

- Motor und Motorschutzschalter sollen durch Schmelzsicherungen geschützt werden.
- Nach Tastendruck soll der Antrieb in Sternschaltung rechtsdrehend anlaufen. Zuerst soll das Sternschütz anziehen, danach mit einer Zeitverzögerung von 0,25 Sekunden das Schütz für den Rechtslauf. Alternativ soll der Antrieb in Sternschaltung linksdrehend anlaufen. Zuerst soll das Sternschütz anziehen und mit einer Zeitverzögerung von 0,25 Sekunden das Schütz Linkslauf.

- Nach 12 Sekunden soll der Motor automatisch in die Dreieckschaltung übergehen. Das Dreieckschütz soll 0,4 Sekunden nach dem Abfallen des Sternschützes zur Vermeidung von Kurzschluß und Kontaktverschleiß anziehen.
- Durch Tastendruck soll der Motor jederzeit dominierend ausgeschaltet werden können.
- Starten in Gegenrichtung ist erst nach vorheriger Betätigung der Stoptaste möglich.
- Beim Wechsel der Drehrichtung ist zu beachten, daß der Motor zuvor zum Stillstand kommen muß. Unmittelbares Umschalten (nach Stop) in die entgegengesetzte Drehrichtung wird erst nach Ablauf eines Zeitpuffers möglich. Dies verhindert das Auslösen der Überstromsicherung des Motorschutzschalters.
- Gleichzeitiges Betätigen der Taster für den Rechtslauf und den Linkslauf schaltet den Antrieb ab. Ein erneutes Startsignal soll erst nach Betätigung der Stoptaste wirksam werden.
- Die Signale der Schütz-Meldekontakte sollen für Verriegelungs- und Überwachungsfunktionen genutzt werden.
- Die Ansteuerung der Stern-Dreieck-Schütze und der Drehrichtungsschütze ist gegenseitig zu verriegeln.

Tabelle 4.12 Belegungsliste

Betriebsmittel	Signalpegel		Bez.	Operand
	aktiv	passiv		
Taster Stop	0	1	S1	E 2.1
Taster Rechtslauf	1	0	S2	E 2.2
Taster Linkslauf	1	0	S3	E 2.3
Motorschutzschalter (Meld.)	1	0	Q1	E 2.4
Meldekontakt Rechtslauf	1	0	K1	E 2.5
Meldekontakt Linkslauf	1	0	K2	E 2.6
Meldekontakt Sternschütz	1	0	K3	E 2.7
Meldekontakt Dreieckschütz	1	0	K4	E 2.8
Schütz Rechtslauf	1	0	K1	A 3.1
Schütz Linkslauf	1	0	K2	A 3.2
Sternschütz	1	0	K3	A 3.3
Dreieckschütz	1	0	K4	A 3.4
Meldeleuchte Sternlauf	1	0	H1	A 3.6
Meldeleuchte Dreiecklauf	1	0	H2	A 3.7
Meldeleuchte Rechtslauf	1	0	H3	A 3.8
Meldeleuchte Linkslauf	1	0	H4	A 3.9

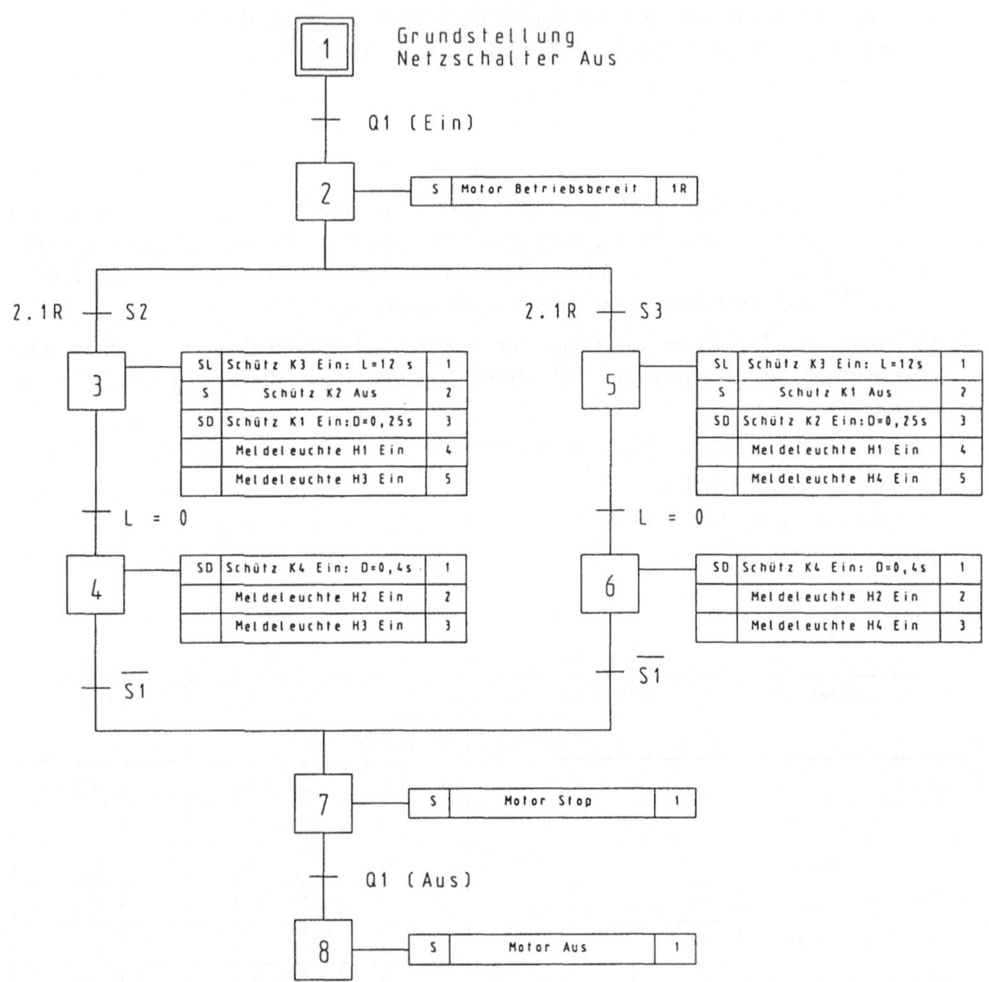

Bild 4.35 Funktionplan für den Drehstromantrieb

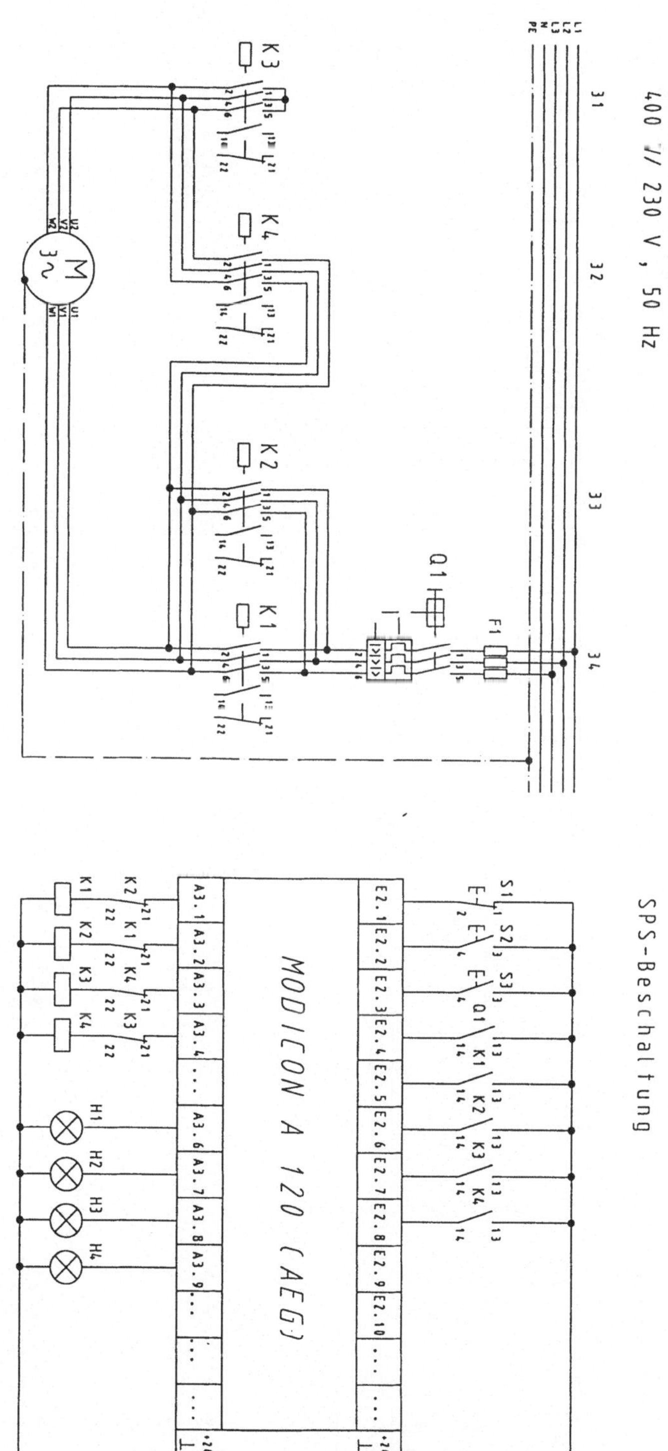

Bild 4-36 SPS-Schaltplan für den Drehstromantrieb

C:\AKF12\ELEKTROM\PB2
AEG Modicon Dolog AKF: Programm-Protokoll

NETZWERK: 0001 Meldung Sternschütz

```
A 3.3  ──┤ & │ M 3.6
E 2.7  ──┤   ├──────>  >── A 3.6
```

A 3.3	Ansteuerung Sternschütz
M 3.6	Merker Sternschütz angezogen
E 2.7	Meldekontakt Sternschütz
A 3.6	Meldeleuchte Sternlauf

NETZWERK: 0002 Meldung Schütz Rechtslauf

```
A 3.1  ──┤ & │ M 3.8
E 2.5  ──┤   ├──────>  >── A 3.8
```

A 3.1	Ansteuerung Schütz Rechtslauf
M 3.8	Merker Schütz Rechtslauf angezogen
E 2.5	Meldekontakt Schütz Rechtslauf
A 3.8	Meldeleuchte Rechtslauf

NETZWERK: 0003 Meldung Schütz Linkslauf

```
A 3.2  ──┤ & │ M 3.9
E 2.6  ──┤   ├──────>  >── A 3.9
```

A 3.2	Ansteuerung Schütz Linkslauf
M 3.9	Merker Schütz Linkslauf angezogen
E 2.6	Meldekontakt Schütz Linkslauf
A 3.9	Meldeleuchte Linkslauf

NETZWERK: 0004 Meldung Dreieckschütz

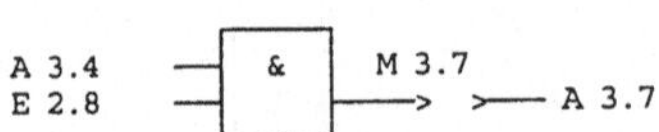

A 3.4	Ansteuerung Dreieckschütz
M 3.7	Merker Dreieckschütz angezogen
E 2.8	Meldekontakt Dreieckschütz
A 3.7	Meldeleuchte Dreiecklauf

NETZWERK: 0005 Überwachung K1/K2 angezogen

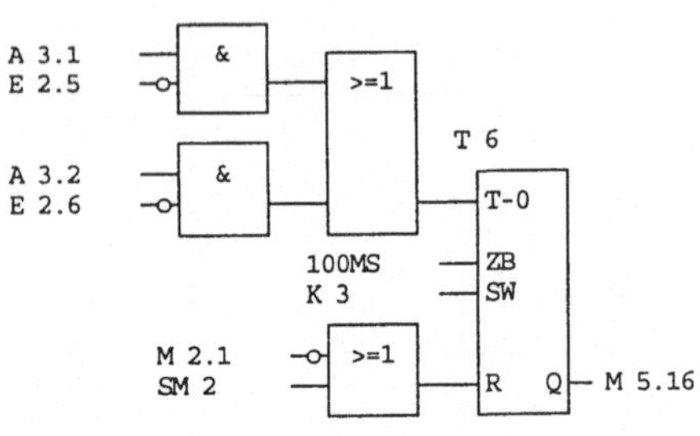

A 3.1	Ansteuerung Schütz Rechtslauf
E 2.5	Meldekontakt Schütz Rechtslauf
T 6	Signalverzögerung
A 3.2	Ansteuerung Schütz Linkslauf
E 2.6	Meldekontakt Schütz Linkslauf
M 2.1	Merker Freigabe Motorlauf
SM 2	Einschaltmerker
M 5.16	Merker Anzugsüberwachung K1/K2
Ausgang M 5.16	wird benutzt in NW:
9 (I)	

NETZWERK: 0006 Überwachung K3/K4 angezogen

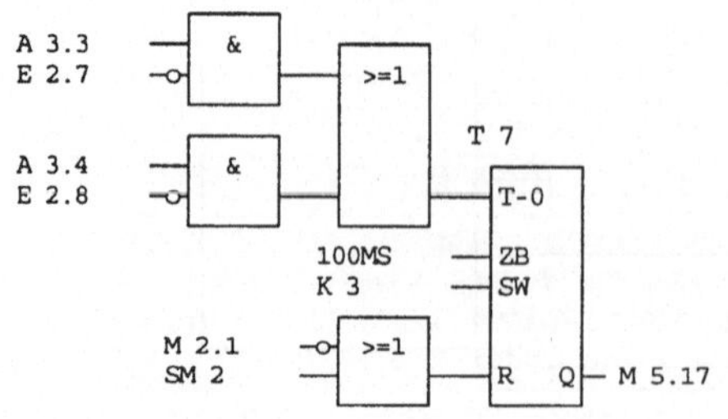

A 3.3	Ansteuerung Sternschütz
E 2.7	Meldekontakt Sternschütz
T 7	Signalverzögerung
A 3.4	Ansteuerung Dreieckschütz
E 2.8	Meldekontakt Dreieckschütz
M 2.1	Merker Freigabe Motorlauf
SM 2	Einschaltmerker
M 5.17	Merker Anzugsüberwachung K3/K4
Ausgang M 5.17	wird benutzt in NW:
9 (I)	

NETZWERK: 0007 Überwachung K1/K2 abgefallen

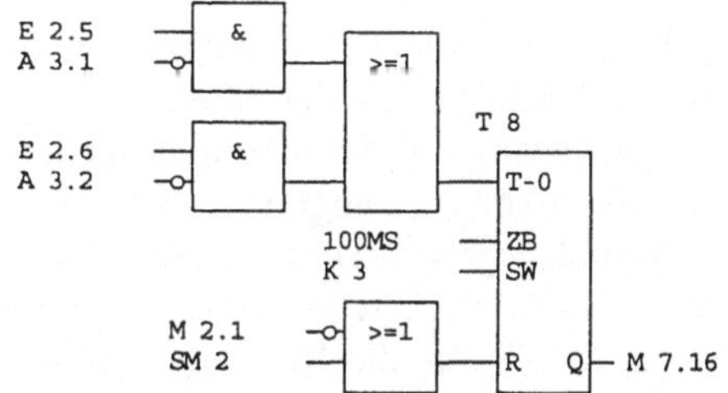

E 2.5	Meldekontakt Schütz Rechtslauf
A 3.1	Ansteuerung Schütz Rechtslauf
T 0	Signalverzögerung
E 2.6	Meldekontakt Schütz Linkslauf
A 3.2	Ansteuerung Schütz Linkslauf
M 2.1	Merker Freigabe Motorlauf
SM 2	Einschaltmerker
M 7.16	Merker Abfallüberwachung K1/K2
Ausgang M 7.16	wird benutzt in NW:
10 (I)	

NETZWERK: 0008 Überwachung K3/K4 abgefallen

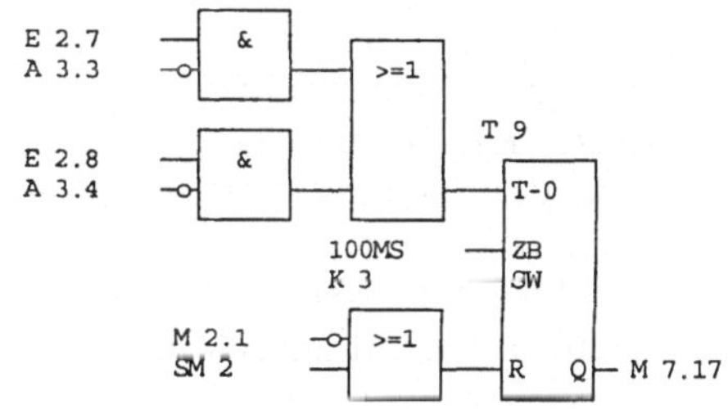

E 2.7	Meldekontakt Sternschütz
A 3.3	Ansteuerung Sternschütz
T 9	Signalverzögerung
E 2.8	Meldekontakt Dreieckschütz
A 3.4	Ansteuerung Dreieckschütz
M 2.1	Merker Freigabe Motorlauf
SM 2	Einschaltmerker
M 7.17	Merker Abfallüberwachung K3/K4
Ausgang M 7.17	wird benutzt in NW:
10 (I)	

NETZWERK: 0009 Rückmeldung K1...K4 angezogen

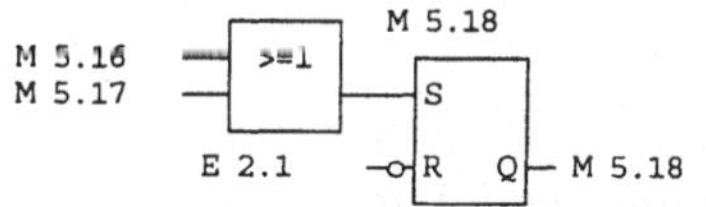

M 5.18	Signalspeicher Anzug K1...K4
M 5.16	Merker Anzugsüberwachung K1/K2
M 5.17	Merker Anzugsüberwachung K3/K4
E 2.1	Taster S1 (Stop, Öffner)

NETZWERK: 0010 Rückmeldung K1...K4 abgefallen

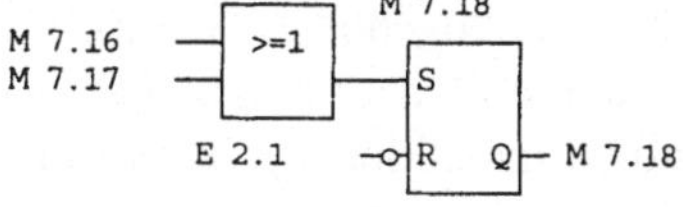

M 7.18	Signalspeicher Abfall K1...K4
M 7.16	Merker Abfallüberwachung K1/K2
M 7.17	Merker Abfallüberwachung K3/K4
E 2.1	Taster S1 (Stop, Öffner)

NETZWERK: 0011

Bausteinende

Anmerkungen zum SPS-Programm:

PB2: Meldungen und Überwachung

Optisch meldet das Programm durch die Netzwerke 1 bis 4 des 2. Progammbausteins über die Ausgänge 6 bis 9 die Anlaufsituation und die Drehrichtung des Motors. Dabei wird jeweils der entsprechende Ausgang für die Ansteuerung der Schütze und der tatsächliche Zustand des Schützes über die Hilfs- bzw. Meldekontakte abgefragt. Nur wenn beide Abfragen 1-Wert haben, wird ein optisches Signal gegeben. Durch Konnektoren wird gleichzeitig die Verbindung zum 1. Programmbaustein hergestellt. Die abgefragten Signalzustände werden durch die Merker M 3.6 bis M 3.9 für die Rückmeldung der tatsächlichen Betriebszustände genutzt, z.B. gibt M 3.6 Signal zur Ansteuerung des Schützes K1 für den Rechtslauf des Motors, also dann, wenn das Sternschütz tatsächlich angezogen hat (PB1, NW4).

Die Netzwerke 5 bis 8 haben Überwachungsfunktionen. Im 5. Netzwerk werden die Schütze für den Rechts- bzw. Linkslauf auf ihren tatsächlichen Zustand im Vergleich zum Zustand der Ausgänge der Steuerung überwacht. Dies geschieht durch den Vergleich des Ausgangs (A 3.1) mit dem Zustand des Schützes K1. Der normale Zustand ist bei Betrieb 1-Wert am Ausgang und beim Hilfskontakt des Schützes. Hat jedoch der Ausgang der Steuerung 1-Wert und das angesteuerte Schütz – hier K1 – zieht nicht an, liegt eine Funktionsstörung vor. Da der Meldeeingang E 2.5 auf 0 abgefragt wird, ist die UND-Verknüpfung bei nicht angezogenem Schütz erfüllt. Das führt zum 1-Signal des Merkers M 5.16, welcher den Zustand – Schütz K1 nicht angezogen – meldet.

M 5.16 setzt im 9. Netzwerk des PB2 den Speicher M 5.18 auf „1“. Dieses hat Auswirkungen auf das Steuerprogramm im 1. Programmbaustein. M 5.18 blockiert mit seinem 1-Signal das Freigabesignal für den Motorlauf. Die UND-Verknüpfung der 6 Eingänge im 2. Netzwerk des PB1 ist nicht mehr erfüllt. M 2.1 führt 0-Signal und setzt die Signalspeicher für die Motoransteuerung zurück.

In gleicher Weise überwacht der Merker M 5.17 die Schütze K3 und K4. Ein Abfallen dieser Schütze führt zur Rückmeldung im Steuerprogramm und zum Blockieren des Motorlaufs.

Die Netzwerke 7 und 8 überwachen das Abfallen der Schütze. Sobald einer der Ausgänge A 3.1 bis A 3.4 abfällt, müssen die entsprechenden Schütze auch abfallen. Im Netzwerk 7 wird der Ausgang A 3.1 auf 0-Wert abgefragt. Fällt das zugehörige Schütz K1 ab, dann ist die UND-Verknüpfung nicht erfüllt. Die Steuerung und das Stellglied arbeiten in gewünschter Weise. Fällt das Schütz jedoch nicht ab (Kontaktkleben), dann führt der Merker M 7.16 1-Wert und setzt im 10. Netzwerk den Speicher M 7.18 auf „1“. Dieser wiederum blockiert im Steuerprogramm das Freigabesignal für den Motorlauf.

Die verwendeten Timer T6 bis T9 dienen zur Verzögerung der Signalausgabe an die entsprechenden Merker. Dies hat folgenden Grund: Die Rückmeldung des angezogenen Schützes über die entsprechenden Signaleingänge kann systembedingt (zyklische Abarbeitung des Programms durch die SPS und Trägheit der Schütze) nicht zeitgleich mit der Wertzuweisung an den Ausgang erfolgen.

```
C:\AKF12\ELEKTROM\PB1
AEG Modicon Dolog AKF: Programm-Protokoll

NETZWERK: 0001    Verriegelung Rechts-/Linkslauf
```

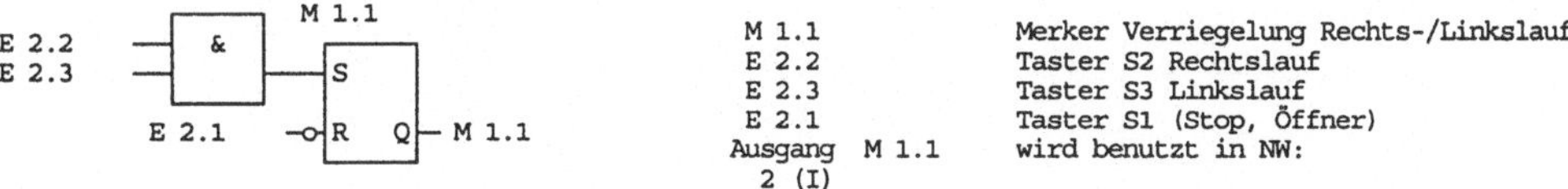


```
M 1.1              Merker Verriegelung Rechts-/Linkslauf
E 2.2              Taster S2 Rechtslauf
E 2.3              Taster S3 Linkslauf
E 2.1              Taster S1 (Stop, Öffner)
Ausgang  M 1.1     wird benutzt in NW:
  2 (I)
```

```
NETZWERK: 0002    Freigabesignal Motorlauf

M 1.1   -o| &
E 2.4    -|
M 5.18  -o|
M 7.18  -o|
M 10.1  -o|
E 2.1    -|   |- M 2.1

M 1.1              Merker Verriegelung Rechts-/Linkslauf
E 2.4              Meldekontakt Leistungsschalter Ein
M 5.18             Signalspeicher Anzug K1...K4
M 7.18             Signalspeicher Abfall K1...K4
M 10.1             Merker Motor-Stillstand
E 2.1              Taster S1 (Stop, Öffner)
M 2.1              Merker Freigabe Motorlauf
Ausgang  M 2.1     wird benutzt in NW:
  3 (I)  4 (I)  5 (I)  6 (I)  7 (I)  8 (I)  9 (I)

NETZWERK: 0003    Verknüpfung Rechtslauf
```

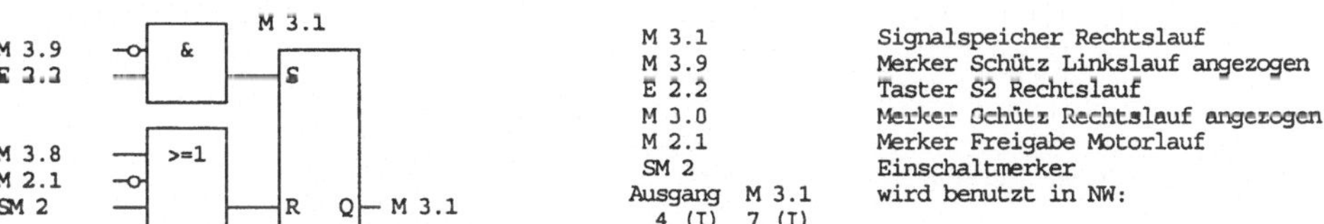


```
M 3.1              Signalspeicher Rechtslauf
M 3.9              Merker Schütz Linkslauf angezogen
E 2.2              Taster S2 Rechtslauf
M 3.8              Merker Schütz Rechtslauf angezogen
M 2.1              Merker Freigabe Motorlauf
SM 2               Einschaltmerker
Ausgang  M 3.1     wird benutzt in NW:
  4 (I)  7 (I)

NETZWERK: 0004    Schütz Rechtslauf
```

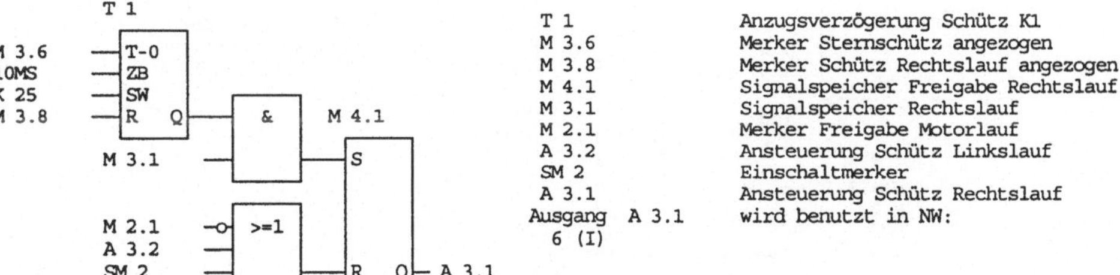


```
T 1                Anzugsverzögerung Schütz K1
M 3.6              Merker Sternschütz angezogen
M 3.8              Merker Schütz Rechtslauf angezogen
M 4.1              Signalspeicher Freigabe Rechtslauf
M 3.1              Signalspeicher Rechtslauf
M 2.1              Merker Freigabe Motorlauf
A 3.2              Ansteuerung Schütz Linkslauf
SM 2               Einschaltmerker
A 3.1              Ansteuerung Schütz Rechtslauf
Ausgang  A 3.1     wird benutzt in NW:
  6 (I)
```

```
NETZWERK: 0005    Verknüpfung Linkslauf

                 M 5.1
M 3.8  -o| & |--| S
E 2.3   -|   |  |
                |
M 2.1  -o| >=1| |
M 3.9   -|    | |
SM 2    -|    |-| R   Q|- M 5.1

M 5.1              Signalspeicher Verknüpfung Linkslauf
M 3.8              Merker Schütz Rechtslauf angezogen
E 2.3              Taster S3 Linkslauf
M 2.1              Merker Freigabe Motorlauf
M 3.9              Merker Schütz Linkslauf angezogen
SM 2               Einschaltmerker
Ausgang  M 5.1     wird benutzt in NW:
  6 (I)  7 (I)
```

NETZWERK: 0006 Schütz Linkslauf

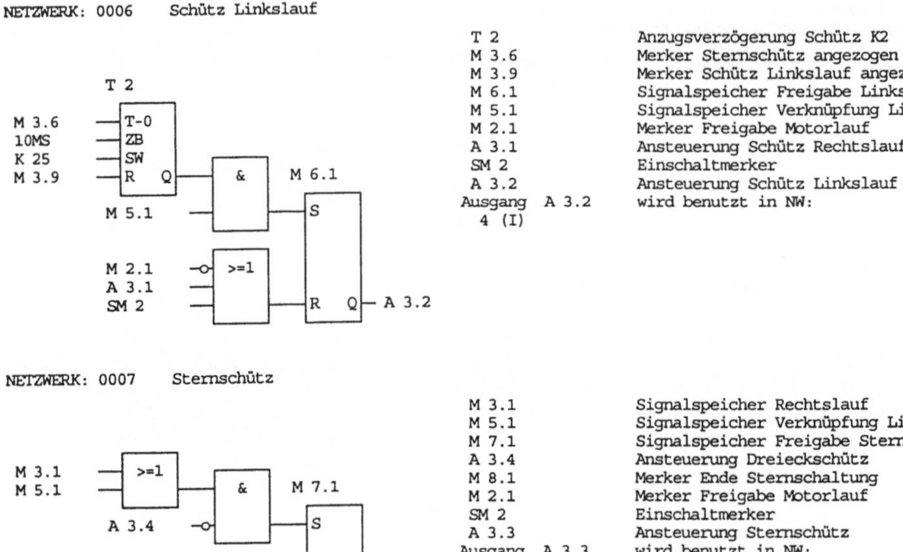


```
T 2                    Anzugsverzögerung Schütz K2
M 3.6                  Merker Sternschütz angezogen
M 3.9                  Merker Schütz Linkslauf angezogen
M 6.1                  Signalspeicher Freigabe Linkslauf
M 5.1                  Signalspeicher Verknüpfung Linkslauf
M 2.1                  Merker Freigabe Motorlauf
A 3.1                  Ansteuerung Schütz Rechtslauf
SM 2                   Einschaltmerker
A 3.2                  Ansteuerung Schütz Linkslauf
Ausgang   A 3.2        wird benutzt in NW:
  4 (I)
```

NETZWERK: 0007 Sternschütz

```
M 3.1                  Signalspeicher Rechtslauf
M 5.1                  Signalspeicher Verknüpfung Linkslauf
M 7.1                  Signalspeicher Freigabe Sternschaltung
A 3.4                  Ansteuerung Dreieckschütz
M 8.1                  Merker Ende Sternschaltung
M 2.1                  Merker Freigabe Motorlauf
SM 2                   Einschaltmerker
A 3.3                  Ansteuerung Sternschütz
Ausgang   A 3.3        wird benutzt in NW:
  9 (I)
```

NETZWERK: 0008 Timer Stern-Dreieck-Umschaltung

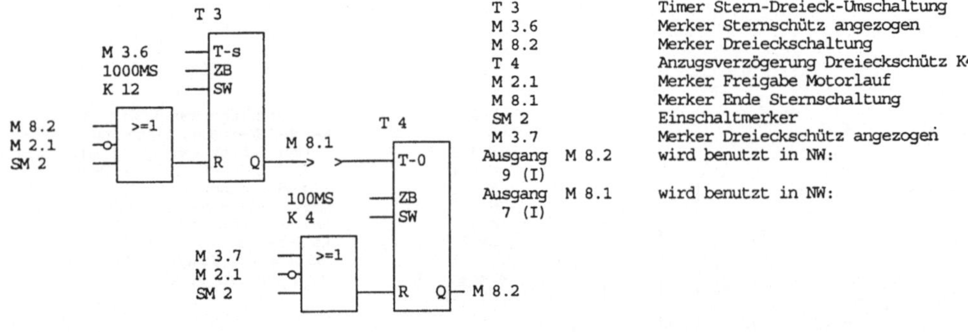


```
T 3                    Timer Stern-Dreieck-Umschaltung
M 3.6                  Merker Sternschütz angezogen
M 8.2                  Merker Dreieckschaltung
T 4                    Anzugsverzögerung Dreieckschütz K4
M 2.1                  Merker Freigabe Motorlauf
M 8.1                  Merker Ende Sternschaltung
SM 2                   Einschaltmerker
M 3.7                  Merker Dreieckschütz angezogen
Ausgang   M 8.2        wird benutzt in NW:
  9 (I)
Ausgang   M 8.1        wird benutzt in NW:
  7 (I)
```

NETZWERK: 0009 Dreieckschütz

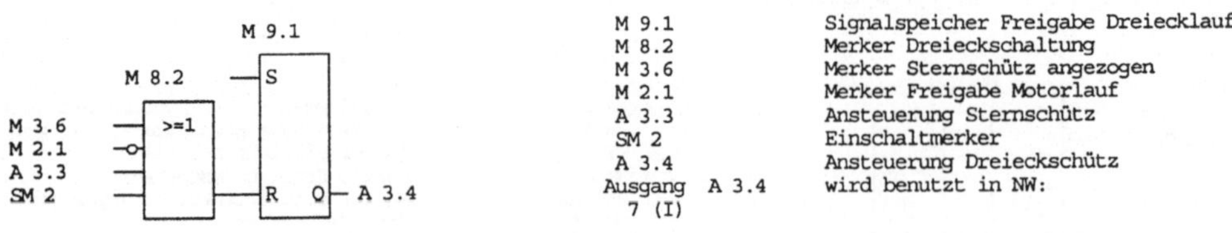


```
M 9.1                  Signalspeicher Freigabe Dreiecklauf
M 8.2                  Merker Dreieckschaltung
M 3.6                  Merker Sternschütz angezogen
M 2.1                  Merker Freigabe Motorlauf
A 3.3                  Ansteuerung Sternschütz
SM 2                   Einschaltmerker
A 3.4                  Ansteuerung Dreieckschütz
Ausgang   A 3.4        wird benutzt in NW:
  7 (I)
```

NETZWERK: 0010 Timer Drehrichtungswechsel

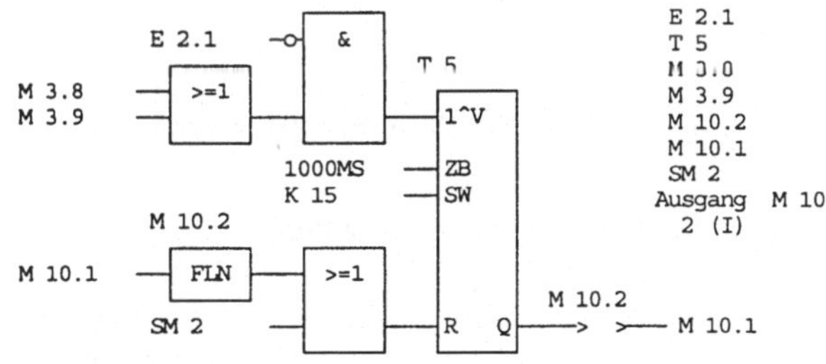

E 2.1		Taster S1 (Stop, Öffner)
T 5		Timer Drehrichtungswechsel
M 3.8		Merker Schütz Rechtslauf angezogen
M 3.9		Merker Schütz Linkslauf angezogen
M 10.2		Merker Freigabe Drehrichtungswechsel
M 10.1		Merker Motor-Stillstand
SM 2		Einschaltmerker
Ausgang 2 (I)	M 10.1	wird benutzt in NW:

NETZWERK: 0011

Bausteinende

PB1: Steuerprogramm:

Das 2. Netzwerk des 1. Programmbausteins dient der Freigabe des Motorlaufs. Die Freigabe kann nur erfolgen, wenn die Schütze richtig arbeiten. Die Meldungen hierzu kommen vom PB2 durch die Merker M 5.18 und M 7.18. Weitere Bedingungen für die Motor-Freigabe liefern der Motorschutzschalter (E 2.4), der Signalspeicher für die Verriegelung bei gleichzeitiger Betätigung der Taster für den Rechts- und Linkslauf (M 1.1), das Signal für den Motorstillstand (M 10.1) und der nicht betätigte Taster Stop (E 2.1). Das 1-Signal des Merkers M 2.1 ermöglicht das Wirksamwerden des Startsignals Rechts- bzw. Linkslauf. Sobald der Merker M 2.1 0-Signal hat, werden alle Speicher und Timer, die zur Steuerung der Schütze K1 bis K4 dienen, rückgesetzt.

Folgende Signalspeicher werden jedoch nur durch die direkte Betätigung des Tasters Stop normiert:

- M 1.1: Verriegelung Rechts-/Linkslauf,
- M 5.18: Rückmeldung Schütze angezogen (PB2) und
- M 7.18: Rückmeldung Schütze abgefallen (PB2).

Bei laufendem Motor kann nicht direkt umgeschaltet werden. In den Netzwerken 3 und 5 wird bei der Signalverknüpfung für den Rechts- bzw. Linkslauf jeweils die entgegengesetzte Drehrichtung des Motors abgefragt. Das ist der Fall, wenn sowohl der entsprechende Ausgang als auch das Schütz dieses melden. Linkslauf wird gemeldet durch M 3.9, Rechtslauf durch M 3.8. Beide Merker werden negiert abgefragt. Die UND-Verknüpfung mit dem jeweiligen Taster für die Wahl der Drehrichung kann also nur wirksam werden, wenn die jeweils andere Drehrichtung nicht wirksam ist.

Die Timer T1 und T2 sorgen für einen verzögerten Anzug der Schütze K1 bzw. K2 nach dem Anzug des Sternschützes. Der Timer T3 wird nach dem Anziehen des Sternschützes – Meldung vom PB2 durch M 3.6 – gestartet. Sein Ausgangssignal wird vom Timer

T4 0,4 Sekunden verzögert, damit zunächst das Sternschütz abfällt, bevor das Dreieckschütz anzieht.

Der Timer T5 wird aktiviert, wenn

- der Links- oder Rechtslauf aktiv ist und
- der Taster S1 (Öffner) betätigt wurde, also ggf. ein Drehrichtungswechsel vorgesehen ist.

Der Timer T5 verlängert den Impuls das Halt-Tasters. Sein Ausgang wird unmittelbar nach einem Flankenwechsel von 0 nach 1 an seinem Eingang (1^V) auf 1 gesetzt. Die im Sollwertregister eingetragene Zeit wird gestartet. Wird während der Laufzeit des Zeitgliedes der Eingang wieder auf 0 zurückgenommen, so hat dies keinen Einfluß auf den Ablauf der eingestellten Laufzeit. Das Ausgangssignal bleibt solange stehen, bis die eingestellte Zeit abgelaufen ist. Erst dann kann das Freigabesignal (M 2.1) wirksam werden.

HINWEIS: Tritt während der Laufzeit ein erneuter Startimpuls auf, so beginnt die Laufzeit des Timer erneut!

Störungen aufgrund von Überlast oder Kurzschluß werden durch den Motorschutzschalter Q1 über den Eingang E 2.4 an den Freigabemerker M 2.1 gemeldet. Dieser blockiert dann den Motorlauf durch das Rücksetzen der entsprechenden Signalspeicher.

5 Ablaufsteuerungen

5.1 Einfache prozeßabhängige Ablaufsteuerungen

Ablaufsteuerungen sind Steuerungen mit zwangsläufig schrittweisem Ablauf. Bei prozeßabhängigen Ablaufsteuerungen ergeben sich die Bedingungen für das Weiterschalten von Ablaufschritt zu Ablaufschritt durch prozeßabhängige Signale aus der gesteuerten Anlage. Kernstück der Ablaufsteuerung ist die Ablaufkette. Hier ist das Programm für den schrittweisen Funktionsablauf der Steuerung festgelegt. Art und Umfang des Eingriffs in die Steuerung durch den Bediener wird durch die Betriebsart bestimmt. Neben den Betriebsarten Automatik, Teilautomatik, Hand und Einrichten gibt es bei Ablaufsteuerungen zusätzlich die Betriebsarten:

- Schrittsetzen (Aufruf eines beliebigen Schrittes der Ablaufkette durch den Bediener),
- Tippen (Weiterschalten der Ablaufkette auf den jeweils nächstfolgenden Schritt durch einen Bedieneingriff).

Durch Meldungen können Zustände (Betriebsart) oder Zustandsänderungen (Störungen, Schritt-Nr.) angezeigt werden. Die Befehlsausgabe verknüpft die Befehle der einzelnen Schritte der Ablaufkette mit den Freigabesignalen und ggf. mit den Verriegelungssignalen aus dem Prozeß.

Die Programmteile Betriebsarten, Meldungen und Befehlsausgabe versucht man zu standardisieren, um den Planungsaufwand zu verringern und ein kurzes übersichtliches Steuerprogramm zu erhalten.

Sicherheitsregeln (DIN VDE 0113, Teil 1000, Entwurf) sind ebenfalls Bestandteil der Lösung von Ablaufsteuerungen. Besonders zu beachten ist die Vermeidung von Gefahren für Mensch, Maschine oder Material.

Mehrleistungen von Maschinen und Fertigungseinrichtungen erfordern zwangsläufig eine Verbesserung des Teiletransports. Dies wirft die Frage nach der Steuerung des Teiletransports und nach der Abstimmung der Taktzeiten zwischen Transport und Maschine auf. Transport und Handhabung dürfen den Fertigungsfluß nicht beeinträchtigen. Deshalb ist die Integration von Fertigungsvorgang und Materialfluß innerhalb des Betriebes anzustreben. Bei der Lösung der Steuerung von Fördereinrichtungen und Anlagen ist bei der Auswahl der Steuerungskomponenten u.a. folgendes zu beachten:

- Störanfälligkeit der einzelnen Komponenten,
- Leistungsfähigkeit,
- Kosten der Automatisierung,
- Umstellbarkeit auf andere Produkte/Typen,
- Verknüpfungsmöglichkeiten von Transportsystemen und Bearbeitungsstationen,
- Lebensdauer und Wartungsfreundlichkeit,
- Sicherheit,
- Flexibilität der Steuerung.

Für die nachstehend formulierte Problemstellung werden folgende steuerungstechnische Lösungen untersucht:

1. eine pneumatische Steuerung,
2. eine elektropneumatische Steuerung und
3. eine Lösung mit einer speicherprogrammierbaren Steuerung.

Problemstellung:

Auf dem Band I ankommende Teile werden durch den doppeltwirkenden Zylinder 1.0 angehoben. Dann werden sie durch den doppeltwirkenden Zylinder 2.0 auf das Band II zum Weitertransport geschoben. Die Bänder werden elektrisch angetrieben; ihre Steuerung wird hier nicht betrachtet.

Nachdem der Kolben des Zylinders 2.0 die vordere Endlage erreicht hat, darf der Kolben des Zylinders 1.0 wieder einfahren. Nach Erreichen der hinteren Endlage fährt der Kolben des Zylinders 2.0 zurück.

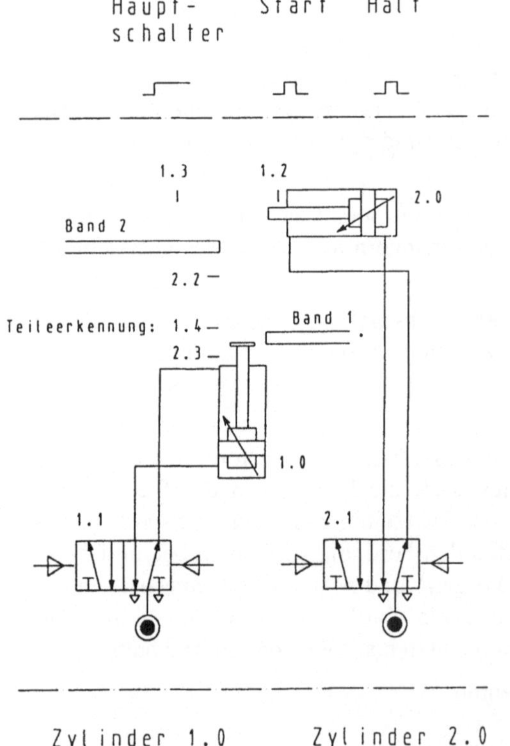

Bild 5.1
Technologieschema (Teileförderanlage)

Folgende Randbedingungen sind für die Lösung der Steuerungsaufgabe zu beachten:

- Die Energieversorgung der Anlage soll durch einen pneumatischen Hauptschalter ein- und ausgeschaltet werden.
- Die Anlage wird durch einen Starttaster eingeschaltet und durch einen Halttaster am Ende eines Arbeitszyklusses angehalten. Der Halttaster soll dominierend sein.

- Die Schrittkette wird durchlaufen, sobald ein Teil oberhalb des Zylinders 1.0 durch einen Signalgeber identifiziert wird.
- Der nachfolgende Arbeitszyklus kann erst durchlaufen werden, wenn die letzte Bewegung des vorhergehenden Arbeitszyklusses abgeschlossen ist.
- Ein erneuter Startimpuls während eines Arbeitszyklusses darf den Ablauf der Schrittkette nicht beeinflussen.

5.1.1 Entwicklung einer pneumatischen Ablaufsteuerung

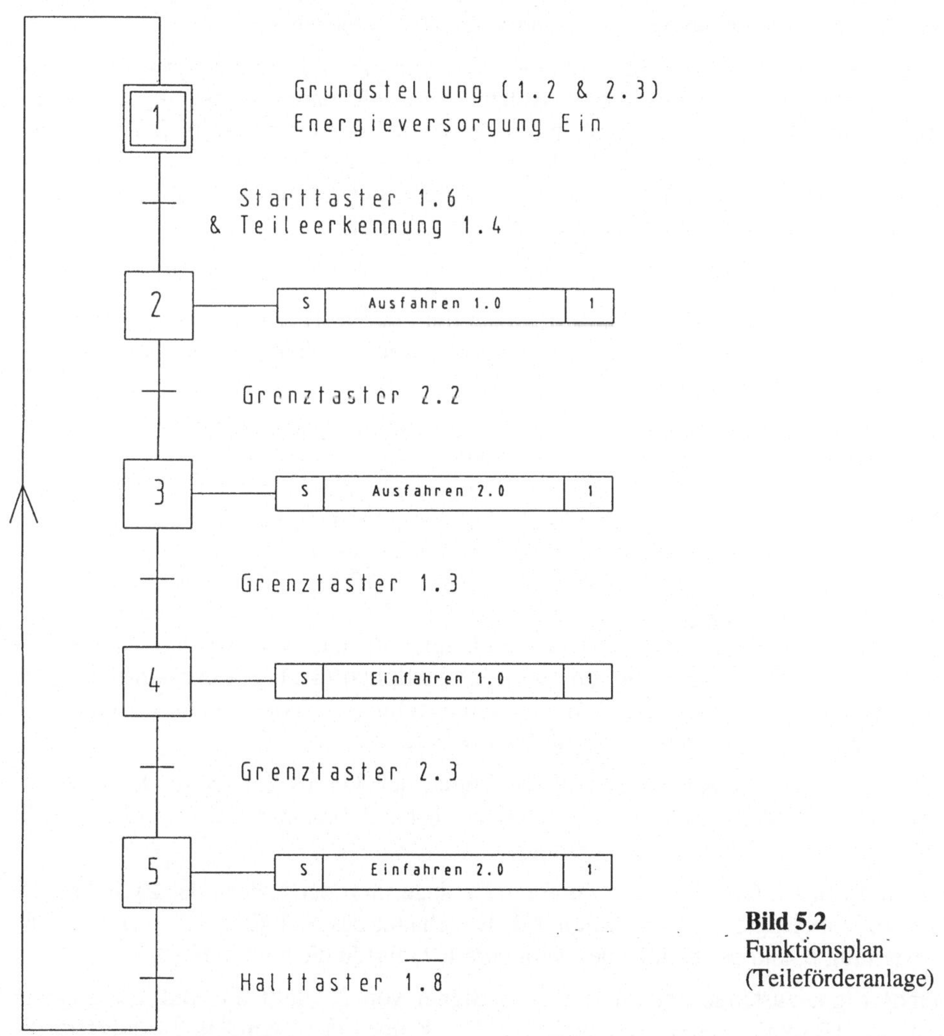

Bild 5.2
Funktionsplan
(Teileförderanlage)

Zur Realisierung der beschriebenen pneumatischen Steuerung werden folgende Festlegungen getroffen: Die Endlagen der beiden doppeltwirkenden Zylinder werden durch vier rollenbetätigte 3/2-Wegeventile mit Federrückstellung kontrolliert. Die Teileerkennung erfolgt durch ein rollenbetätigtes 3/2-Wegeventil mit Federrückstellung; diese

Ventile finden ebenfalls Verwendung als Taster für Start und Halt. Taster haben als Bedienelemente den Vorteil der einfachsten Bedienbarkeit.

Als Stellglieder für die beiden doppeltwirkenden Zylinder dienen 5/2-Wegeventile, beidseitig druckluftbetätigt. Die Zylinder sollen beidseitig eine einstellbare Endlagendämpfung haben.

Im Schritt 1 befindet sich die Anlage in ihrer Grundstellung. Die beiden Endlagentaster 1.2 und 2.3 sind durch die eingefahrenen Kolben betätigt. Die Druckluft ist durch den pneumatischen Hauptschalter zugeschaltet. Zum Ausfahren des ersten Zylinders (Schritt 2) dienen als Übergangsbedingung das Startsignal des Ventils 1.6 und das Signal des Ventils 1.4 zur Teileerkennung. Die Ablaufkette wird freigegeben.

Der folgende Schritt: Kolben 2.0 ausfahren wird von der Ablaufkette durch das Signal des Grenztasters 2.2 ausgelöst. Der 4. Ablaufschritt wird durch das Signal des Grenztasters 1.3 und der 5. Ablaufschritt durch das Signal des Grenztasters 2.3 ausgelöst. Erreicht der Kolben seine hintere Endlage, meldet der Grenztaster 1.2 die Grundstellung der Anlage. Wurde der Halttaster während des Arbeitszyklusses nicht betätigt, wird die Ablaufkette nach der Teileidentifikation erneut durchlaufen.

Schaltplanbeschreibung:

Die bereitgestellte aufbereitete Druckluft (0.1) muß durch den Hauptschalter (0.2), ein 3/2-Wegeventil mit 2 Raststellungen, freigegeben werden. Nun steht die Druckluft für die Steuerung zur Verfügung.

Bei Betätigung des Starttasters 1.6, ein 3/2-Wegeventil in Sperr-Nullstellung mit Federrückstellung, strömt die Druckluft durch das 3/2-Wegeventil 1.12, ein Ventil mit Durchfluß-Nullstellung, zu dem druckluftbetätigten 3/2-Wegeventil 1.14. Dieses Ventil wird in Durchflußstellung geschaltet und behält diese Stellung bei (Signalspeicherung). Nun steht die Druckluft für die Ablaufkette zur Verfügung. Befindet sich die Anlage in der Ausgangsstellung, dann sind die beiden rollenbetätigten 3/2-Wegeventile 1.2 und 2.3 in Durchflußstellung geschaltet. Wird nun ein Teil von dem rollenbetätigten 3/2-Wegeventil 1.4 oberhalb des Zylinders 1.0 identifiziert, läßt das Zweidruckventil 1.16 die Druckluft passieren (1.2 und 1.4) und das Stellglied (1.1), ein druckluftbetätigtes 5/2-Wegeventil, wird umgeschaltet in die Schaltstellung a. Vom Ventil 1.3 darf kein Signal anstehen. Der Kolben des Zylinders 1.0 fährt aus.

Unmittelbar nach dem Ausfahren fällt das Signal des Ventils 2.3 ab. In der vorderen Endlage des Zylinders 1.0 wird das Ventil 2.2 betätigt. Das 5/2-Wegeventil 2.1 stellt um. Der Kolben des Zylinders 2.0 fährt aus.

Das Signal von 1.2 fällt ab. In der vorderen Endlage fährt der Kolben des Zylinders 2.0 auf das rollenbetätigte 3/2-Wegeventil 1.3. Es schaltet das Stellglied 1.1 zurück in die Schaltstellung b, und der Kolben des Zylinders 1.0 fährt in die hintere Endlage.

Folgende Signalzustände ändern sich: das Signal von 2.2 fällt ab, und 2.3 gibt ein Signal zum Umschalten des Stellglieds 2.1. Der Kolben des Zylinders 2.0 fährt in die hintere Endlage. Das Signalglied 1.2 wird betätigt, wodurch das Zweidruckventil 1.16 einseitig druckbeaufschlagt wird. Erst wenn erneut von 1.4 ein Teil identifiziert wird, schaltet das Zweidruckventil durch, und ein neuer Arbeitszyklus wird durchlaufen.

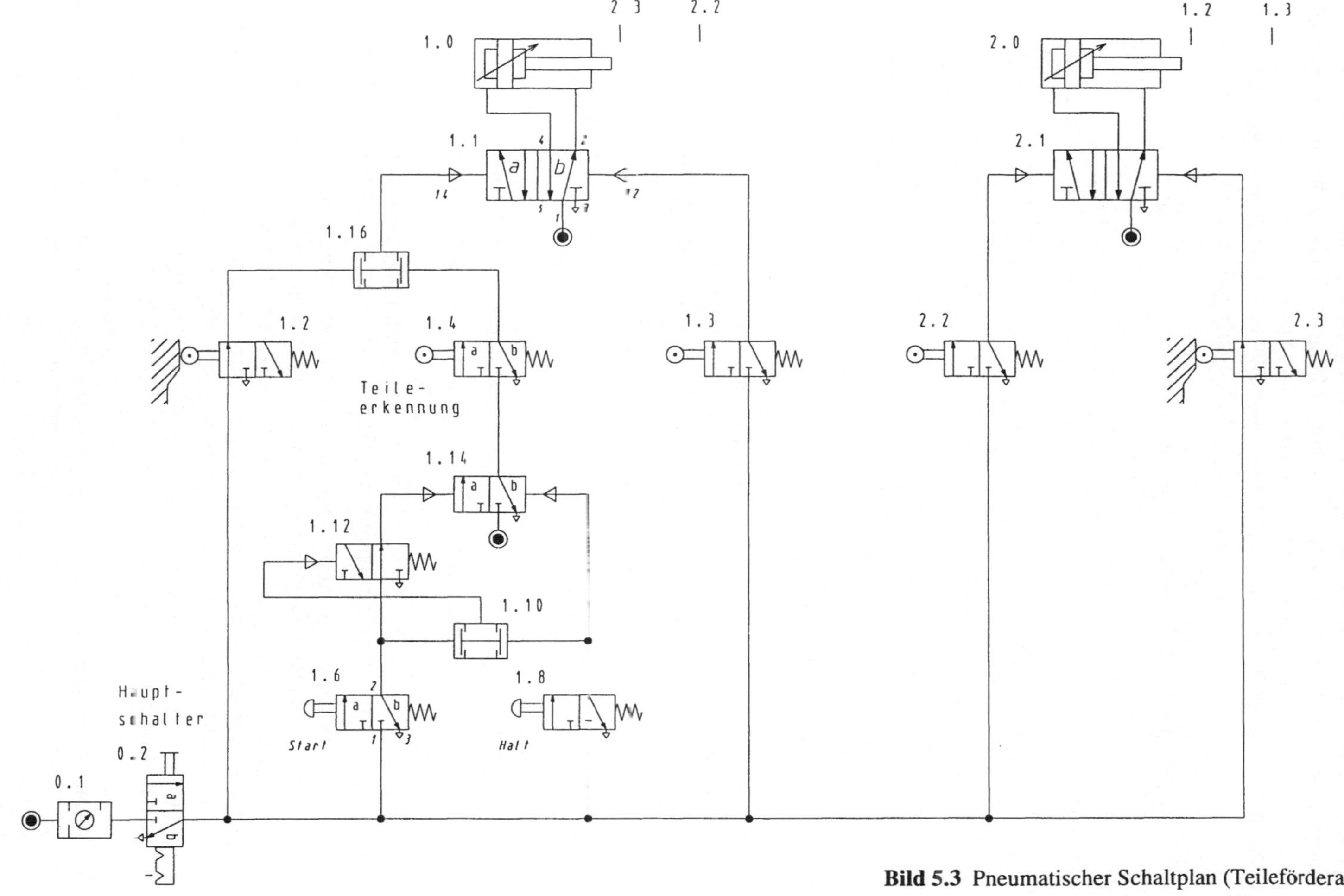

Bild 5.3 Pneumatischer Schaltplan (Teileförderanlage)

Angehalten wird die Anlage, wenn das 3/2-Wegeventil 1.8 durch einen Druckluftimpuls das Ventil 1.14 in die Sperrstellung umschaltet. Die Druckluftzufuhr für das die Ablaufkette freigebende rollenbetätigte 3/2-Wegeventil 1.4 ist dann gesperrt. Die Anlage bleibt nach Durchlaufen des Arbeitszyklusses stehen.

Werden Start- und Halttaster (1.6 und 1.8) gleichzeitig betätigt, so dominiert das Signal des Halttasters. Wirken beide Signale auf das Zweidruckventil 1.10 ein, so schaltet es durch (UND-Verknüpfung). Das 3/2-Wegeventil 1.12 wird aus der Durchfluß- in die Sperrstellung umgeschaltet. Das Startsignal von 1.6 kann nicht wirksam werden. Das Haltsignal von 1.8 hingegen wirkt gleichzeitig auf das Ventil 1.14 ein und kann dieses in Sperrstellung (b) umschalten. Somit liegt am Drucklufteingang des Ventils 1.4 zur Teileerkennung keine Druckluft an; die Ablaufkette wird nicht freigegeben.

Werden Start- und Halttaster wieder freigegeben, drückt die Rückstellfeder des Ventils 1.12 dieses wieder in die Durchfluß-Nullstellung.

5.1.2 Entwicklung einer elektropneumatischen Ablaufsteuerung

Als Signalspeicher für die Schritte der Ablaufkette können auch hier Ventile mit Haftverhalten als Stellglied verwendet werden. Andererseits gibt es die Möglichkeit der elektrischen Signalspeicherung mittels Selbsthaltung.

Version A: Ventil mit Haftverhalten als Stellglied

Bei der Verwendung eines 5/2-Wege-Magnetimpulsventils als Stellglied erfolgt die Umschaltung mittels eines elektrischen Impulses an Y1. Das Ventil wechselt aus der Ausgangsschaltstellung b in die Schaltstellung a und behält diese bei. Der Kolben fährt aus in die vordere Endlage. Dieser Zustand bleibt erhalten, bis ein elektrischer Impuls an Y2 die Schaltstellung b wieder herstellt. Der Kolben kehrt in die hintere Endlage zurück.

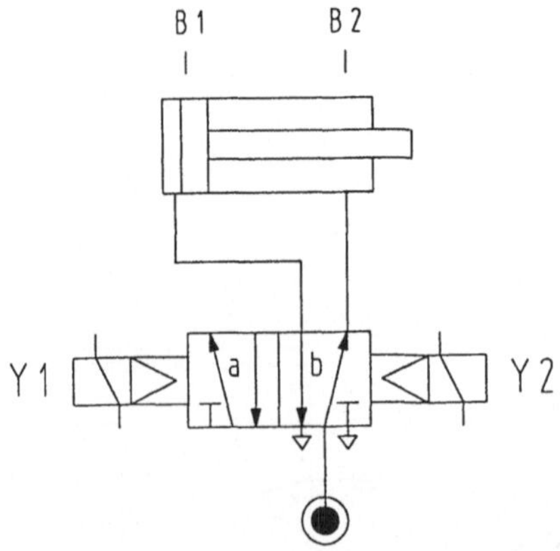

Bild 5.4
5/2-Wege-Magnetimpulsventil als Stellglied

Version B: Ventil mit Federrückstellung

Verwendet man ein 5/2-Wege-Magnetventil mit Federrückstellung als Stellglied, dann muß eine elektrische Signalspeicherung erfolgen, da die Rückstellfeder sonst das Ventil sofort wieder in die Ausgangsstellung b drückt, sobald das Signal an Y1 abfällt. Technisch wird die Signalspeicherung durch eine Selbsthaltung im Steuerstromkreis realisiert.

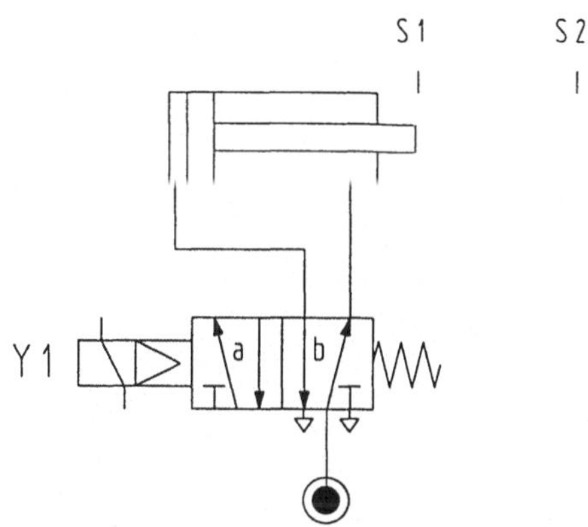

Bild 5.5
5/2-Wege-Magnetventil mit Federrückstellung als Stellglied

Bei der Ausführung der Steuerungsaufgabe ergeben sich folgende gerätetechnische Veränderungen. Zur Endlagenerkennung bei den verwendeten doppeltwirkenden Zylindern werden für die Version A magnetische Näherungsschalter (Reed-Kontakte) und für die Version B elektrische Grenztaster mit Schließerkontakten verwendet. Zur Teileerkennung wird ein optischer Sensor eingesetzt. Für die Signalgebung zum Starten und Halten der Anlage werden elektrische Tastschalter mit Schließer- und Öffnerkontakten verwendet. Die Signalverarbeitung erfolgt mit Hilfe von Relais.

Tabelle 5.1 Gegenüberstellung der Signalgeber

Funktion	Pneumatische Signalgeber		Elektropneu. Signalgeber	
	Benennung	Bez.	Benennung	Bez.
Lage Zustand	3/2-Wegeventil	1.2	Reed-Kontakt	B3
			Grenztaster	S3
	3/2-Wegeventil	1.3	Reed-Kontakt	B4
			Grenztaster	S4
	3/2-Wegeventil	2.2	Reed-Kontakt	B1
			Grenztaster	S1
	3/2-Wegeventil	2.3	Reed-Kontakt	B2
			Grenztaster	S2
	3/2-Wegeventil	1.4	Opt. Sensor	B5
Start	3/2-Wegeventil	1.6	Taster	S5
Halt	3/2-Wegeventil	1.8	Taster	S6
Haupt-schalter	3/2-Wegeventil	0.2	3/2-Wegeventil	0.2

Schaltplanbeschreibung:

Abweichend von DIN 40719, T3 sind die Betriebsmittel in den beiden folgenden Stromlaufplänen bei vorhandener Spannung bzw. Betätigungskraft dargestellt.

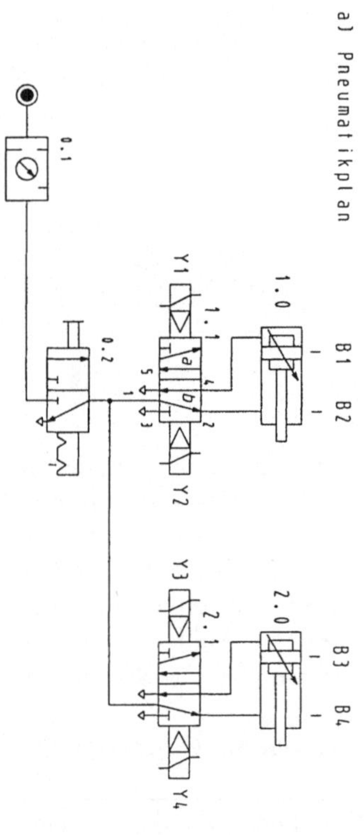

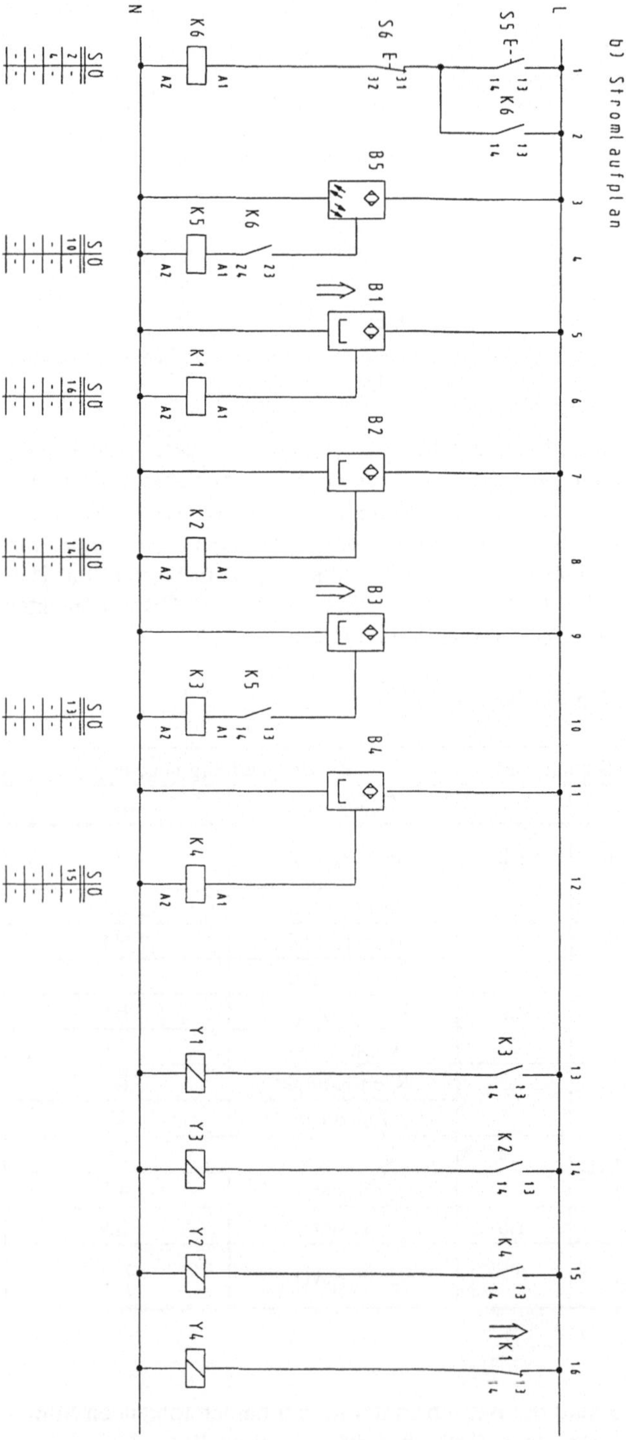

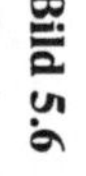

Bild 5.6
Elektropneumatischer Schaltplan (Teileförderanlage, Version A)

Version A:

Nach Betätigung des Tasters S5 (Start) geht das Relais K6 über den 1. Nebenkontakt (13/14) im 2. Stromweg in Selbsthaltung. Gleichzeitig wird auch der 2. Nebenkontakt (23/24) im 4. Stromweg geschlossen. Erst jetzt kann die Teileerkennung durch den optischen Sensor wirksam werden. Erkennt der optische Sensor ein Teil, wird das Relais K5 erregt und schließt den Nebenkontakt im 10. Stromweg. Bei eingefahrenem Kolben des Zylinders 2.0 wird nun das Signal des Reed-Kontakts B3 wirksam.

Der optische Sensor vereint Sender und Empfänger in einem Gehäuse. Der Sender emittiert das Licht im infraroten Bereich des Lichtes. Das vom Objekt reflektierte Licht wird vom Fototransistor empfangen. Fremdlicht hat keinen Einfluß.

Optische Sensoren dienen zur Überwachung an unzugänglichen Stellen und im Hochtemperaturbereich. Sie reagieren auf Glas, Holz, Papier, Keramik, Kunststoff, Flüssigkeiten und Metall.

Sobald der optische Sensor B5 anspricht, schließt das Relais im Stromweg 13 (Arbeitsstromkreis) seinen Nebenkontakt und die Spule Y1 am 5/2-Wege-Impulsventil 1.1 wird erregt. Das Ventil wird in die Schaltstellung a geschoben, die Druckluft strömt über den Anschluß 4 in den Zylinder 1.0, und der Kolben bewegt sich in die vordere Endlage.

Unmittelbar nach dem Ausfahren des Kolbens fällt das Signal des Näherungsschalters B1 ab. Es erregte zuletzt die Spule Y4 am 5/2-Wegeventil 2.1. Sobald der Kolben des 1. Zylinders die vordere Endlage erreicht hat, gibt der Reed-Kontakt B2 Signal und kann nun über das Relais K2 die Spule Y3 am Ventil 2.1 erregen und dieses in die Schaltstellung a umschalten.

Der Kolben des 2. Zylinders fährt aus und schiebt ein Teil auf das 2. Förderband. In der vorderen Endlage betätigt der Kolben den Reed-Kontakt B4. Das Relais K4 schließt im 15. Stromweg seinen Nebenkontakt, die Spule Y2 wird erregt und schaltet das 5/2-Wege-Impulsventil 1.1 zurück in die Schaltstellung b. Die Druckluft kann nunmehr über den Arbeitsanschluß 2 in den Zylinder strömen und den Kolben in die hintere Endlage zurückschieben. Hier betätigt der Kolben den Reed-Kontakt B1. Dieser schaltet das Relais K1, welches im Stromweg 16 seinen Nebenkontakt schließt und die Spule Y4 erregt. Das Ventil 2.1 wird zurückgesetzt in die Schaltstellung b und der Kolben des 2. Zylinders fährt zurück in die hintere Endlage, wo der Reed-Kontakt B3 die Ausgangsstellung der Anlage meldet. Ein neuer Arbeitszyklus wird durchlaufen, wenn durch den optischen Sensor B5 ein Werkstück erkannt und das Freigabesignal für die Schrittkette gegeben wird.

Der Dauerzyklus wird angehalten, wenn durch den Taster S6 der 1. Stromweg unterbrochen wird. Das Relais K6 fällt ab, die Selbsthaltung im 2. Stromweg wird aufgehoben. Der 2. Nebenkontakt des Relais K6 im 4. Stromweg öffnet und unterbricht den Stromweg zum Relais K5. Der Ablauf der Schrittkette ist blockiert.

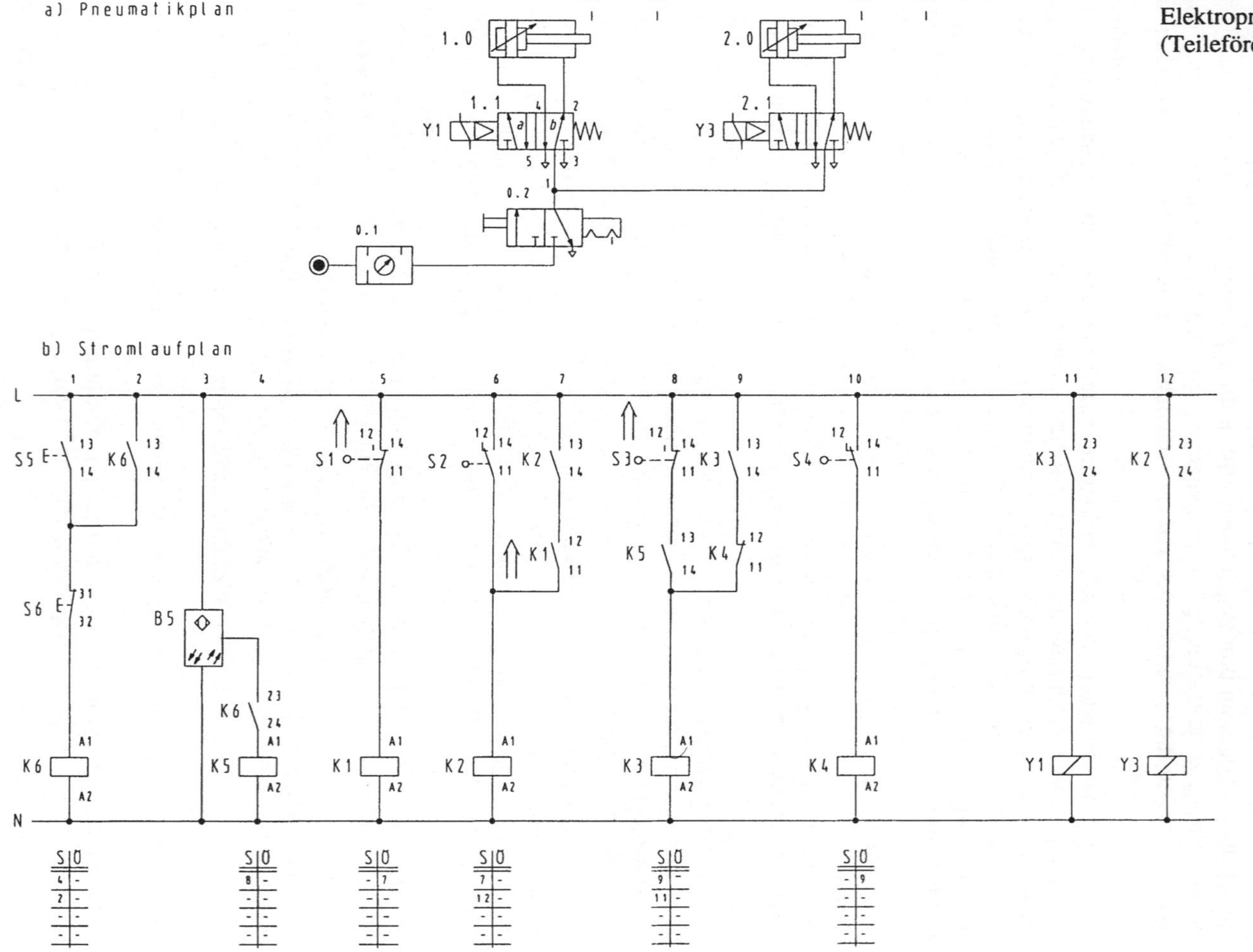

Bild 5.7
Elektropneumatischer Schaltplan (Teileförderanlage, Version B)

Version B:
Erfolgte die Signalspeicherung bisher aufgrund des Haftverhaltens der verwendeten 5/2-Wege-Magnetimpulsventile, so wird nun mit Hilfe der Selbsthaltung die Signalspeicherung im Steuerstromkreis realisiert. Als Stellglieder fungieren nun 5/2-Wege-Magnetventile mit Federrückstellung.

Nach der Eingabe des Startsignals (S5) kann die Schrittkette durch ein Signal des optischen Sensors B5 freigegeben werden. Zieht das Relais K5 an, schließt es im Stromweg 8 den Nebenkontakt vor dem Relais K3. Da der Grenztaster S3 durch den eingefahrenen Kolben des Zylinders 2.0 betätigt ist, zieht das Relais K3 an, und die Nebenkontakte im Steuerstromkreis (Stromweg 9) sowie im Arbeitsstromkreis (Stromweg 11) werden geschlossen. Im Steuerstromkreis geht das Relais K3 in Selbsthaltung.

Durch den Schließerkontakt im Arbeitstromkreis wird der Stromweg 11 geschlossen und die Spule Y1 erregt. Das 5/2-Wege-Magnetventil 1.1 geht in die Schaltstellung a und der Kolben des Zylinders 1.0 fährt aus. Das Werkstück wird angehoben; das Signal von B5 fällt ab. Das Relais K5 wird stromlos und der Nebenkontakt im 8. Stromweg fällt ab. Das Relais K3 bleibt jedoch durch die Selbsthaltung über den Nebenkontakt im 9. Stromweg erregt. In seiner vorderen Endlage betätigt der Kolben den Grenztaster S2. Dieser erregt das Relais K2. Die beiden Nebenkontakte in den Stromwegen 7 und 12 werden geschlossen. Der 1. Nebenkontakt realisiert die Selbsthaltung (Signalspeicherung) im Stromweg 7, der 2. Nebenkontakt erregt die Spule Y3 am 5/2-Wege-Magnetventil 2.1. Dieses geht in die Schaltstellung a und läßt den Kolben des 2. Zylinders ausfahren.

Erreicht nun der Kolben des 2. Zylinders die vordere Endlage, betätigt er den Grenztaster S4. Das von S4 gesteuerte Relais K4 öffnet seinen Nebenkontakt, einen Öffner, im Stromweg 9 und unterbricht damit die Selbsthaltung des Relais K3. In diesem Moment fallen alle Nebenkontakte des Relais K3 ab. Die Spannungsversorgung für die Spule Y1 am Magnetventil 1.1 wird unterbrochen und die Rückstellfeder kann den Ventilsitz wieder in die Schaltstellung b schieben; die Druckluft kann über den Arbeitsanschluß 2 des Ventils den Kolben des 1. Zylinders zurück in die hintere Endlage schieben, wo er den Grenztaster S1 betätigt.

Das von S1 gesteuerte Relais K1 unterbricht im Stromweg 7 durch seinen Öffnerkontakt die Selbsthaltung des Relais K2. Beide Nebenkontakte fallen ab. Die Rückstellfeder am 5/2-Wege-Magnetventil 2.1 kann nun den Ventilsitz in die Schaltstellung b zurückschieben, da Y3 nicht mehr erregt ist. Der Kolben des 2. Zylinders kann wieder einfahren. In seiner hinteren Endlage betätigt er wieder den Grenztaster S3. Die Anlage ist für ein erneutes Durchlaufen der Schrittkette vorbereitet.

5.1.3 Realisierung der Ablaufkette mit einer SPS

Bei der Realisierung der Steuerung der Teileförderanlage mit einer speicherprogrammierbaren Steuerung (SPS) werden als Signalgeber in den Endlagen der Zylinder Reed-Kontakte verwendet. Die Teileerkennung erfolgt durch einen optischen Sensor. Die Signale der Sensoren werden von den Eingängen der SPS erfaßt und durch das Anwenderprogramm verarbeitet. Alle Sensoren haben Schließerkontakte. Die Ergebnisse der Signalverknüpfungen werden den Ausgängen der SPS zugewiesen. Diese wirken auf die als Stellglieder verwendeten 5/2-Wege-Magnetventile mit Federrückstellung ein.

Tabelle 5.2 Belegungsliste

Betriebsmittel	Bez.	Signalpegel		Operand
		aktiv	passiv	
Taster Start	S5	1	0	E 2.1
Taster Halt (Öffner)	S6	0	1	E 2.2
Reed-Kontakt	B1	1	0	E 2.11
Reed-Kontakt	B2	1	0	E 2.12
Reed-Kontakt	B3	1	0	E 2.13
Reed-Kontakt	B4	1	0	E 2.14
Optischer Sensor	B5	1	0	E 2.15
5/2-Wegeventil FR (1.1), Spule	Y1	1	0	A 3.1
5/2-Wegeventil FR (2.1), Spule	Y3	1	0	A 3.3

Als Steuerung dient die speicherprogrammierbare Steuerung Modicon A 120 (AEG).

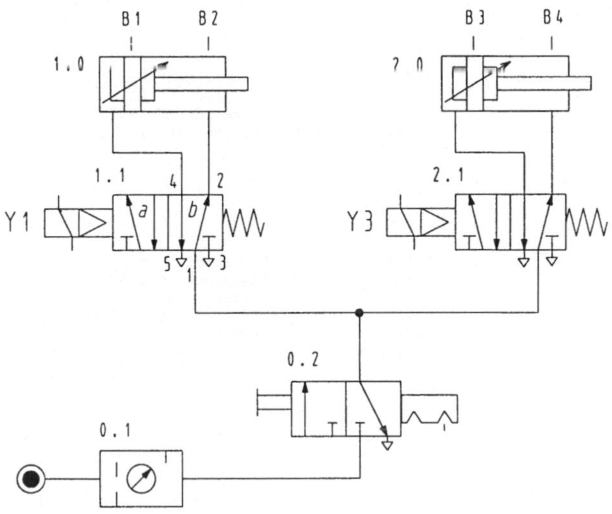

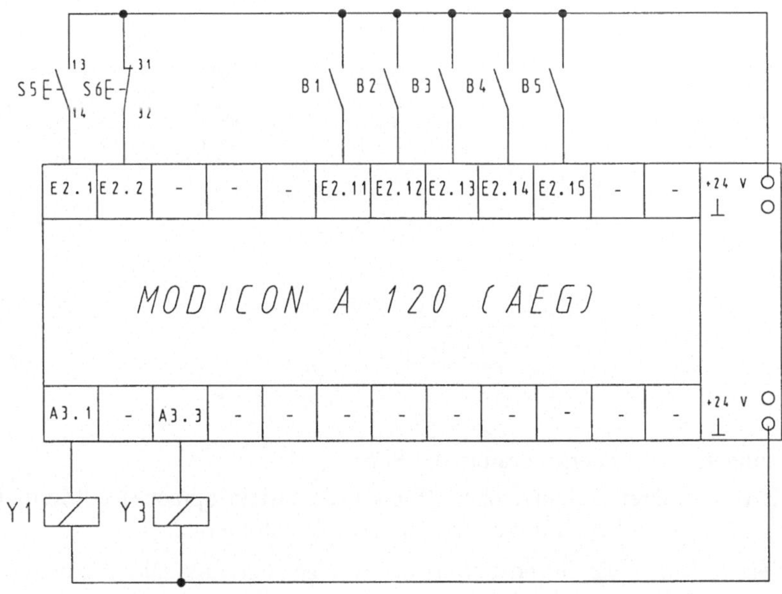

Bild 5.8 SPS-Schaltplan (Teileförderanlage)

```
C:\AKF12\TEILEFÖ\PB1
AEG Modicon Dolog AKF: Programm-Protokoll

NETZWERK: 0001    Grundstellung
```

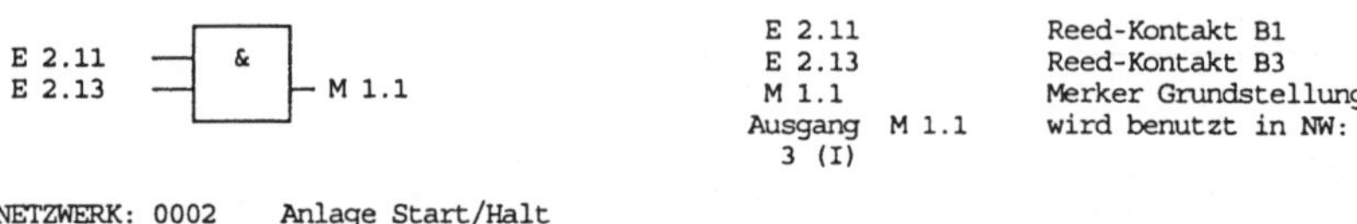


```
E 2.11            Reed-Kontakt B1
E 2.13            Reed-Kontakt B3
M 1.1             Merker Grundstellung
Ausgang  M 1.1    wird benutzt in NW:
3 (I)

NETZWERK: 0002    Anlage Start/Halt
```

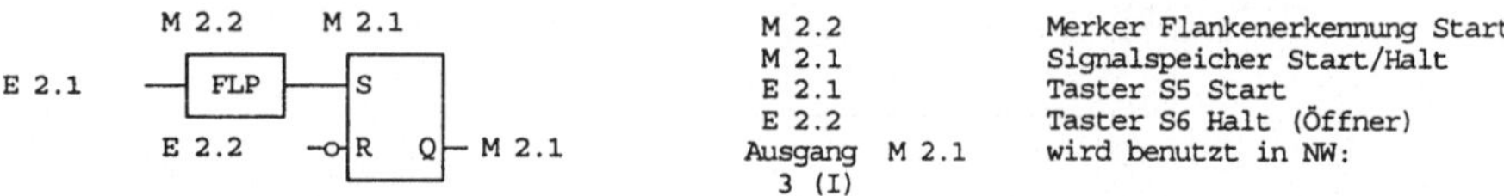


```
M 2.2             Merker Flankenerkennung Start
M 2.1             Signalspeicher Start/Halt
E 2.1             Taster S5 Start
E 2.2             Taster S6 Halt (Öffner)
Ausgang  M 2.1    wird benutzt in NW:
3 (I)

NETZWERK: 0003    Zylinder 1.0
```

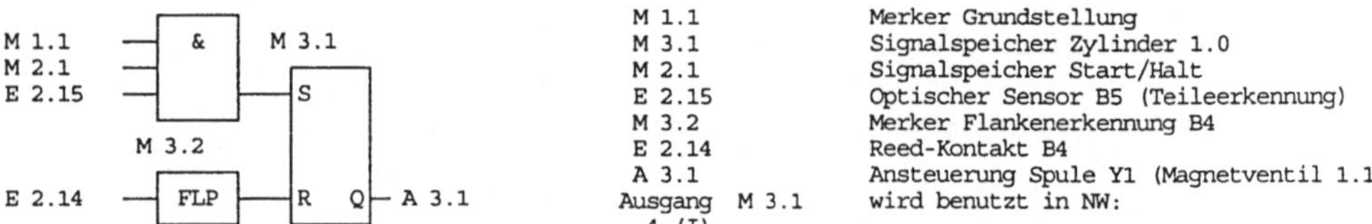


```
M 1.1             Merker Grundstellung
M 3.1             Signalspeicher Zylinder 1.0
M 2.1             Signalspeicher Start/Halt
E 2.15            Optischer Sensor B5 (Teileerkennung)
M 3.2             Merker Flankenerkennung B4
E 2.14            Reed-Kontakt B4
A 3.1             Ansteuerung Spule Y1 (Magnetventil 1.1)
Ausgang  M 3.1    wird benutzt in NW:
4 (I)

NETZWERK: 0004    Zylinder 2.0
```

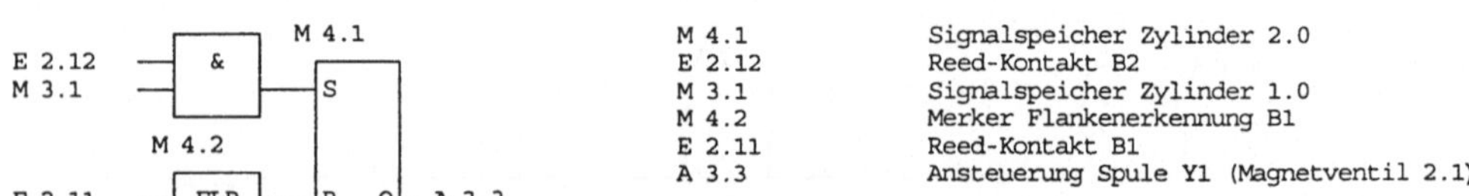


```
M 4.1             Signalspeicher Zylinder 2.0
E 2.12            Reed-Kontakt B2
M 3.1             Signalspeicher Zylinder 1.0
M 4.2             Merker Flankenerkennung B1
E 2.11            Reed-Kontakt B1
A 3.3             Ansteuerung Spule Y1 (Magnetventil 2.1)

NETZWERK: 0005

                  Bausteinende
```

Anmerkungen zum Steuerprogramm der SPS:

Das mit den binären Schaltzeichen (Funktionsbaustein-Sprache) editierte Programm beschreibt die Ablaufkette für die Steuerung der Teileförderanlage.

Im 1. Netzwerk wird die Grundstellung der Anlage abgefragt. Die Meldung erfolgt über die Eingänge E 2.11 und E 2.13 von den in den Endlagen montierten Reed-Kontakten B1 und B3.

Das 2. Netzwerk dient der Verarbeitung des Start- und Haltsignals. Das Startsignal wirkt über den Eingang E 2.1 auf den Speicher M 2.1. Er führt nach Erkennung einer positiven Flanke (FLP) in der Folge „1-Signal".

Rückgesetzt wird der Signalspeicher M 2.1 durch den Halttaster S6 (Öffner) am negierten Eingang E 2.2. Der Rücksetzeingang wirkt statisch; er ist also für die Länge der Signaldauer des Rücksetzsignals belegt. Der Setzimpuls hingegen wirkt dynamisch. Dominanz hat in jedem Fall der zuletzt programmierte Befehl. Werden also S5 und S6 zur gleichen Zeit betätigt, dann dominiert das Rücksetzen des Signalspeichers M 2.1 durch den Halttaster S6.

Aus der Darstellung in Anweisungsliste (AWL) wird dies besonders deutlich:

```
U     E 2.1
FLP   M 2.2   (Flankenmerker)
S     M 2.1
UN    E 2.2
R     M 2.1
=     M 2.1   (Signalspeicher)
```

Im 3. Netzwerk wird, wenn die bekannten Bedingungen erfüllt sind, der Signalspeicher M 3.1 gesetzt. Er schaltet den Ausgang A 3.1 der Steuerung, und die Spule Y1 wird aktiviert. Der Kolben des Zylinders 1.0 fährt aus.

Im 4. Netzwerk wird der Signalspeicher M 4.1 gesetzt, sobald der 1. Schritt gesetzt wurde und der Reed-Kontakt B2 über den Eingang E 2.12 das Erreichen der vorderen Endlage gemeldet hat. Der Ausgang A 3.3 der Steuerung aktiviert die Spule Y3. Der Kolben des 2. Zylinders fährt aus. Schaltet nun der Kolben des Zylinders 2.0 in seiner vorderen Endlage den Reed-Kontakt B4, wird die positive Flanke des Signals über den Eingang E 2.14 erkannt und zum Rücksetzen des statischen Speichers M 3.1 genutzt (NW 0003). Die Spule Y1 ist nun nicht mehr betätigt, und der 4. Schritt des Funktionsplans findet statt: Kolben 1.0 fährt ein. Der eingefahrene Kolben betätigt den Reed-Kontakt B1. Die positive Flanke setzt über den Eingang E 2.11 den Signalspeicher M 4.1 zurück (NW 0004).

Der 5. Schritt des Funktionsplans findet statt: der Kolben des Zylinders 2.0 fährt wieder ein. Das „1-Signal" des Reed-Kontakts B3 meldet die Grundstellung der Anlage. Sind alle Setzbedingungen des 3. Netzwerks erfüllt, findet ein erneuter Arbeitszyklus statt.

5.2 Verriegelungen in Ablaufsteuerungen

5.2.1 Signalverriegelung durch Impulsspeicher in einer pneumatischen Ablaufsteuerung

Verändert man den Bewegungsablauf von 2 doppeltwirkenden Zylindern entsprechend einer veränderten Aufgabenstellung, so können im Ablauf der Steuerkette Überschneidungen von Signalen auftreten.

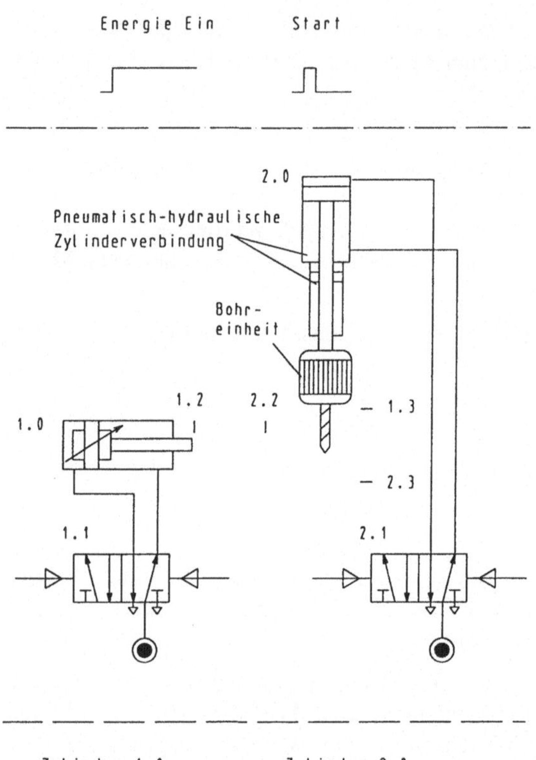

Bild 5.9
Technologieschema (Bohrstation)

Dazu sei folgende Problemstellung betrachtet: In einer Bohrstation sollen zugeführte Teile gespannt und gebohrt werden.

Der Spannzylinder 1.0 ist ein doppeltwirkender Zylinder mit beidseitiger Endlagendämpfung. Als Stellglied dient ein 5/2-Wege-Impulsventil. Für den Vorschub der Bohreinheit dient eine pneumatisch-hydraulische Zylinderverbindung, die kleine, ruckfreie Vorschübe mit Druckluft zuläßt. Als Stellglied dient ebenfalls ein 5/2-Wege-Impulsventil.

Die Vorschubkraft beträgt etwa 2500 N. Der zur Verfügung stehende Druck beträgt 6 bar. Bei einem Wirkungsgrad η = 0,8 führt dies zu einem Kolbendurchmesser der Pneumatikeinheit von 65 mm. Gewählt wird ein Kolben mit d = 70 mmm. Der Hydraulikkolben ist mit 50 mm dimensioniert. Um einen Vorschub von 0,2 mm pro Umdrehung des Bohrers zu erreichen, ist für die Hydraulikeinheit ein Volumenstrom Q von etwa 0,5 l/min über das Drosselventil an der Vorschubeinheit einzustellen.

Die Endlagenabfrage für die zunächst pneumatisch gesteuerte Bohrstation erfolgt durch rollenbetätigte 3/2-Wegeventile mit Federrückstellung. Die Ablaufkette für einen Arbeitszyklus wird durch die kurzzeitige Betätigung eines 3/2-Wegeventils (Starttaster) ausgelöst. Die Steuerung des Antriebsmotors für den Bohrer wird hier nicht berücksichtigt. Der Arbeitsablauf ist in seiner Grobstruktur dem Funktionsplan und dem Technologieschema der Anlage zu entnehmen.

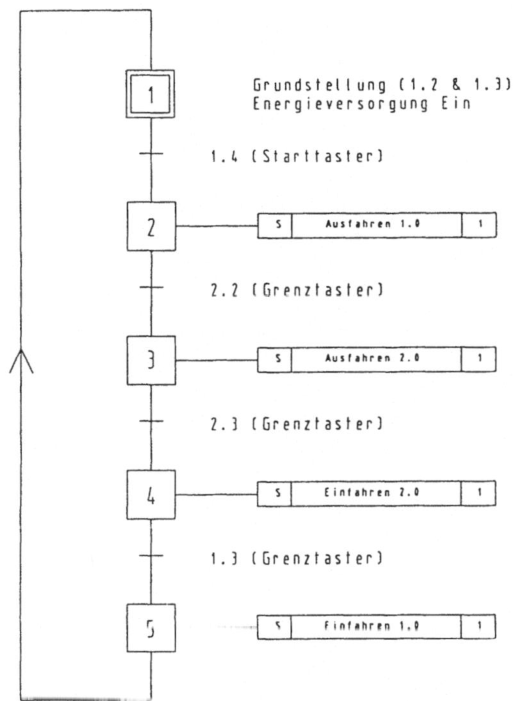

Bild 5.10
Funktionsplan I (Bohrstation)

Die Anlage kann nur aus ihrer Grundstellung bei eingeschalteter Energieversorgung durch den Starttaster gestartet werden. Der 2. Schritt der Ablaufkette gibt den Befehl zum Ausfahren des Spannkolbens (1.0). Dieser betätigt in seiner Endlage das Ventil mit der Bezeichnung 2.2, welches die Vorschubeinheit (2.0) ausfahren läßt. Diese steuert durch das Signal des Grenztasters 2.3 selbständig ihren Rückhub. Erreicht die Vorschubeinheit wieder ihre hintere Endlage, schaltet sie das Ventil 1.3, das Befehl zum Einfahren des Spannkolbens gibt.

Eine unangenehme Tatsache ist die gleichzeitige Betätigung der Ventile 1.2 und 1.3 in der Grundstellung der Bohrstation. Diese beiden Ventile steuern die Bewegungen des Spannzylinders. Die Anordnung der Ventile ergibt sich aus dem Ablauf der Steuerkette. Die Ventile mit der Bezeichnung 1 nehmen Aufgaben in der 1. Steuerkette, also jener für den Spannzylinder, wahr. Aus der Ordnungs-Nr. ist ihre Aufgabe zu entnehmen: hier die Steuerung des Vor- und Rückhubs des Spannkolbens. Um das Startsignal des Starttasters wirksam werden zu lassen, muß das Ausgangssignal von 1.3 abgeschaltet werden.

Für das Einfahren des Vorschubzylinders tritt das gleiche Problem auf, da das Signal des Ventils 2.2 bei ausgefahrenem Spannkolben noch am Stellglied 2.1 ansteht. Das Stellglied für den Vorschubzylinder kann nach Betätigung von 2.3 nicht umgestellt werden. Da das Signal von 2.2 dominiert, muß auch dieses abgeschaltet werden. Die Signalabschaltung erfolgt durch ein zusätzliches Impulsventil, welches nach Betätigung die Zuluft für die Ventile 1.3 und 2.2 sperrt.

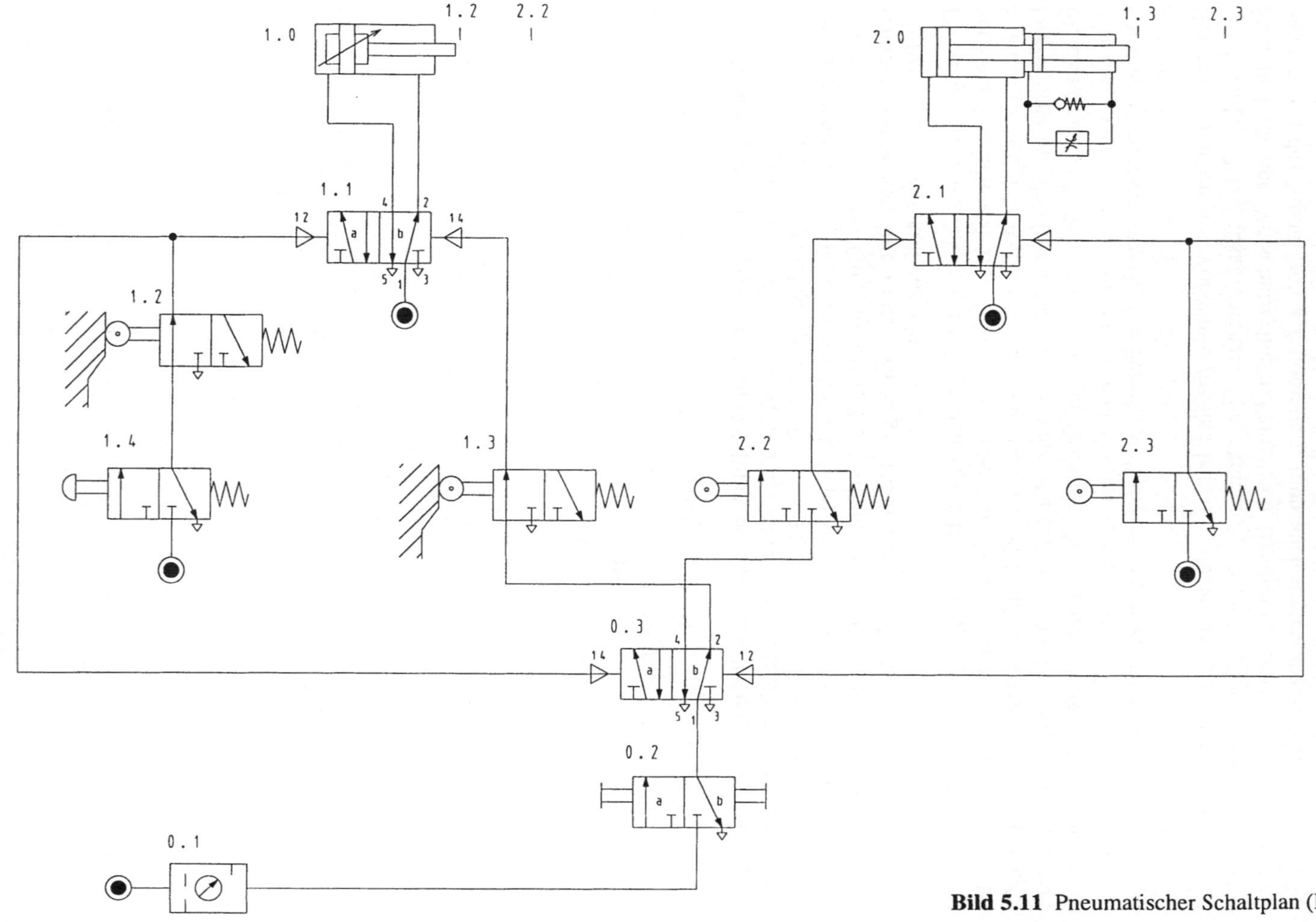

Bild 5.11 Pneumatischer Schaltplan (Bohrstation)

Entscheidende Bedeutung für den technisch einwandfreien Ablauf der Steuerkette hat das Impulsventil mit der Bezeichnung 0.3. Die Bezeichnung 0 weist darauf hin, daß dieses Ventil nicht einer bestimmten Steuerkette zugeordnet ist.

Wird durch das Ventil 1.4 ein kurzer Startimpuls wirksam, hat dies 2 Auswirkungen:

1. Das Impulsventil 0.3 wird so geschaltet, daß die Luftzufuhr über das betätigte Ventil 1.3 zum Stellglied 1.1 unterbrochen wird (Schaltstellung a).
2. Gleichzeitig bewirkt der Druckluftimpuls auf den Steueranschluß 12 des Stellglieds 1.1 seinen Wechsel in die Schaltstellung a.

Der Spannkolben fährt aus und schaltet das Ventil 2.2, welches durch das Impulsventil 0.3 mit Druckluft beaufschlagt wurde. Die Vorschubbewegung der pneumatisch-hydraulischen Zylinderverbindung (2.0) wird über das Stellglied 2.1 auslöst. Das Ventil 1.3 geht in Sperrstellung. Erreicht der Kolben die vordere Endlage, schaltet er das Ventil 2.3 für seinen Rückhub. Dies bewirkt 2 Vorgänge: Das Umschalten des Impulsventils 0.3 und das Zurückschalten des Stellglieds 2.1 in die Schaltstellung b. Die Vorschubeinheit fährt ein. Gleichzeitig liegt am Ventil 1.3, welches noch in der Sperrstellung ist, wieder Druck an. Sobald der Kolben des Zylinders 2.0 das Ventil 1.3 betätigt, schaltet dieses in Durchlaßstellung. Das Stellglied 1.1 geht wieder in die Schaltstellung b, und der Spannkolben fährt ein. Ein erneuter Arbeitszyklus ist möglich.

Die Methode der Signalabschaltung durch ein Impulsventil hat sich in der Praxis als sicher und gut bewährt. Sie wird in standardisierter Bauform in Taktstufenbausteinen angewendet.

5.2.2 Signalverriegelung in einer elektropneumatischen Ablaufsteuerung

Die Problemstellung zur Steuerung einer Bohrstation soll nun durch eine elektropneumatische Steuerung realisiert werden. Die Ablaufkette für die Steuerung des Spann- und Vorschubzylinders bleibt unverändert. Für die Stellfunktion werden 5/2-Wege-Magnetimpulsventile verwendet. Die Endlagen des Spannzylinders werden durch die Reed-Kontakte B1 und B2, die des Vorschubzylinders durch die Reed-Kontakte B3 und B4 kontrolliert. Ein Starttaster (S2) löst die Ablaufkette für einen Arbeitszyklus aus.

In der elektrischen Steuerung der beiden Zylinder treten dieselben Probleme wie bei der pneumatischen Steuerung auf. Die Reed-Kontakte B1 und B3 sind im Ausgangszustand betätigt. B3 bewirkt die Erregung der Spule Y2, wodurch ein Umschalten des Stellglieds mittels der Spule Y1 durch das Startsignal von S2 verhindert wird.

Um ein Umschalten des Stellglieds zu erreichen, muß für die Spule Y2 eine Signalabschaltung erfolgen. Dies kann durch den Öffnerkontakt eines Hilfsrelais geschehen. Der Öffnerkontakt des Hilfsrelais muß jedoch wieder in seinem Ausgangszustand sein, wenn das Signal zum Rücksetzen des Stellglieds durch die Spule Y2 wirksam werden muß.

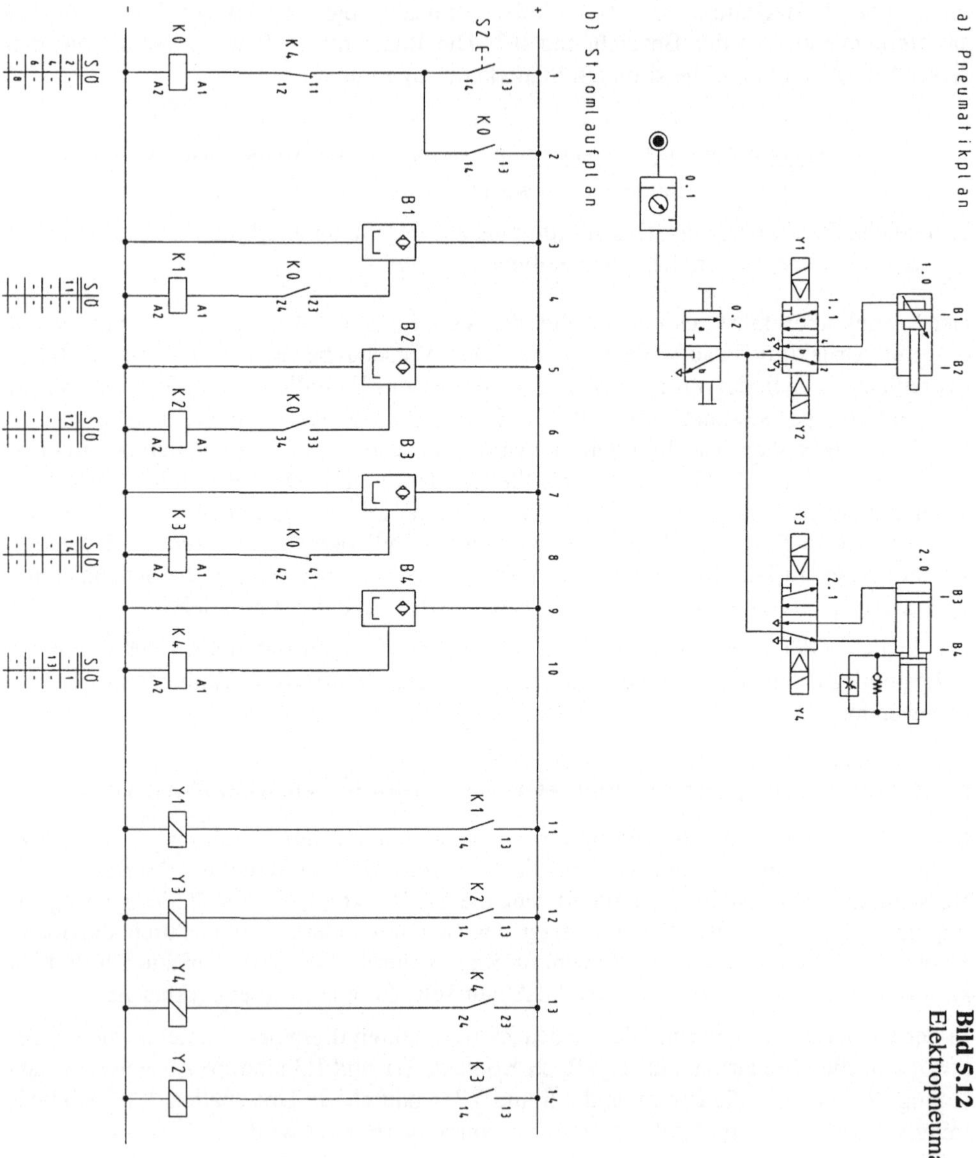

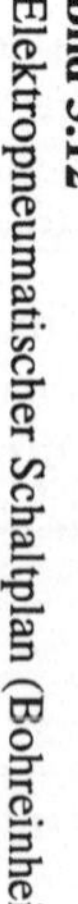

Bild 5.12
Elektropneumatischer Schaltplan (Bohreinheit)

Der Schaltplan realisiert die Übergangsbedingungen für die Ablaufkette. Dem Stromweg 1 ist folgendes zu entnehmen:

Nach Betätigung des Tasters S2 zieht das Hilfsrelais K0 an, unterbricht durch den Öffner im 8. Stromweg die Spannung für das Relais K3 (Abschalten der Spule Y2 am Stellglied 1.1), schließt die Stromwege 4, 6 und geht im 2. Stromweg in Selbsthaltung.

Der Spannkolben fährt aus und betätigt B2. Das Relais K2 wird erregt, da der Stromweg 6 durch den Nebenkontakt des Hilfsrelais K0 geschlossen wurde. Der Nebenkontakt von K2 schließt den Stromweg zur Spule Y3 und der 2. Kolben fährt aus.

Nach Betätigung von B4 in der vorderen Endlage des Vorschubzylinders wird K4 erregt. Der Öffnerkontakt von K4 bewirkt das Abfallen des Hilfsrelais K0 im 1. Stromweg. Dessen Nebenkontakte in den Stromwegen 2, 4, 6 und 8 gehen in die Ausgangsstellung zurück. Daraus folgt zunächst, daß die Spule Y3 stromlos wird und das Signal auf Y4 im Stromweg 13 durch den Nebenkontakt von K4 wirksam werden kann. Das Stellglied 2.1 geht in die Schaltstellung b und der Vorschubzylinder fährt zurück. Das Erreichen der hinteren Endlage wird durch B3 gemeldet. B3 kann nun K3 zur Ansteuerung der Spule Y2 schalten, weil zuvor der Öffnerkontakt des Hilfsrelais in die Ruhelage zurückgekehrt war. Der Spannzylinder fährt ein und betätigt B1. Das 1-Signal von B1 kann jedoch nicht wirksam werden, weil auch hier durch den abgefallenen Nebenkontakt von K0 der Stromweg 4 zum Relais K1 für die Spule Y1 unterbrochen wurde.

5.2.3 Signalverriegelung im SPS-Programm

Bei der Steuerung der Bohreinheit durch eine SPS soll der Antrieb der Bohrspindel zusätzlich im SPS-Programm und im Schaltplan berücksichtigt werden. Der Antrieb der Bohrspindel liegt an 230 VAC und wird durch ein Schütz (K5) geschaltet. Die Signalspeicherung in der Ablaufkette soll nicht durch die Stellglieder, sondern durch die SPS erfolgen. Als Stellglieder werden somit 5/2-Wege-Magnetventile mit Federrückstellung verwendet, die den Vorteil einer definierten Grundstellung haben. Die Ablaufkette wird durch den Taster S2 freigegeben und einmal durchlaufen. Vorschub und Einschalten des Bohrzyklusses sollen 0,5 Sekunden nach dem Spannvorgang erfolgen.

Tabelle 5.3 Belegungsliste

Betriebsmittel	Bez.	Operand
Taster Start	S2	E 2.2
Reed-Kontakt	B1	E 2.4
Reed-Kontakt	B2	E 2.5
Reed-Kontakt	B3	E 2.6
Reed-Kontakt	B4	E 2.7
5/2-Wegeventil FR (1.1), Spule	Y1	A 3.1
5/2-Wegeventil FR (2.1), Spule	Y3	A 3.3
Schütz (Bohrspindelantrieb)	K5	A 3.5

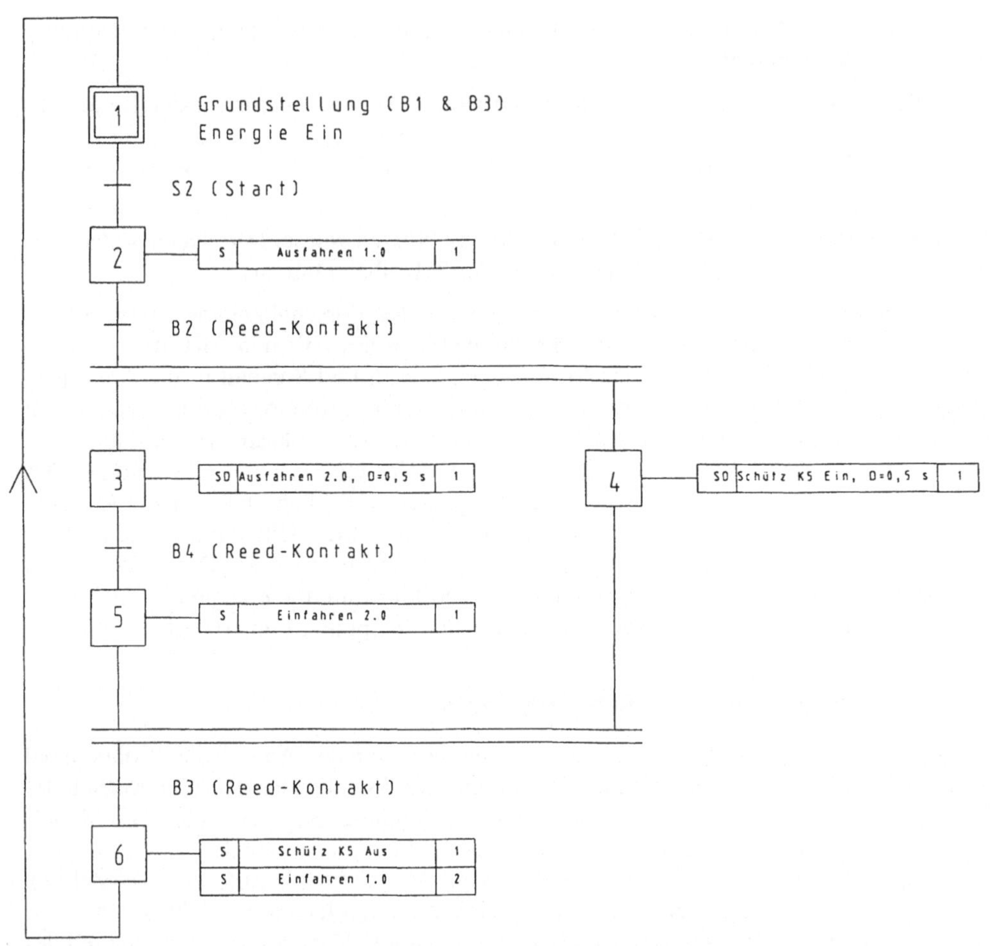

Bild 5.13 Funktionsplan II (Bohrstation)

Der Funktionsplan II unterscheidet sich durch den Parallelbetrieb der Schritte 3, 5 und 4 nach dem Spannvorgang. Nach dem 5. Schritt werden die parallelen Abläufe wieder zusammengeführt. Die Übergangsbedingung zum 6. Schritt: das Signal des Reed-Kontakts B3 läßt das Schütz unmittelbar abfallen. Die Bohrspindel wird ausgeschaltet. Der Spannzylinder fährt ein, und B1 meldet wieder die Grundstellung.

Da die Signalabfolge durch die Reed-Kontakte unverändert gegenüber der elektropneumatischen Steuerung geblieben ist, führen im Ausgangszustand beide Signalgeber (B1 und B3) für das Setzen und Rücksetzen des Speichers zur Steuerung des Spannzylinders 1-Wert. Für das Ausfahren des Spannzylinders muß deshalb das Signal von B3 auf den Eingang E 2.6 verriegelt werden, damit das Startsignal wirksam werden kann. Erst nach dem Einfahren des Vorschubzylinders und der damit verbundenen Betätigung von B3 – 1-Signal auf E 2.6 – muß das Verriegelungssignal abgefallen sein.

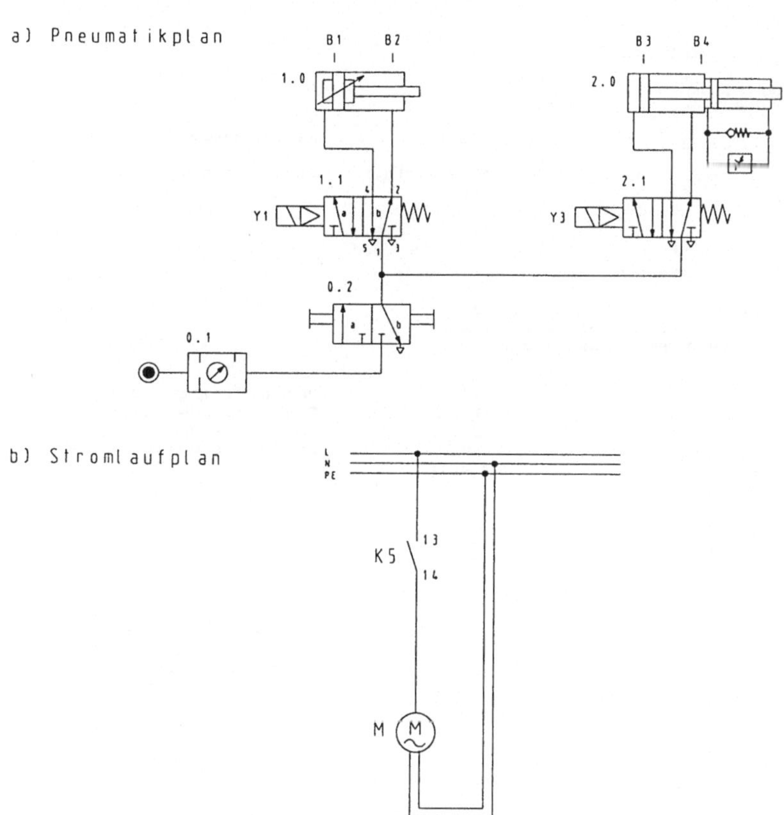

c) SPS-Beschaltung

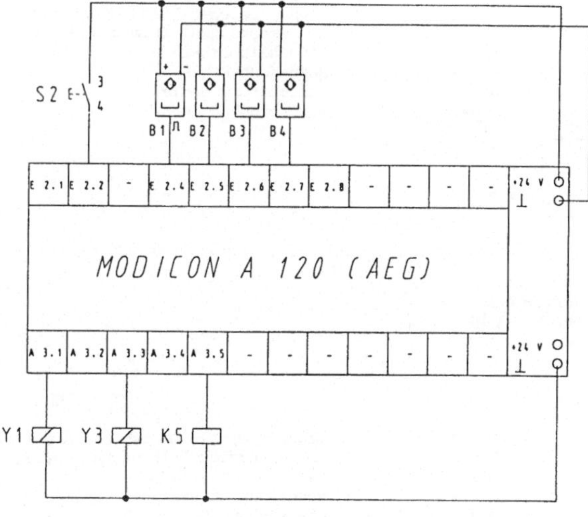

Bild 5-14 SPS-Schaltplan (Bohrstation)

C:\AKF12\BOHREINH\PB1
AEG Modicon Dolog AKF: Programm-Protokoll

NETZWERK: 0001 Grundstellung

NETZWERK: 0002 Verriegelungsspeicher

Das Signal des Verriegelungsspeichers M 2.1 wird in der Ablaufkette im NW 0003 auf 1 (Einfahren des Spannzylinders) und im NW 0004 auf 0 (Ausfahren des Vorschubzylinders) abgefragt.

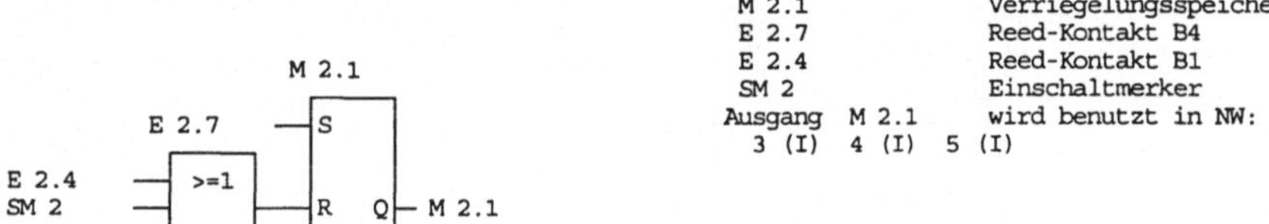

NETZWERK: 0003 Spannzylinder 1.0

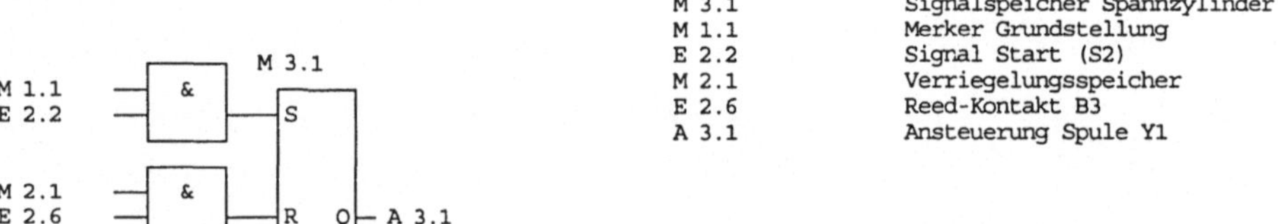

NETZWERK: 0004 Vorschubzylinder 2.0

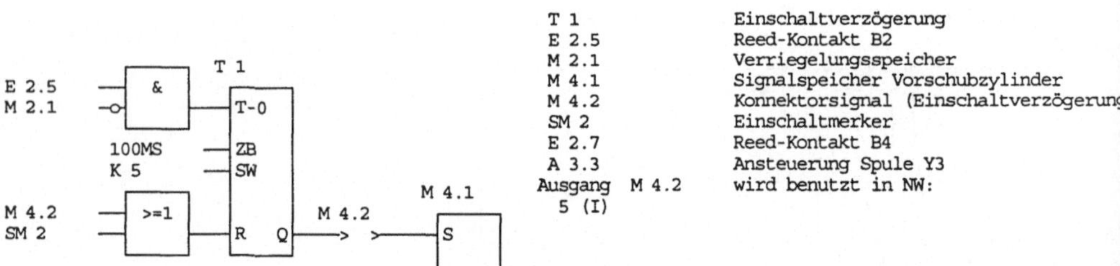

NETZWERK: 0005 Bohrspindelantrieb

Das Signal des Verriegelungsspeichers M 2.1 verriegelt das Rücksetzsignal E 2.6 für den Signalspeicher M 5.1 bis der Vorschubzylinder eingefahren ist.

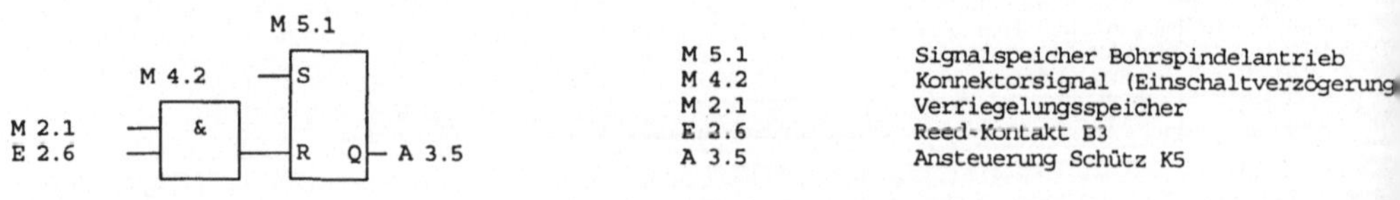

NETZWERK: 0006

Bausteinende

Anmerkungen zum SPS-Programm:

Im 1. Netzwerk wird die Grundstellung der Anlage abgefragt. Der Merker Grundstellung dient im 3. Netzwerk in Verbindung mit dem Startsignal auf E 2.2 zur Freigabe der Ablaufkette.

Die Freigabe ist das Zulassen der Weitergabe eines Signals oder der Ausführung eines Befehls, wenn die dazu erforderlichen Freigabesignale anstehen (DIN 19226, T5).

Im 2. Netzwerk wird ein Verriegelungssignal erzeugt. Dazu wird der Speicher M 2.1 genutzt. Der Speicher wird durch das Signal des Reed-Kontakts B4 auf den Eingang E 2.7 auf 1-Wert gesetzt. Er wird durch das Signal des Reed-Kontakts B1 auf den Eingang E 2.4 wieder auf 0-Wert gesetzt. 0- und 1-Wert des Verriegelungssignals dienen zur Verriegelung der Ablaufschritte, in denen Signalüberschneidungen auftreten.

Verriegelung bedeutet Blockieren eines Signals oder eines Befehls durch Verriegelungssignale. Verriegelungssignale sind überwiegend prozeßabhängig (DIN 19226, T5).

Betrachten wir dazu das 3. Netzwerk für die Steuerung des Spannzylinders. Das am Rücksetzeingang R dominierende Signal von B3 auf den Eingang E 2.6 wird durch die Verknüpfung mit dem auf 1-Wert abgefragten Signal des Merkers M 2.1 verriegelt, da der Signalzustand von M 2.1 zu diesem Zeitpunkt 0 ist. Das Rücksetzen des Speichers M 3.1 kann nicht wirksam werden. Das Startsignal auf den Eingang E 2.2 setzt den Speicher M 3.1 und laßt den Spannzylinder ausfahren.

Das Signal von B2 auf E 2.5 in Verbindung mit der Abfrage des Verriegelungsspeichers M 2.1 auf 0 läßt, zeitlich verzögert, den Vorschubzylinder ausfahren. Dieser betätigt in der vorderen Endlage B4. Durch das Signal auf den Eingang E 2.7 wird der Signalspeicher M 4.1 im 4. Netzwerk rückgesetzt. Die Rückstellfeder schaltet das 5/2-Wegeventil um; der Vorschubzylinder fährt wieder ein. Das Signal auf den Eingang E 2.7 setzt im selben Zyklus das Verriegelungssignal M 2.1 auf 1-Wert (NW2).

Erreicht der Vorschubzylinder die hintere Endlage, betätigt er B3. Über den Eingang E 2.6 kann nun in Verbindung mit dem jetzt 1-Wert führenden Verriegelungssignal von M 2.1 der Signalspeicher für den Spannzylinder rückgesetzt werden. Der Spannkolben fährt nach dem Umschalten des 5/2-Wegeventils 1.1 ein. Er betätigt B1 und setzt mit diesem Signal über den Eingang E 2.4 den Verriegelungsmerker M 2.1 auf 0-Wert. Das Rücksetzsignal für M 3.1 ist blockiert; ein erneutes Startsignal kann wirksam werden.

Im 5. Netzwerk wird die Bohrspindel ein- und ausgeschaltet. Der Speicher M 5.1 wird nach Ablauf der Verzögerungszeit des Timers T1 nach dem Ausfahren des Spannzylinders durch das Konnektorsignal M 4.2 auf 1-Wert gesetzt. Auch das Setzen des Speichers M 5.1 ist nur möglich, wenn das am Rücksetzeingang dominierende 1-Signal des betätigten Reed-Kontakts B3 auf den Eingang E 2.6 verriegelt wird. Dies erfolgt durch das Signal des Verriegelungsspeichers M 2.1, der erst nach dem Bohrvorgang auf „1" gesetzt wird.

Der Ausgang A 3.5 steuert das Schütz K5 an. Die Bohrspindel läuft an. Sie wird nach dem Einfahren des Vorschubzylinders durch das Signal des Reed-Kontakts B3 auf E 2.6 in Verbindung mit M 2.1 wieder ausgeschaltet.

5.3 Sicherheitsanforderungen für Steuerungen

5.3.1 Allgemeine Anmerkungen zur Sicherheit von Steuerungen

Technische Systeme sind nur für eine begrenzte Zeit brauchbar, vorausgesetzt, sie werden innerhalb vorgegebener Grenzen beansprucht. Dazu gehören mechanische Beanspruchungen, Umweltbedingungen und eine einwandfreie Instandhaltung. Von Steuerungen dürfen im Fehlerfall keine Gefährdungen für Personen ausgehen. Ebenso müssen Maschinen und Anlagen vor Schäden bewahrt werden. Fehler können in jeder Steuerung auftreten, entscheidend sind die Auswirkungen des Fehlers.

Tritt in einer Steuerung irrtümlich an einem Ausgang zum Stellglied ein 1-Signal auf, so kann dadurch ein Antrieb eingeschaltet werden. Dies kann gefährliche Auswirkungen haben. Es kann jedoch auch versehentlich eine Gefahrenmeldung dadurch ausgelöst werden. Dieses ist ungefährlich. Tritt irrtümlich ein 0-Signal am Ausgang auf, so können die Auswirkungen ebensfalls unterschiedliche Folgen haben. Gefährlich wäre die Unterdrückung einer Fehleranzeige; ungefährlich das Abschalten eines Antriebs.

Bei der Auslegung der Sicherheitssysteme müssen also in jedem Fall die Auswirkungen eines Fehlers analysiert werden. Allgemeingültige Lösungen für Sicherheitsanforderungen kann es nicht geben. Jede steuerungstechnische Lösung eines Problems unterliegt eigenen, technologisch bedingten, funktionellen Abläufen. Für jedes Problem muß deshalb entschieden werden, welche sicherheitstechnischen Maßnahmen erforderlich sind, um Schäden für Personen und Anlagen zu vermeiden. Nachfolgend werden einige übergeordnete Sicherheitsschaltungen vorgestellt.

1. Verriegelungen

Stellelemente, die einander entgegengesetzte Bewegungen steuern, dürfen nie gleichzeitig wirksam werden, da dies folgenschwere Auswirkungen haben kann. Solche Bewegungen sind z.B. der Rechts- und Linkslauf eines Motors. Um Personenschaden zu verhindern, können Ausgänge über Schutzgitterkontakte verriegelt werden.

2. Sicherheitsgrenztaster

Endlagen von Maschinentischen, Hebebühnen und anderen technischen Einrichtungen können von Grenztastern kontrolliert werden. Bei Überfahren unterbrechen Öffnerkontakte unmittelbar die Energieversorgung für die Antriebe.

3. Drahtbruchsicherheit

Bei Verwendung elektrischer Signalgeber in Steuerungen ist folgendes zu beachten:

- Das Startsignal erfolgt durch Schließerkontakte.
- Das Stoppsignal wird durch Öffnerkontakte gegeben.
- Stoppbefehle haben Vorrang vor Startbefehlen.

4. NOT-AUS-Einrichtungen

NOT-AUS-Signale müssen direkt alle Antriebe abschalten, durch die eine Gefährdung ausgeht. Über die beweglichen Anlagenteile hinaus muß ggf. auch die Energieversorgung (Druckluft, Öl, Gas, Spannung) betrachtet werden.

Einrichtungen, durch deren Abschalten Menschen oder Geräte gefährdet werden (z.B. Spannvorrichtungen) dürfen nicht abgeschaltet werden. Meldeeinrichtungen sollten ebenfalls eingeschaltet bleiben, da sie wertvolle Informationen über den Zustand der Anlage oder über die Art des Fehlers geben können.

Das Rückstellen (Entriegeln) der NOT-AUS-Einrichtung darf nicht zu einem Wiederanlaufen einer Anlage oder von Teilen einer Anlage führen. Die Anlage wird im energielosen Zustand in die Stellung „gerichtet“, aus der sie nach Wegnahme des NOT-AUS-Signals wieder gestartet werden soll.

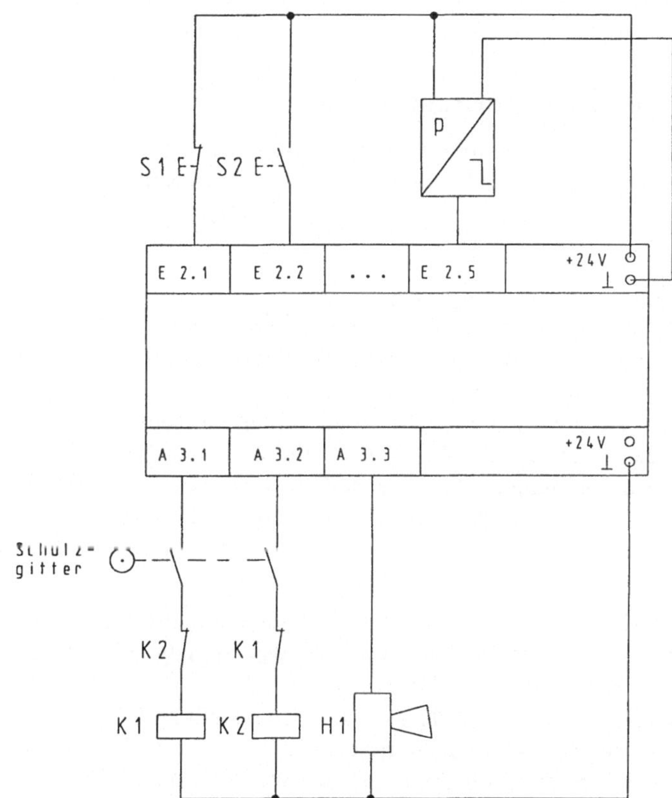

Bild 5.15
Verriegelungen

Elektrische NOT-AUS-Einrichtungen werden häufig redundant aufgebaut. Dies bedeutet, daß zur Realisierung der NOT-AUS-Abschaltung mehr als die erforderlichen technischen Mittel verwendet werden, um ein Höchstmaß an Zuverlässigkeit bei der Sicherheitseinrichtung zu erfüllen.

Bei pneumatischen Anlagen ist man wegen der Kompressibilität der Luft und der fehlenden Selbsthemmung der Linearbewegungen gezwungen, die Gefahrenmomente für jedes Arbeitselement zu untersuchen und eine NOT-AUS-Bedingung festzulegen.

5. Anmerkungen zur SPS

In Verbindung mit den übergeordneten Sicherheitsschaltungen sollte beim Einsatz speicherprogrammierbarer Steuerungen immer die Forderung nach drahtbruchsicherem Programmieren berücksichtigt werden. Dies bedeutet:

- Signalgeber, mit denen Antriebe eingeschaltet werden, müssen bei Betätigung 1-Signal auslösen (Schließerkontakte).
- Signalgeber, die Antriebe abschalten, müssen bei Betätigung 0-Signal am Eingang der SPS abgeben (Öffnerkontakte).
- Gefahrenmeldungen sollen ebenfalls bei Auslösung ein 0-Signal am Eingang der SPS abgeben.

5.3.2 Gefahrenabschaltung in Ablaufsteuerungen

Anhand der vorstehend besprochenen Steuerung einer Bohreinheit sollen für die verwendeten Gerätetechniken Lösungen für eine Gefahrenabschaltung entwickelt werden.

Zur Gefahrenabschaltung in der pneumatischen Steuerung (Bild 5.16) seien folgende Anmerkungen gemacht:

Da der Zylinder 1.0 eine Spannaufgabe hat, darf seine Funktion auch im Notfall nicht beeinträchtigt werden. Die 2. Steuerkette für den Vorschubzylinder muß drucklos geschaltet werden. Dies geschieht nach Betätigung des NOT-AUS-Schalters (0.01). Nach Betätigung rastet der Schalter ein; das Ventil 0.02 wird dauerhaft umgeschaltet und die Luftzufuhr zum Stellglied wird unterbrochen. Das Stellglied verharrt in seiner momentanen Stellung. Der Steuerdruck auf die beiden 2/2-Wegeventile 2.01 und 2.03 fällt ab, wonach sie aufgrund der Federrückstellung in die Sperrstellung wechseln. Zu- und Abluftleitung des Zylinders sind gesperrt. Der Kolben befindet sich zwischen zwei Luftpolstern. Die Zuluft kann nun nicht weiter expandieren, die hieraus erwachsende Gefahr ist beherrscht.

Nach der Gefahrenbeseitigung können der Vorschubzylinder und sein Stellglied wieder in die Ausgangsstellung gebracht werden. Hierzu wird über das Signalglied 2.7 der Luftdruck aus der NOT-AUS-Leitung von Hand freigegeben. Dieser wirkt über das Wechselventil 2.5 auf das Stellglied und schiebt dieses in die Schaltstellung b. Über das Rückschlagventil 2.17 gelangt die Druckluft auch in den Zylinderraum. Durch die gleichzeitige Umschaltung des 2/2-Wegeventils 2.03 über das Wechselventil 2.15 kann der Zylinder entlüften.

Wenn der eingefahrene Zylinder 2.0 das Ventil 1.3 betätigt, ermöglicht das umgeschaltete Impulsventil 0.3 (Schaltstellung b) das Einfahren des Spannkolbens. Die Anlage ist wieder in definierter Grundstellung. Das NOT-AUS-Ventil kann entriegelt werden, damit für die 2. Steuerkette Druckluft zur Verfügung steht.

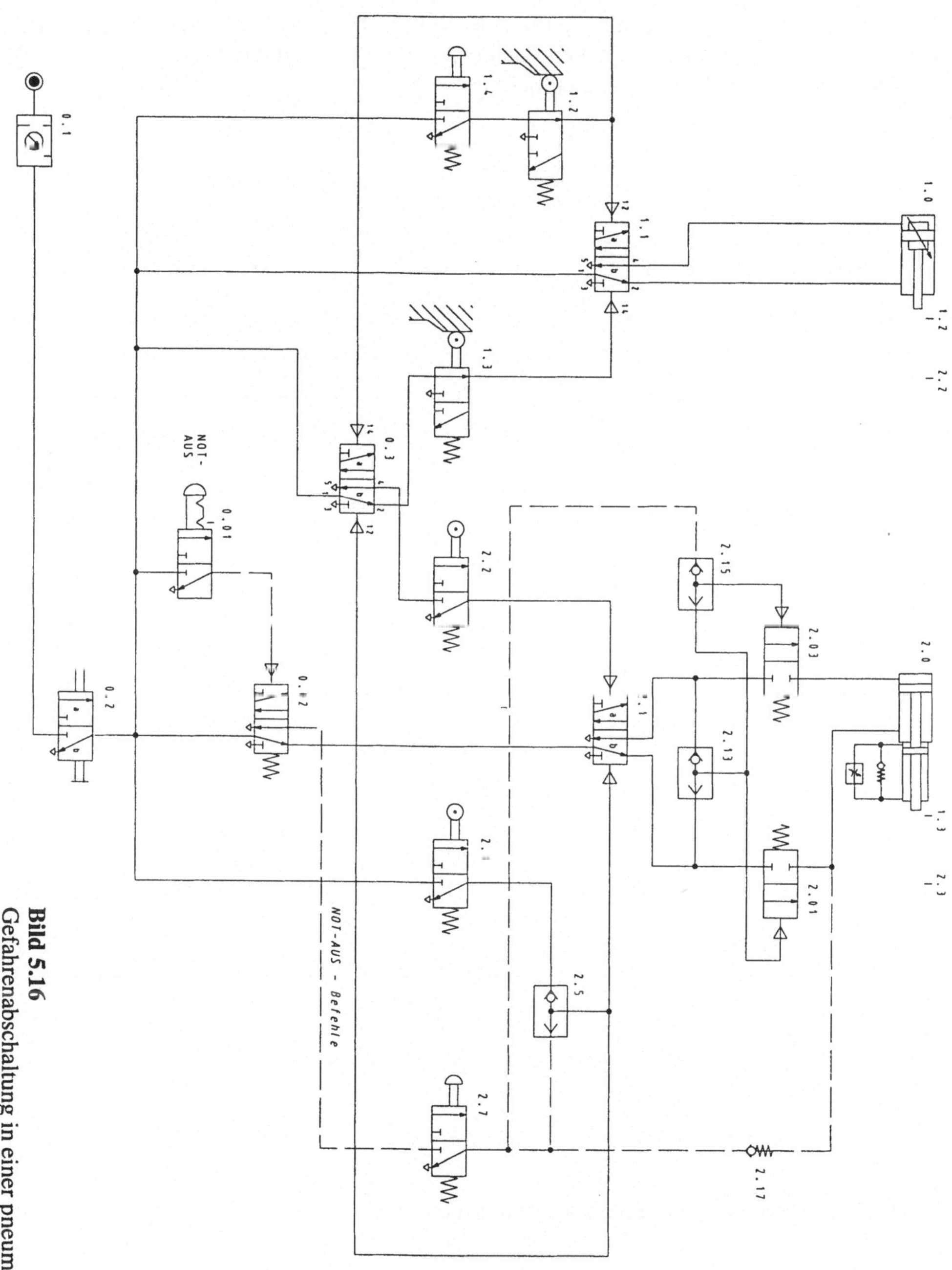

Bild 5.16
Gefahrenabschaltung in einer pneumatischen Steuerung

Eine einfache Gefahrenabschaltung für eine elektrische Steuerung, die auf solche Anwendungen beschränkt ist, bei denen das eventuelle Versagen des Schützes/Relais K01 vertretbar ist, ist dem Bild 5.17 zu entnehmen.

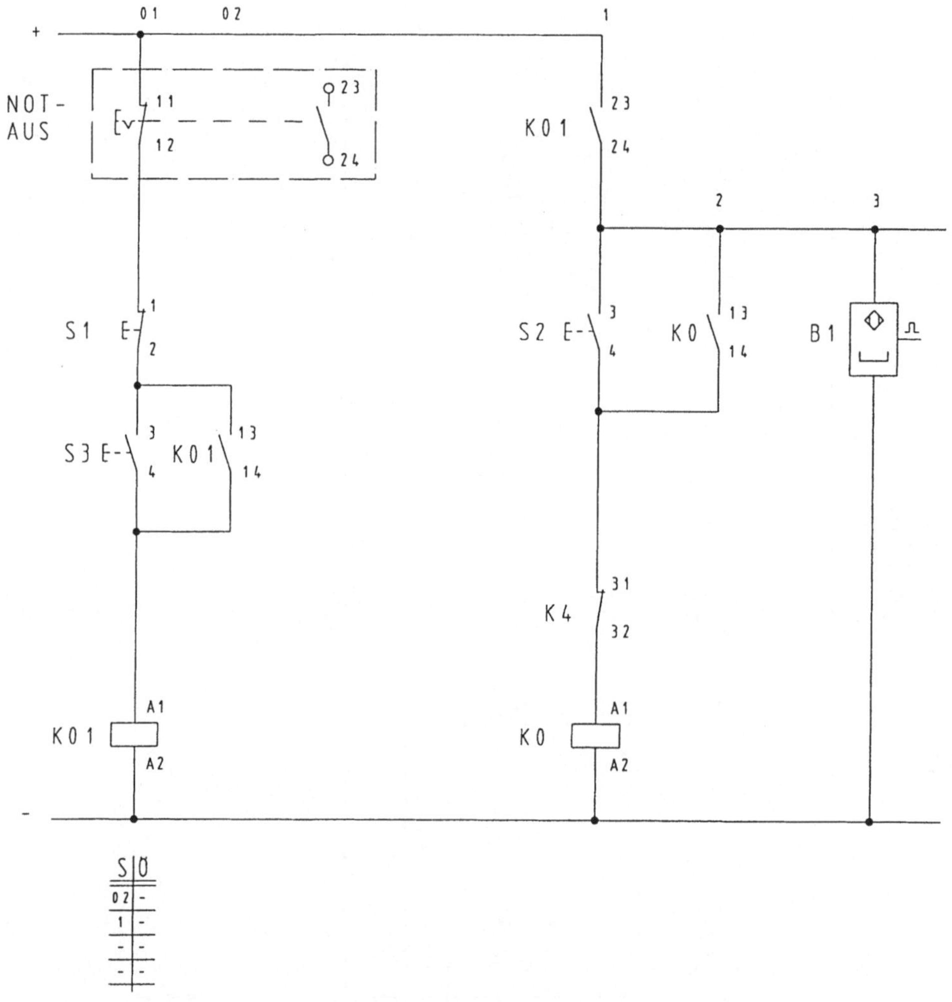

Bild 5.17 Gefahrenabschaltung für eine elektropneumatische Steuerung

Nach NOT-AUS-Betätigung ist der Steuerstromkreis spannungslos (K01). Wird der NOT-AUS-Schalter entriegelt, bleibt der Steuerstromkreis weiterhin spannungslos. Eine Einwirkung von Steuersignalen auf Stell- oder Arbeitselemente ist ausgeschlossen.

Eine redundante Gefahrenabschaltung ist nachfolgend (Bild 5.18) für die speicherprogrammierbare Steuerung aufgebaut.

Betriebsmittel der NOT-AUS-Schaltung (Bild 5.18):

S1: AUS-Taster zum Abschalten der Relais K01 und K02
S3: EIN-Taster zum Herstellen der Betriebsbereitschaft
S4: Hilfstaster zum Einfahren des Kolbens (2.0) nach NOT-AUS

Bei Betätigung des EIN-Tasters S3 wird über den Öffner 61/62 von K02 kontrolliert, ob sich dieses Relais tatsächlich in Ruhestellung befindet. K01 zieht an und bringt über seinen Schließer 23/24 das Relais K02 an Spannung. Über den Schließerkontakt 13/14 geht es in Selbsthaltung, bis K02 angezogen hat und über seinen Öffner 71/72 das Relais K01 spannungslos macht. Jetzt werden die Stromwege zu den Spulen Y3, Y4 und zum Schütz K5 freigegeben.

Nach einer möglichen NOT-AUS-Betätigung bleibt die Spannfunktion erhalten. Spannungslos werden nur die Spulen Y3 und Y4 zur Steuerung des 5/3-Wegeventils mit Federzentrierung und das Schütz K5 für den Bohrspindelantrieb. Das 5/3-Wegeventil geht in die Sperrstellung; der Zylinder wird in seiner momentanen Lage fixiert. Der 5. Stromweg der NOT-AUS-Schaltung schafft die Möglichkeit, die Anlage wieder in eine definierte Grundstellung zu bringen. Dazu muß der NOT-AUS-Schalter eingerastet und das Relais K02 (Öffner 81/82) tatsächlich abgefallen sein.

Nun kann über den Hilfstaster S4 von Hand die Spule Y4 erregt werden. Der Kolben des Zylinders 2.0 fährt zurück in die Ausgangsstellung. S4 ist nach dem Entriegeln des NOT-AUS-Schalters funktionslos. Die Bohrstation und die Steuerung sind erst nach Betätigung der EIN-Tasters S3 wieder funktionsbereit.

Die vorhandene Steuerspannung wird über den Eingang E 2.3 gemeldet.

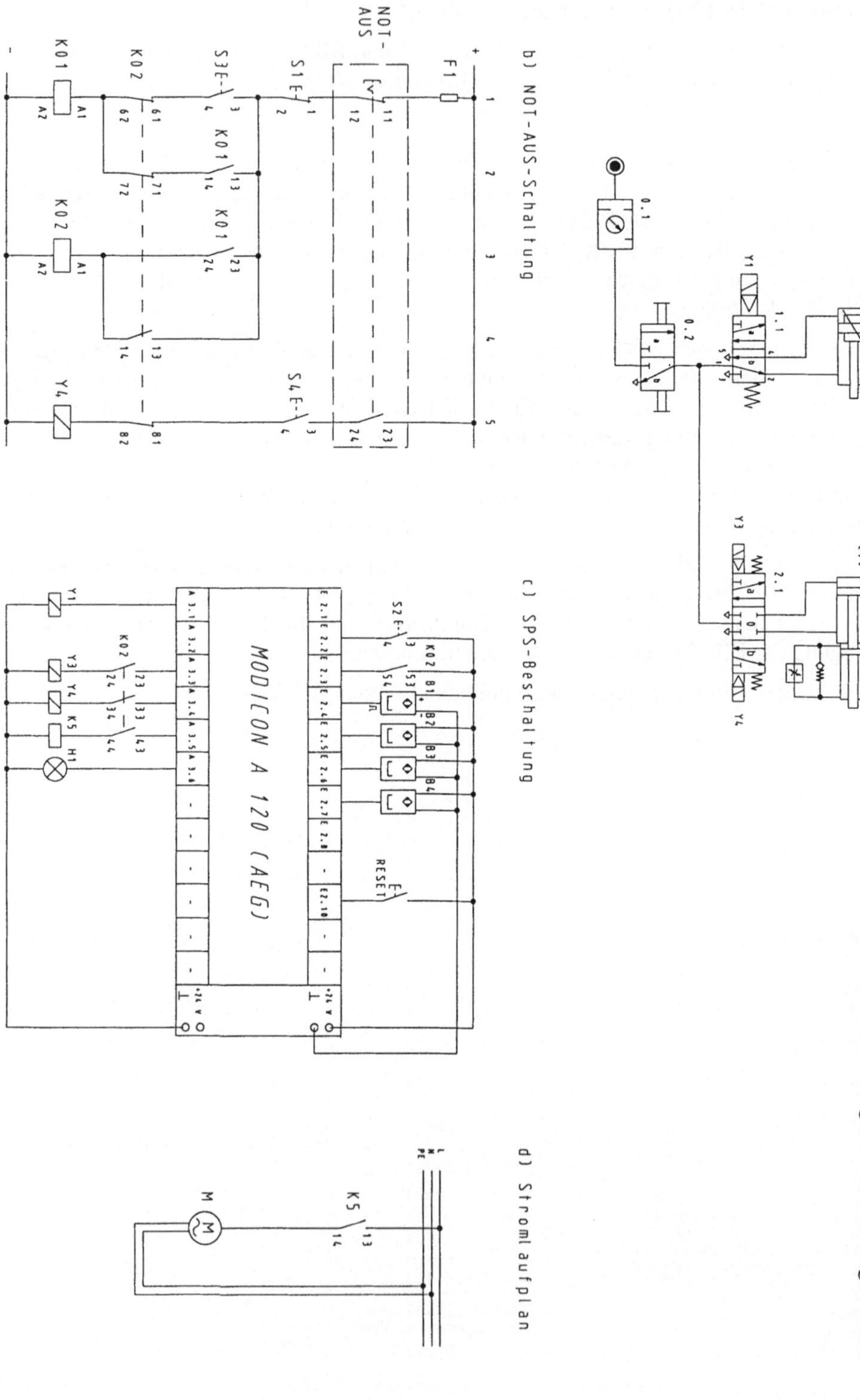

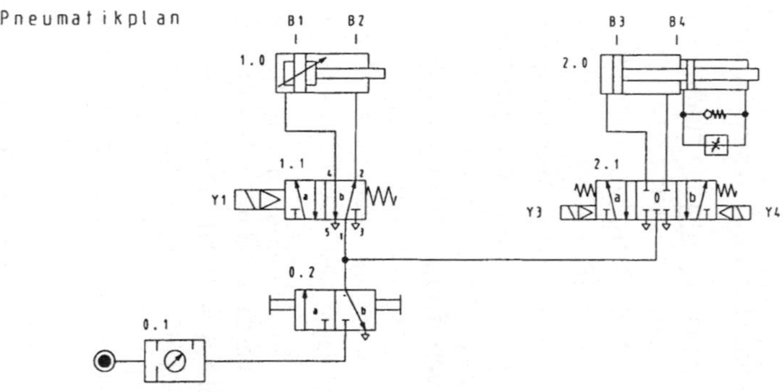

b) NOT-AUS-Schaltung

c) SPS-Beschaltung

MODICON A 120 (AEG)

d) Stromlaufplan

Bild 5.18
Gefahrenabschaltung bei Verwendung einer SPS

C:\AKF12\BOHRGEFA\PB1
AEG Modicon Dolog AKF: Programm-Protokoll

NETZWERK: 0001 Grundstellung

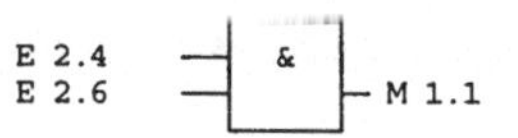


```
E 2.4              Reed-Kontakt B1
E 2.6              Reed-Kontakt B3
M 1.1              Grundstellung
Ausgang  M 1.1     wird benutzt in NW:
 3 (I)
```

NETZWERK: 0002 Verriegelungsspeicher

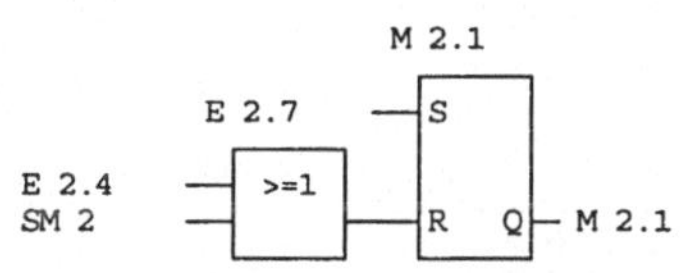


```
M 2.1              Verriegelungsspeicher
E 2.7              Reed-Kontakt B4
E 2.4              Reed-Kontakt B1
SM 2               Einschaltmerker
Ausgang  M 2.1     wird benutzt in NW:
 3 (I)  4 (I)  6 (I)
```

NETZWERK: 0003 Spannzylinder

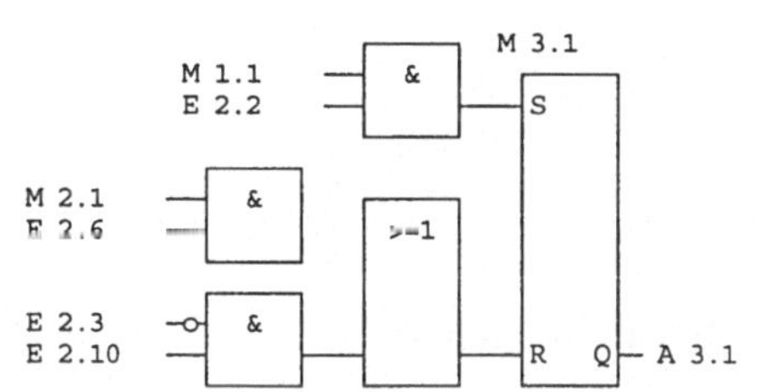


```
M 3.1              Signalspeicher Spannzylinder
M 1.1              Grundstellung
E 2.2              Signal Start (S2)
M 2.1              Verriegelungsspeicher
E 2.6              Reed-Kontakt B3
E 2.3              Meldung NOT-AUS
E 2.10   RESET     Taster
A 3.1              Ansteuerung Spule Y1
```

NETZWERK: 0004 Vorschubzylinder ausfahren

```
T 1                Einschaltverzögerung
E 2.5              Reed-Kontakt B2
M 2.1              Verriegelungsspeicher
M 4.3              Flankenmerker
M 4.2              Konnektorsignal
M 4.1              Signalspeicher Vorschubzylinder Aus
SM 2               Einschaltmerker
E 2.7              Reed-Kontakt B4
E 2.3              Meldung NOT-AUS
A 3.3              Ansteuerung Spule Y3
Ausgang  M 4.2     wird benutzt in NW:
 6 (I)
```

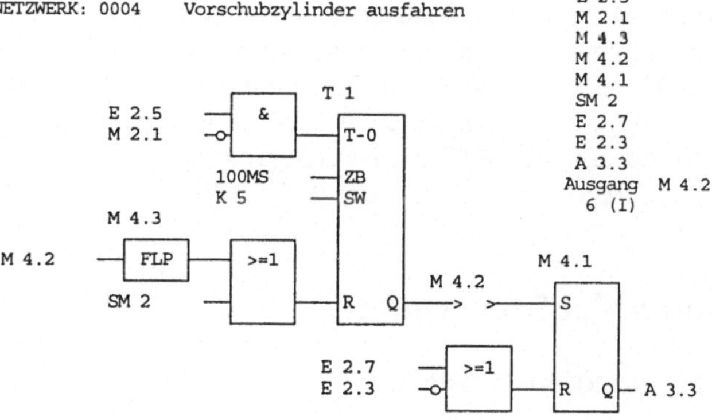

NETZWERK: 0005 Vorschubzylinder einfahren

M 5.1
E 2.7 S
E 2.6 >=1
E 2.3 R Q A 3.4

```
M 5.1              Signalspeicher Vorschubzylinder Ein
E 2.7              Reed-Kontakt B4
E 2.6              Reed-Kontakt B3
E 2.3              Meldung NOT-AUS
A 3.4              Ansteuerung Spule Y4
```

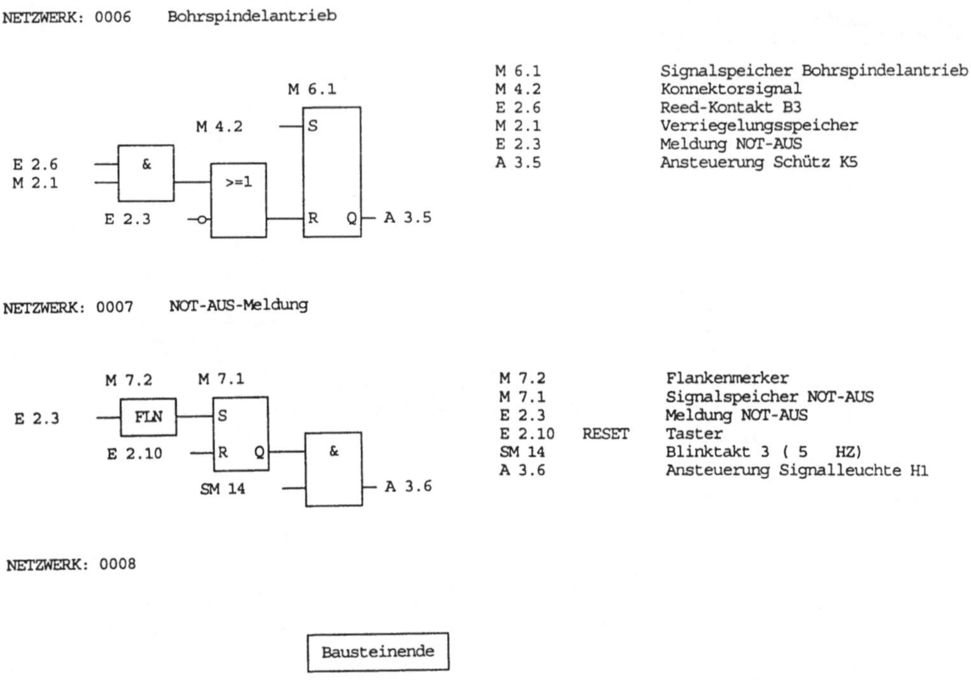

Auswirkungen der NOT-AUS-Schaltung auf das SPS-Programm:

NOT-AUS wird durch das Abfallen des Nebenkontakts 53/54 von K02 über den Eingang E 2.3 gemeldet. Die Signalspeicher zur Steuerung des Vorschubzylinders und der Bohrspindel werden rückgesetzt (NW4, 5, 6). Der Signalspeicher für den Spannzylinder bleibt gesetzt. Er kann nach der Gefahrenbeseitung durch den RESET-Taster (E 2.10) normiert werden. Die NOT-AUS-Meldung erfolgt durch die negative Flanke beim Abfallen des 5. Nebenkontakts von K02. Sie wird gespeichert und macht zusammen mit dem Systemmerker SM 14 blinkend auf die NOT-AUS-Betätigung aufmerksam. Die NOT-AUS-Meldung wird durch den RESET-Taster (E 2.10) abgeschaltet.

5.4 Standardisierung von Ablaufsteuerungen

5.4.1 Der Betriebsartenteil als Funktionsbaustein

Durch die Betriebsart wird Art und Umfang des Bedieneingriffs in die Steuerung eines Prozesses durch den Menschen festgelegt (DIN 19226, T5). Im vorliegenden Beispiel sollen für eine Ablaufsteuerung die Betriebsarten Automatik, Hand, Tippen und Einrichten realisiert werden. In der Betriebsart Automatik werden die Stellelemente ohne Bedienungseingriff in den gestarteten Wirkungsablauf durch Signale aus der Ablaufkette gesteuert.

In der Betriebsart Hand kann die Steuerung nur durch Bedienungseingriff in Abhängigkeit von ggf. vorhandenen Verriegelungen erfolgen. Die Ablaufkette wird beim Umschalten in diese Betriebsart rückgesetzt. Die Handsteuerung wirkt direkt auf die Befehlsausgabe ein.

Im Einrichtbetrieb können die Stellelemente einzeln durch Bedieneingriff unter Umgehung vorhandener Verriegelungen gesteuert werden. Die Bedienelemente wirken direkt auf die Stellelemente.

Die Betriebsart Tippen ist eine für Ablaufsteuerungen typische Betriebsart, in der das Weiterschalten der Ablaufkette auf den jeweils nächsten Schritt durch einen Bedieneingriff ausgelöst wird. Sie erleichtert die Prüfung eines Programms bei der Inbetriebnahme einer Anlage. Der Bedieneingriff wird über einen Signalgeber vorgenommen, der für diesen Zweck nur einmal vorhanden ist. Die Verbindung zwischen Betriebsartenteil und der Ablaufkette besteht durch die Freigabe- und Rücksetzbedingung für die Ablaufkette. Eine Freigabe erhält die Ablaufkette, wenn die Betriebsart Automatik oder Tippen geschaltet wird. In der Betriebsart Tippen muß für das Weiterschalten ein Signalgeber betätigt werden. Wird die Betriebsart Hand eingestellt, erfolgt ein Rücksetzen der Ablaufkette. Handbetätigte Signalgeber wirken dann auf die Befehlsausgabe für die Stellelemente ein.

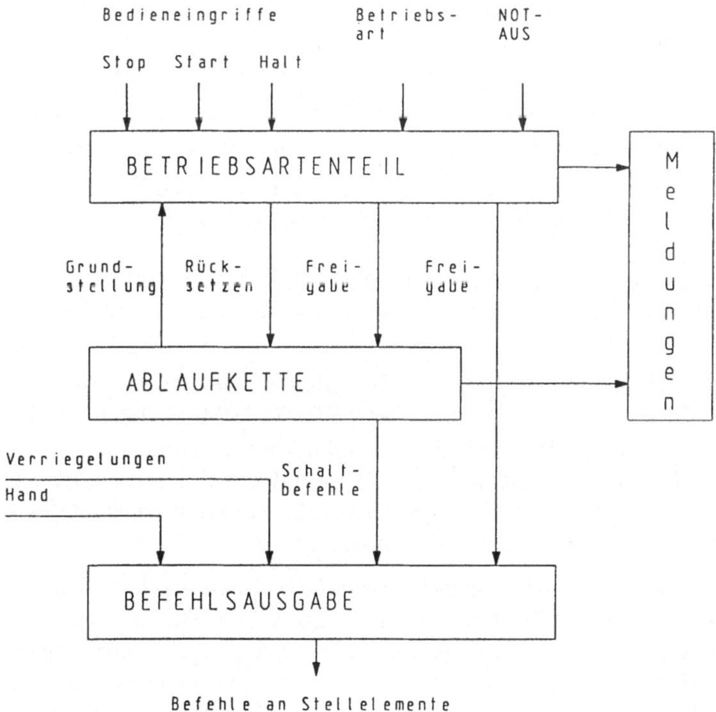

Bild 5.19 Struktur der Ablaufsteuerung

Als Bedieneingriffe auf den Betriebsartenteil sollen folgende Signalgeber verfügbar sein:

– Start

Nach Betätigung der Starttaste wird der Automatik- bzw. Tippbetrieb gestartet. Die Freigabe erfolgt jedoch nur, wenn die Ablaufkette sich in der Grundstellung befindet. Nach erfolgtem Startbefehl bleibt eine erneute Betätigung der Starttaste ohne Wirkung.

– Stop

Der Automatik- bzw. Tippbetrieb wird nach Betätigung dieser Taste unterbrochen. Der letzte Schritt bleibt gesetzt. Nach einem erneutem Startbefehl wird die Ablaufkette im letzten Arbeitsschritt fortgesetzt.

– Halt

Nach Betätigung der Halt-Taste wird die Ablaufkette bis zum Erreichen der Grundstellung durchlaufen. Zwischenzeitliche Start- und Stop-Befehle bleiben nach Betätigung der Halt-Taste wirksam.

Die Bedieneingriffe, die direkt auf die Stellglieder im Hand- bzw. im Einrichtbetrieb wirken sollen, werden bei der Befehlsausgabe berücksichtigt.

Da die Grundprinzipien für Ablaufsteuerungen einander sehr ähnlich sind (Betriebsarten, Ablaufkette, ...), ist es rationell, mit Standardlösungen zu arbeiten, die für viele Steuerungen verwendet werden können. Damit sind zwei große Vorteile verbunden:

1. Es muß zur Realisierung bestimmter Aufgabenteile nicht fortwährend neue Entwicklungsarbeit geleistet werden, die so oder ähnlich schon geleistet wurde.
2. Es stecken in Standards Erfahrungswerte, die nicht ständig neu gesammelt werden müssen. Die Zeitersparnis kann für andere Entwicklungen genutzt werden.

Eine Standardlösung, die auf alle Steuerungsaufgaben paßt, gibt es nicht. Unter diesem Gesichtspunkt ist die nachfolgende „Standardlösung“ für einen Betriebsartenteil zu betrachten.

Für häufig wiederkehrende, komplexe Funktionen hat der Anwender der Steuerung Modicon A 120 durch das Programmpaket AKF 12 die Möglichkeit, Funktionsbausteine zu erzeugen und diese in einer Programmbibliothek abzulegen. Funktionsbausteine strukturieren Programme. Sie bilden in Anwenderprogrammen eine abgeschlossene, vorgeprüfte Einheit. Grundsätzlich werden solche Funktionsbausteine in anwenderuniverselle und anwenderorientierte Bausteine unterteilt.

Anwenderuniverselle Funktionsbausteine sind z.B. Reglermodule oder Standardfunktionsbausteine, welche u.a. Dezimal-Rohwerte von Analog-Digital-Umsetzern (ADU 205) in analoggerechte Dezimalwerte wandeln oder Eingangswerte (Strom/Spannung) auf ein Merkerwort skalieren. Anwenderorientierte Funktionsbausteine sind auf die Bedürfnisse bestimmter Anwender zugeschnitten. Sie sind deshalb nicht universell verwendbar.

Funktionsbausteine sind wie Programmbausteine Teil des Anwenderprogramms. Im Unterschied zum Programmbaustein lassen sie sich jedoch mehrfach parametrieren. Um dies zu erreichen, erhalten Funktionsbausteine Formaloperanden als Platzhalter, die bei der Parametrierung durch aktuelle Operanden (Aktualoperand) ersetzt werden. Mit den Aktualoperanden arbeitet der Funktionsbaustein aktuell.

Weiterhin erhält der Funktionsbaustein einen Namen. Das Programm innerhalb eines Funktionsbausteins läßt sich in den bekannten Darstellungsarten (AWL, KOP, FUP bzw. FBS nach IEC 1131-3/EN 61131-3) editieren. Ein Funktionsbaustein besteht grundsätzlich aus einem Bausteinkopf und einem Bausteinrumpf. Der Bausteinkopf verfügt über alle Daten, um den Funktionsbaustein grafisch darstellen zu können. Editiert wird er im Dialog mit der Programmier- und Testeinrichtung. Dabei legt der Anwender den Namen, die Formaloperanden, Bausteinparameter-Art (z.B. E, M, A, T, Z) und -Type (z.B. I, O) fest. Der Bausteinkopf ist immer im ersten Netzwerk des Funktionsbausteins abgelegt.

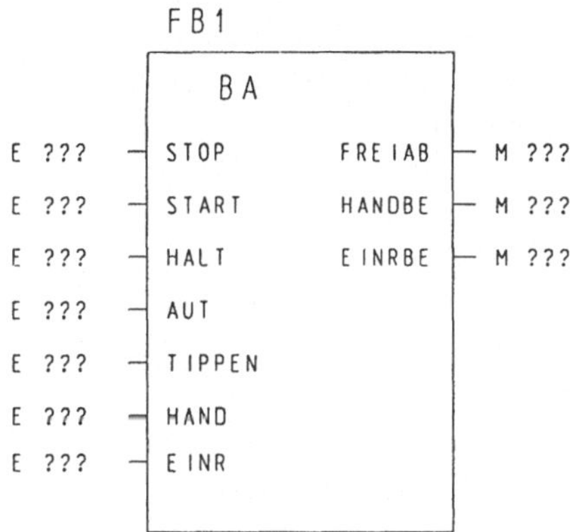

Bild 5.20
Grafische Darstellung eines Funktionsbausteins

Der Name des Funktionsbausteins ist BA (Betriebsart). Seine Formaloperanden heißen STOP, START ...; die Aktualoperanden (z.B. E 2.10) können bei Aufruf zugewiesen werden. Die Formaloperanden müssen bei der Programmierung des Anwenderprogramms im Bausteinrumpf verwendet werden. Als Operandenkennzeichen wurden E bzw. M verwendet.

Das Operandenkennzeichen legt fest, ob es sich um einen Eingang (E), Ausgang (A) oder Merker (M), um ein Merkerwort (MW) oder ein Merkerbyte (MB) handelt. Es ist nicht möglich, einen Merker (1 Bit) an einen für ein Merkerwort (16 Bit) vorgesehenen Platz zu schreiben. Der Funktionsbaustein BA arbeitet mit binären Signalen.

Es bedeuten:	E:	Eingang
	Ex:	EB Eingang Byte, EW Eingangwort
	A:	Ausgang
	Ax:	AB Ausgang Byte, AW Ausgang Wort
	M:	Merker
	Mx:	MB Merker Byte, MW Merkerwort
	T:	Timer
	Z:	Zähler
	TN:	Teilnehmer
	Bz:	Byte
	B8/B16:	Bitspur
	ANZ:	Anzahl

Der Bausteinparameter-Typ ist im Bausteinkopf festgelegt. Es bedeutet:

I: Signal ist Eingangsparameter des Bausteins

O: Signal ist Ausgangsparameter des Bausteins

Funktionsbausteine werden in einem übergeordneten Baustein (OB, PB) in der gewünschten Häufigkeit aufgerufen. Der Anwender hat die Möglichkeit, zwischen einem bedingten und unbedingten Aufruf zu wählen. Beim einem bedingten Ruf wird der Baustein nur dann bearbeitet, wenn die Rufbedingung erfüllt ist. Nach dem Aufruf des Funktionsbausteins werden die Formaloperanden im Anwenderprogramm durch Aktualoperanden ersetzt.

Der Bausteinkopf für den Funktionsbaustein BA zur Realisierung des Betriebsartenteils einer Ablaufsteuerung ist im Programmausdruck (Netzwerk 1) ersichtlich. Der Bausteinrumpf enthält das eigentliche Anwenderprogramm, beginnend im zweiten Netzwerk.

– Automatik

Der Automatikbetrieb läßt die zuvor definierten Bedieneingriffe Start, Stop und Halt bei Grundstellung auf den Betriebsartenteil zu.

Für ein NOT-AUS-Signal kann der Merker M 50.1 ersetzt werden. Voraussetzung für die Freigabe des Automatik-Betriebs sind der gesetzte Startspeicher M 25.1, der Speicher des Signals Stop (M 22.1) und die am Betriebsartenwahlschalter eingestellte Betriebsart (Formaloperand =AUT). Auf diesen Formaloperanden wirkt der im SPS-Programm editierte Aktualoperand ein.

Sobald der Signalspeicher (M 22.1) durch Betätigung der Taste Stop (Formalparameter =STOP) rückgesetzt wird, kann die Ablaufkette in dem momentanen Ablaufschritt gestoppt werden, da das Signal M 22.1 auf 0-Wert abfällt und der Formalparameter =FREIAB (Freigabe Ablaufkette) auf 0 gesetzt wird. Der letzte Ablaufschritt bleibt gesetzt. Der Startspeicher (M 25.1) bleibt ebenfalls gesetzt. Lediglich die Bedingung für die Freigabe des Folgeschritts der Ablaufkette ist nicht mehr erfüllt. Nach einem erneuten Startsignal führt der Merker M 22.1 wieder 1-Wert und die Ablaufkette wird im letzten gesetzten Schritt fortgesetzt.

Bei Betätigung des Halttasters (Formaloperand =HALT) wird der automatische Ablauf am Ende der Schrittkette unterbrochen. Bei Betätigung wird der Speicher Haltsignal M 24.1 gesetzt. Dieser bewirkt bei Erreichen der Grundstellung (M 30.1) das Rücksetzen des Startspeichers M 25.1. Das Freigabesignal (=FREIAB) fällt ab; der automatische Ablauf der Schrittkette ist unterbrochen. Der Speicher Haltsignal wird durch die negative Flanke des Signals M 25.1 rückgesetzt und damit für eine erneute Nutzung vorbereitet. Soll der Arbeitsprozeß im Automatikbetrieb fortgeführt werden, kann dies durch einen erneuten Startimpuls geschehen.

– Tippen

Für den Tippbetrieb gelten grundsätzlich dieselben Bedieneingriffe wie im Automatikbetrieb. Nach dem Startbefehl soll nur ein schrittweises Weiterschalten der Ablaufkette erfolgen. Dieses geschieht durch einen separaten Signalgeber, der auf die einzelnen Schritte der Ablaufkette einwirkt. Wird zwischenzeitlich der Taster Halt betätigt, endet der Tippbetrieb nach dem letzten Ablaufschritt. Eine Betätigung der Taste Stop unterbricht den Tippbetrieb in dem gerade erreichten Schritt der Ablaufkette.

– Hand

Wird der Betriebsartenwahlschalter in die Stellung Hand (Formaloperand =HAND) geschaltet, wird der Startspeicher unmittelbar rückgesetzt. Die Ablaufkette wird blokkiert (=FREIAB hat 0-Signal) und rückgesetzt. Das 0-Signal des Startspeichers M 25.1 und das 1-Signal durch die Schaltstellung HAND des Betriebsartenwahlschalters führen zur Freigabe des Handbetriebs (=HANDBE). Die Handbetätigung wirkt direkt auf die Befehlsausgabe. Die Stellelemente werden durch geeignete Taster/Schalter aktiviert. Erforderliche Verriegelungen in der Ablaufkette müssen in der Befehlsausgabe berücksichtigt werden.

– Einrichten

Der Einrichtbetrieb kann durch den Betriebsartenwahlschalter aufgerufen werden. Auch diese Betriebsart setzt den Startspeicher zurück. Durch das 1-Signal (Formaloperand =EINR) auf den entsprechenden Eingang der Steuerung und das 0-Signal des Startspeichers M 25.1 wird der Einrichtbetrieb freigegeben. Im Einrichtbetrieb können die Stellelemente einzeln durch Bedieneingriff unter Umgehung von vorhandenen Verriegelungen gesteuert werden.

```
C:\AKF12\BETR-ART\FB1
AEG Modicon Dolog AKF: Programm Protokoll

NETZWERK: 0001      Bausteinkopf

NAME   :BA
BEZ    :STOP      (E/Ex/A/Ax/M/Mx/SM/SMx/T/Z/TN/B2/B8/B16/ANZ)   (I/O)    E   I
BEZ    :START     (E/Ex/A/Ax/M/Mx/SM/SMx/T/Z/TN/B2/B8/B16/ANZ)   (I/O)    E   I
BEZ    :HALT      (E/Ex/A/Ax/M/Mx/SM/SMx/T/Z/TN/B2/B8/B16/ANZ)   (I/O)    E   I
BEZ    :AUT       (E/Ex/A/Ax/M/Mx/SM/SMx/T/Z/TN/B2/B8/B16/ANZ)   (I/O)    E   I
BEZ    :TIPPEN    (E/Ex/A/Ax/M/Mx/SM/SMx/T/Z/TN/B2/B8/B16/ANZ)   (I/O)    E   I
BEZ    :HAND      (E/Ex/A/Ax/M/Mx/SM/SMx/T/Z/TN/B2/B8/B16/ANZ)   (I/O)    E   I
BEZ    :EINR      (E/Ex/A/Ax/M/Mx/SM/SMx/T/Z/TN/B2/B8/B16/ANZ)   (I/O)    E   I
BEZ    :FREIAB    (E/Ex/A/Ax/M/Mx/SM/SMx/T/Z/TN/B2/B8/B16/ANZ)   (I/O)    M   O
BEZ    :HANDBE    (E/Ex/A/Ax/M/Mx/SM/SMx/T/Z/TN/B2/B8/B16/ANZ)   (I/O)    M   O
BEZ    :EINRBE    (E/Ex/A/Ax/M/Mx/SM/SMx/T/Z/TN/B2/B8/B16/ANZ)   (I/O)    M   O
       :***

NETZWERK: 0002      Stop-Taster

                                                      M 22.1          Speicher Stoppsignal
                                M 22.1
=START  —[ & ]  M 22.3                               M 22.3          Startimpuls des Starttasters
M 23.1  -o      ——>  >——[S                           M 23.1          Speicher Start-Verriegelung

         =STOP   -o[>=1]                              M 50.1          Frei für NOT-AUS-Signal
         M 50.1  —     ——[R   Q]— M 22.1            Ausgang  M 22.1 wird benutzt in NW:
                                                       6 (I)
                                                     Ausgang  M 22.3 wird benutzt in NW:
                                                       3 (I)   4 (I)   5 (I)

NETZWERK: 0003      Start-Taster

                                                     M 23.1          Speicher Start-Verriegelung
                       M 23.1                        M 22.3          Startimpuls des Starttasters

             M 22.3  —[S                             M 25.2          Haltsignal in Grundstellung
                                                     Ausgang  M 23.1 wird benutzt in NW:
=START  -o[>=1]                                        2 (I)
M 25.2  —      ——[R   Q]— M 23.1
```

NETZWERK: 0004 Halt-Taster

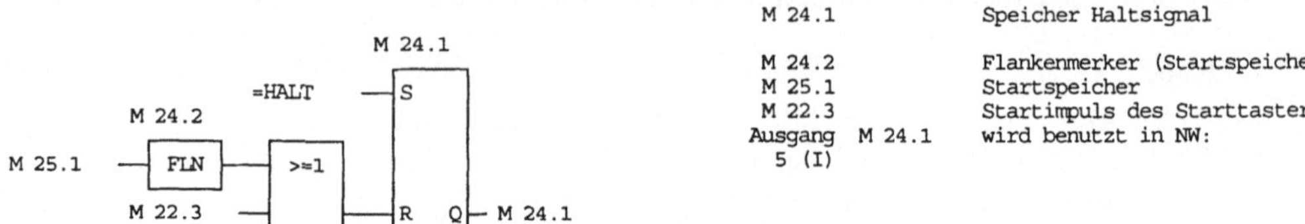

NETZWERK: 0005 Betriebsartenwahlschalter

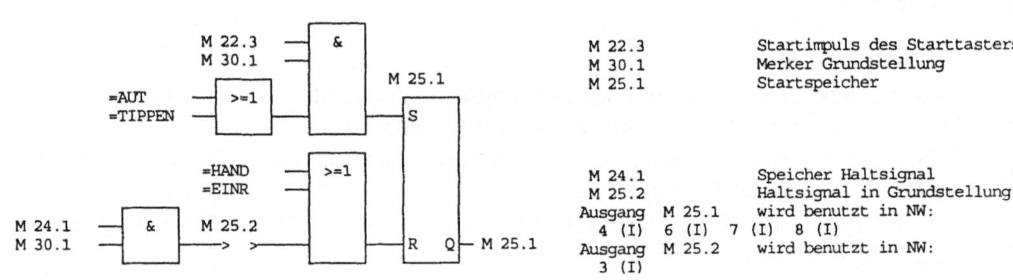

NETZWERK: 0006 Freigabe Ablaufkette

NETZWERK: 0007 Freigabe Handbetrieb

NETZWERK: 0008 Freigabe Einrichtbetrieb

NETZWERK: 0009

Bausteinende

5.4.2 Meldungen

Meldungen kennzeichnen den Zustand oder eine Zustandsänderung der Steuerung. Meldesignal dienen vorwiegend zur Information des Menschen. Leuchtmelder oder akustische Melder signalisieren u.a. die eingestellte Betriebsart, Stopp- bzw. Haltsignale, die Grundstellung einer Anlage, aber auch Störungen in der Anlage oder in der Steuerung. Störungen und die damit verbundenen Stillstandszeiten müssen auf ein Minimum reduziert werden. Die Praxis zeigt, daß über 90% aller Störungen in der Peripherie, also an der Maschine oder Anlage auftreten. Solche Störungsquellen können sein:

- Unterbrechung der Zuleitungen zwischen Stellgliedern und Signalgebern (z.B. SPS),
- Funktionsstörungen an den Signalgebern,
- Störungen im Prozeßablauf.

Störungen bei den Zuleitungen zu den Stellgliedern und Funktionsstörungen an den Stellgliedern können durch Vergleich der Zustände der SPS-Ausgänge und der Zustände der Stellglieder ermittelt werden. Optisch kann dies durch Leuchtdioden an den Betriebsmitteln angezeigt werden.

Programmtechnisch können solche Störungen ebenfalls ausgewertet werden (s. Kap. 4.2.2.3 SPS-Programm für einen Drehstromantrieb). Dabei werden die Signalzustände an den Schützen durch Hilfskontakte erfaßt, der SPS zugeführt und mit den Zuständen an den SPS-Ausgängen verglichen. Die Meldungen aus solchen Vergleichen können zur Verbesserung der Sicherheit von Steuerungen im Programm ausgewertet und angezeigt werden. Sie erleichtern zudem die Lokalisierung und Behebung von Fehlern.

Störungen im Prozeßablauf können durch Sensoren erfaßt werden. Solche Störungen sind z.B.:

- Werkstückzufuhrung,
- Lage des Werkstücks,
- Werkstückauswurf.

Liegt eine Störung vor, kann der automatische Ablauf der Schrittkette unterbrochen werden; Schaden für die Anlage wird vermieden. Die Störung wird optisch/akustisch angezeigt und kann schnellstens behoben werden.

Folgende Zustände sollen durch den Funktionsbaustein Meldungen angezeigt werden können:

- Betriebsarten
- Bedieneingriffe
- Grundstellung der Anlage
- Störung im Prozeßablauf
- Betriebsbereitschaft
- NOT-AUS.

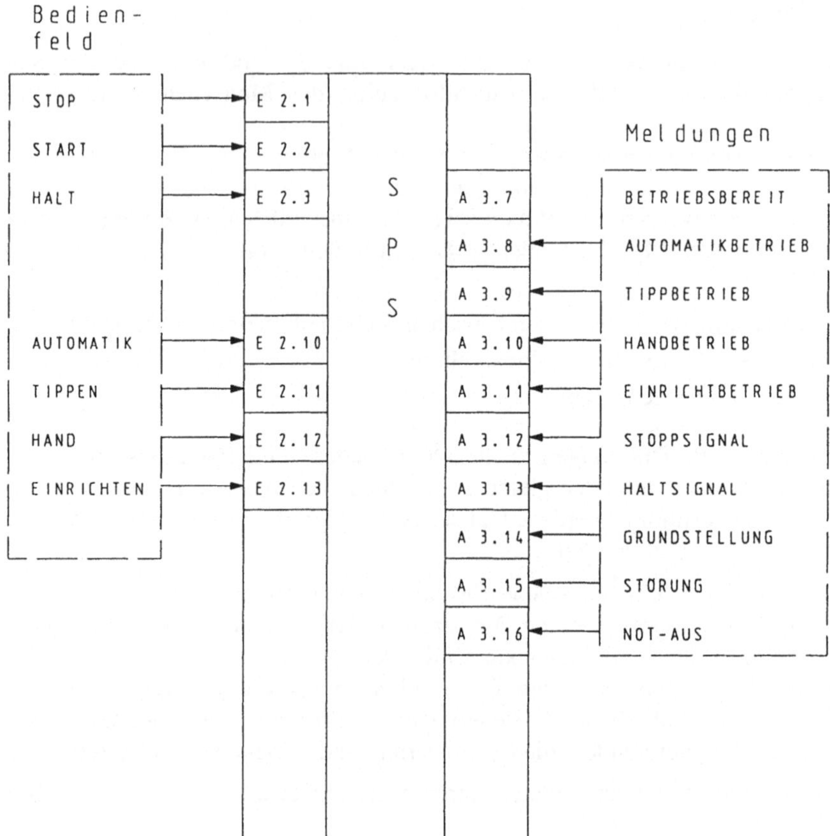

Bild 5.21 Bedienfeld mit Meldungen

Im nachfolgenden Funktionsbaustein sind die Meldungen abgestimmt auf den Funktionsbaustein FB1. Beide Funktionsbausteine finden Verwendung im Steuerprogramm (Kap. 5.4.5) für die Bohrstation.

```
C:\AKF12\BETR-ART\FB3
AEG Modicon Dolog AKF: Programm-Protokoll

NETZWERK: 0001     Bausteinkopf

NAME   :MELDUNG
BEZ    :EIN       (E/Ex/A/Ax/M/Mx/SM/SMx/T/Z/TN/B2/B8/B16/ANZ)   (I/O)    E   I
BEZ    :AUT       (E/Ex/A/Ax/M/Mx/SM/SMx/T/Z/TN/B2/B8/B16/ANZ)   (I/O)    E   I
BEZ    :TIPPEN    (E/Ex/A/Ax/M/Mx/SM/SMx/T/Z/TN/B2/B8/B16/ANZ)   (I/O)    E   I
BEZ    :HAND      (E/Ex/A/Ax/M/Mx/SM/SMx/T/Z/TN/B2/B8/B16/ANZ)   (I/O)    E   I
BEZ    :EINR      (E/Ex/A/Ax/M/Mx/SM/SMx/T/Z/TN/B2/B8/B16/ANZ)   (I/O)    E   I
BEZ    :GRDST     (E/Ex/A/Ax/M/Mx/SM/SMx/T/Z/TN/B2/B8/B16/ANZ)   (I/O)    M   I
BEZ    :STOP      (E/Ex/A/Ax/M/Mx/SM/SMx/T/Z/TN/B2/B8/B16/ANZ)   (I/O)    M   I
BEZ    :HALT      (E/Ex/A/Ax/M/Mx/SM/SMx/T/Z/TN/B2/B8/B16/ANZ)   (I/O)    M   I
BEZ    :START     (E/Ex/A/Ax/M/Mx/SM/SMx/T/Z/TN/B2/B8/B16/ANZ)   (I/O)    E   I
BEZ    :STÖR      (E/Ex/A/Ax/M/Mx/SM/SMx/T/Z/TN/B2/B8/B16/ANZ)   (I/O)    M   I
BEZ    :NOTAUS    (E/Ex/A/Ax/M/Mx/SM/SMx/T/Z/TN/B2/B8/B16/ANZ)   (I/O)    E   I
BEZ    :AUTBTR    (E/Ex/A/Ax/M/Mx/SM/SMx/T/Z/TN/B2/B8/B16/ANZ)   (I/O)    M   O
BEZ    :TIPBTR    (E/Ex/A/Ax/M/Mx/SM/SMx/T/Z/TN/B2/B8/B16/ANZ)   (I/O)    M   O
BEZ    :HNDBTR    (E/Ex/A/Ax/M/Mx/SM/SMx/T/Z/TN/B2/B8/B16/ANZ)   (I/O)    M   O
BEZ    :EINRBE    (E/Ex/A/Ax/M/Mx/SM/SMx/T/Z/TN/B2/B8/B16/ANZ)   (I/O)    M   O
BEZ    :STOPS     (E/Ex/A/Ax/M/Mx/SM/SMx/T/Z/TN/B2/B8/B16/ANZ)   (I/O)    M   O
BEZ    :HALTS     (E/Ex/A/Ax/M/Mx/SM/SMx/T/Z/TN/B2/B8/B16/ANZ)   (I/O)    M   O
BEZ    :GRDSTM    (E/Ex/A/Ax/M/Mx/SM/SMx/T/Z/TN/B2/B8/B16/ANZ)   (I/O)    M   O
BEZ    :STÖRM     (E/Ex/A/Ax/M/Mx/SM/SMx/T/Z/TN/B2/B8/B16/ANZ)   (I/O)    M   O
BEZ    :BTRBER    (E/Ex/A/Ax/M/Mx/SM/SMx/T/Z/TN/B2/B8/B16/ANZ)   (I/O)    M   O
BEZ    :NAMELD    (E/Ex/A/Ax/M/Mx/SM/SMx/T/Z/TN/B2/B8/B16/ANZ)   (I/O)    M   O
       :***
```

NETZWERK: 0002   Betriebsbereitschaft

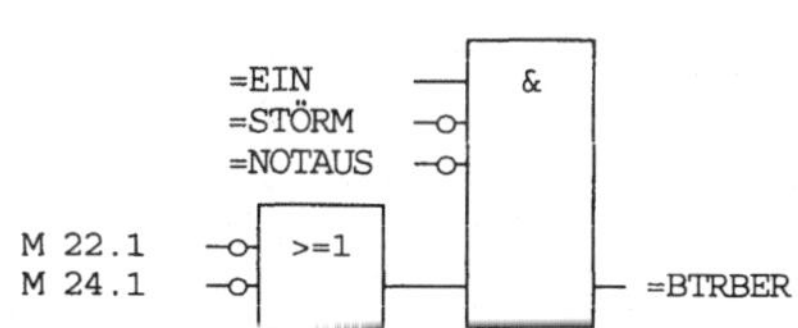

M 22.1   Speicher Stoppsignal
M 24.1   Speicher Haltsignal

NETZWERK: 0003   Betriebsart Automatik

NETZWERK: 0004   Betriebsart Tippen

=TIPPEN — [&] — =TIPBTR

NETZWERK: 0005   Betriebsart Hand

=HAND — [&] — =HNDBTR

NETZWERK: 0006 Betriebsart Einrichten

=EINR —[&]— =EINRBE

NETZWERK: 0007 Stopsignal

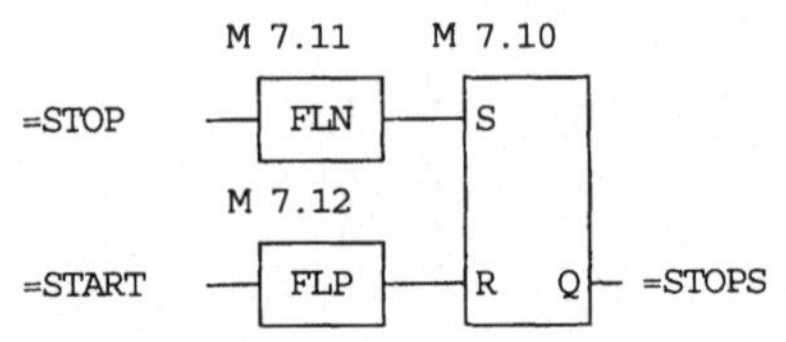

M 7.11 Flankenmerker
M 7.10 Signalspeicher STOP

M 7.12 Flankenmerker

NETZWERK: 0008 Grundstellung

=GRDST —[&]— =GRDSTM

NETZWERK: 0009 Meldung Halt

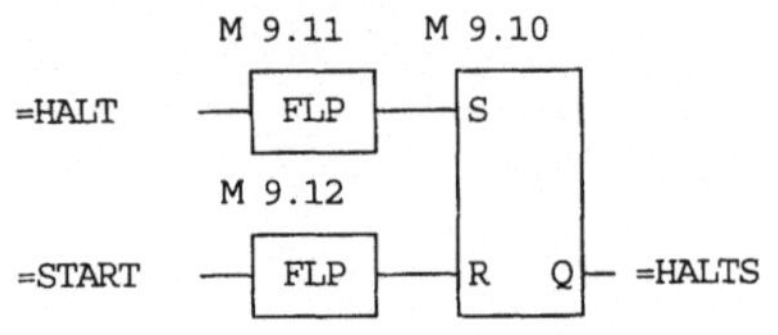

M 9.11 Flankenmerker
M 9.10 Signalspeicher HALT

M 9.12 Flankenmerker

NETZWERK: 0010 Störmeldung

=STÖR —[&]— =STÖRM

Ausgang =STÖRM wird benutzt in NW:
2 (I)

NETZWERK: 0011 NOT-AUS-Meldung

SM 14 Blinktakt 3 (5 HZ)

=NOTAUS —[&]— =NAMELD
SM 14 —

NETZWERK: 0012

Bausteinende

5.4.3 Die Ablaufkette

Eine Ablaufsteuerung ist eine Steuerung mit zwangsläufig schrittweisem Ablauf. Die Schrittfolge ist in der Ablaufkette festgelegt. Sie ergibt sich aus den Anforderungen des Prozesses. Die Ablaufkette läßt sich ebenfalls weitgehend standardisieren, da die einzelnen Schritte einen vergleichbaren Aufbau haben. Die interne Struktur eines Schrittes läßt sich wie folgt beschreiben:

- Ein Schritt hat speicherndes Verhalten[1].
- Die Schritte werden nacheinander durchlaufen.
- Der nachfolgende Schritt erfordert das Setzen des vorhergehenden Schrittes und die Erfüllung der Übergangsbedingungen für den nachfolgenden Schritt.
- Die Schritte einer Ablaufkette können durch übergeordnete Freigabe- und Rücksetzbedingungen beeinflußt werden.

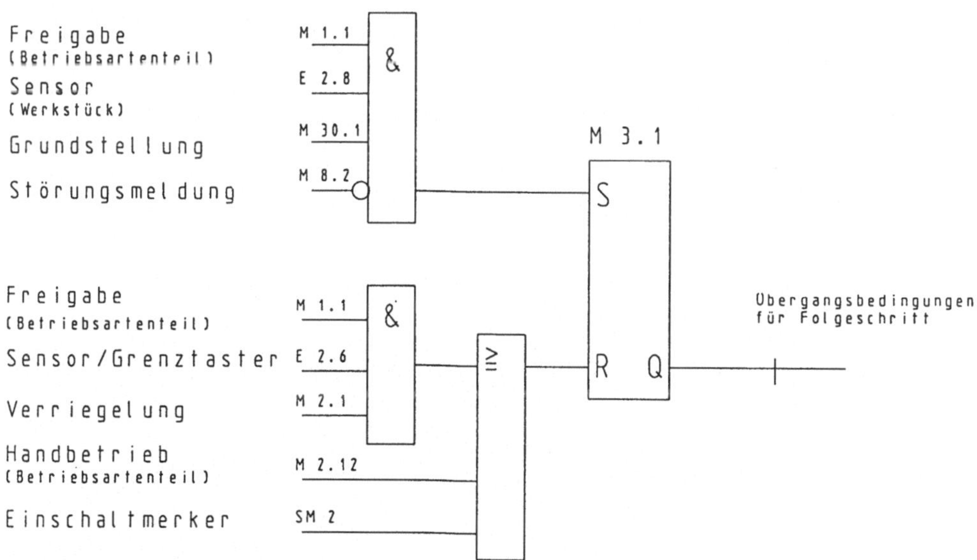

Bild 5.22 Darstellung eines Schrittes einer Ablaufkette

Die prozeßorientierte Darstellung aller Schritte der Ablaufkette ist nach DIN 40719 T6 (s. Kap. 3.4.2) sowohl für Verknüpfungs- als auch für Ablaufsteuerungen genormt.

1 Die Speicherfunktion kann auch durch pneumatische/hydraulische Ventile übernommen werden.

Als praktisches Beispiel zur Darstellung einer Ablaufkette dient wiederum die Steuerung der Bohrstation. Die Grundstruktur ist aus dem Funktionsplan II im Bild 5.13 ersichtlich. Die Bohrstation wird als eine Station in einer Gesamtanlage betrachtet. Folgende zusätzlichen Festlegungen werden getroffen: Als Betriebsarten sollen AUTOMATIK-, TIPP- und HAND-Betrieb zur Verfügung stehen. Sie werden durch einen Stellschalter eingestellt. Als Bedieneingriffe für die Betriebsart Automatik sind die Taster Stop, Start und Halt vorhanden.

In der Betriebsart Tippen sollen die einzelnen Schritte der Ablaufkette nach der Freigabe durch den Taster Einzelschritt durchgeschaltet werden können. In der Betriebsart Automatik wird die Schrittkette durchlaufen, sobald ein Werkstück durch einen induktiven Sensor identifiziert und der Startbefehl gegeben wurde. Nach der Bearbeitung wird das Werkstück durch eine Düse aus der Station ausgeworfen. Erst danach hat die Anlage wieder ihre Grundstellung erreicht. Der 1. Schritt der Ablaufkette wird wieder freigegeben, wenn ein Werkstück in der Bohrstation identifiziert wird. Tritt beim Auswerfen des Werkstücks eine Störung auf, wird die Ablaufkette blockiert.

Wird die Betriebsart Hand am Betriebsartenwahlschalter eingestellt, wird die Ablaufkette rückgesetzt. Die Ablaufkette kann durch Betätigung der entsprechenden Taster (S6 ... S9) durchlaufen werden. Als Verriegelungen für die Abfolge der Schrittkette dienen die Signale der Reed-Kontakte (B1 ... B4) in den Endlagen der Zylinder.

Der nachfolgende Funktionsplan III stellt die Grobstruktur der Ablaufkette in den gewählten Betriebsarten dar.

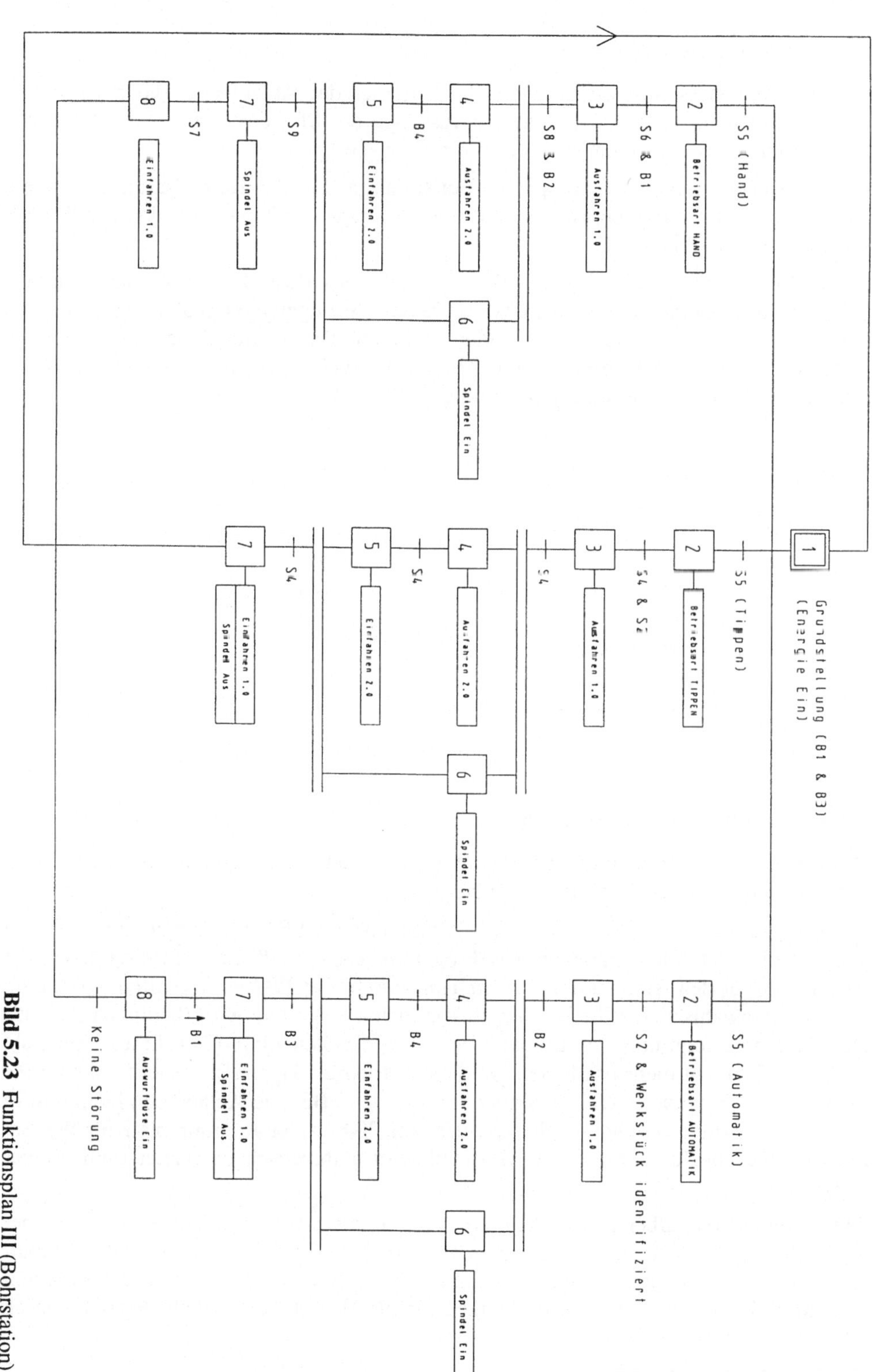

Bild 5.23 Funktionsplan III (Bohrstation)

5.4.4 Die Befehlsausgabe

Auf die Befehlsausgabe wirken die Schrittspeicher der Ablaufkette, die Signale von Bedienelementen, durch die bestimmte Ausgänge der SPS direkt angesteuert werden, z.B. im Handbetrieb und die entsprechenden Freigabesignale.

Im vorliegenden Beispiel verknüpft die Befehlsausgabe in den Betriebsarten Automatik und Tippen das Freigabesignal aus dem Betriebsartenteil mit den Signalen der Schrittspeicher aus der Ablaufkette.

In der Betriebsart Hand wird das Freigabesignal aus dem Betriebsartenteil mit den Signalen der einzelnen Bedienelemente sowie den Verriegelungssignalen von den Reed-Kontakten in den Endlagen der Zylinder verknüpft. Die Verriegelungssignale müssen hier direkt verarbeitet werden, da die Ablaufkette rückgesetzt wird, sobald der Wahlschalter für die Betriebsarten auf Hand umgestellt wird.

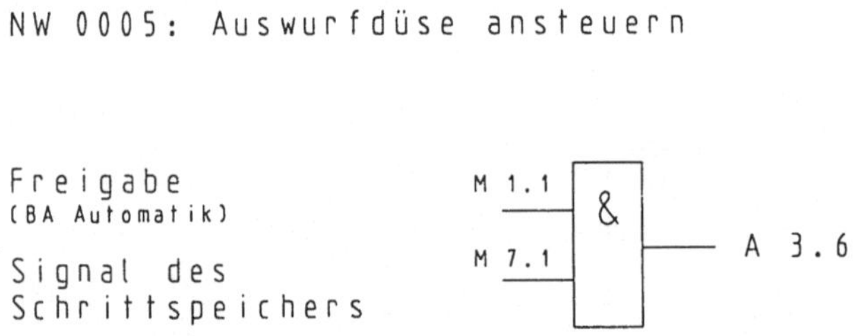

NW 0005: Auswurfdüse ansteuern

Freigabe
(BA Automatik)

Signal des
Schrittspeichers

M 1.1

M 7.1

&

A 3.6

Bild 5.24 Ausgangszuweisung in der Befehlsausgabe

5.4.5 Das Anwenderprogramm

Das Anwenderprogramm umfaßt alle Komponenten der Ablaufsteuerung: Betriebsartenteil, Meldungen, Ablaufkette und Befehlsausgabe.

Der Programmbaustein PB1 ruft die Funktionsbausteine FB1 mit dem Betriebsartenteil und den FB3 mit den Meldungen. Die Programmbausteine PB2 und PB3 enthalten die Ablaufkette für den Automatik- und den Tippbetrieb. Der PB2 wird gerufen, sobald am Betriebsartenwahlschalter die Betriebsart Automatik eingestellt wird (bedingter Aufruf). Die Meldung erfolgt über den Eingang E 2.10 an die Steuerung. Fällt dieses Signal ab, wird der PB2 nicht mehr bearbeitet. Wird die Betriebsart Tippen eingestellt, erkennt die Steuerung an Eingang E 2.11 1-Signal und ruft den PB3. Die Ablaufkette kann nun in einzelnen Schritten durchgeschaltet werden. Im PB4 ist der Programmteil für die Befehlsausgabe abgelegt. Dieser Programmteil wird automatisch bearbeitet (unbedingter Ruf).

Aus Gründen der Überschaubarkeit des Programms wird auf die Verarbeitung der Signale des Hauptschalters der Anlage, des NOT-AUS-Tasters sowie eines Richtimpulses für die Ablaufkette verzichtet. Die Betriebsart Einrichten aus dem Betriebsartenteil wird nicht berücksichtigt. Die Meldungen für die Betriebsbereitschaft, Einrichtbetrieb und NOT-AUS entfallen.

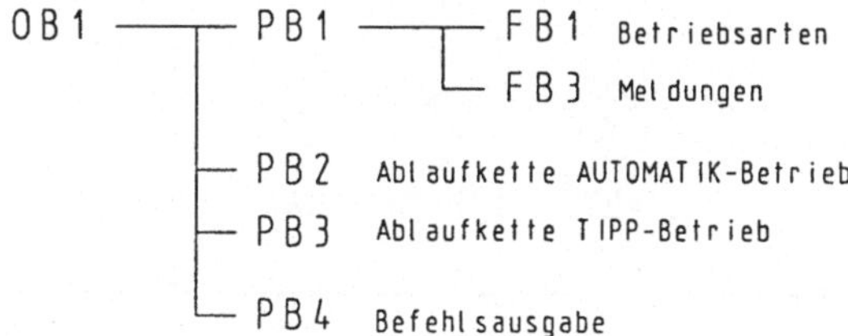

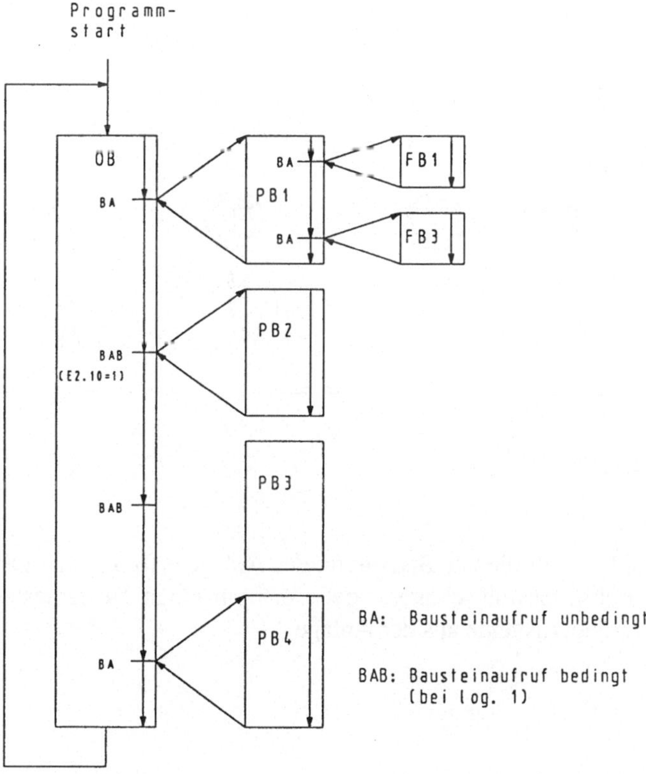

Bild 5.25 Programmübersicht

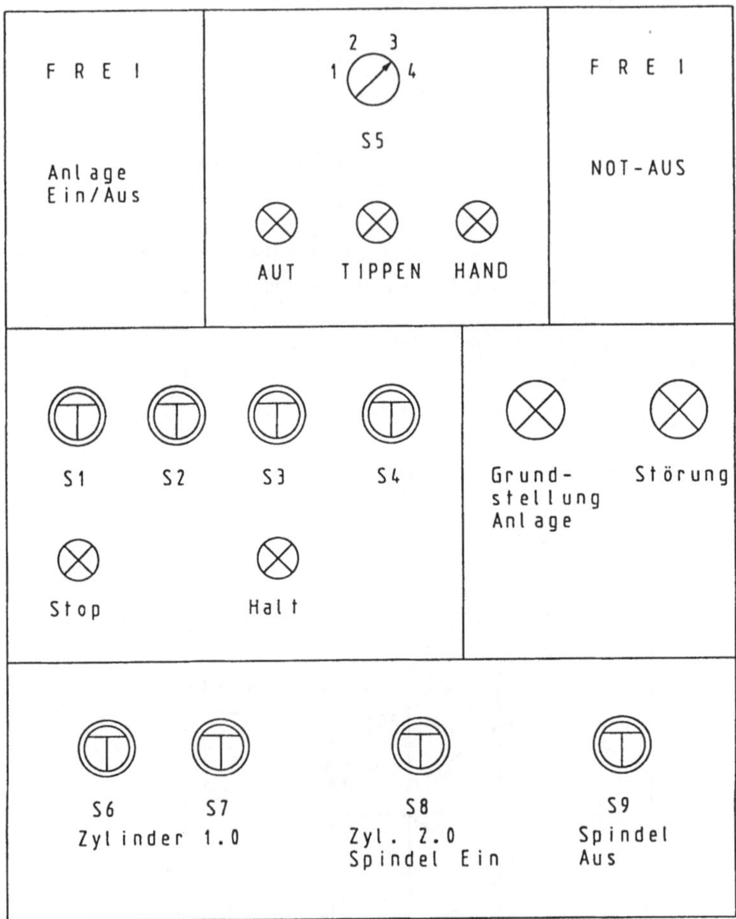

Bild 5.26 Bedienfeld

Das Bedienfeld enthält die zur Bedienung der Anlage erforderlichen Signalgeber. Diese sind der Betriebsartenwahlschalter, sowie die einzelnen Bedientaster. Signalleuchten melden die Betriebszustände aus der Anlage.

Tabelle 5.4 Belegungsliste

Betriebsmittel	Bez.	Operand
Stop-Taster (Öffner)	S1	E 2.1
Start-Taster	S2	E 2.2
Halt-Taster	S3	E 2.3
Reed-Kontakt	B1	E 2.4
Reed-Kontakt	B2	E 2.5
Reed-Kontakt	B3	E 2.6
Reed-Kontakt	B4	E 2.7
Ind. Sensor (Werkstückerkennung)	B5	E 2.8
Taster Einzelschritt	S4	E 2.9
Betriebsartenwahlschalter	S5	
– Stellung AUTOMATIK		E 2.10
– Stellung TIPPEN		E 2.11
– Stellung HAND		E 2.12
Handbetrieb:		
Taster (1.0: Spannen)	S6	E 7.1
Taster (1.0: Öffnen)	S7	E 7.2
Taster (Zyl. 2.0, Spindel Ein)	S8	E 7.3
Taster (Spindel Aus; Öffner)	S9	E 7.4
5/2-Wegeventil FR (1.1), Magnetspule	Y1	A 3.1
5/3-Wegeventil (2.1), Magnetspule	Y3	A 3.3
5/3-Wegeventil (2.1), Magnetspule	Y4	A 3.4
Schütz (Bohrspindelantrieb)	K5	A 3.5
3/2-Wegeventil FR (3.1), Magnetspule	Y6	A 3.6
Signalleuchte Automatikbetrieb	H1	A 3.8
Signalleuchte Tippbetrieb	H2	A 3.9
Signalleuchte Handbetrieb	H3	A 3.10
Signalleuchte Stop	H4	A 3.12
Signalleuchte Halt	H5	A 3.13
Signalleuchte Grundstellung (Anlage)	H6	A 3.14
Signalleuchte Störung (Anlage)	H7	A 3.15

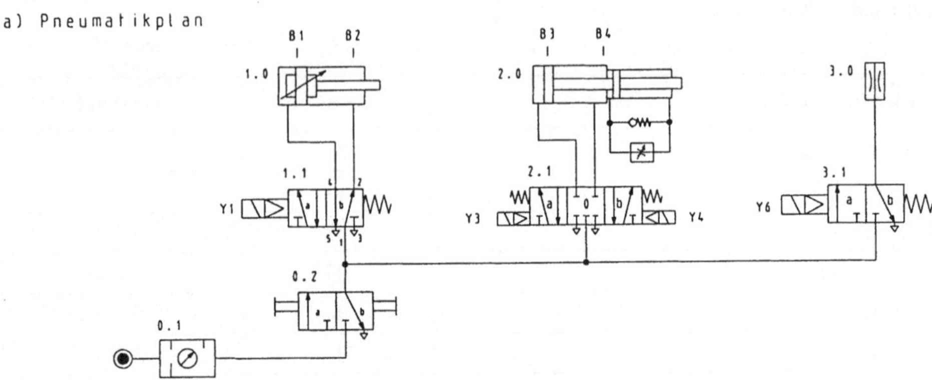

b) Stromlaufplan (Bohrspindel)

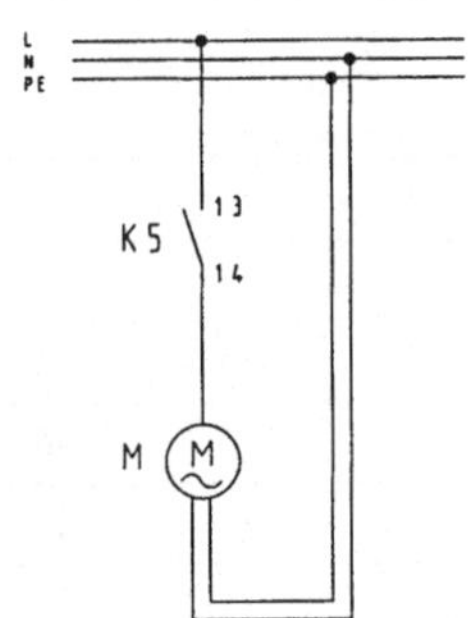

c) SPS-Beschaltung

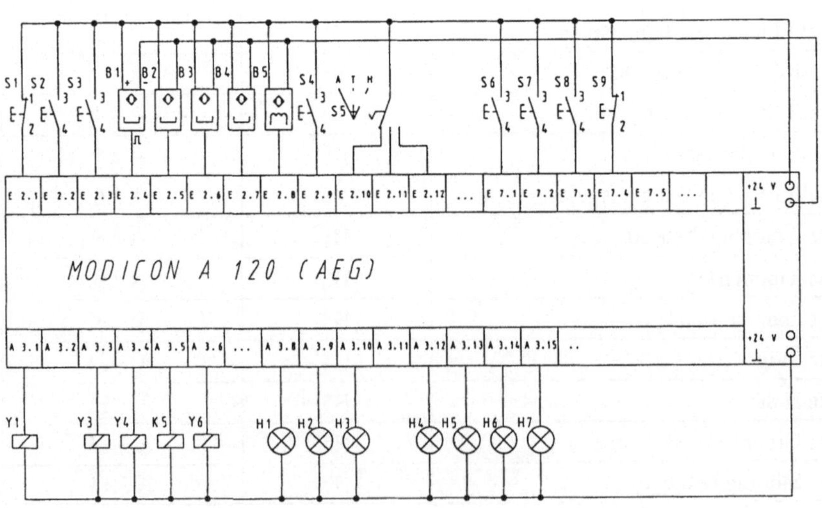

Bild 5.27 SPS-Schaltplan

C:\AKF12\BEAR-STA\PB1
AEG Modicon Dolog AKF: Programm-Protokoll

NETZWERK: 0001 Betriebsarten

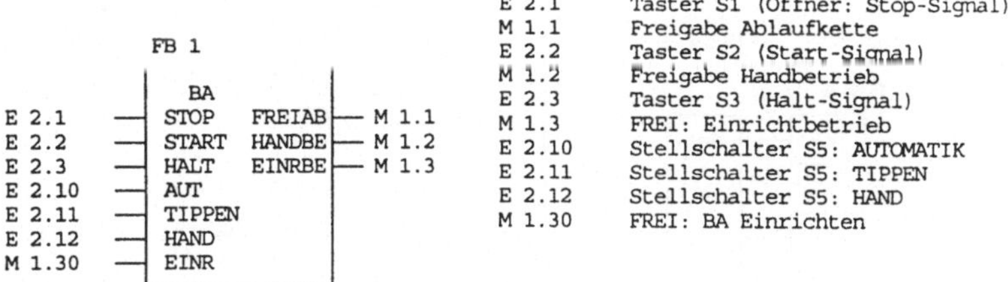

NETZWERK: 0002 Meldungen

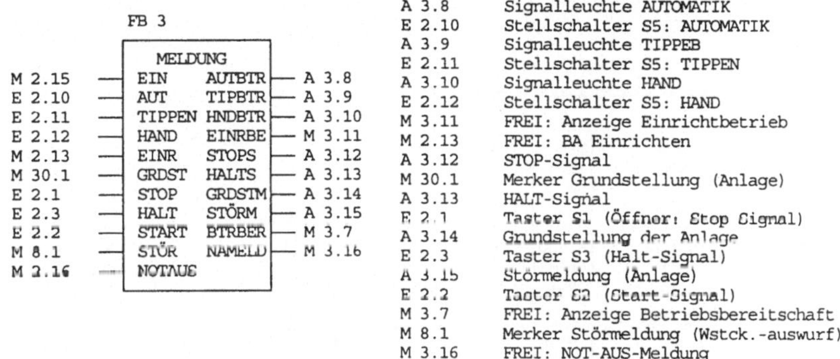

NETZWERK: 0003

Bausteinende

C:\AKF12\BEAR-STA\PB2
AEG Modicon Dolog AKF: Programm-Protokoll

NETZWERK: 0001 Grundstellung

Die zeitliche Verzögerung des Signals von B1 auf E 2.4 (Grundstellung Zylinder 1.0) verzögert die Meldung "Grundstellung der Anlage" und ermöglicht das Auswerfen des Werkstücks am Ende des Arbeitszyklusses. Erst nach dem Auswerfen ist die Grundstellung der Anlage erreicht!

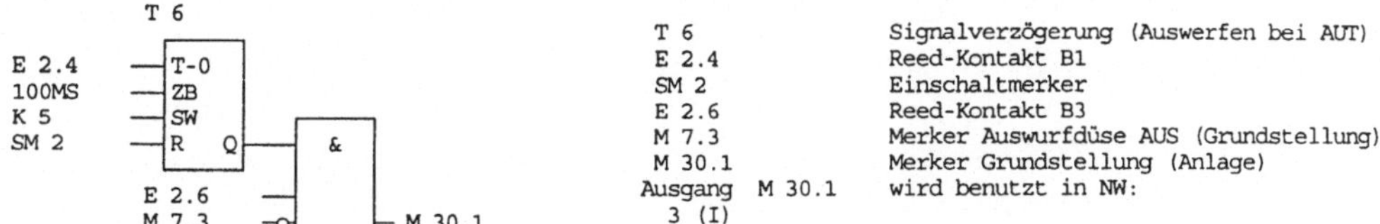

NETZWERK: 0002 Verriegelungsmerker

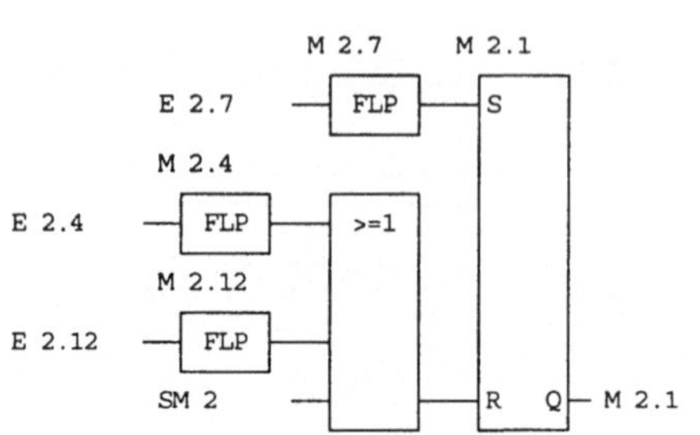

M 2.7	Flankenmerker (B4)
M 2.1	Verriegelungssignal
E 2.7	Reed-Kontakt B4
M 2.4	Flankenmerker (B1)
E 2.4	Reed-Kontakt B1
M 2.12	Flankenmerker (Handbetrieb Ein)
E 2.12	Stellschalter S5: HAND
SM 2	Einschaltmerker
Ausgang M 2.1	wird benutzt in NW:
3 (I) 4 (I) 6 (I)	
Ausgang M 2.4	wird benutzt in NW:
7 (I)	
Ausgang M 2.12	wird benutzt in NW:
3 (I) 4 (I) 5 (I) 6 (I) 7 (I)	

NETZWERK: 0003 Spannzylinder

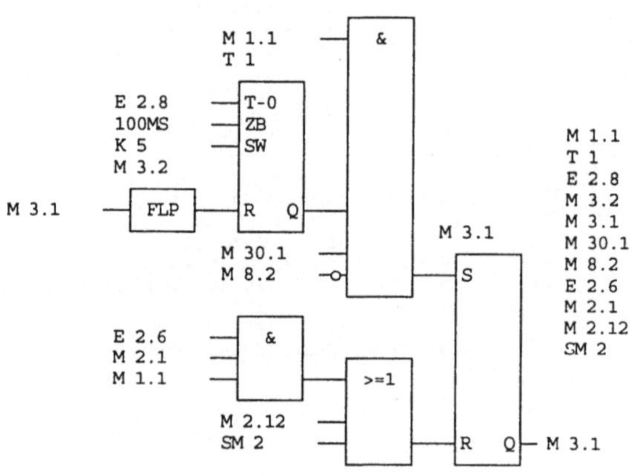

M 1.1	Freigabe Ablaufkette
T 1	Spannverzögerung
E 2.8	Ind. Sensor B5 (Werkstückerkennung)
M 3.2	Flankenmerker
M 3.1	Signalspeicher Spannzylinder
M 30.1	Merker Grundstellung (Anlage)
M 8.2	Ablaufverriegelung bei Störung
E 2.6	Reed-Kontakt B3
M 2.1	Verriegelungssignal
M 2.12	Flankenmerker (Handbetrieb Ein)
SM 2	Einschaltmerker

NETZWERK: 0004 Vorschubzylinder Vorhub

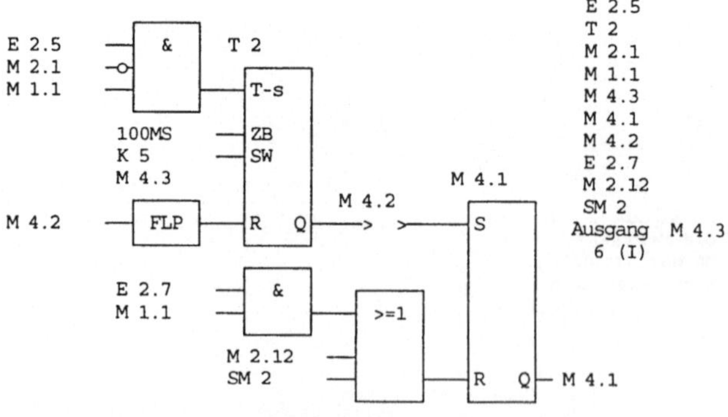

E 2.5	Reed-Kontakt B2
T 2	Vorschubverzögerung
M 2.1	Verriegelungssignal
M 1.1	Freigabe Ablaufkette
M 4.3	Flankenmerker
M 4.1	Signalspeicher Vorhub 2.0
M 4.2	Konnektorsignal (Bohrspindel Ein)
E 2.7	Reed-Kontakt B4
M 2.12	Flankenmerker (Handbetrieb Ein)
SM 2	Einschaltmerker
Ausgang M 4.3	wird benutzt in NW:
6 (I)	

NETZWERK: 0005 Vorschubzylinder Rückhub

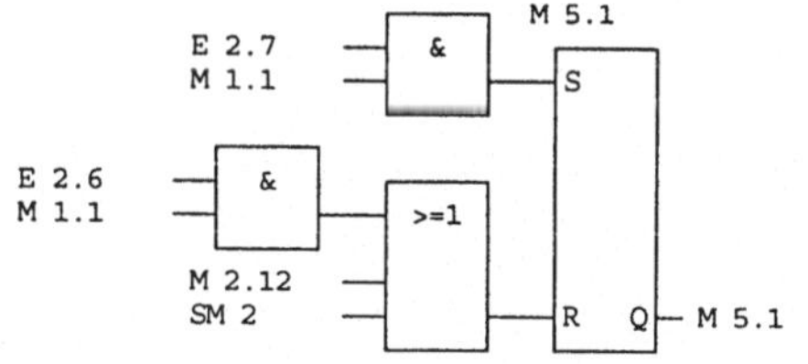

M 5.1	Signalspeicher Rückhub 2.0
E 2.7	Reed-Kontakt B4
M 1.1	Freigabe Ablaufkette
E 2.6	Reed-Kontakt B3
M 2.12	Flankenmerker (Handbetrieb Ein)
SM 2	Einschaltmerker

NETZWERK: 0006 Bohrspindelantrieb

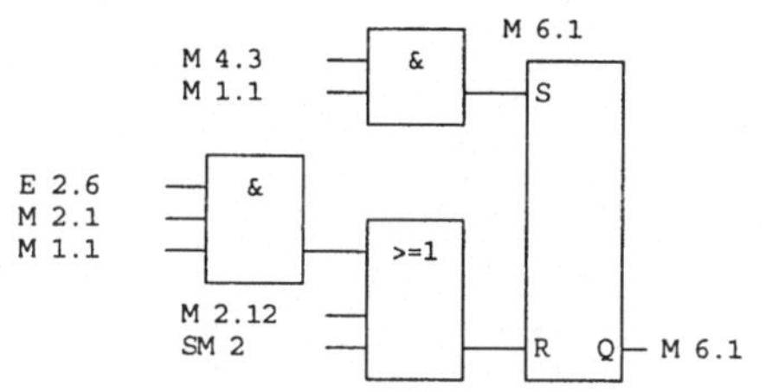

M 6.1	Signalspeicher Bohrspindelantrieb
M 4.3	Flankenmerker
M 1.1	Freigabe Ablaufkette
E 2.6	Reed-Kontakt B3
M 2.1	Verriegelungssignal
M 2.12	Flankenmerker (Handbetrieb Ein)
SM 2	Einschaltmerker

NETZWERK: 0007 Auswurfdüse

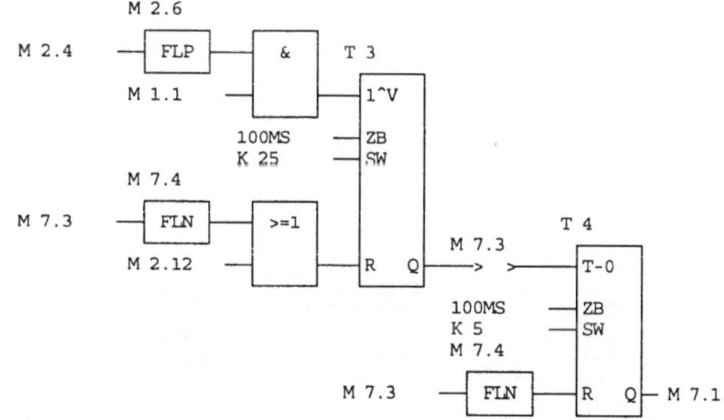

M 2.6	Flankenmerker
M 2.4	Flankenmerker (B1)
T 3	Steuerung der Düsenöffnungszeit
M 1.1	Freigabe Ablaufkette
M 7.4	Flankenmerker
M 7.3	Merker Auswurfdüse AUS (Grundstellung)
T 4	Einschaltverzögerung Auswurfdüse
M 2.12	Flankenmerker (Handbetrieb Ein)
M 7.1	Merker Auswurfdüse
Ausgang M 7.3	wird benutzt in NW:
1 (I) 8 (I)	

NETZWERK: 0008 Störungsmeldung

Eine Störungsmeldung erfolgt, wenn das Werkstück nicht durch die Düse ausgeworfen wird. Die Ablaufkette wird blockiert.

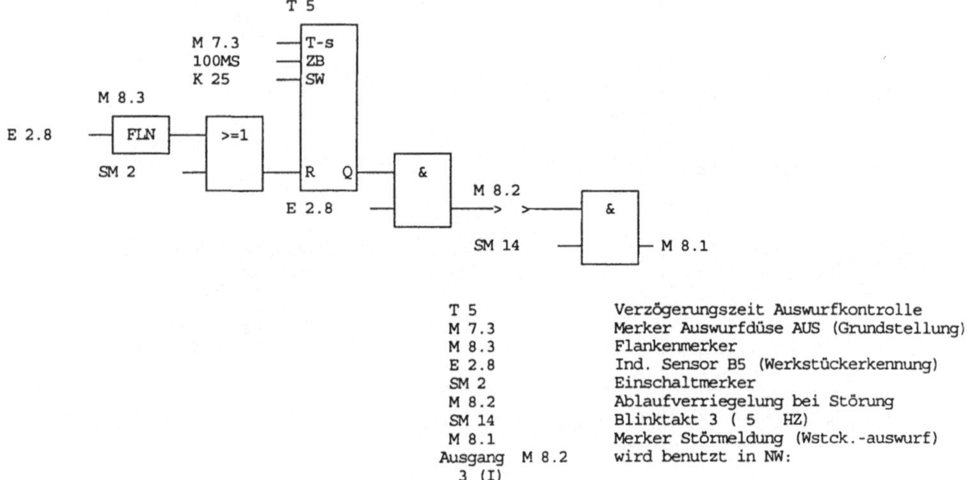

NETZWERK: 0009

Bausteinende

C:\AKF12\BEAR-STA\PB3
AEG Modicon Dolog AKF: Programm-Protokoll

NETZWERK: 0001 Grundstellung

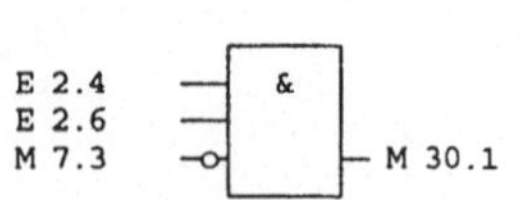

E 2.4 Reed-Kontakt B1
E 2.6 Reed-Kontakt B3
M 7.3 Merker Auswurfdüse AUS (Grundstellung)
M 30.1 Merker Grundstellung (Anlage)
Ausgang M 30.1 wird benutzt in NW:
3 (I)

NETZWERK: 0002 Verriegelungsspeicher

M 2.7 M 2.1
E 2.7 FLP S
M 2.4
E 2.4 FLP >=1
M 2.12
E 2.12 FLP
SM 2 R Q M 2.1

M 2.7 Flankenmerker (B4)
M 2.1 Verriegelungssignal
E 2.7 Reed-Kontakt B4
M 2.4 Flankenmerker (B1)
E 2.4 Reed-Kontakt B1
M 2.12 Flankenmerker (Handbetrieb Ein)
E 2.12 Stellschalter S5: HAND
SM 2 Einschaltmerker
Ausgang M 2.1 wird benutzt in NW:
3 (I) 4 (I) 6 (I)
Ausgang M 2.12 wird benutzt in NW:
3 (I) 4 (I) 5 (I) 6 (I)

NETZWERK: 0003 Spannzylinder

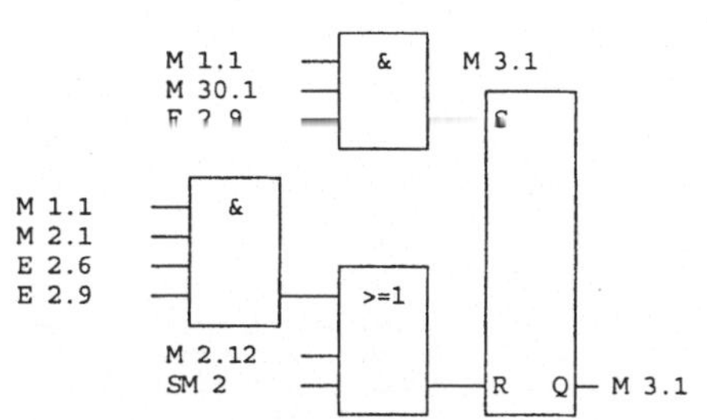

M 1.1	Freigabe Ablaufkette
M 3.1	Signalspeicher Spannzylinder
M 30.1	Merker Grundstellung (Anlage)
E 2.9	Taster S4 (Tippen Einzelschritt)
M 2.1	Verriegelungssignal
E 2.6	Reed-Kontakt B3
M 2.12	Flankenmerker (Handbetrieb Ein)
SM 2	Einschaltmerker

NETZWERK: 0004 Vorschubzylinder Vorhub

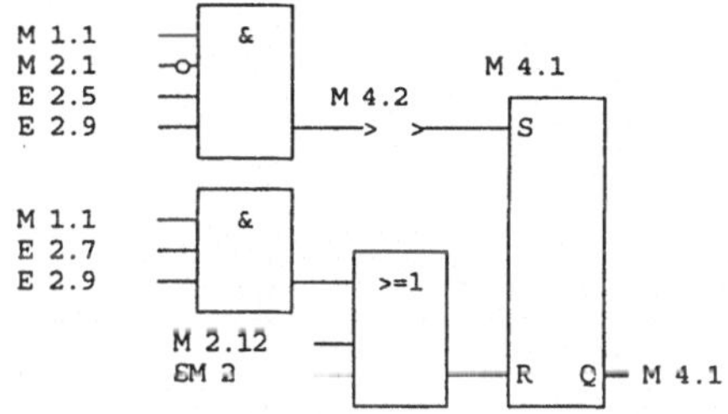

M 1.1	Freigabe Ablaufkette
M 2.1	Verriegelungssignal
M 4.1	Signalspeicher Vorhub 2.0
E 2.5	Reed-Kontakt B2
M 4.2	Konnektorsignal (Bohrspindel Ein)
E 2.9	Taster S4 (Tippen Einzelschritt)
E 2.7	Reed-Kontakt B4
M 2.12	Flankenmerker (Handbetrieb Ein)
SM 2	Einschaltmerker
Ausgang M 4.2	wird benutzt in NW:
6 (I)	

NETZWERK: 0005 Vorschubzylinder Rückhub

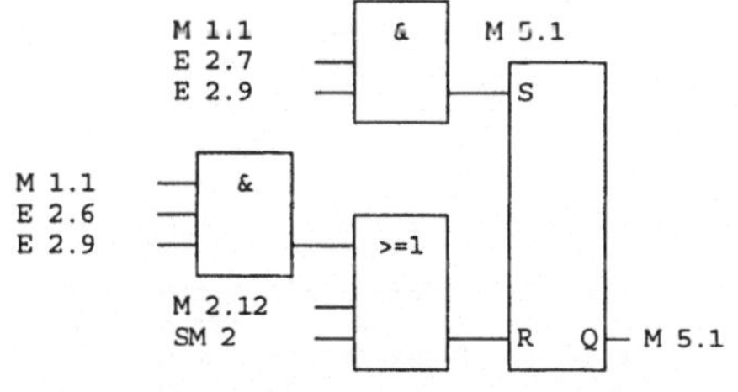

M 1.1	Freigabe Ablaufkette
M 5.1	Signalspeicher Rückhub 2.0
E 2.7	Reed-Kontakt B4
E 2.9	Taster S4 (Tippen Einzelschritt)
E 2.6	Reed-Kontakt B3
M 2.12	Flankenmerker (Handbetrieb Ein)
SM 2	Einschaltmerker

NETZWERK: 0006 Bohrspindelantrieb

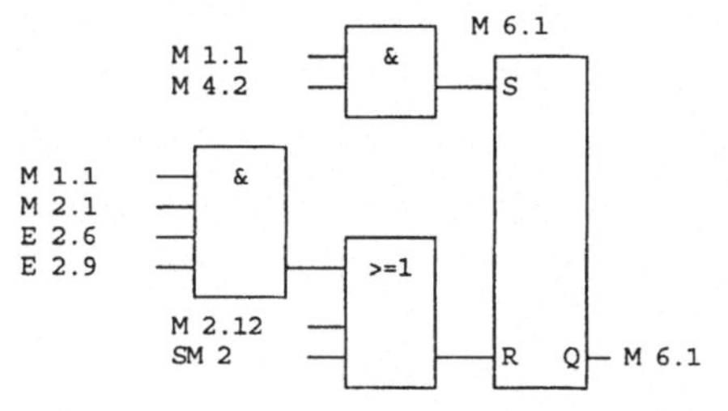

M 6.1	Signalspeicher Bohrspindelantrieb
M 1.1	Freigabe Ablaufkette
M 4.2	Konnektorsignal (Bohrspindel Ein)
M 2.1	Verriegelungssignal
E 2.6	Reed-Kontakt B3
E 2.9	Taster S4 (Tippen Einzelschritt)
M 2.12	Flankenmerker (Handbetrieb Ein)
SM 2	Einschaltmerker

NETZWERK: 0007

Bausteinende

C:\AKF12\BEAR-STA\PB4
AEG Modicon Dolog AKF: Programm-Protokoll

NETZWERK: 0001 Spannzylinder ansteuern

Auf die Verknüpfung des Freigabesignals (M 1.1) mit dem Signal M 3.1 (Ausfahrbedingungen für den Spannzylinder) wird verzichtet.

GRUND: Spannzylinder öffnet sonst bei Betätigung des Tasters STOP!

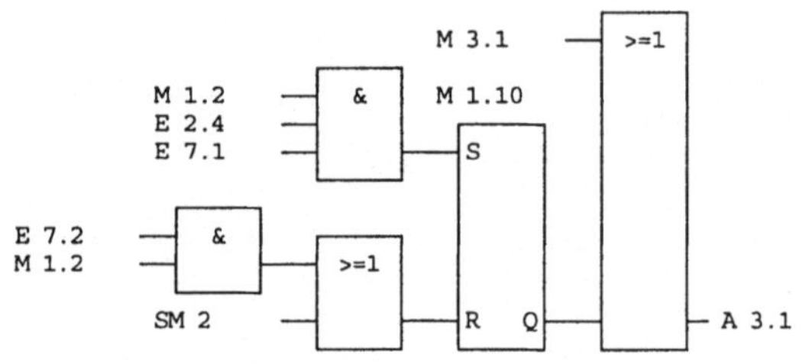

M 3.1	Signalspeicher Spannzylinder
M 1.2	Freigabe Handbetrieb
M 1.10	Signalspeicher Spannzylinder
E 2.4	Reed-Kontakt B1
E 7.1	Taster S6: (1.0 Spannen)
E 7.2	Taster S7: (1.0 Öffnen)
SM 2	Einschaltmerker
A 3.1	Ansteuern Spule Y1

NETZWERK: 0002 Vorhub Zyl. 2.0 ansteuern

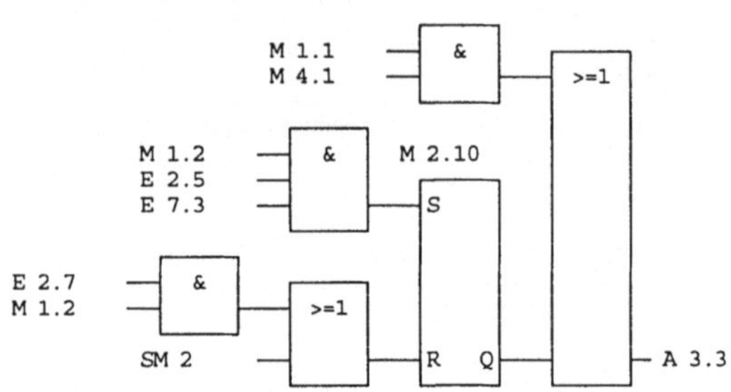

M 1.1	Freigabe Ablaufkette
M 4.1	Signalspeicher Vorhub 2.0
M 1.2	Freigabe Handbetrieb
M 2.10	Signalspeicher (Vorhub 2.0)
E 2.5	Reed-Kontakt B2
E 7.3	Taster S8: (Zyl. 2.0; Spindel Ein)
E 2.7	Reed-Kontakt B4
SM 2	Einschaltmerker
A 3.3	Ansteuern Spule Y3

NETZWERK: 0003 Rückhub Zyl. 2.0 ansteuern

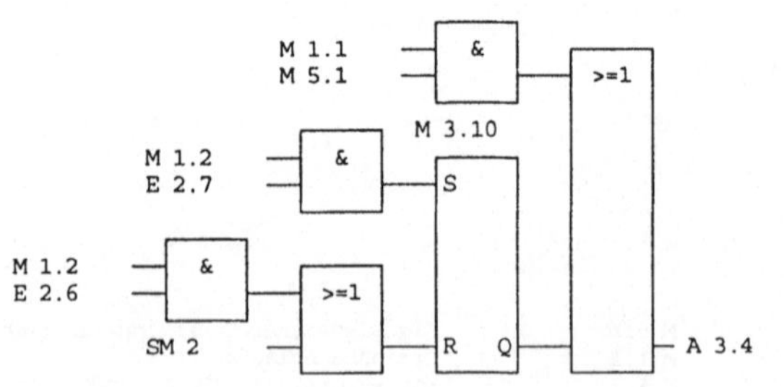

M 1.1	Freigabe Ablaufkette
M 5.1	Signalspeicher Rückhub 2.0
M 3.10	Signalspeicher (Rückhub 2.0)
M 1.2	Freigabe Handbetrieb
E 2.7	Reed-Kontakt B4
E 2.6	Reed-Kontakt B3
SM 2	Einschaltmerker
A 3.4	Ansteuern Spule Y4

NETZWERK: 0004 Bohrspindel ansteuern

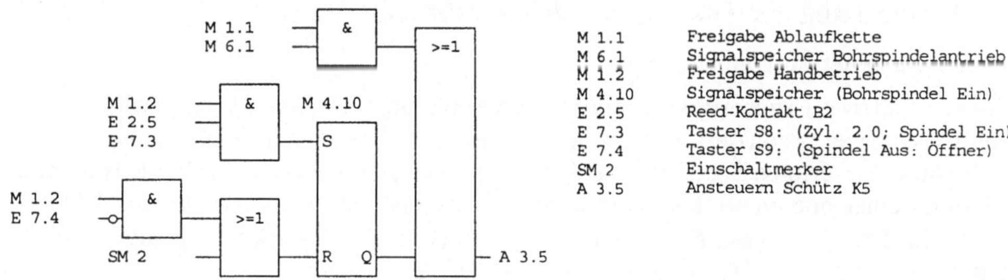

M 1.1	Freigabe Ablaufkette
M 6.1	Signalspeicher Bohrspindelantrieb
M 1.2	Freigabe Handbetrieb
M 4.10	Signalspeicher (Bohrspindel Ein)
E 2.5	Reed-Kontakt B2
E 7.3	Taster S8: (Zyl. 2.0; Spindel Ein)
E 7.4	Taster S9: (Spindel Aus: Öffner)
SM 2	Einschaltmerker
A 3.5	Ansteuern Schütz K5

NETZWERK: 0005 Auswurfdüse ansteuern

M 1.1
M 7.1
&
A 3.6

M 1.1	Freigabe Ablaufkette
M 7.1	Merker Auswurfdüse
A 3.6	Ansteuern Spule Y6 (Düse)

NETZWERK: 0006

Bausteinende

5.5 Zähler in Ablaufsteuerungen

5.5.1 Steuerung der Taktvorschubeinheit für eine Presse

Entwicklung der Problemstellung:

An einer älteren Exzenterpresse wurden in Verbindung mit einem Gesamtschneidwerkzeug Sperrhebel produziert. Die Zuführung des dafür benötigten Blechstreifens und die Entnahme des fertigen Sperrhebels erfolgte von Hand. Dieser Ablauf soll mit Hilfe einer SPS und einer pneumatischen Vorschubeinheit automatisiert werden. Als Betriebsarten bietet die Exzenterpresse Einrichten und Automatik. Die Gefahrenabschaltung erfolgt mit einem zentralen NOT-AUS-Taster an der Presse.

Bestandsaufnahme und Vorüberlegungen:

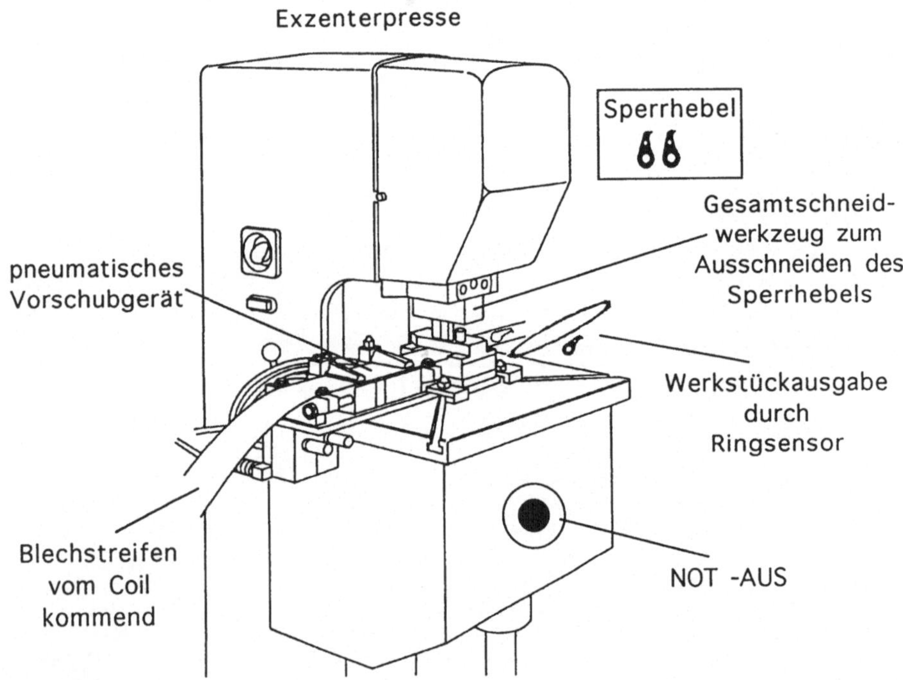

Bild 5.28 Exzenterpresse mit Vorschubgerät

Die dargestellte Exzenterpresse fährt 60 Doppelhübe pro Minute. Die Aufteilung eines Doppelhubes (1 Doppelhub = 1 Arbeitstakt = 360° = 1 Drehung der Exzenterwelle) der Presse für das o.g. Gesamtschneidwerkzeug muß für einen zu erstellenden Steuerungsablauf bekannt sein. Sie wird, wie in Bild 5.29 dargestellt, vorgenommen. Aus der Werkzeugkartei des Schneidwerkzeuges ist der Wert für h (Arbeitsbereich des Werkzeuges) = 2 mm zu entnehmen. Der Pressengesamthub beträgt 10 mm.

An der Aufteilung sieht man, zu welchem Zeitpunkt das Werkstück ausgeschnitten wird (Arbeitsbereich), wann es entfernt werden (Ende des Sicherheitsbereiches 2) und wann der Vorschub erfolgen muß (Vorschubbereich). Um den Fertigungsprozeß sicher zu gestalten, wird vor dem oberen Totpunkt noch eine Fehler- bzw. Störabfrage durchgeführt. Folgende Abfragen sind geplant:

- Ist ein Blechstreifen vorhanden?
- Ist der Vorschub richtig ausgeführt worden?
- Ist das Werkstück entfernt worden?

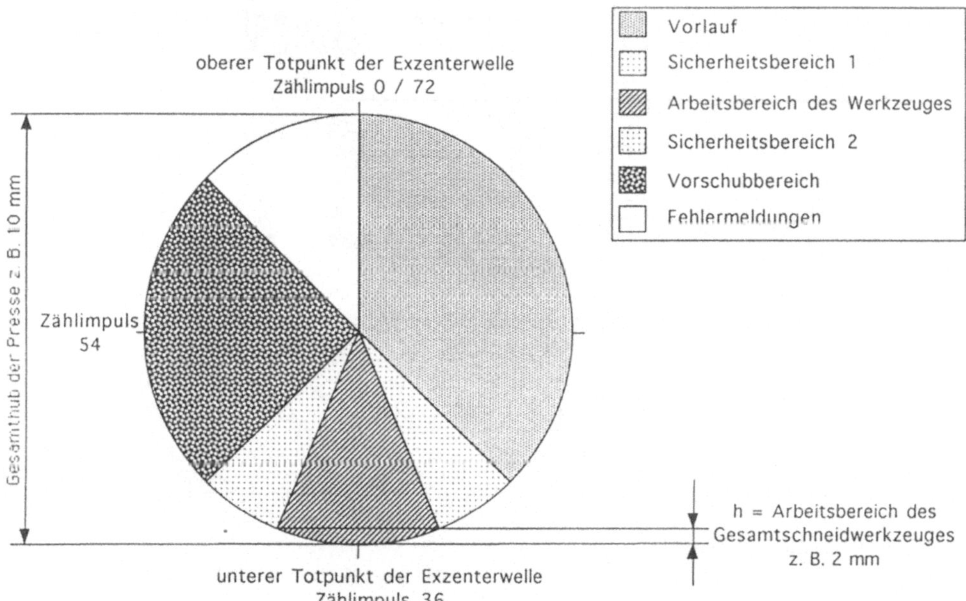

Bild 5.29 Aufteilung des Arbeitstaktes

Anhand des Verlaufs des Arbeitstaktes wird auch festgelegt, wie viele Impulse die Steuerung pro 360°-Drehung der Exzenterwelle benötigt, um hinreichend genau arbeiten zu können. Festgelegt wurde eine Auflösung in 5°-Schritten, d.h. es stehen 72 Impulse pro Umdrehung zur Verfügung. Dafür muß die alte Exzenterpresse an ihrer Exzenterwelle mit einer 72er Lochscheibe versehen werden. Sie wird zusammen mit einem Sensor die nötigen Impulse von der Presse liefern.

Für das Technologieschema (Bild 5.30) werden die wichtigsten Hardware-Entscheidungen getroffen. Ein von der Fa. FESTO angebotenes elektrisch angesteuertes pneumatisches Taktvorschubgerät bietet den Vorteil der Schnelligkeit bei hoher Betriebssicherheit und wird als eine sich selbst steuernde komplette Einheit angeboten. Das Taktvorschubgerät wird in einem Exkurs vorgestellt. Die Steuerungen der Haspel und der Exzenterpresse werden nicht betrachtet.

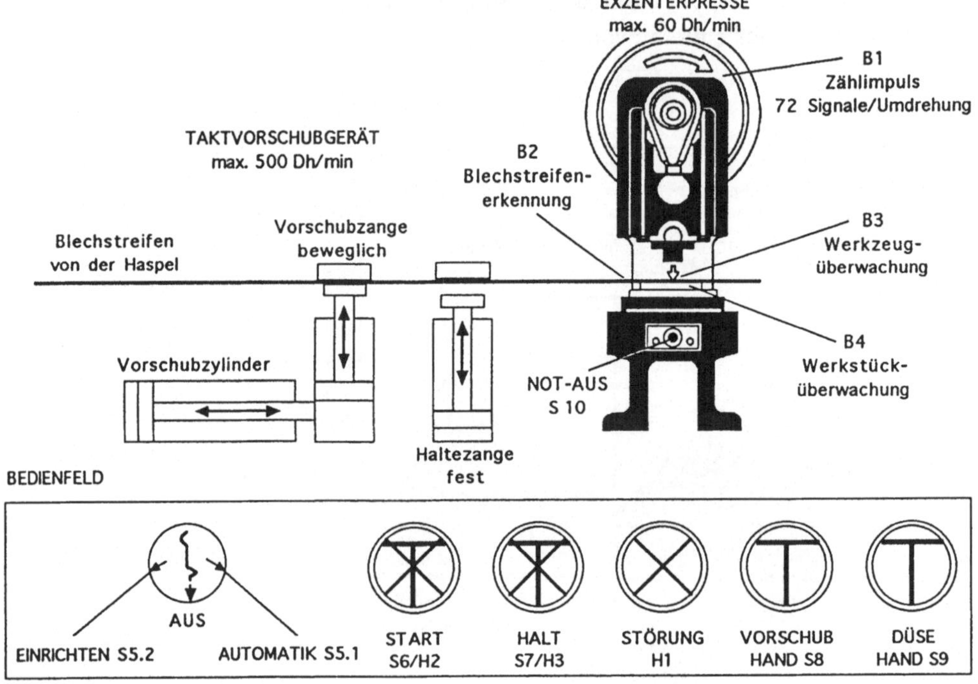

Bild 5.30 Technologieschema I

Die Betriebsarten EINRICHTEN und AUTOMATIK sowie die Schaltstellung AUS werden aus Sicherheitsgründen am Vorschubgerät mit einem Schlüsselschalter gewählt und mit den entsprechenden Betriebsarten der Presse softwaremäßig verknüpft. In der Stellung AUS ist die Vorschubeinheit ausgeschaltet. In der Betriebsart EINRICHTEN können die Vorschubeinheit und die Düse jeweils durch Betätigen eines Tasters separat angesteuert werden. Die Betriebsart AUTOMATIK koppelt die Vorschubeinheit an die Steuerung der Presse an, wobei die Bedientaster folgende Funktionen haben:

START: die Vorschubeinheit ist in beiden Betriebsarten durch die Steuerung mit der Drehbewegung der Exzenterwelle gekoppelt. HALT: stoppt den Vorschub am Zyklusende.

Die Leuchttaster (Start, Halt) sollen die zuletzt gewählte Betriebsart anzeigen. Eine Störanzeige soll vorhanden sein. Die Aufgabe der einzelnen Sensoren ist dem Technologieschema zu entnehmen. Bei der Auswahl des Sensors B1 muß seine zu erwartende Schalthäufigkeit betrachtet werden. Sie wird ermittelt:

Drehzahl der Exzenterwelle * Anzahl der Impulse pro Umdrehung.

Dies ergibt:

$$60 \text{ min}^{-1} * 72 \text{ Impulse} = 4.320 \text{ min}^{-1} = 72 \text{ s}^{-1} = 72 \text{ Hz}$$

Wie man den einschlägigen Firmendatenblättern der Sensoren entnehmen kann, stellt eine Schaltfrequenz von ca. 0,1 kHz bei der Auswahl kein Problem dar. Gewählt wird ein optischer Sensor, eine sogenannte Gabellichtschranke, in deren Gabel die 72er-Lochscheibe laufen wird.

Für den im Werkzeug eingebauten Sensor B3 (Werkzeugüberwachung) wird ein optischer Sensor mit Lichtleitern gewählt. Die Lichtleiter bieten mit ihrer Stärke von nur 2,2 mm den Vorteil, auch an unzugängliche Stellen montierbar zu sein. Die Streifenüberwachung wird von einem induktiven Sensor (B2) übernommen. Für die Werkstücküberwachung beim Auswerfen dient ein ringförmiger induktiver Sensor B4, durch den das Werkstück beim Auswerfen hindurch fliegt. Das Auswerfen erfolgt durch eine Druckluftdüse. Das Schneidwerkzeug ist dafür konstruktiv geeignet.

Konkretisierung der Problemstellung:

Die Exzenterpresse ruht im oberen Totpunkt – ein Blechstreifen ist eingelegt – die Anlage wurde in der Betriebsart EINRICHTEN komplett eingerichtet. Beim Betätigen des Tasters S8 soll das Taktvorschubgerät den Vorschub ausführen – beim Loslassen des Tasters fährt das Gerät wieder in die Grundstellung, so läßt sich der Vorschub exakt kontrollieren und einrichten. Auch die Düse läßt sich durch Handsteuerung einrichten.

Durch das Betätigen des Starttasters S6 und dem nachfolgenden Drehen der Exzenterwelle wird der richtige Zeitpunkt der Düsen- und Vorschubsteuerung kontrolliert und gegebenenfalls im Anwenderprogramm angepaßt.

Der Schlüsselschalter S5 wird nun auf AUTOMATIK umgeschaltet und der START-Taster betätigt. Jede Umschaltung mit dem Schlüsselschalter bewirkt eine Normierung der Vorschubeinrichtung bzw. der SPS.

Liegt von den Sensoren B2 ... B4 keine Fehlermeldung vor, kann die Exzenterpresse anfahren. Die Luftdüse D1 wird angesteuert und das Werkstück ausgeworfen; die Vorschubeinrichtung wird ebenfalls angesteuert, und durchfährt dann ihrerseits zwangsgesteuert (Bild 5.35: Funktionsdiagramm) ihren Zyklus. Meldet keiner der Sensoren im Bereich Fehlermeldung eine Störung, läuft die Presse weiter; ein neuer Zyklus beginnt.

Liegt eine Störung vor, muß ein Bremssignal an die Presse gehen. Die Nachlaufzeit des Pressentyps bestimmt dann die Zeit bis zu deren Stillstand. Die Vorschubeinheit bleibt aus Sicherheitsgründen noch mit der Exzenterwellendrehung gekoppelt. Die Störung wird über einen Leuchtmelder angezeigt.

Im Falle einer Sicherheitsabschaltung der Presse, wird die Vorschubeinheit, von der selbst keine Gefahr ausgeht (10 mm Hub), nur indirekt betroffen. Sie darf nicht drucklos werden, sonst könnte sich der Blechstreifen lösen und zu einer Gefahr werden. Nur im SPS-Programm wird hier die Gefahrenabschaltung berücksichtigt.

Die konkretisierte Ablaufbeschreibung führt zur detaillierten Darstellung der Technologie.

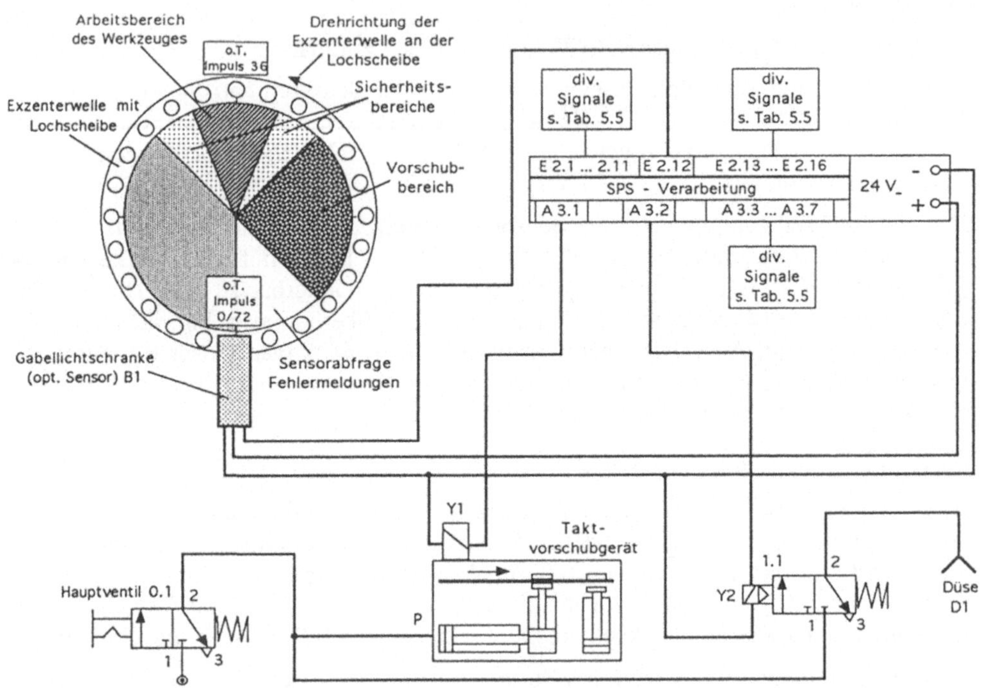

Bild 5.31 Technologieschema II

Ohne Beachtung der Betriebsarten Einrichten und Hand, stellt sich der Steuerungsablauf für die Anlage im Funktionsplan wie folgt dar:

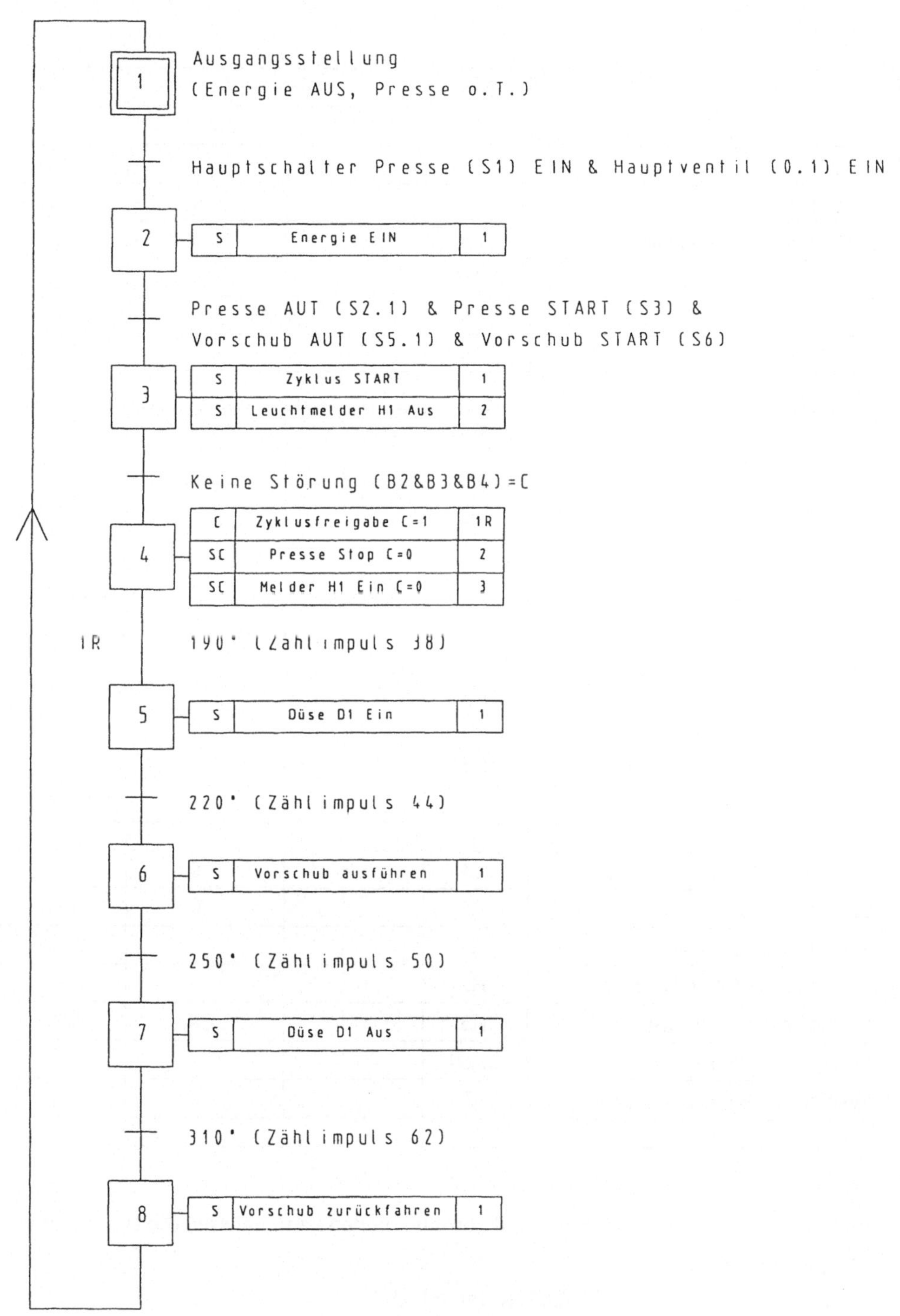

Bild 5.32 Funktionsplan (Taktvorschubeinheit, AUT-Betrieb)

Tabelle 5.5 Belegungsliste

Betriebsmittel	Bez.	Signalpegel		Operand
		aktiv	passiv	
Presse:				
Rastschalter Ein	S1	1	0	E 2.1
Schlüsselschalter Automatik	S2.1	1	0	E 2.2
Schlüsselschalter Einrichten	S2.2	1	0	E 2.3
Start-Taster	S3	1	0	E 2.4
Halt-Taster	S4	0	1	E 2.5
Vorschubgerät:				
Schlüsselschalter Automatik	S5.1	1	0	E 2.6
Schlüsselschalter Einrichten	S5.2	1	0	E 2.7
Start-Taster	S6	1	0	E 2.8
Halt-Taster	S7	0	1	E 2.9
Taster Ausfahren (Einrichten)	S8	1	0	E 2.10
Taster Düse (Einrichten)	S9	1	0	E 2.11
Optischer Sensor (Impulserkennung)	B1	1	0	E 2.12
Induktiver Sensor (Blechstreifen)	B2	1	0	E 2.13
Optischer Sensor (Werkzeug)	B3	1	0	E 2.14
Induktiver Sensor (Werkstück)	B4	1	0	E 2.15
NOT-AUS-Taster	S10	0	1	E 2.16
Stellglied Taktvorschubgerät	Y1	1	0	A 3.1
Stellglied Düse	Y2	1	0	A 3.2
Signalleuchte Störung	H1	1	0	A 3.3
Leuchtmelder (Start-Taster)	H2	1	0	A 3.4
Leuchtmelder (Halt-Taster)	H3	1	0	A 3.5
Leuchtdiode Presse Stop	LED1	1	0	A 3.6
Leuchtdiode Bereich o.T. Presse	LED2	1	0	A 3.7

Damit das Vorschubgerät im Automatikbetrieb arbeiten kann, müssen die Bedingungen:

- Hauptventil Ein,
- Exzenterpresse Ein, AUTOMATIK und START,
- Wahlschalter Vorschubgerät auf AUTOMATIK und Taster START erfüllt sein.

Diese Signale zusammen mit den Störabfragen B2, B3 und B4 werden von der SPS verarbeitet und führen mit der Anzahl gezählter Impulse (zur Erinnerung: B1 gibt je 5° Exzenterwellendrehung ein 1-Signal) bei 190° Exzenterwellendrehung zum Ausgangssignal A 3.2 der SPS. Damit wird das Ventil 1.1 betätigt, die Düse D1 geöffnet und das Werkstück ausgeblasen. Bei 250° ist dieser Vorgang beendet, das Ventil schließt wieder.

Bei 220° gibt die SPS über den Ausgang A 3.1 ein Signal an das Taktvorschubgerät (s. Exkurs). Dieses führt nun den Vorschub aus. Bei 310° fällt das Signal von A 3.1 ab und das Taktvorschubgerät fährt in seine Ausgangsstellung zurück. Liegt keine Störung vor, beginnt der Ablauf von neuem.

Exkurs: Taktvorschubgerät

Taktvorschubgeräte sind kompakte Baueinheiten zum Verschieben von Bändern, Stangen, Profilen u.v.m. Vorschubgeschwindigkeiten, Spannkräfte und die Vorschubkraft können meist stufenlos über den Betriebsdruck eingestellt werden. Eine Synchronisierung des Taktvorschubgerätes mit dem Arbeitstakt der Werkzeugmaschine läßt sich leicht erreichen.

Bild 5.33
Taktvorschubgerät
(Festo)

Vorschübe von 0 bis ca. 1000 mm lassen sich mit Standardgeräten verwirklichen, wobei jedes einzelne Gerät nur einen bestimmten Vorschubbereich abdeckt. Bei dem hier eingesetzten kleinen Vorschubgerät ist ein Vorschub von 0 bis 20 mm möglich.

Arbeitsweise des Taktvorschubgerätes: Die Arbeitsweise dieses Gerätes soll vorgestellt werden, da es dem Hersteller gelungen ist, eine unkomplizierte und doch komfortable Lösung des Problemes zu finden. Zum besseren Verständnis sei der Ablauf des Gerätes kurz bildlich dargestellt:

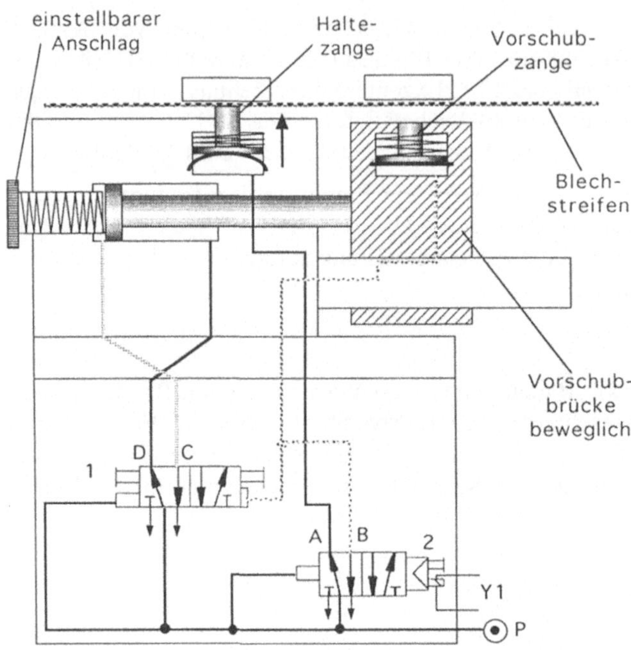

Bild 5.34a
Grundstellung

In der Grundstellung des Gerätes bei Belüftung des Anschlusses P (6 bar über Hauptventil 0.1) ist die Haltezange gespannt (Leitung A belüftet). Die Vorschubbrücke fährt gegen den einstellbaren Anschlag (D belüftet) und die Vorschubzange ist entlüftet (B entlüftet).

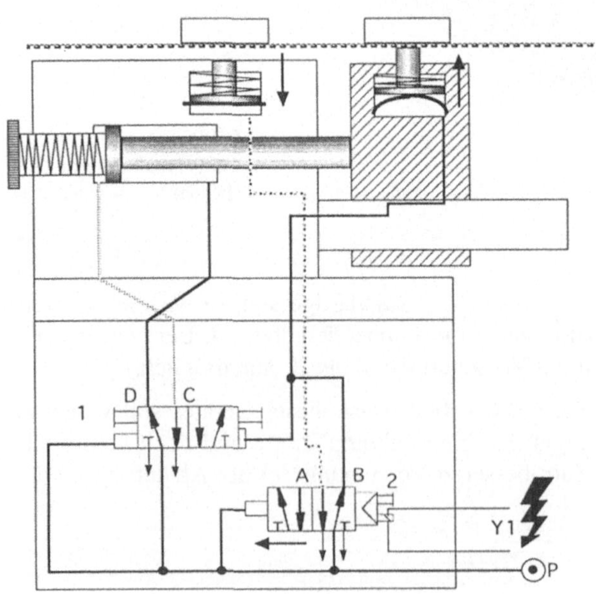

Bild 5.34b
Signal an Y1

Durch das von der Steuerung (A 3.2) kommende Vorschubsignal an die Spule Y1 stellt das Ventil 2 um. Die Vorschubzange wird gespannt (B belüftet) und die Haltezange wird über A entlüftet.

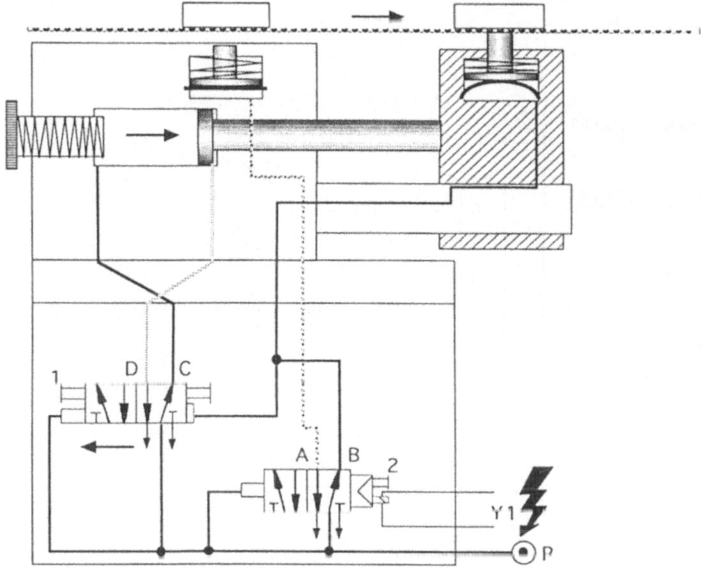

Bild 5.34c
Vorschub

Wenn sich mindestens 50% des Betriebsdruckes (3 bar) in der Leitung B aufgebaut hat, schaltet das Ventil 1 um, die Vorschubbrücke fährt gegen den festen Anschlag (Vorschubbewegung, C belüftet). Die Vorschubzange bleibt gespannt und die Haltezange entlüftet.

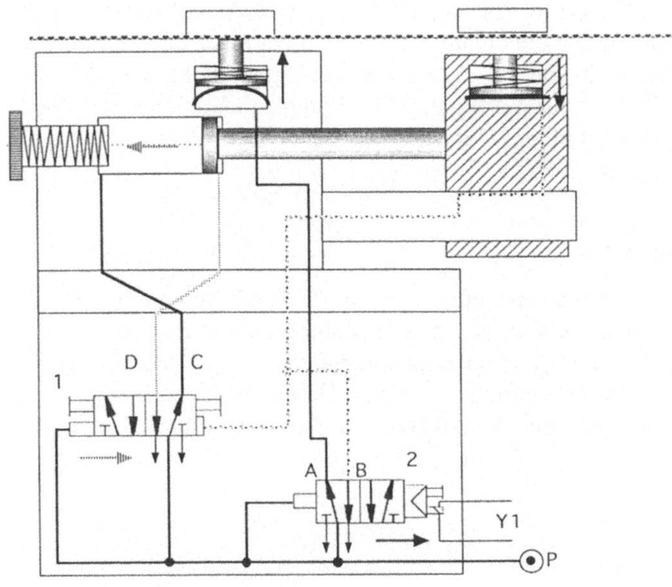

Bild 5.34d
Signalabfall an Y1

Der Signalabfall an Y1 führt zum sofortigen Umschalten des Ventils 2. Die Haltezange wird gespannt (A belüftet) – die Vorschubzange über B entlüftet. Bei Druckabfall auf 3 bar (50% des Betriebsdrucks) in der Leitung B schaltet das Ventil 1 um. C wird entlüftet und D belüftet. Die Vorschubbrücke fährt an den einstellbaren Anschlag zurück. Das Gerät steht wieder in Grundstellung.

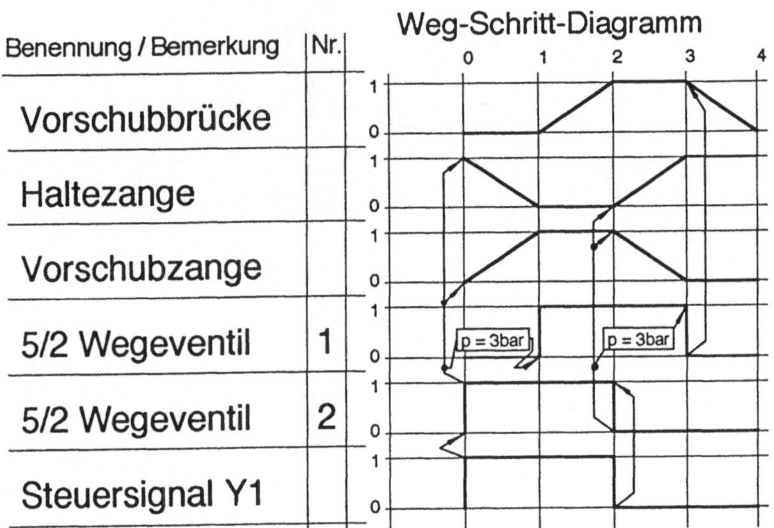

Bild 5.35 Funktionsdiagramm (VDI 3260)[2]

Für den sicheren Funktionsablauf ist die Zykluszeit des Vorschubgerätes zu beachten. Der Hersteller verlangt als Signalzeit für Y1 ca. 22 ms, damit das Ventil sicher schalten kann. Eine kurze Überschlagung der Zeitabläufe ergibt, daß bei einer 10°-Drehung der Pressenkurbelwelle eine Signalzeit von ca. 27 ms zur Verfügung steht. Für den Vorschub stehen insgesamt ca. 250 ms zur Verfügung. Das komplette Vorschubgerät benötigt ca. 150 ms für einen Zyklus bei einem Vorschub von ca. 10 mm. Probleme sind also von dieser Seite nicht zu erwarten.

5.5.2 Das Anwenderprogramm

Zur Lösung der beschriebenen Aufgabenstellung wird im Anwenderprogramm ein Vorwärtszähler (ZV) eingesetzt (PB2, NW5). Bei diesem Zähler handelt es sich um einen Softwarezähler, dessen Leistungsfähigkeit im wesentlichen von der Zykluszeit des Programmes abhängt. Für Positioniersteuerungen werden Hardwarezähler, wie z.B. der ZAE 201, eingesetzt. Diese arbeiten unabhängig von der ALU (Arithmetic-Logic-Unit) der Steuerung.

---

[2] Die VDI-Richtlinie 3260 ist zurückgezogen worden. Der VDI empfiehlt die Darstellung entsprechend DIN 40719 T6.

Zunächst muß der im Sollwertregister SW stehende Zahlenwert, im vorliegenden Beispiel die Konstante K 72 (72 = 1 Exzenterwellendrehung) intern übernommen und der Istwert auf 0 eingestellt werden. Dies geschieht durch ein 1-Signal am Setzeingang S.

Findet am Zähleingang ZV des Vorwärtszählers ein Flankenwechsel (0-1) statt, wird der Zählstand um eins erhöht, solange die obere Zählgrenze von +32767 noch nicht erreicht ist. Gleichzeitig mit der ersten Flanke am Zähleingang ZV wird der Ausgang Q auf 1 gesetzt. Sobald der Istwert den Sollwert erreicht hat, schaltet der Ausgang auf 0-Signal. Der Zählvorgang ist abgeschlossen. Um einen erneuten Zählvorgang einzuleiten, muß ein erneuter Flankenwechsel am Setzeingang S stattfinden. Der Zählzyklus beginnt von neuem.

Der Rücksetzeingang dient zum Normieren (z.B. beim Einschalten der Anlage) des Zählers unabhängig vom Setzeingang. Über den am Rücksetzeingang R angeschlossenen Geber kann der Zähler dominant rückgesetzt werden. Das Zählen kann so nach Bedarf gesteuert werden.

Die im Zähler stehenden Istwerte wie auch Sollwerte lassen sich durch eine Ladeanweisung abfragen und in andere Operandenbereiche übertragen. Solche Abfragen sind z.B. der obere Totpunkt, Löschen der Fehlermeldung, Zyklusfreigabe usw.

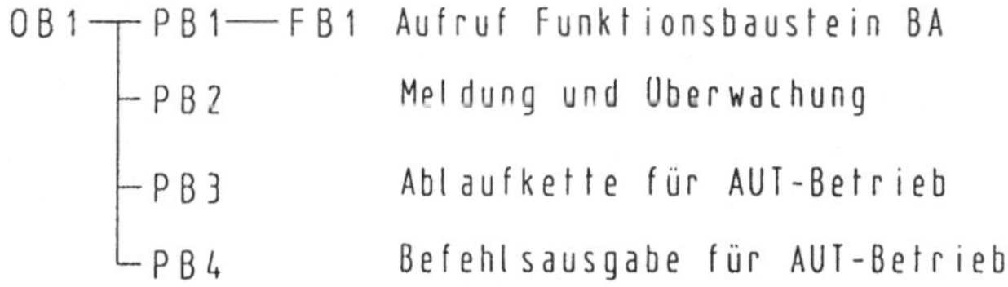

Bild 5.36 Programm-Struktur

```
C:\AKF12\VORSCHUB\PB1
AEG Modicon Dolog AKF: Programm-Protokoll

NETZWERK: 0001    Betriebsarten

Mit Hilfe des FB1 wird zwischen den Betriebsarten AUTOMATIK
und EINRICHTEN gewählt.
```

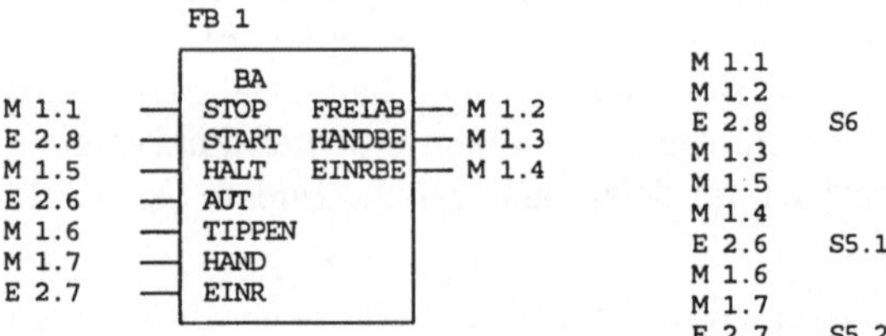


```
M 1.1            Stop
M 1.2            Freigabe des Ablaufs
E 2.8    S6      Vorschub START
M 1.3            Frei
M 1.5            Halt
M 1.4            Einrichtebetrieb
E 2.6    S5.1    Vorschub AUTOMATIK
M 1.6            Frei
M 1.7            Frei
E 2.7    S5.2    Vorschub EINRICHTEN
```

```
NETZWERK: 0002

Bausteinende
```

```
C:\AKF12\VORSCHUB\PB2
AEG Modicon Dolog AKF: Programm-Protokoll

NETZWERK: 0001    Energie EIN / STOP

Der Haupschalter der Presse S1 muß betätigt sein:
Ausschalten dient als Stoppsignal!

E 2.1  ─[ & ]─ M 1.1         E 2.1   S1    Hauptschal. Presse: übernommenes Signal
                             M 1.1         Stop

NETZWERK: 0002    HALT

Der Halt-Taster ist ein Öffner!

E 2.9  ─o[ & ]─ M 1.5        E 2.9   S7    Vorschub HALT
                             M 1.5         Halt

NETZWERK: 0003    NOT-AUS

Der NOT-AUS-Schalter ist ein Öffner!

E 2.16 ─o[ & ]─ M 50.1       E 2.16  S10   NOT-AUS Nebenkontakt
                             M 50.1        NOT-AUS-Signal
```

NETZWERK: 0004 Werkstücküberwachung B4

Das Werkstück fliegt während des Zyklus durch den Sensor. Das kurze Signal wird verlängert und bis zur Abfrage gespeichert.

Hinweis: Bei Inbetriebnahme wird nach Betätigung des Schlüsselschalters ein kurzes Signal zur Störmeldungsunterdrückung (T1) erzeugt. Dieses wirkt einmalig.

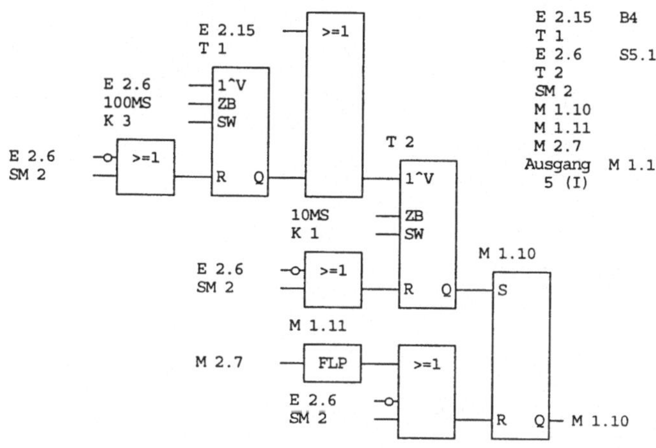

E 2.15	B4	Werkstücküberwachung
T 1		Impulsverlängerung
E 2.6	S5.1	Vorschub AUTOMATIK
T 2		Impulsverlängerung
SM 2		Einschaltmerker
M 1.10		Werkstücküberwachung
M 1.11		Merker Flankenerkennung
M 2.7		Signal: Löschen Fehlermeldung
Ausgang	M 1.10	wird benutzt in NW:
5 (I)		

NETZWERK: 0005 Sensorabfrage (Fehlermeldungen)

Die Sensoren B2, B3 und B4 (M 1.10) werden zusammengefaßt und gespeichert. Im o.T. muß M 1.21 ein 1-Signal haben (keine Störung)!

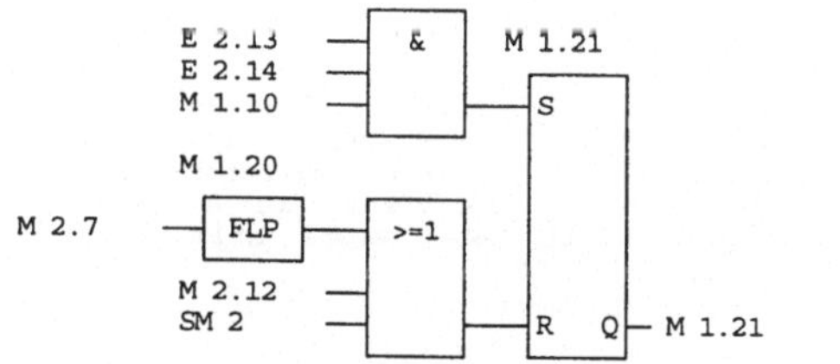

E 2.13	B2	Streifenüberwachung
M 1.21		Fehlermeldung (Zusammenfassung)
E 2.14	B3	Werkzeugüberwachung
M 1.10		Werkstücküberwachung
M 1.20		Merker Flankenerkennung
M 2.7		Signal: Löschen Fehlermeldung
M 2.12		Normierung über AUT AN/AUS
SM 2		Einschaltmerker
Ausgang	M 1.21	wird benutzt in NW:
10 (I)	12 (I)	

NETZWERK: 0006 Impulszählung

Die Impulse von B1 werden gezählt. Beim Erreichen des Zähler-Sollwertes (ZSW=72) stellt sich der Zähler automatisch auf Null zurück. Sollwertübernahme und Normierung erfolgt bei AUT bzw. AN/AUS.

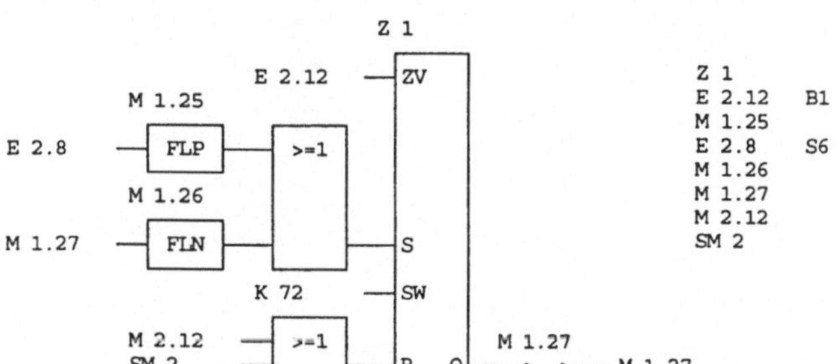

Z 1		Impulszähler Exzenterwelle
E 2.12	B1	Impulserkennung Exzenterwelle
M 1.25		Merker Flankenerkennung
E 2.8	S6	Vorschub START
M 1.26		Merker Flankenerkennung
M 1.27		Impulszählung Exzenterwelle
M 2.12		Normierung über AUT AN/AUS
SM 2		Einschaltmerker

NETZWERK: 0007 Abfrage oberer Totpunkt

Im o.T. muß der Zählerstand 0 sein.
Problem: Der Zähleristwert (ZIW) müßte exakt erfaßt und eingelesen sein. Das würde nur bei zeitgleichem Auftreten des Zählerstandes 0 und seiner gleichzeitigen Abfrage im Programmzyklus möglich sein.
Deshalb vermeidet man die Abfrage ZIW = K0. So schließt man aus, daß die Steuerung den o.T. verpaßt.
Hier wird der o.T.-Bereich von K70 bis K2 über eine entsprechende Vergleicherabfrage definiert!

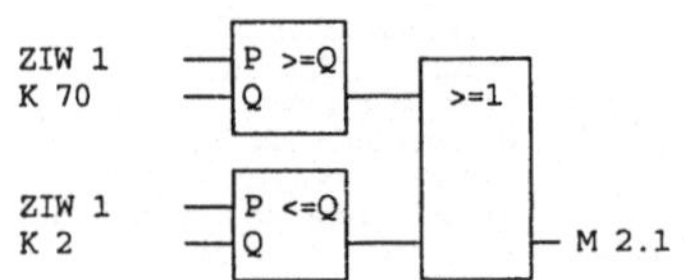

ZIW 1		Istwertregister Z1
M 2.1		Abfrage o.T.
Ausgang	M 2.1	wird benutzt in NW:
10 (I) 12 (I) 16 (I)		

NETZWERK: 0008 Löschen der Fehlermeldungen >o.T

Neue Störabfrage wird vorbereitet.

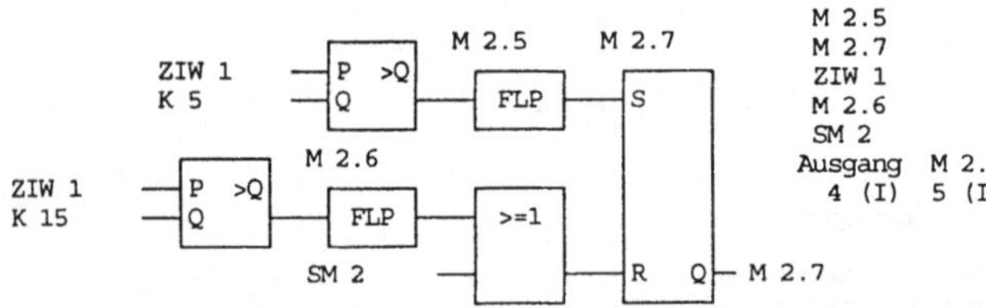

M 2.5		Merker Flankenerkennung
M 2.7		Signal: Löschen Fehlermeldung
ZIW 1		Istwertregister Z1
M 2.6		Merker Flankenerkennung
SM 2		Einschaltmerker
Ausgang	M 2.7	wird benutzt in NW:
4 (I)	5 (I)	

NETZWERK: 0009 Normierung

Ein- oder Ausschalten der Vorschub-AUT normiert die Anlage.

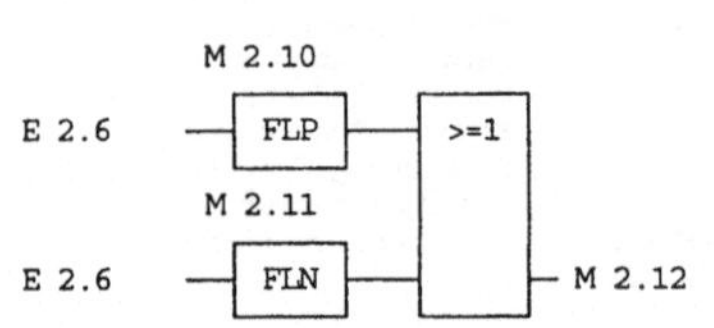

M 2.10		Merker Flankenerkennung
E 2.6	S5.1	Vorschub AUTOMATIK
M 2.11		Merker Flankenerkennung
M 2.12		Normierung über AUT AN/AUS
Ausgang	M 2.12	wird benutzt in NW:
5 (I)	6 (I)	10 (I) 12 (I) 13 (I) 14 (I) 15 (I)

NETZWERK: 0010 Grundstellung

Der Zyklus muß nach jeder Umdrehung der Pressenexzenterwelle erneut freigegeben werden. Diese Grundstellung wird immer im o.T. abgefragt und an den PB1/FB1 gemeldet.

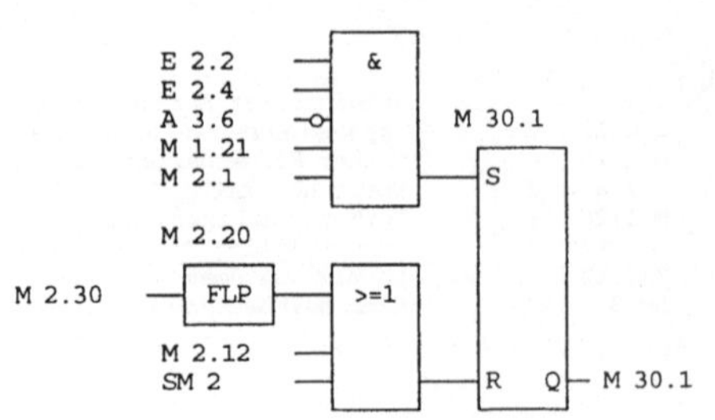

E 2.2	S2.1	Presse AUTOMATIK: Übernahmesignal
E 2.4	S3	Presse START: übernommenes Signal
A 3.6	LED1	Signal zur Presse STOP
M 30.1		Grundstellung
M 1.21		Fehlermeldung (Zusammenfassung)
M 2.1		Abfrage o.T.
M 2.20		Merker Flankenerkennung
M 2.30		kurz vor o.T.
M 2.12		Normierung über AUT AN/AUS
SM 2		Einschaltmerker
Ausgang	M 30.1	wird benutzt in NW:
13 (I)		

NETZWERK: 0011 Löschen Zyklusfreigabe

Die Zyklusfreigabe wird kurz vor o.T. gelöscht.

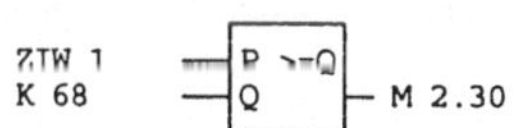

ZIW 1		Istwertregister Z1
M 2.30		kurz vor o.T.
Ausgang	M 2.30	wird benutzt in NW:
10 (I)		

NETZWERK: 0012 Störung Leuchtmelder H1

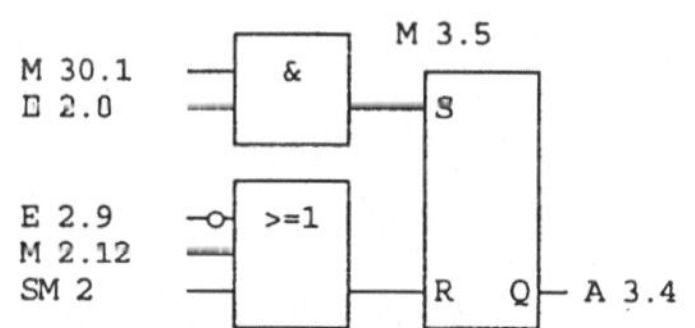

M 1.21		Fehlermeldung (Zusammenfassung)
M 3.1		Störung H1
E 2.6	S5.1	Vorschub AUTOMATIK
M 2.1		Abfrage o.T.
M 2.12		Normierung über AUT AN/AUS
SM 2		Einschaltmerker
A 3.3	H1	Störung
Ausgang	M 3.1	wird benutzt in NW:
15 (I)		

NETZWERK: 0013 START Leuchtmelder H2

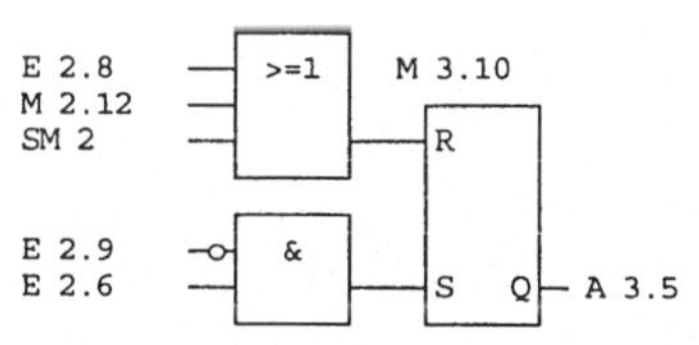

M 3.5		START H2
M 30.1		Grundstellung
E 2.8	S6	Vorschub START
E 2.9	S7	Vorschub HALT
M 2.12		Normierung über AUT AN/AUS
SM 2		Einschaltmerker
A 3.4	H2	Start

NETZWERK: 0014 HALT Leuchtmelder H3

E 2.8	S6	Vorschub START
M 3.10		HALT H3
M 2.12		Normierung über AUT AN/AUS
SM 2		Einschaltmerker
E 2.9	S7	Vorschub HALT
E 2.6	S5.1	Vorschub AUTOMATIK
A 3.5	H3	Halt

NETZWERK: 0015 PRESSE STOP Signal an Presse LED

Stopsignal wirkt mit kurzer Verzögerung.

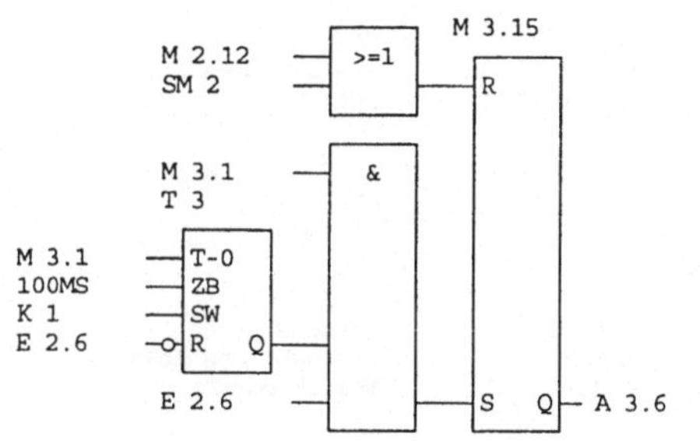

M 3.15		Presse STOP
M 2.12		Normierung über AUT AN/AUS
SM 2		Einschaltmerker
M 3.1		Störung H1
T 3		Ausschaltverzögerung
E 2.6	S5.1	Vorschub AUTOMATIK
A 3.6	LED1	Signal zur Presse STOP
Ausgang	A 3.6	wird benutzt in NW:
10 (I)		

NETZWERK: 0016 Presse o.T. Interner Melder LED

M 2.1 —[&]— A 3.7

M 2.1		Abfrage o.T.
A 3.7	LED2	Anzeige Bereich o.T. Presse

NETZWERK: 0017

Bausteinende

C:\AKF12\VORSCHUB\PB3
AEG Modicon Dolog AKF: Programm-Protokoll

NETZWERK: 0001 Düse D1 AN/AUS

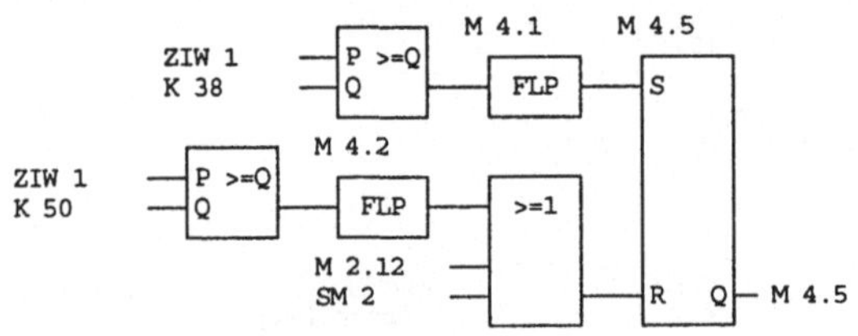

M 4.1	FLP
M 4.5	Düse D1
ZIW 1	Istwertregister Z1
M 4.2	Merker Flankenerkennung
M 2.12	Normierung über AUT AN/AUS
SM 2	Einschaltmerker

NETZWERK: 0002 Vorschubgerät aus-/einfahren

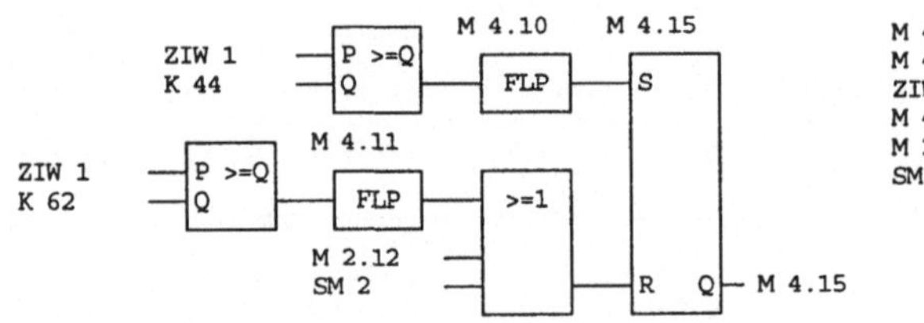

M 4.10	Merker Flankenerkennung
M 4.15	Vorschubgerät
ZIW 1	Istwertregister Z1
M 4.11	Merker Flankenerkennung
M 2.12	Normierung über AUT AN/AUS
SM 2	Einschaltmerker

NETZWERK: 0003

Bausteinende

C:\AKF12\VORSCHUB\PB4
AEG Modicon Dolog AKF: Programm-Protokoll

NETZWERK: 0001 Düsensteuerung für AUT-Betrieb

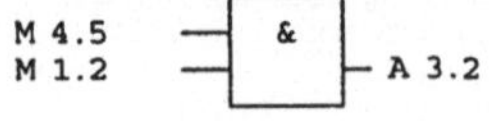

M 4.5		Düse D1
M 1.2		Freigabe des Ablaufs
A 3.2	Y2	Düse D1

NETZWERK: 0002 Vorschubgerätsteuerung für AUT

M 4.15, M 1.2 —[&]— A 3.1

M 4.15		Vorschubgerät
M 1.2		Freigabe des Ablaufs
A 3.1	Y1	Vorschubgerät

NETZWERK: 0003

Bausteinende

Anmerkungen zum Anwenderprogramm:

Der Programmaufbau erfolgt in folgender Weise: Betriebsarten PB1, Meldungen und Überwachung PB2, Ablaufkette PB3 und Befehlsausgabe PB4.

Im PB1 werden den Formaloperanden des FB1 (Kap. 5.4.1) die verwendeten Aktualoperanden zugeordnet. Er stellt damit die geforderten Betriebsarten zur Verfügung und wird nun der Aufgabenstellung gerecht (PB2/NW 1...3).

Das NW4 des PB2 löst ein spezielles Problem: Irgendwann während einer Exzenterwellendrehung fliegt ein fertiges Werkstück durch einen Ringsensor hindurch. Der dadurch erzeugte Impuls wird verlängert und gespeichert. Kurz nach dem o.T. wird das Signal gelöscht. Beim Einschalten der Betriebsart Automatik ist aber noch kein Werkstück durch den Sensor geflogen. Die Folge wäre eine Fehlermeldung mit Blockierung der Ablaufkette. Diese Meldung wird durch die Verlängerung des Einschaltimpulses von S5.1 (Automatik) auf den Eingang E 2.6 überbrückt (T1).

Im NW6 findet die Impulszählung statt, welche Aufschluß über die Stellung der Exzenterwelle gibt. Der verwendete Vorwärtszähler muß zuerst den vorgegebenen Sollwert in sein Register laden. Beim Start der Anlage erledigt das der Startimpuls, sonst fortlaufend der Zähler selbst über seinen abgefragten Ausgang (M 1.27). Der fällt bei Erreichen des Sollwertes (ZIW = ZSW = 72) auf Null ab. Sobald dann der nächste Zählimpuls im nachfolgenden Arbeitszyklus erfaßt wird, springt der Ausgang wieder auf 1.

Das NW7 wie auch die folgenden Netzwerke mit Zähler-Istwertabfragen tragen dem Umstand Rechnung, daß nicht jeder Zählwert vom Prozessor sicher verarbeitet wird (Problem der Zykluszeit, Abfrage erst am Programmende). Abfragen von Zählern mit ZIW = ZSW sind hier unbedingt zu vermeiden. Sicherer sind Abfragen mit <=, >=, > und <. Die Berücksichtigung dieses Sicherheitsaspektes kommt besonders im PB3/NW1 und NW2 zum Ausdruck. Sowohl die Düse wie auch das Vorschubgerät werden so früh wie möglich angesteuert und so rechtzeitig wie möglich wieder zurückgestellt.

5.5.3 Zykluszeit der SPS

Immer wenn mit Zählern oder mit hohen Signalfrequenzen gearbeitet wird, kommt der Zykluszeit (ein Programmdurchlauf) der SPS große Bedeutung zu. Das nachfolgende Beispiel soll dies verdeutlichen:

Die am Zähleingang des Zählers eingehenden Impulse haben eine Frequenz von 72 Hz, also alle 0,014 s eine Impulsfolge 0-1-0. Zum Erfassen eines 1- bzw. 0-Impulses hat die SPS demnach rechnerisch 0,007 s Zeit (Löcher und Stege sind gleich groß). Die Programmzykluszeit könnte bei höchstens 0,007 s liegen, damit die SPS den Signalstatus abfragen und speichern, ihn dann verarbeiten und die Verknüpfungsergebnisse ausgeben kann. Wenn man jetzt die beiden Frequenzen (Signal- und Zyklusfrequenz) übereinanderlegt, wird man feststellen, daß sie nicht deckungsgleich sind. Um sicher jeden Eingangssignalwechsel von 0 auf 1 erfassen zu können, muß die Zyklusfrequenz um 100% höher liegen als die Signalfrequenz. Aus diesen Überlegungen ergibt sich für das Vorschubprogramm eine mögliche Zykluszeit von 0,0035 s.

Zur Ermittlung der Zykluszeit von SPS-Programmen kann das nachfolgende Programm eingesetzt werden. Es wird im Organisationsbaustein (OB1) in den Netzwerken NW1 und NW6 editiert. In den NW2 bis NW5 werden die Programmbausteine PB1 bis PB4 aufgerufen, die das zu überprüfende SPS-Programm beinhalten. Das Programm mißt die Zeit für 1000 Programmzyklen. Die Zeit wird in 1/100 Sekunden ausgegeben.

Für das Programm zur Steuerung der Vorschubeinheit kommt man auf einen angezeigten Wert von maximal 300 = 3 s, d.h. eine Zykluszeit von 3 s/1000 Zyklen = 0,003 s/Zyklus. Man kann davon ausgehen, daß die Signalverarbeitung und -ausgabe mit dem erstellten Programm (Vorschub) problemlos erfolgt.

Hätte die Lochscheibe an der Exzenterwelle 360 Löcher, würden am Zähleingang 360 Hz anliegen. Die Zykluszeit dürfte maximal ohne jede Sicherheit bei 0,0014 s liegen. Hieran kann man erkennen, wie schnell die Leistungsfähigkeit der Softwarezähler bei schnellen Impulsen erreicht ist. Die dann einzusetzenden Hardwarezähler können Impulsfolgen erfassen, die schneller sind als die Zykluszeit.

Grundsätzlich gilt: Je mehr Anweisungen ein Programm hat und je anspruchsvoller diese sind, desto länger wird die Zykluszeit. (Auch an der Arbeitsweise eines Computers ist dieser Vorgang gut zu beobachten.)

Erläuterungen zum Programmteil OB1, NW1 und NW6:

Für das Verstehen dieses Programmteils ist es gut, die Programmzyklen nacheinander zu betrachten. Begonnen wird mit dem Start zur Zykluszeitermittlung.

1. Zyklus

E 2.8 UND E 2.9 starten im Netzwerk 1 die Zeitermittlung für 1000 Programmzyklen. M 49.1 wird für einen Zyklus auf log. 1 gesetzt. Der bedingte Sprung bei log 0 (SPZ) wird nicht ausgeführt. Deshalb werden M 49.2, MW 50 und MD 3 mit 0 belegt. Es erfolgt ein unbedingter Sprung (SP) auf END dieses Netzwerkes. Die NW 2 ... 5 werden durchlaufen.

NW6: Der unbedingte Sprung bei log 1 (SPB) wird nicht ausgeführt (M 49.2 = 0). Der Inhalt des MW 50 wird durch die Befehlsfolge: L MW 50, INC, = MW 50 bei jedem Programmzyklus um den Wert „1" erhöht. Die Zyklen werden gezählt. Das Zählergebnis MW 50 = 1 wird mit der Konstanten 1002 (weil im 1. und im letzten Zyklus keine Zeit erfaßt wird) verglichen. Da das Ergebnis des Vergleichs log. 0 liefert, wird der Sprungbefehl (SPB) nicht wirksam. Die folgenden Befehle sind erst im nächsten Zyklus interessant.

2. Zyklus

NW1: Da M 49.1 jetzt log. 0 ist, erfolgt der bedingte Sprung auf RUN. Der aktuelle Inhalt des Langzeitzählers SMD 1 wird in das MD 1 geladen und gespeichert.

Durchlauf der Netzwerke 2 ... 5.

NW6: Durch den Befehl Incrementieren steht jetzt im MW 50 der Wert 2. Der Vergleich ergibt wieder log. 0. Jetzt wird vom aktuellen Wert des SMD 1 (dieser ist jetzt größer als der Inhalt des MD 1) MD 1 subtrahiert, MD 3 = 0 addiert und das Ergebnis im MD 3 abgelegt. Die weiteren Befehle sind erst im 1001. Zyklus von Bedeutung.

3. bis 1001. Zyklus

NW1 ... NW5 wie im 2. Zyklus.

NW6: MW 50 beinhaltet die Zahl 3 (... 1001). Da im MD 3 jetzt das Ergebnis der Subtraktion aus dem vorherigen Zyklus steht, macht die Addition nach der Subtraktion Sinn – die Zykluszeiten werden addiert. Die letzte Rechnung erfolgt im 1001. Zyklus.

1002. Zyklus

NW1 ... NW5 unverändert.

NW6: Der Vergleich ergibt jetzt log. 1. Der bedingte Sprung auf END ist die Folge. Die Zeitermittlung wird nicht fortgesetzt. M 49.2 wird auf log. 1 gesetzt.

1003. Zyklus

NW1 ... NW5 unverändert.

NW6: Da M 49.2 auf log 1 steht, erfolgt der bedingte Sprung auf END1. Die Zykluszeit für 1000 Zyklen ist im MW 3 in 1/100 s abgelegt. Dividiert man diesen Wert durch 100, erhält man die Zeit für einen Zyklus in ms.

Dieser Programmteil verdeutlicht in anschaulicher Weise die zyklische Arbeitsweise der SPS.

Neben der Zykluszeit eines Programms ist auch die Reaktions- bzw. Ansprechzeit der SPS von entscheidender Bedeutung. Jedes Eingangssignal an der Eingangsbaugruppe wird zwischen 0,5 ... 5 ms verzögert. Mit anderen Worten: Nur wenn der Eingangsimpuls länger als die genannte Zeit ansteht, wird er als Eingangssignal interpretiert. Dadurch wird die Verarbeitungseinheit gegen Störimpulse und prellende Signale geschützt.

Die hier benutzte Eingangsbaugruppe DEP 216 besitzt eine Signalverzögerungszeit von 4 ms. Dieser Wert muß im ungünstigsten Fall zur Zykluszeit addiert werden (3 ms + 4 ms = 7 ms).

Da im betrachteten Steuerprogramm die Eingangssignale 7 ms anstehen, ist ein sichererer Funktionsablauf anzunehmen, wenn die Eingangsbaugruppe DEP 220, die eine Reaktionszeit von 0,5 s hat (3 ms + 0,5 ms = 3,5 ms < 7 ms), verwendet wird.

Anzumerken bleibt, daß auch die Ausgangssignale nach dem Programmende ca. 3 bis 10 ms Reaktionszeit aufweisen, bis sie auf die physikalischen Ausgänge (z.B. DAP 216) einwirken.

C:\AKF12\VORSCHUB\OB1
AEG Modicon Dolog AKF: Programm-Protokoll

NETZWERK: 0001 Zykluszeitermittlung zus. m. NW6

1.Zyklus (M 49.1 log. 1)
Zum Start der Zykluszeitermittlung wird E2.8 und E2.9 betätigt. Dannach werden M 49.2, MW 50 und MD 3 auf 0 gestellt. Es folgt ein unbedingter Sprung auf END. Weiter NW 6!

2.- 1001. Zyklus (M 49.1 log. 0)
Durch den Sprung bei log.0 beginnt das Programm jetzt bei RUN. Der Inhalt des Langzeitzählers SMD 1 wird in jedem Zyklus neu in MD 1 geladen.

```
      :U    E 2.8
      :U    E 2.9          E 2.8    S6        Vorschub START
      :FLP  M 49.1         E 2.9    S7        Vorschub HALT
      :SPZ  =RUN           M 49.1             FLP Startsignal (E 2.8 U E 2.9) Zyklus
      :U    K 0
      :=    M 49.2
                           M 49.2             Merker für Programmsprung
      :=    MW 50          wird benutzt in NW:  6 (I)  6 (O)
                           MW 50              Programmschleifenzähler (Zykluszähler)
      :=    MD 3           wird benutzt in NW:  6 (I)  6 (O)
                           MD 3               Ergebnis in 1/100 s für 1000 Zyklen
      :SP   =END           wird benutzt in NW:  6 (I)  6 (O)
RUN   :L    SMD 1
      :=    MD 1           SMD 1              Langzeitzähler alle 1/100 s ein Impuls
                           MD 1               Wert vom SMD 1 zu Beginn der Zeitermit
END   :***                 wird benutzt in NW:  6 (I)
```

NETZWERK: 0002 Aufruf Funktionsbaustein BA

PB 1

NETZWERK: 0003 Meldungen und Überwachung

PB 2

NETZWERK: 0004 Ablaufkette für AUT-Betrieb

PB 3

NETZWERK: 0005 Befehlsausgabe für AUT-Betrieb

PB 4

NETZWERK: 0006   Zykluszeitermittlung zus. m.NW 1

1. Zyklus (M 49.2 log. 0)
Der Sprungbefehl bei log. 1 wird nicht ausgeführt. MW 50 wird bei jedem Zyklus um 1 erhöht.

2. Zyklus (M 49.2 log. 0)
Der Sprungbefehl wirkt erst im 1003. Zyklus! Durch INCrementieren wird der Inhalt des MW 50 bei jedem Zyklus um 1 erhöht. Solange der Wert des MW 50 ungleich der Konstante 1002 ist, springt das Programm auf END 1. Ergibt das Ergebnis log. 1 erfolgt ein Sprung auf END. M 49.1 wird auf log. 1 gesetzt. Die Zeitermittlung stoppt.
Der Zahlenwert im MD 3 muß nur noch durch 100 dividiert werden. Jetzt hat man die Zeit für einen Zyklus in Millikunden.

```
      :U    M 49.2     M 49.2      Merker für Programmsprung
      :SPB  =END1
      :L    MW 50      MW 50       Programmschleifenzähler (Zykluszähler)
      :INC
      :=    MW 50      MW 50       Programmschleifenzähler (Zykluszähler)
                       wird benutzt in NW:  1 (O)
      :L    MW 50      MW 50       Programmschleifenzähler (Zykluszähler)
      :==   K 1002
      :SPB  =END
      :L    SMD 1      SMD 1       Langzeitzähler alle 1/100 s ein Impuls
      :SUB  MD 1       MD 1        Wert vom SMD 1 zu Beginn der Zeitermit
      :ADD  MD 3       MD 3        Ergebnis in 1/100 s für 1000 Zyklen
      :=    MD 3       MD 3        Ergebnis in 1/100 s für 1000 Zyklen
                       wird benutzt in NW:  1 (O)
      :SP   =END1
END   :U    K 1
      :=    M 49.2     M 49.2      Merker für Programmsprung
                       wird benutzt in NW:  1 (O)
END1  :***
```

NETZWERK: 0007

Bausteinende

6 Analoge Signale in digitalen Steuerungen

6.1 Allgemeines

Daten, die nur zwei Informationszustände haben können, werden als Bit bezeichnet. Die Verarbeitung solcher Informationszustände ist als Bitverarbeitung bekannt, z.B.

- Motor Ein/Aus oder
- Ventil offen/geschlossen.

Bei der analogen Informationsverarbeitung werden für die Darstellung von Informationen kontinuierlich veränderliche physikalische Größen benutzt, z.B. Temperatur, Druck. Der Informationsgehalt eines solchen Informationsparameters kann innerhalb gewisser Grenzen jeden beliebigen Wert annehmen. Der Informationsparameter ist diejenige Kenngröße eines Signals, deren Wert oder Werteverlauf eine Information darstellt (DIN 19226, T5). Sollen Informationen von analogen Signalen verarbeitet werden, muß die Datenbreite von einem auf mehrere Bit ausgeweitet werden. Für 8 Binärzeichen wurde der Begriff Byte eingeführt. Haben alle 8 Bit den Wert 1, so ist die zugehörige Dezimalzahl 255.

1	1	1	1	1	1	1	1	Byte
2^7	2^6	2^5	2^4	2^3	2^2	2^1	2^0	Wertigkeit
128	64	32	16	8	4	2	1	Dezimalwert der Bits

Bild 6.1
Byte

Unabhängig von der Wortlänge ist das rechts stehende Binärzeichen das niedrigstwertige. Links steht das höchstwertige Binärzeichen. Eine Folge von 16 Binärzeichen wird als ein Wort bezeichnet. Haben alle 16 Binärzeichen den Wert 1, so ist die zugehörige dezimale Größe die Zahl 65535. Ein Doppelwort besteht aus 2 Wörtern und ist 32 Bit breit. Durch ein Zuordnungssystem zwischen kontinuierlich veränderlichen (analogen) Größen und einem System von Ziffern (digital) können analoge Signale in digitale Signale umgewandelt werden. Die Digitalisierung ermöglicht die Verarbeitung analoger Signale mit dem Computer bzw. mit digitalen Steuerungen. Die Auflösung solcher analoger Signale erfolgt durch Analog-Digital-Umsetzer. Digitale Verknüpfungsergebnisse können durch Digital-Analog-Umsetzer als Analogsignale ausgegeben werden. Die verwendete Modicon A 120 stellt hierfür die Baugruppen ADU 205 und DAU 202 zur Verfügung. Sie sind auf den Steckplätzen 4 und 5 der modular aufgebauten Steuerung montiert (Kap. 2.2.2). Grundsätzlich können sie auf jedem beliebigen Steckplatz montiert werden.

Das Eingangswort (EW) ist ein Leseregister des Signalspeichers, in dem der Betrag der am Analogeingang angelegten Spannung bzw. Stromstärke zwecks weiterer Verarbeitung abgelegt wird. Die am Analogeingang angelegte Spannung darf zwischen 0 und

+/–10 V liegen; die Stromstärke zwischen 0 und +/–20 mA. Mit Hilfe der Operation Lade (L) wird der Operand, z.B. EW 4.1 in das VKE, ein Hilfsregister mit der Datenbreite 8, 16 oder 32 Bit, geladen. In Verbindung mit der Baugruppe ADU 205 werden die Spannungen bzw. Ströme in Dezimal-Rohwerte gewandelt.

Die nachfolgende Tabelle enthält einige positive Übersetzungswerte für die Spannungs- und Stromwerte. Das Auflösungsvermögen des Wandlers beträgt 11 Bit + Vorzeichen.

Tabelle 6.1 Übersetzungswerte (ADU 205)[1]

Spannung V	Strom mA	Dezimal-Rohwert (linksbündig implementiert)
0	0	0 (-32768)
+0.01	+0.02	+8
+0.10	+0.20	+152
+1.00	+2.00	+1640
+5.00	+10.00	+8192
+10.00	+20.00	+16384

Das Operandenkennzeichen EW gibt die Art des Operanden an. Der Parameter 4.1 gibt die Adresse des Operanden an. Die Zahl 4 weist auf den Steckplatz des Analog-Digital-Umsetzers an der Steuerung hin; geladen wird der Inhalt des 1. Analogeingangs.

Befehl: L EW 4.1

Neben dem Eingangswort sind die Konstante (K), das Merkerwort (MW) und das Ausgangswort (AW) weitere Wortoperanden. Die Konstante ist ein Operand, der bei Aufruf einen festen Wert übergibt.

Operandenkennzeichen: K
Datenformat: 16 Bit
Zahlenbereich: 0 ... 65535
Wertebereich: –32768 ... +32767

Das Merkerwort ist ein Schreib- und Leseregister des Signalspeichers; es dient beispielsweise der Zwischenspeicherung von Wortoperanden.

Operandenkennzeichen: MW
Datenformat: 16 Bit
Zahlenbereich: 0 ... 65535
Wertebereich: –32768 ... +32767

Das Ausgangswort ist ein Schreibregister des Signalspeichers, in dem der am Analogausgang auszugebende Betrag der Spannung oder der Stromstärke abgelegt wird. Das Operandenkennzeichen ist AW.

---

[1] AEG, Modicon A120, Programmierung mit Dolog AKF, Teil 1, S. 409

Die Analogausgaben werden zur Ansteuerung von Stellgliedern mit Analogsignalen benötigt. Sie wandeln den in der Steuerung gebildeten Digitalwert in einen zugeordneten Analogwert um. Analogausgaben arbeiten mit derselben Auflösung wie die zugehörigen Analogeingaben.

Tabelle 6.2 Übersetzungswerte (DAU 202)[2]

Spannung V	Strom mA	Dezimal-Rohwert (linksbündig implementiert)
+10.00	+20.00	+32000
+5.00	+10.00	+16000
0	0	0

6.2 Verarbeitung analoger Drucksignale

Problemstellung:

In einer komplexen Montageeinheit wird der Arbeitszyklus eines doppeltwirkenden hydraulischen Zylinders zur Verbindung von zwei Maschinenelementen druck- und zeitabhängig gesteuert. Die Übergangsbedingung zur Ausführung des Klebevorgangs sei ein Signal aus der Ablaufkette, welches auf den Eingang E 2.10 wirkt. Der Ablauf des Klebevorgangs gestaltet sich wie folgt:

- Die zu fügenden Teile werden zugeführt und durch zwei Sensoren (B4 und B5) identifiziert.
- Der Kolben des Zylinders fährt nach Erfüllung der Übergangsbedingung im Eilgang aus.
- Nach Erreichen des Reed-Kontakts B2 wird die Geschwindigkeit des Vorhubs reduziert (Arbeitshub).
- Sobald sich im Zylinderraum ein Druck von 25 bar aufgebaut hat, beginnt der zeitlich begrenzte Fügevorgang. Der Druck wird von einem analogen Drucksensor erfaßt und der SPS gemeldet. Der Sollwert des Druckes wird durch ein Potentiometer eingestellt. Er kann verschiedenen Aufgabenstellungen angepaßt werden.
- Nachdem der Kolben mit dem erforderlichen Druck 10 Sekunden eingewirkt hat, fährt er zurück in die hintere Endlage.

Drucksensoren beinhalten Piezokristalle, die aufgrund der auftretenden Drücke verformt werden. Die dadurch bedingten Ladungsverschiebungen im Kristall werden in elektrische Signale umgewandelt, verstärkt und als Spannung oder Strom über den Signalausgang des Sensors an den Analog-Digital-Umsetzer (ADU 205) der digitalen Steuerung übergeben.

[2] AEG, Modicon A120, Programmierung mit Dolog AKF, Teil 1, S. 416

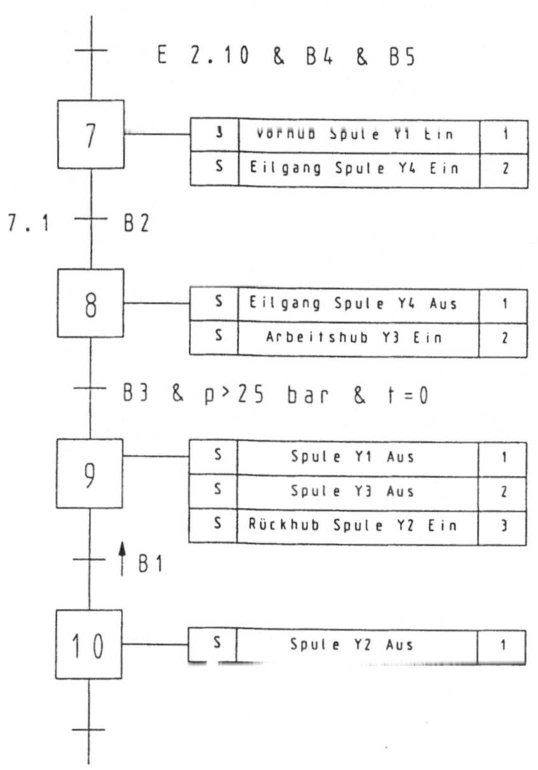

Bild 6.2
Funktionsplan für die druckabhängige Steuerung eines DW-Zylinders

Tabelle 6.3 Belegungsliste

Betriebsmittel	Bez.	Operand
Sensor (Übergangsbedingung)	B10	E 2.10
Reed-Kontakt (Endlagenkontrolle)	B1	E 2.1
Reed-Kontakt (Arbeitshub)	B2	E 2.2
Reed-Kontakt (Endlagenkontrolle)	B3	E 2.3
Kapazitiver Sensor (Werkstückerkennung)	B4	E 2.4
Kapazitiver Sensor (Werkstückerkennung)	B5	E 2.5
Analoger Drucksensor (Istwerterfassung)	B6	EW 4.1
Potentiometer (Sollwertvorgabe)	Pot1	EW 4.2
4/3-Wegeventil (3.1), Spule	Y1	A 3.1
4/3-Wegeventil (3.1), Spule	Y2	A 3.2
2/2-Wegeventil (3.02), FR, Spule	Y3	A 3.3
2/2-Wegeventil (3.04), FR, Spule	Y4	A 3.4

Das Analogsignal auf den Eingang EW 4.1 wird durch den Analog-Digital-Umsetzer (ADU 205) in einen Dezimal-Rohwert umgewandelt.

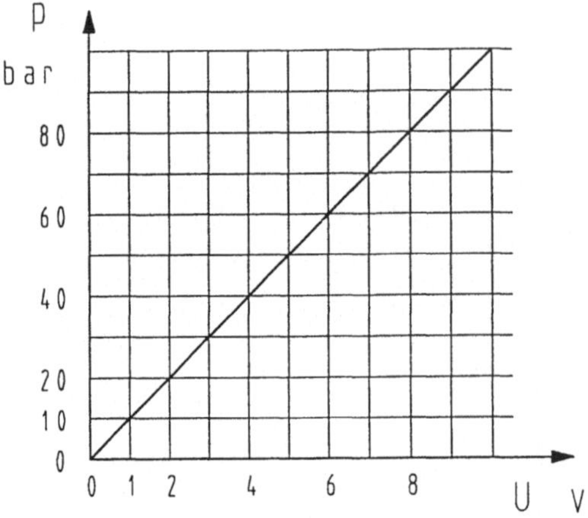

Bild 6.3
Sensorkennlinie

Für den verwendeten analogen Drucksensor läßt sich folgender Zusammenhang aus der Kennlinie entnehmen:

0 V	entspricht	0 bar	=	Dezimalzahl	0
10 V	entspricht	100 bar	=	Dezimalzahl	+16384

Der geforderte Druck p_e = 25 bar enspricht dann 2,5 Volt, dezimal dem Wert +4096. Dieser Wert wird der Steuerung über den analogen Eingang EW 4.2 durch ein Potentiometer vorgegeben. Der Sollwert kann veränderten Fügebedingungen jederzeit angepaßt werden.

Über den Eingang EW 4.1 wird fortlaufend der tatsächliche Druck im Zylinder erfaßt und mit dem Sollwert verglichen.

Der Reed-Kontakt B2 für den Arbeitshub schaltet unmittelbar nach seiner Betätigung die Spule Y4 am 2/2-Wegeventil für den Eilvorschub ab und aktiviert die Spule Y3 am 2/2-Wegeventil (3.02) für den Arbeitshub. Das Hydrauliköl fließt nun durch das 2-Wege-Stromregelventil (3.06). Der Kolben bewegt sich mit der am Stromregelventil eingestellten Arbeitsgeschwindigkeit.

Kapazitive Sensoren (Werkstückerkennung) lösen auch Schaltvorgänge bei Nichtmetallen aus, z.B. Kunststoff, Papier. Die Funktion des kapazitiven Näherungsschalters beruht auf der Störung der Kapazität des Kondensators. Die Kapazität ist abhängig von der Luft, die sich zwischen den beiden Kondensatorplatten befindet. Bringt man nun in dieses elektrische Feld einen Gegenstand, so wird über die Störung der Kapazität ein Schaltvorgang ausgelöst.

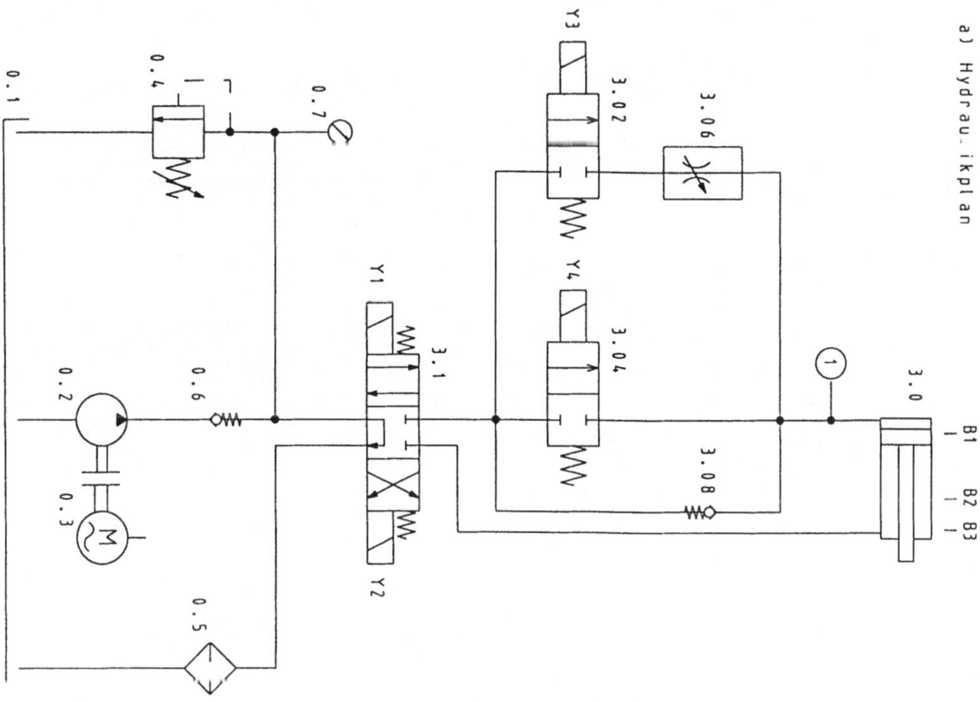

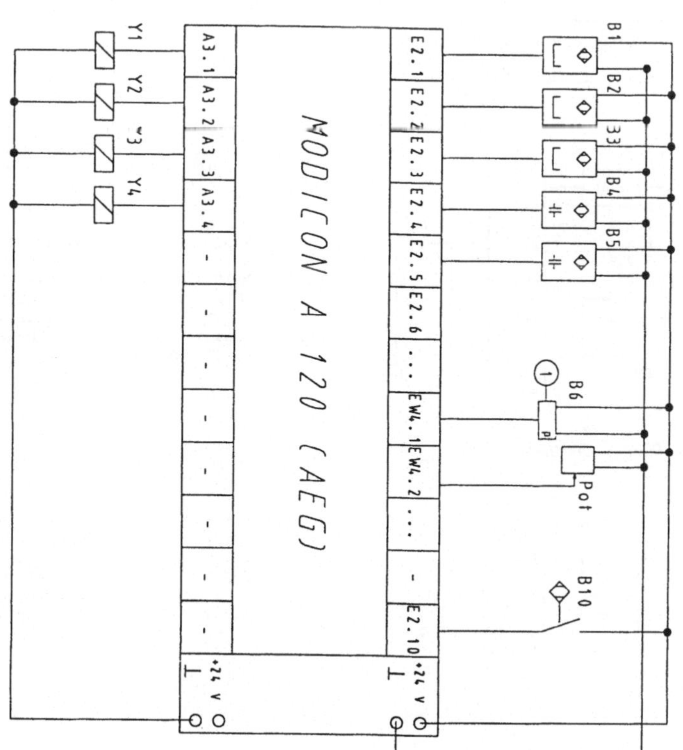

Bild 6.4
SPS-Schaltplan für die druckabhängige Steuerung eines Hydraulikzylinders

C:\AKF12\ANAWERT\PB1
AEG Modicon Dolog AKF: Programm-Protokoll

NETZWERK: 0001 Sollwert-/Istwertvergleich

EW 4.1 — P >Q
EW 4.2 — Q — M 10.1

EW 4.1		Eingangswert des Drucks (Istwert)
EW 4.2		Sollwertvorgabe (Pot1)
M 10.1		Binärsignal 1: Vergleich erfüllt
Ausgang	M 10.1	wird benutzt in NW:
2 (I)		

NETZWERK: 0002 Timer

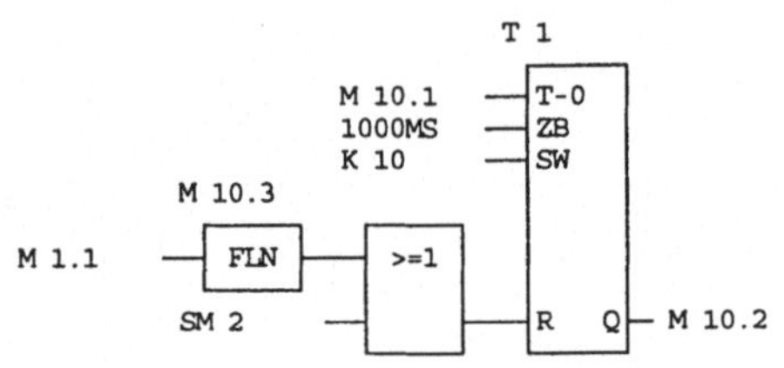

T 1	Timer Rückhubverzögerung
M 10.1	Binärsignal 1: Vergleich erfüllt
M 10.3	Flankenmerker
M 1.1	Signalspeicher Vorhub
SM 2	Einschaltmerker
M 10.2	Signal: Ablauf Fügezeit

NETZWERK: 0003

Bausteinende

C:\AKF12\ANAWERT\PB2
AEG Modicon Dolog AKF: Programm-Protokoll

NETZWERK: 0001 Stellglied Vorhub

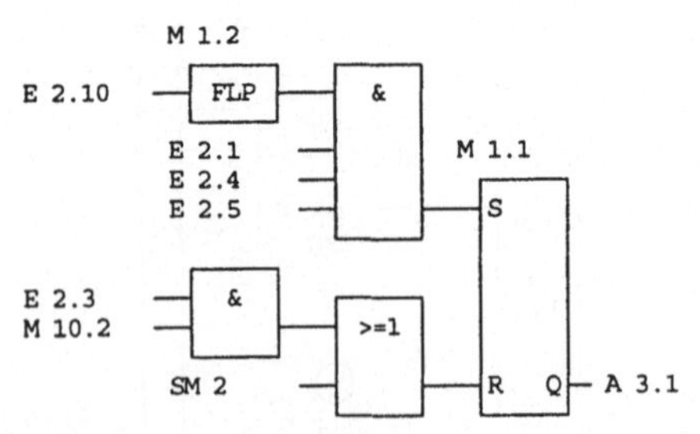

M 1.2		Flankenmerker
E 2.10		Startsignal
E 2.1		Reed-Kontakt B1
M 1.1		Signalspeicher Vorhub
E 2.4		Kapazitiver Sensor B4
E 2.5		Kapazitiver Sensor B5
E 2.3		Reed-Kontakt B3
M 10.2		Signal: Ablauf Fügezeit
SM 2		Einschaltmerker
A 3.1		Ansteuerung Spule Y1
Ausgang	M 1.1	wird benutzt in NW:
2 (I)	3 (I)	

NETZWERK: 0002 Eilgang

M 2.1
M 1.1 — &
E 2.1 — S
E 2.2 — >=1
SM 2 — R Q — A 3.4

M 2.1	Signalspeicher Eilgang
M 1.1	Signalspeicher Vorhub
E 2.1	Reed-Kontakt B1
E 2.2	Reed-Kontakt B2
SM 2	Einschaltmerker
A 3.4	Ansteuerung Spule Y4

NETZWERK: 0003 Arbeitshub

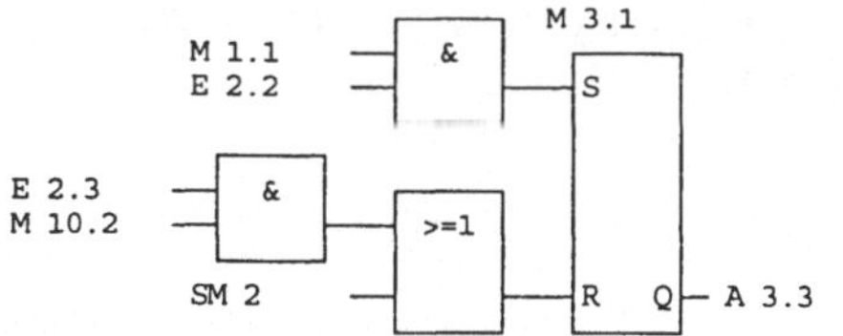

Operand	Kommentar
M 3.1	Signalspeicher Arbeitshub
M 1.1	Signalspeicher Vorhub
E 2.2	Reed-Kontakt B2
E 2.3	Reed-Kontakt B3
M 10.2	Signal: Ablauf Fügezeit
SM 2	Einschaltmerker
A 3.3	Ansteuerung Spule Y3

NETZWERK: 0004 Stellglied Rückhub

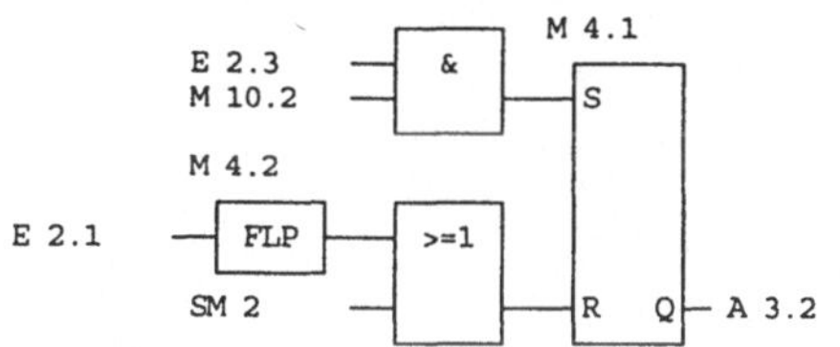

Operand	Kommentar
M 4.1	Signalspeicher Rückhub
E 2.3	Reed-Kontakt B3
M 10.2	Signal: Ablauf Fügezeit
M 4.2	Flankenmerker
E 2.1	Reed-Kontakt B1
SM 2	Einschaltmerker
A 3.2	Ansteuerung Spule Y2

NETZWERK: 0005

Bausteinende

Anmerkung zum Programm:

Im 1. Programmbaustein wird die analoge physikalische Größe verarbeitet. Im Netzwerk 1 wird der Sollwert des Druckes, der im Leseregister des Eingangs EW 4.2 digital abgelegt ist, mit dem tatsächlichen Wert des Druckes im Zylinderraum (EW 4.1) verglichen. Der Druck im Hydrauliksystem wird durch das Druckbegrenzungsventil 0.4 begrenzt. Ist die Vergleichsbedingung erfüllt (>), dann führt der Ausgang des Vergleichers (M 10.1) binär 1-Wert. Dieses Signal wirkt auf den Eingang des Timers T1, der mit einer Verzögerung von 10 Sekunden am Ausgang Q 1-Wert führt.

Fällt der Wert des Druckes unter 25 bar während des Arbeitszyklusses, so wird auch die eingestellte Laufzeit des Timers unterbrochen. Erst nachdem am Eingang (T-0) ein erneuter Flankenwechsel ($p > 25$ bar) stattgefunden hat, startet die eingestellte Verzögerungszeit erneut. Das Ausgangssignal des Timers dient im 2. Programmbaustein in den Netzwerken 1, 3 und 4 zur Initialisierung folgender Bewegungsabläufe für den Arbeitszylinder:

NW1: Rücksetzen des S/R-Speichers M 1.1 für das Ansteuern der Spule Y1 am Stellglied 3.1,

NW3: Rücksetzen des S/R-Speichers M 3.1 für die Steuerung des Arbeitshubes durch die Spule Y3 am 2/2-Wegeventil 3.02,

NW4: Setzen des S/R-Speichers M 4.1 für den Rückhub des Zylinders 3.0 in Verknüpfung mit dem Signal des Reed-Kontakts B3 auf E 2.3.

6.3 Auswertung analoger Meßsignale

Getriebewellen werden aus einem Behälter vereinzelt, einer Meßstation zugeführt, gemessen und sortiert. Zur Steuerung der Sortiereinrichtung ist ein geeignetes Programm für eine speicherprogrammierbare Steuerung zu entwickeln.

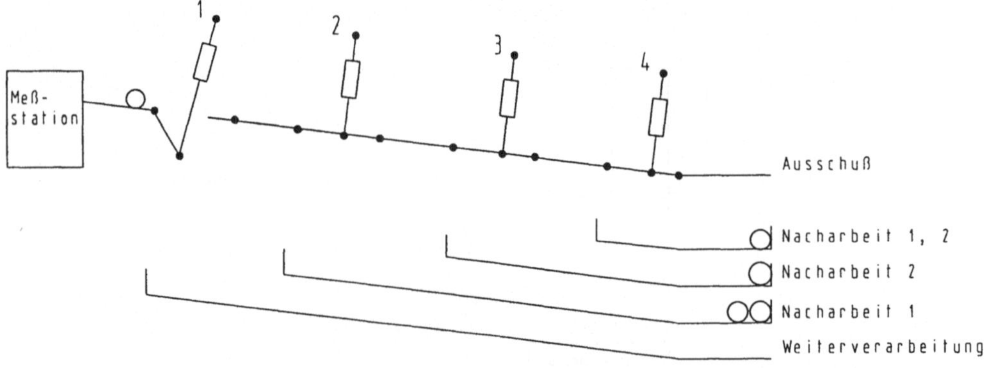

Bild 6.5 Technologieschema (Sortiereinrichtung)

Das automatische Messen an zwei Fügestellen erfolgt über eine pneumatische Meßeinrichtung. Pneumatische Meßeinrichtungen werden vorwiegend in der Serienfertigung zur berührungslosen Unterschiedsmessung eingesetzt.

Die pneumatischen Meßgrößenaufnehmer reagieren auf Druck. Je kleiner der Abstand (s) zwischen der Düse des pneumatischen Meßgrößenaufnehmers und der Oberfläche des Werkstücks ist, um so größer ist der Staudruck, der sich durch die durchfließende Luft aufbaut. Vergrößert sich der Abstand zwischen der Werkstückoberfläche und der Meßdüse aufgrund von Nennmaßschwankungen, kann die Luft leichter abfließen. Der Staudruck wird geringer.

Der Abstand s zwischen Werkstückoberfläche und Meßdüse ist in gewissen Grenzen proportional zum Druck p_e vor der Meßdüse. Dieser Bereich wird für Meßzwecke genutzt.

Die Meßgenauigkeit pneumatischer Meßgeräte liegt zwischen 0,001 ... 0,0001 mm. Der Meßbereich beträgt +/–50 µm.

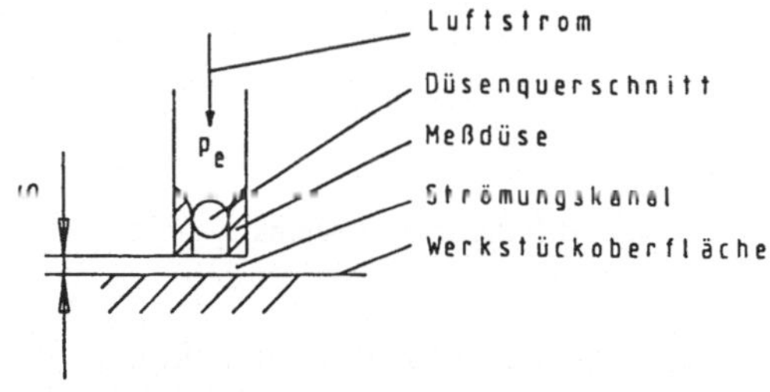

a) Meßprinzip

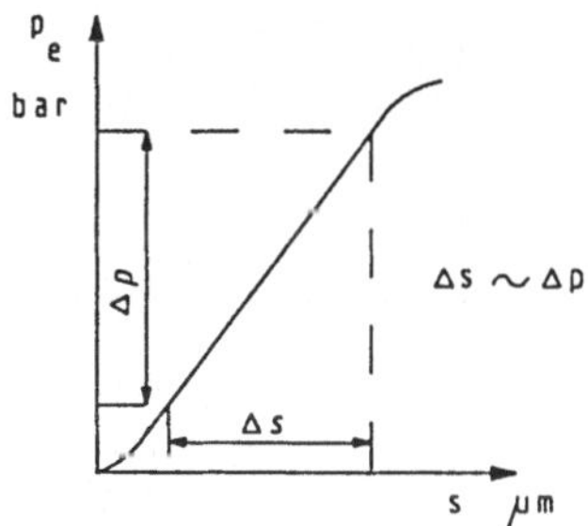

b) Zusammenhang zwischen Druck und Meßspalt

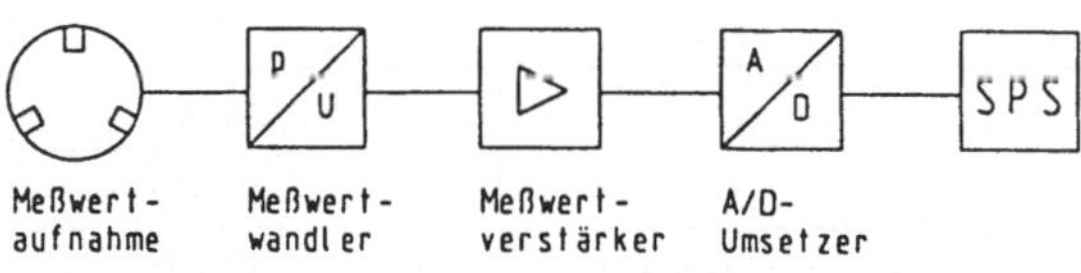

c) Meßkette

Bild 6.6
Pneumatische Meßwerterfassung

Das pneumatische Meßsignal wird durch einen Meßumformer in eine elektrische Spannung umgeformt, verstärkt und dem A/D-Umsetzer (ADU 205) der Modicon A 120 zugeführt. Er wandelt den eingehenden Spannungswert in einen Dezimal-Rohwert um.

Diese durch die ADU 205 bereitgestellten Dezimal-Rohwerte sollen in analoggerechte Dezimalwerte umgewandelt werden. Hierzu stellt das Programmiersystem Dolog AKF Standard-Funktionsbausteine (SFB) zur Verfügung.

Die durch den Standard-Funktionsbaustein (SFB 85) angepaßten Dezimalwerte ermöglichen zudem den direkten Zugriff auf analoge Ausgabebaugruppen (z.B. DAU 202).

Ein Standard-Funktionsbaustein kann in einem Netzwerk des Anwenderprogramms aufgerufen werden. Der Ruf kann bedingt oder unbedingt erfolgen. Nach dem Aufruf werden die Formaloperanden durch aktuelle Operanden der Steuerung parametriert (siehe Programm SORTIER: PB1, NW2 und NW6).

```
            SFB 85
Bedingung  ┌──────────┐
           │ ADU 205  │
MW ???  ───┤IN     OUT├─ MW ???
           │        AF├─ M ???
           │       WAF├─ MW ???
           └──────────┘
```

Bild 6.7
Symbol des Standard-Funktionsbausteins

Die Bedeutung der Formaloperanden ist der nachfolgenden Tabelle zu entnehmen.

Tabelle 6.4 Formaloperanden SFB 85[3]

Formaloperand	Bedeutung
ADU 205	Operation (Aufruf)
IN	Eingangsadresse (z.B. EW 4.1)
OUT	MW-Adresse für die Dezimalwerte
AF	Bit-Adresse (AF=1 bedeutet Fehler)
WAF	MW-Adresse (enthält Fehlerkennwort)

Tabelle 6.5 Angepaßte Dezimalwert (SFB 85)[4]

Spannung V	Strom mA	Dez.-Rohwert	Dezimalwert
0	0	0	0
0,1	0,2	152	320
1	2	1640	3200
5	10	8192	16000
10	20	16384	32000

Zur Festlegung der Grenzmaße werden folgende Festlegungen getroffen:

Tabelle 6.6 Grenzmaße

Eingangsspannung in V	Dezimalzahl	Meßwert in µm
0	0	–50
5	16000	0
10	32000	+50

[3] AEG, A120, Dolog AKF Standard-Funktionsbausteine, Bausteinbibliothek, A91M.12-279386.22-0993
[4] AEG, A120, Dolog AKF Standard-Funktionsbausteine, Bausteinbibliothek, A91M.12-279386.22-0993

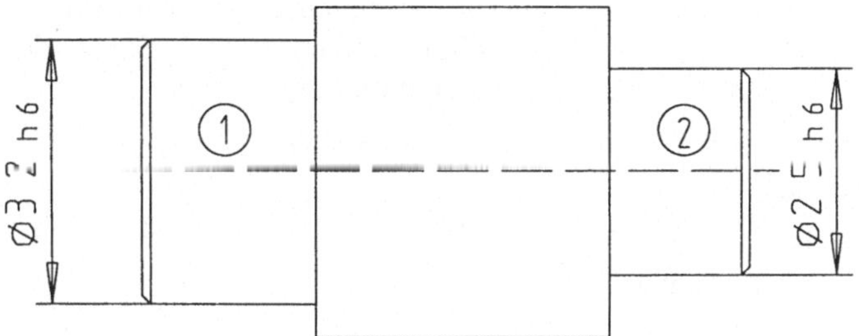

Nenn-maß mm	u. Ab-maß mm	o. Ab-maß mm
32	-0,016	0
25	-0,013	0

Nacharbeit:	>32.000 mm	>25.000 mm
Gut:	<=32.000 mm >=31.984 mm	<=25.000 mm >=24.987 mm
Ausschuß:	<31.984 mm	<24.987 mm

Bild 6.8 Prinzipskizze der Meßstellen

Für beide Meßstellen entspricht das Höchstmaß der Welle der Dezimalzahl 16000. Wird das Höchstmaß überschritten, verengt sich der Meßspalt, und es kommt zu einem Druckanstieg vor der Meßdüse. Der damit verbundene Spannungsanstieg hat eine Dezimalzahl > K 16000 zur Folge. Das hieraus resultierende Signal kann zur entsprechenden Steuerung der Sortiereinrichtung genutzt werden. Das untere Grenzmaß (Mindestmaß) wird bestimmt durch das untere Abmaß (–16 µm) der Meßstelle 1. Es entspricht der Dezimalzahl 10880, welche als Konstante im Anwenderprogramm vorgegeben wird. Das untere Grenzmaß der Meßstelle 2 (–13 µm) wird als Konstante K 11840 definiert.

Zur Erinnerung: Je kleiner das Maß der Welle wird, desto größer wird der Meßspalt. Dies hat einen Druckabfall, der gleichbedeutend ist mit einem Spannungsabfall, zur Folge. Wird das untere Grenzmaß unterschritten, unterschreitet die Dezimalzahl des Meßwerts die vorgegebene Konstante. Das Ausgangssignal des Vergleichers wird zur Steuerung der Sortiereinrichtung genutzt.

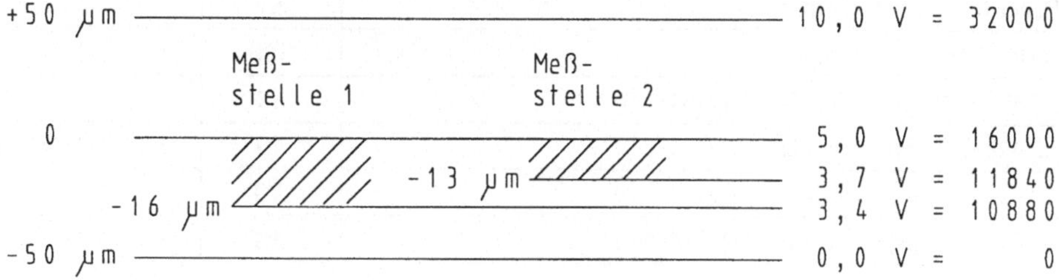

Bild 6.9 Abstimmung des Meßwertaufnehmers

Nach dem Messen rollen die Wellen über eine Rutsche, in die durch einfachwirkende Zylinder zu öffende Klappen eingebaut sind. Die Zylinder öffnen je nach Signal der Meßeinrichtung eine Klappe. Sortiert wird nach folgenden Kriterien:

Klappe 1: Beide Maße innerhalb der Toleranz (Weiterverarbeitung)

Klappe 2: Nacharbeit Meßstelle 1

Klappe 3: Nacharbeit Meßstelle 2

Klappe 4: Nacharbeit an beiden Meßstellen

Bei Ausschuß rollen die Wellen durch!

Der jeweils angesteuerte Zylinder öffnet eine Klappe. Nach 10 Sekunden fährt der Kolben wieder ein und schließt die Klappe. Als Stellglieder für die Zylinder dienen 3/2-Wege-Magnetventile mit Federrückstellung.

Tabelle 6.7 Übersicht für die Zylinderansteuerung:

Meßstelle 1			Meßstelle 2			Zylinderansteuerung			
M1.1	M1.2	M1.3	M2.1	M2.2	M2.3	A3.1	A3.2	A3.3	A3.4
	1			1		1			
1				1			1		
	1		1					1	
1			1						1

M 1.1/M 2.1: Nacharbeit
M 1.2/M 2.2: Gut
M 1.3/M 2.3: Ausschuß

Tabelle 6.8 Belegungsliste

Betriebsmittel	Bez.	Operand
Meßgerät 1	B1	EW 4.1
Meßgerät 2	B2	EW 4.2
Taster Rücksetzen (Öffner)	S1	E 2.1
Taster: Freigabe Meßsignal	SIM	E 2.2
3/2-Wege-Magnetventil 1.1, FR (Zyl. 1.0)	Y1	A 3.1
3/2-Wege-Magnetventil 2.1, FR (Zyl. 2.0)	Y2	A 3.2
3/2-Wege-Magnetventil 3.1, FR (Zyl. 3.0)	Y3	A 3.3
3/2-Wege-Magnetventil 4.1, FR (Zyl. 4.0)	Y4	A 3.4

a) Pneumatischer Schaltplan

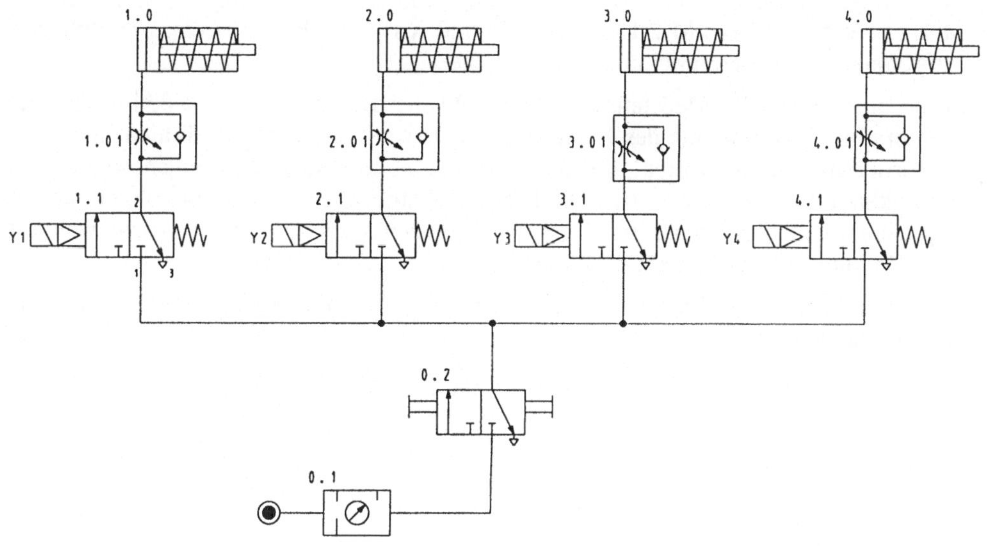

b) SPS-Beschaltung

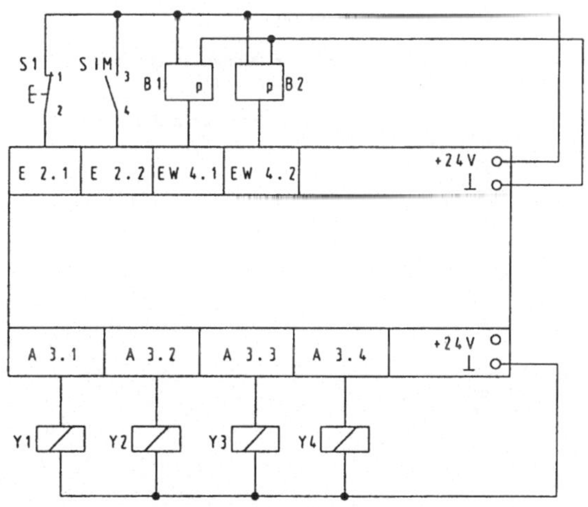

Bild 6.10 SPS-Schaltplan (Sortiereinrichtung)

Der Taster S1 dient zum Rücksetzen der Signalspeicher (Normieren) für Nacharbeit und Gut, um nach Störungen definierte Ausgangsbedingungen zu erreichen.

Das Signal für die Freigabe des Meßsignals (SIM) zur Steuerung der Sortiereinrichtung wird hier durch die Testeinheit erzeugt (SIM auf E 2.2). In der Meßstation kann dieses Freigabesignal durch einen geeigneten Sensor, der die Welle erfaßt, zeitlich verzögert gegeben werden. Ist die UND-Verknüpfung des binären Ausgangssignals eines Vergleichers mit dem Freigabesignal (M 10.1) erfüllt, wird das Verknüpfungssignal gespeichert (M 1.1 oder M 1.2 bzw. M 2.1 oder M 2.2) und wirkt auf die Spule eines Stellgliedes; eine Klappe der Sortiereinrichtung wird geöffnet.

Sobald eine Welle die Meßstation verläßt, fällt der Druck vor der Meßdüse ab. Dies führt zu einer Veränderung des Meßwerts. Diese Änderung darf jedoch nicht mehr auf die Sortiereinrichtung wirken! Da die positive Flanke (FLP) des Freigabesignals nur eine Zykluszeit im Merker M 10.1 (PB1, NW3) festgehalten wird, kann ein verändertes Vergleichssignal nicht mehr in einem anderen Netzwerk wirksam werden, weil die UND-Verknüpfung nicht mehr erfüllt ist.

Die Sortiereinrichtung wird erst nach einem erneuten Meßvorgang wieder durch ein Steuersignal beeinflußt.

```
C:\AKF12\SORTIER\PB1
AEG Modicon Dolog AKF: Programm-Protokoll

NETZWERK: 0001    Grenzwerte

Im Merkerwort MW1 ist der obere Grenzwert für beide
Meßstellen abgelegt.
In den Merkerworten MW2 und MW3 sind die unteren Grenzwerte
festgelegt.

      :L    K 16000
      :=    MW 1
                                  MW 1          Oberer Grenzwert
      :L    K 10880               wird benutzt in NW:  3 (I)  4 (I)  7 (I)  8 (I)
      :=    MW 2
                                  MW 2          Unterer Grenzwert der Meßstelle 1
      :L    K 11840               wird benutzt in NW:  4 (I)  5 (I)
      :=    MW 3
                                  MW 3          Unterer Grenzwert der Meßstelle 2
      :***                        wird benutzt in NW:  8 (I)  9 (I)


NETZWERK: 0002    Meßstelle 1

Wandlung der Dezimal-Rohwerte in analoggerechte
Dezimalwerte.
```

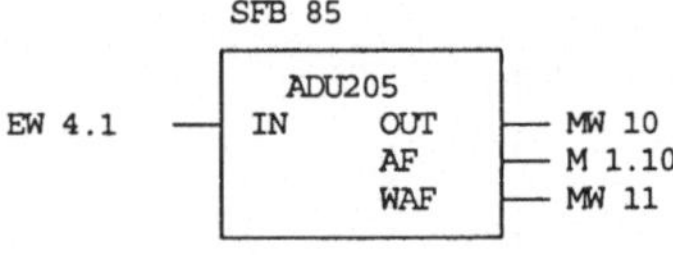


```
                                  EW 4.1        Einlesen Meßwert der Meßstelle 1
                                  MW 10         Angepaßter Vergleichswert
                                  M 1.10        Verwaltungsinformation (1: Fehler)
                                  MW 11         Fehlerkennwort
                                 Ausgang  MW 10 wird benutzt in NW:
                                   3 (I)  4 (I)  5 (I)
```

NETZWERK: 0003 M1: Vergleich Nacharbeit

Der im Merkerwort MW 10 abgelegte angepaßte Vergleichswert des Meßsignals wird mit dem oberen Grenzwert (MW1) verglichen.
Ist der Vergleich P > Q erfüllt, hat der Ausgang des Vergleichers 1-Wert. Er setzt damit den Signalspeicher M 1.1: Nacharbeit.
Rückgesetzt wird der Signalspeicher in der Regel durch das Signal des Merkers M 5.1 vom Ausgang Q des Timers T1, der die Klappenöffnungszeit steuert.

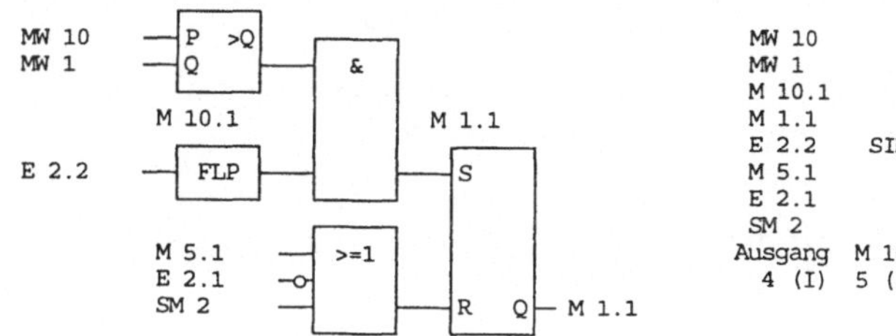

MW 10		Angepaßter Vergleichswert
MW 1		Oberer Grenzwert
M 10.1		Flankenmerker
M 1.1		Signalspeicher Nacharbeit
E 2.2	SIM	Freigabe Meßsignal
M 5.1		Merker: Klappe schließen
E 2.1		Normiertaster (Öffner)
SM 2		Einschaltmerker
Ausgang	M 10.1	wird benutzt in NW:

4 (I) 5 (I) 7 (I) 8 (I) 9 (I)

NETZWERK: 0004 M1: Vergleich GUT

Vergleich des eingehenden Analogsignals der Meßstelle 1 auf GUT. Dies ist der Fall, wenn der Istwert (MW 10) kleiner-gleich dem oberen Grenzwert und größer-gleich dem unteren Grenzwert ist.

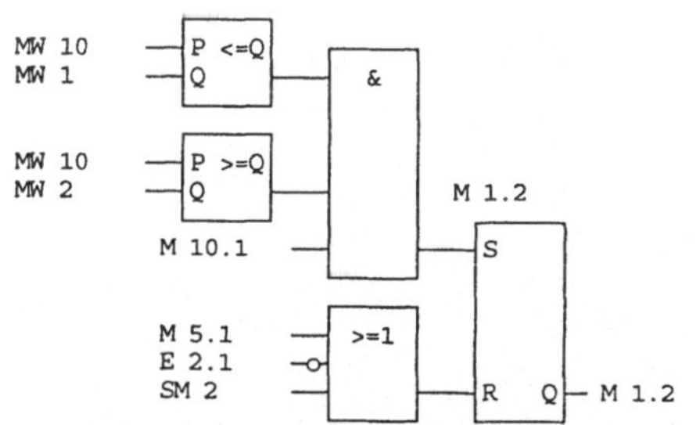

MW 10	Angepaßter Vergleichswert
MW 1	Oberer Grenzwert
MW 2	Unterer Grenzwert der Meßstelle 1
M 1.2	Signalspeicher GUT
M 10.1	Flankenmerker
M 5.1	Merker: Klappe schließen
E 2.1	Normiertaster (Öffner)
SM 2	Einschaltmerker

NETZWERK: 0005 M1: Vergleich Ausschuß

Das Merkersignal M 1.3 kann z.B. für Zählzwecke genutzt werden.

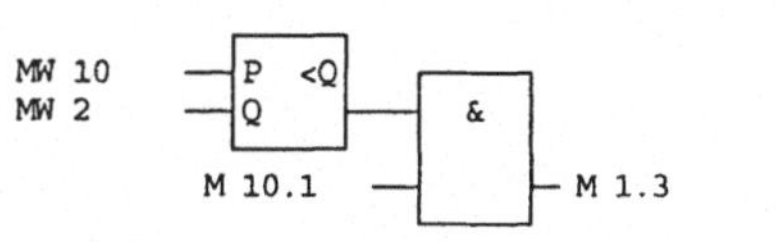

MW 10	Angepaßter Vergleichswert
MW 2	Unterer Grenzwert der Meßstelle 1
M 10.1	Flankenmerker
M 1.3	Merker Ausschuß

NETZWERK: 0006 Meßstelle 2

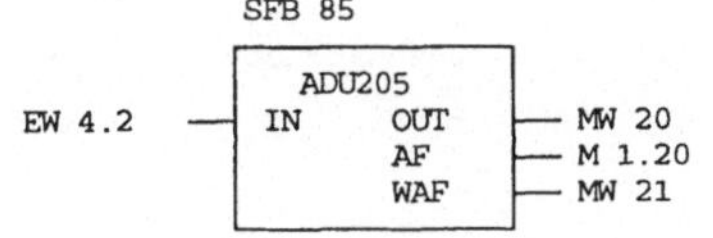

EW 4.2		Einlesen Meßwert der Meßstelle 2
MW 20		Angepaßter Vergleichswert
M 1.20		Verwaltungsinformation (1: Fehler)
MW 21		Fehlerkennwort
Ausgang	MW 20	wird benutzt in NW:

7 (I) 8 (I) 9 (I)

NETZWERK: 0007 M2: Vergleich Nacharbeit

Prüfung der Meßstelle 2 auf Nacharbeit.

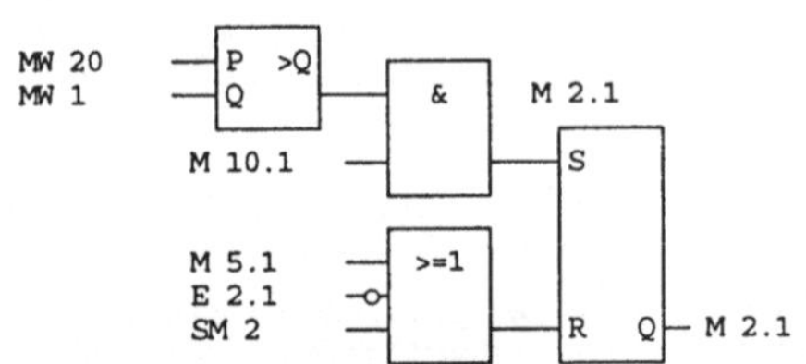

MW 20	Angepaßter Vergleichswert
MW 1	Oberer Grenzwert
M 2.1	Signalspeicher Nacharbeit
M 10.1	Flankenmerker
M 5.1	Merker: Klappe schließen
E 2.1	Normiertaster (Öffner)
SM 2	Einschaltmerker

NETZWERK: 0008 M2: VERGLEICH GUT

Prüfung der Meßstelle 2 auf GUT.

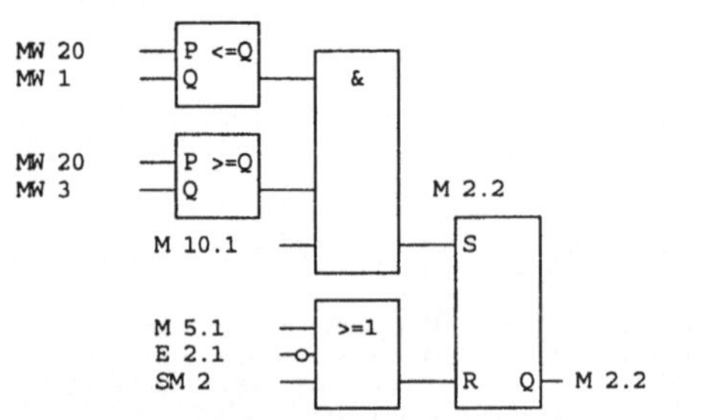

MW 20	Angepaßter Vergleichswert
MW 1	Oberer Grenzwert
MW 3	Unterer Grenzwert der Meßstelle 2
M 2.2	Signalspeicher GUT
M 10.1	Flankenmerker
M 5.1	Merker: Klappe schließen
E 2.1	Normiertaster (Öffner)
SM 2	Einschaltmerker

NETZWERK: 0009 M2: Vergleich Ausschuß

Das Merkersignal M 2.3 kann z.b. für Zählzwecke (Statistik) genutzt werden.

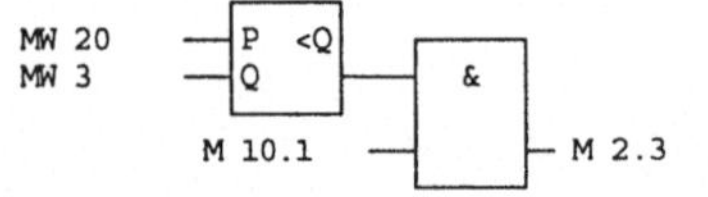

MW 20	Angepaßter Vergleichswert
MW 3	Unterer Grenzwert der Meßstelle 2
M 10.1	Flankenmerker
M 2.3	Merker Ausschuß

NETZWERK: 0010

Bausteinende

C:\AKF12\SORTIER\PB2
AEG Modicon Dolog AKF: Programm-Protokoll

NETZWERK: 0001 Weiterverarbeitung

Sind die Signalspeicher M 1.2 und M 2.2 (GUT) während des Prüfvorgangs gesetzt worden, dann wird das Magnetventil 1.1 (siehe Pneumatischer Schaltplan) über den Ausgang A 3.1 der speicherprogrammierbaren Steuerung angesteuert und in die Schaltstellung b gestellt. Der Kolben des EW-Zylinders 1.0 fährt aus und öffnet die Klappe 1.
Die gemessene Welle verläßt die Meßstation und wird der Weiterverarbeitung zugeführt.

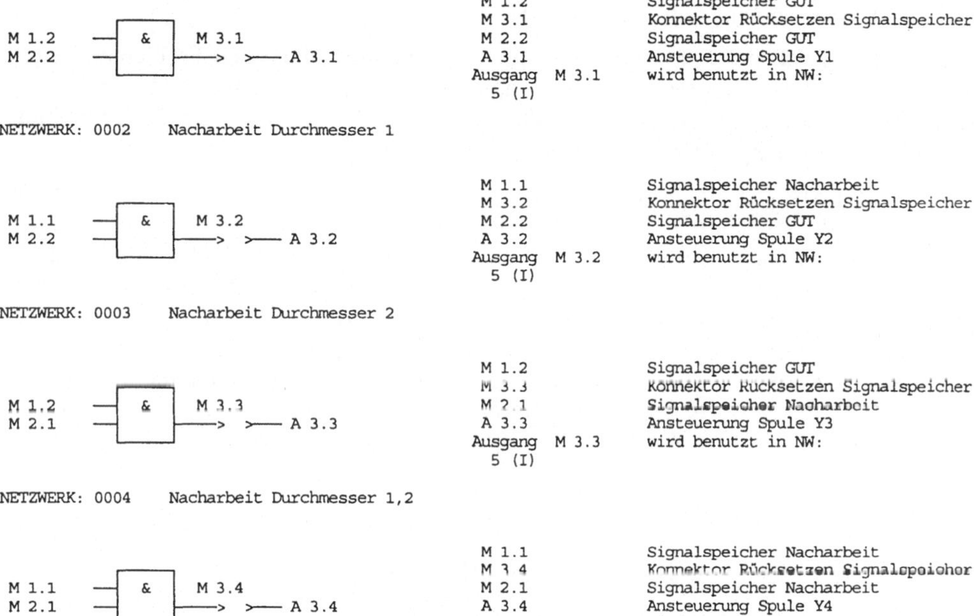

NETZWERK: 0005 Timer Klappenöffnungszeit

Sobald aufgrund der definierten Kriterien die beiden analogen Signalgeber von den Meßstationen ihre Steuersignale geben, wird eine der Sortierklappen angesteuert. Gleichzeitig erfaßt einer der Konnektoren in den Netzwerken 1 bis 4 des 2. Programmbausteins dieses Signal. Der jeweils gesetzte Merker (M 3.1, ...) stößt das Zeitglied T1 an. Dieses führt nach Ablauf der Verzögerungszeit 1-Wert und setzt den jeweils gesetzten Signalspeicher für die Meßinformation zurück.

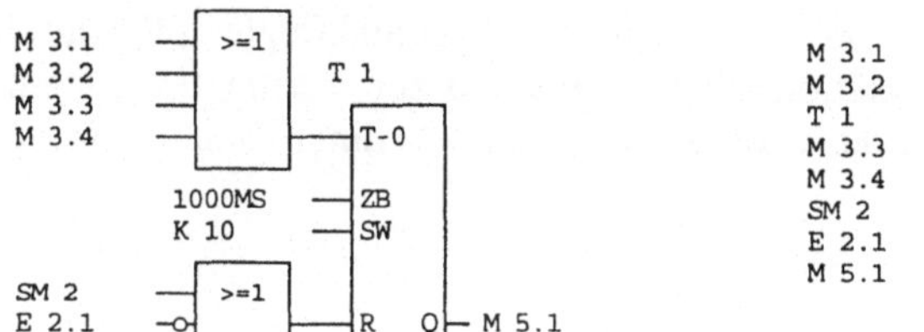

M 3.1 Konnektor Rücksetzen Signalspeicher
M 3.2 Konnektor Rücksetzen Signalspeicher
T 1 Timer Klappenöffnungszeit
M 3.3 Konnektor Rücksetzen Signalspeicher
M 3.4 Konnektor Rücksetzen Signalspeicher
SM 2 Einschaltmerker
E 2.1 Normiertaster (Öffner)
M 5.1 Merker: Klappe schließen

NETZWERK: 0006

Bausteinende

6.4 Analoge Temperatursignale

Mit Hilfe der Wortverarbeitung können speicherprogrammierbare Steuerungen auch Regelungsaufgaben übernehmen. Für den digitalen Regler werden durch den A/D-Umsetzer analoge Signale aufbereitet. Regeln ist ein Vorgang, bei dem fortlaufend eine Größe, die Regelgröße, erfaßt und mit einer anderen Größe, der Führungsgröße, verglichen und im Sinne einer Angleichung an die Führungsgröße beeinflußt wird (DIN 19226, T1). Im Unterschied zum offenen Wirkungsweg der Steuerstrecke, ist das Kennzeichen der Regelung ein geschlossener Wirkungsablauf. Die Regelgröße wirkt im Regelkreis fortlaufend auf sich selbst zurück.

Im folgenden soll der Schwerpunkt nicht auf regelungstechnischen Problemen liegen, sondern es soll ein Baustein der Steuerungstechnik vorgestellt, angewendet und analysiert werden. Dieser Baustein ist ein Zweipunktregler, der zur Regelung der Temperatur eines Meßraums eingesetzt werden soll.

Der Zweipunktregler ist der einfachste unstetige Regler. Er wirkt nach Erreichen der Grenzwerte der Regelgröße (Temperatur) über die Stelleinrichtung auf die Regelstrecke ein. Dies ist derjenige Teil des Systems, der aufgabengemäß beeinflußt werden soll. Die Regelgröße pendelt zwischen ihrem oberen und unteren Wert. Die Differenz zwischen diesen beiden Schaltpunkten des Reglers (Ein/Aus) ist die Schaltdifferenz x_d des Reglers. Sie ist abhängig von der zugelassenen Schwankungsbreite der Temperatur. Wird der untere Wert der Temperaturhysterese unterschritten, hat das Stellsignal des Reglers 1-Wert, wird der obere Wert der Temperaturhysterese überschritten, fällt das Stellsignal auf 0-Wert.

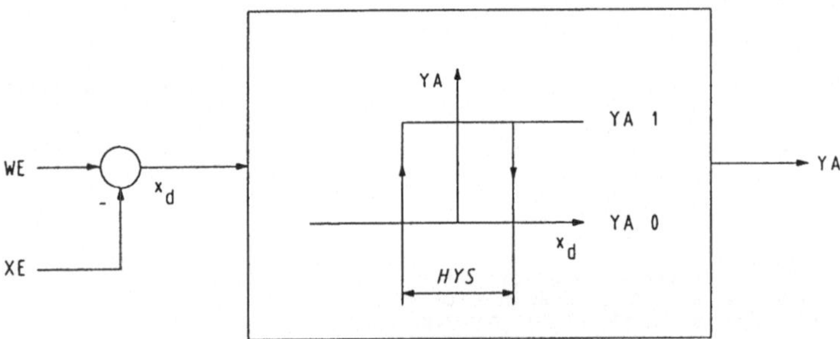

Bild 6.11 Zweipunktregler

Für den Anwender der Steuerung Modicon A 120 wird der Zweipunktregler ZR1 durch die AEG-Schneider-Automation als Funktionsbaustein FB 310 zur Verfügung gestellt. Er kann in einem beliebigen Netzwerk des Programmbausteins bedingt (binäres Signal 0/1) oder unbedingt aufgerufen werden.

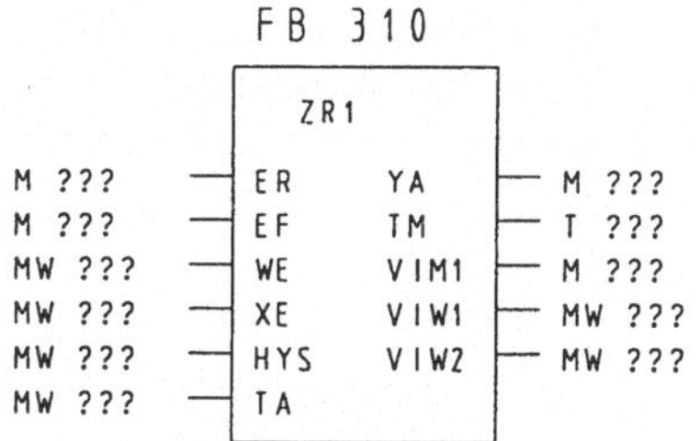

Bild 6.12
Grafische Darstellung des Funktionsbausteins (FB 310)

Tabelle 6.9 Formaloperanden FB 310[5]

Formal-operand	Bedeutung
ZR1	Bausteinbezeichnung
ER	Baustein-Reset; Wenn 1, wird YA zurückgesetzt
EF	Baustein-Freigabe; Wenn 0, bleibt YA unverändert
WE	Sollwert
XE	Istwert
HYS	Hysterese
TA	Abtastzeit; Bei TA = 0 Dauerbetrieb
YA	Stellsignal
TM	Zeitglied
VIM	Verwaltungsinformation (Bit)
VIW	Verwaltungsinformation (Wort)

6.4.1 Anwendung des Funktionsbausteins FB 310

Die Temperatur in einem Meßraum soll 20 °C betragen. Die Temperaturabweichung aufgrund auftretender Störgrößen darf 5% des Sollwerts nicht überschreiten. Dies entspricht einer Temperaturhysterese von 1 °C. Der untere Schaltpunkt des Reglers liegt also bei 19,5 °C, der obere bei 20,5 °C.

Der verwendete Temperatursensor Pt 100 hat eine zugelassene Betriebsspannung von 20 ... 30 VDC, die Signalspannung liegt zwischen 0 und 10 VDC. Der Meßbereich beträgt 0 ... 100 °C.

Das Meßelement des Pt 100 ist ein Platindraht, der um ein Glas- oder Keramikrohr gewickelt ist. Bei dieser Art der Wicklung sind elektromagnetische Störungen so gut wie ausgeschlossen. Als Meßeffekt wird die stetige Widerstandänderung von Platin bei sich ändernder Temperatur genutzt. Der Widerstand steigt mit zunehmender Temperatur (pos. Temperaturkoeffizient). Leitungs- und Kontaktwiderstände sowie die Eigenerwärmung werden durch geeignete Brückenschaltungen kompensiert.

[5] Modicon A120, Dolog AKF12, Type: CLC 12, Software Kit, E-No. 424-271575.01DE/EN

Das analoge Ausgangssignal des Temperatursensors Pt 100 wird durch die ADU 205 in Dezimal-Rohwerte gewandelt. Im Anwenderprogramm werden die Dezimal-Rohwerte durch den Standard-Funktionsbaustein SFB 85 als Dezimalwerte aufbereitet. Es gelten folgende Zusammenhänge:

0 °C	=	0 V	=	0
1 °C	=	0,1 V	=	320
20 °C	=	2 V	=	6400
100 °C	=	10 V	=	32000

Hieraus ergibt sich als Dezimalzahl für die Temperaturhysterese von 1 °C die Konstante K 320. Dieser Wert wird im Anwenderprogramm als Vergleichsgröße vorgegeben.

Der Sollwert der Temperatur wird durch einen Thermostaten eingestellt und über den Eingang EW 4.1 der SPS gemeldet. Der durch den Temperatursensor erfaßte Istwert der Temperatur wird über den Eingang EW 4.2 bereitgestellt.

Die Abtastzeit soll 10 Sekunden betragen. Dies bedeutet, daß die Temperatur zu diesem Zeitpunkt fortlaufend erfaßt und mit der Führungsgröße verglichen wird. Wird die Abtastzeit auf 0 gesetzt, hat der Regler Dauerbetrieb.

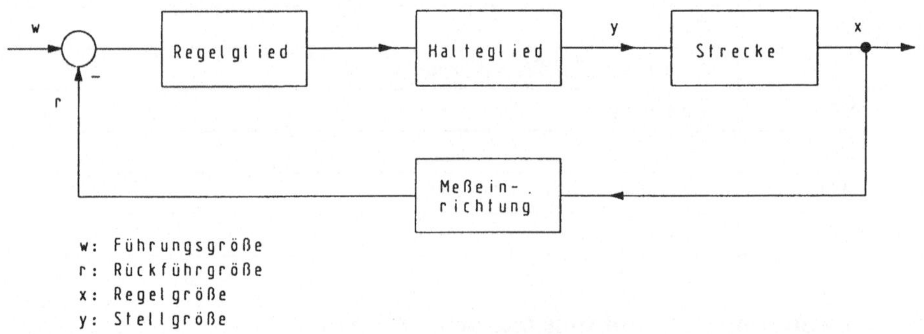

Bild 6.13 Wirkungsplan einer Abtastregelung (DIN 19226, T4)

Tabelle 6.10 Belegungsliste

Betriebsmittel	Bez.	Operand
Stellschalter (Baustein-Reset)	S1	E 2.1
Stellschalter (Baustein-Freigabe)	S2	E 2.2
Thermostat (Sollwertvorgabe)	Pot1	EW 4.1
Temperatursensor Pt 100 (Istwerterfassung)	B1	EW 4.2
Relais (Stellglied)	K1	A 3.1

```
C:\AKF12\ZWEIP-RE\PB1
AEG Modicon Dolog AKF: Programm-Protokoll

NETZWERK: 0001      Abtastzeit des Reglers

Die Zeitbasis zur Berechnung der Abtastzeit des Reglers
ist 100 ms.

Somit ergibt sich die Abtastzeit:

100 ms * 100 = 10000 ms = 10 s.
                                              MW 2              Abtastzeit (100 MS * 100 = 10000 MS)
      :L     K 100                            wird benutzt in NW:  5 (I)
      :=     MW 2

      :***


NETZWERK: 0002      Temperaturhysterese

Die Temperaturhysterese beträgt 1 °C. Dies entspricht der
Kostanten K 320.

      :L     K 320                            MW 1              Temperaturhysterese (5% des Sollwerts)
      :=     MW 1                             wird benutzt in NW:  5 (I)

      :***


NETZWERK: 0003      Temperatur-Sollwert

Der Standard-Funktionsbaustein wandelt die Dezimal-
Rohwerte der ADU 205 in analoggerechte Dezimalwerte um.
```

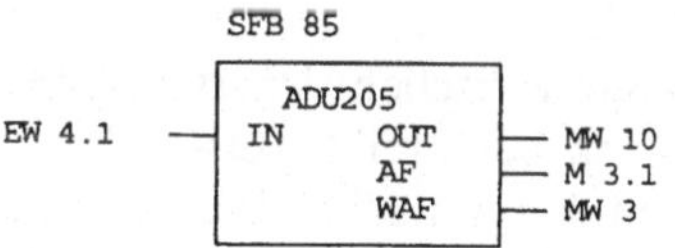


```
EW 4.1              Einlesen Temperatur-Sollwert
MW 10               Register Temperatur-Sollwert
M 3.1               Verwaltungsinformation Bit (1: Fehler)
MW 3                Fehlerkennwort
Ausgang  MW 10      wird benutzt in NW:
 5 (I)


NETZWERK: 0004      Temperatur-Istwert
```

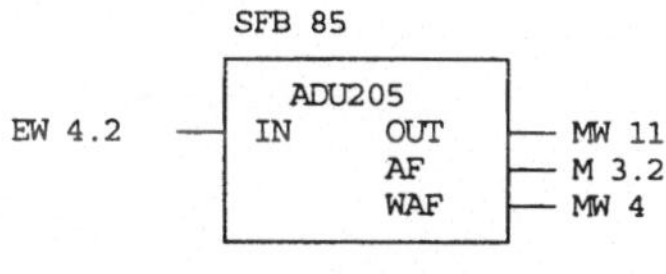


```
EW 4.2              Einlesen Temperatur-Istwert
MW 11               Register Temperatur-Istwert
M 3.2               Verwaltungsinformation Bit
MW 4                Fehlerkennwort
Ausgang  MW 11      wird benutzt in NW:
 5 (I)


NETZWERK: 0005      Zweipunktregler

              FB 310
          +--------------+
          |     ZR1      |
E 2.1  ---| ER      YA   |--- A 3.1
E 2.2  ---| EF      TM   |--- T 1
MW 10  ---| WE      VIM1 |--- M 5.1
MW 11  ---| XE      VIW1 |--- MW 30
MW 1   ---| HYS     VIW2 |--- MW 31
MW 2   ---| TA           |
          +--------------+

E 2.1               Baustein-Reset
A 3.1               Stellsignal: Brenner Ein/Aus
E 2.2               Baustein-Freigabe
T 1                 Zeitvorgabe (Abtasten der Regelgröße)
MW 10               Register Temperatur-Sollwert
M 5.1               Verwaltungsinformation (Zeit)
MW 11               Register Temperatur-Istwert
MW 30               Verwaltungsinformation (Hysterese)
MW 1                Temperaturhysterese (5% des Sollwerts)
MW 31               Verwaltungsinformation (Regeldifferenz
MW 2                Abtastzeit (100 MS * 100 = 10000 MS)

NETZWERK: 0006


                    Bausteinende
```

Anmerkungen:

Der Funktionsbaustein FB 310 wird durch ein 1-Signal auf den Eingang E 2.2 freigegeben. Ein 1-Signal auf den Eingang E 2.1 ermöglicht das Rücksetzen des Stellsignals YA auf 0-Wert, falls dies erforderlich ist. Die Wegnahme des Freigabesignals beeinflußt das Stellsignal nicht; der Zustand von YA bleibt auch bei 0-Wert am Freigabe-Eingang E 2.2 erhalten.

Soll- und Istwerte werden dem Funktionsbaustein durch die Merkerworte MW 10 und MW 11 bereitgestellt. Sie beinhalten die gewandelten Analogsignale der Temperatur als digitale Werte, mit denen der digitale Regler (SPS) rechnen kann. Aus den Inhalten der Merkerworte bildet der Regler intern die Regeldifferenz und vergleicht sie mit dem vorgegebenen Wert der Temperaturhysterese, welcher im Merkerwort MW1 abgelegt ist. Wird der untere Wert unterschritten, wird A 3.1 auf log. „1" gesetzt; wird der obere Wert überschritten, fällt A 3.1 auf log. „0". Die jeweiligen Ausgangswerte bleiben bis zu einer erneuten Abtastung der Regelgröße erhalten. Das Signal für eine erneute Abtastung der Regelgröße wird durch ein 1-Signal des Timers T1 gegeben. Liegt keine Verletzung eines Grenzwertes zu einem Abtastzeitpunkt vor, bleibt der jeweilige Zustand des Stellsignals erhalten.

6.4.2 Analyse des Funktionsbausteins FB 310

Der Bausteinkopf im ersten Netzwerk enthält alle Daten, die zur grafischen Darstellung des Funktionsbausteins benötigt werden. Die Formaloperanden werden im Anwenderprogramm, welches die funktionalen Zusammenhänge zwischen den Bausteinein- und -ausgängen in Anweisungliste (AWL) im 2. Netzwerk beschreibt, verwendet. Die Anweisungsliste geht funktionell über die Möglichkeiten der grafischen Sprachen hinaus.

```
C:\AKF12\FB310AEG\FB310
AEG Modicon Dolog AKF: Programm-Protokoll

NETZWERK: 0001     Bausteinkopf

NAME  :ZR1
BEZ   :ER        (E/Ex/A/Ax/M/Mx/SM/SMx/T/Z/TN/B2/B8/B16/ANZ)  (I/O)   M   I
BEZ   :EF        (E/Ex/A/Ax/M/Mx/SM/SMx/T/Z/TN/B2/B8/B16/ANZ)  (I/O)   M   I
BEZ   :WE        (E/Ex/A/Ax/M/Mx/SM/SMx/T/Z/TN/B2/B8/B16/ANZ)  (I/O)   MW  I
BEZ   :XE        (E/Ex/A/Ax/M/Mx/SM/SMx/T/Z/TN/B2/B8/B16/ANZ)  (I/O)   MW  I
BEZ   :HYS       (E/Ex/A/Ax/M/Mx/SM/SMx/T/Z/TN/B2/B8/B16/ANZ)  (I/O)   MW  I
BEZ   :YA        (E/Ex/A/Ax/M/Mx/SM/SMx/T/Z/TN/B2/B8/B16/ANZ)  (I/O)   M   O
BEZ   :TM        (E/Ex/A/Ax/M/Mx/SM/SMx/T/Z/TN/B2/B8/B16/ANZ)  (I/O)   T   O
BEZ   :TA        (E/Ex/A/Ax/M/Mx/SM/SMx/T/Z/TN/B2/B8/B16/ANZ)  (I/O)   MW  I
BEZ   :VIM1      (E/Ex/A/Ax/M/Mx/SM/SMx/T/Z/TN/B2/B8/B16/ANZ)  (I/O)   M   O
BEZ   :VIW1      (E/Ex/A/Ax/M/Mx/SM/SMx/T/Z/TN/B2/B8/B16/ANZ)  (I/O)   MW  O
BEZ   :VIW2      (E/Ex/A/Ax/M/Mx/SM/SMx/T/Z/TN/B2/B8/B16/ANZ)  (I/O)   MW  O
      :***


NETZWERK: 0002     Bausteinrumpf

      :UN   =ER           ER: Baustein-Reset
      :UN   SM 2                                   SM 2       Einschaltmerker
      :SPB  =ANF
      :U    K 0
      :=    =YA           YA: Stellsignal
      :=    =VIM1         VIM1: Abtastsignal
      :U    =ER
      :BEB
ANF   :U    =EF           EF: Baustein-Freigabe
      :BEZ
      :UN   =VIM1
      :SE   =TM           TM: Zeitglied
      :DZB  100MS
      :L    =TA           TA: Abtastzeit
      :U    K 0
      :R    =TM
      :=    =VIM1
      :U    =VIM1
      :BEZ
      :L    =HYS          HYS: Temperaturhysterese
      :DIV  K 2
      :=    =VIW1
      :L    =WE           WE: Sollwert
      :SUB  =XE           XE: Istwert
      :=    =VIW2         VIW2: Regeldifferenz
      :UN   SM 19                                  SM 19      Arithmetik Überlauf
      :SPB  =FREI
      :L    =WE
      :>    K 0
      :SPB  =MRK1
      :U    K 0
      :=    =YA
      :SP   =ENDE
FREI  :L    =VIW2
      :>=   =VIW1         VIW1: HYS/2
      :SPB  =MRK1
      :L    =VIW2
      :MUL  K -1
      :<    =VIW1
      :BEB
      :U    K 0
      :=    =YA
      :SP   =ENDE
MRK1  :U    K 1
      :=    =YA
ENDE  :***


NETZWERK: 0003

                    Bausteinende
```

In den beiden ersten Zeilen fragt die Steuerung das Signal für Baustein-Reset und den Systemmerker SM 2 ab. Wenn beide Signale 0-Wert haben, ist aufgrund ihrer Negation die bedingte Sprung (SPB) erfüllt, und der Prozessor liest an der Sprungmarke ANF das Programm weiter.

Steht das Signal für die Baustein-Freigabe (EF) auf 1, wird der Sprungbefehl bei log „0" (BEZ) überlesen. Führt der Verwaltungsmerker VIM1 (Timer-Ausgang) 0-Wert, wird die eingestellte Verzögerungzeit für die Abtastung der Strecke angestoßen. Bis zum Ablauf der Verzögerung führt der Timerausgang 0-Signal, was zur Ausführung des Befehls „BEZ" – Bedingtes Bausteinende bei log. „0" – führt. Nach Ablauf der Verzögerungszeit führt VIM1 1-Signal. Der Sprungbefehl wird überlesen und der Hysteresewert geladen, dividiert und im Merkerwort VIW1 abgelegt.

Durch die nächsten Befehle wird der Sollwert WE geladen und der Istwert der Regelgröße subtrahiert. Das Ergebnis wird als Regeldifferenz im Merkerwort VIW2 abgelegt. Die Regeldifferenz ist die Differenz zwischen der Führungsgröße w und der Rückführgröße r, also des Istwerts der Temperatur. Danach wird die Systemvariable SM19 auf log. „0" abgefragt.

Bei Rechenoperationen ist darauf zu achten, daß der zulässige Wertebereich für die Byte-, Wort- oder Doppelwortoperationen eingehalten wird. Bei Wortoperationen liegt der zulässige Wertebereich zwischen -32768 und +32767. Liegt das Ergebnis der Rechenoperation innerhalb des zulässigen Wertebereichs, führt der SM19 den Zustand log. „0". Bei einer Überschreitung des Wertebereichs wird der SM 19 auf log. „1" gesetzt. Dies führt zur Ausführung der nachfolgenden Befehle bis SP: unbedingter Sprung an das Programmende.

Führt die Systemvariable SM19 0-Wert, dann wird der bedingte Sprung (SPB) auf die Sprungmarke FREI ausgeführt. Die Regeldifferenz wird mit dem halben Wert der Hysterese verglichen. Hierbei wird zunächst überprüft, ob der untere Wert der Temperaturhysterese unterschritten wird. Dies ist der Fall, wenn VIW2 >= VIW1 ist. Der Prozessor springt bei erfüllter Bedingung auf die Sprungmarke MRK1. Das Stellsignal YA wird auf 1 gesetzt. Die nächste Abtastung erfolgt nach 10 Sekunden.

Aufgrund von Störeinflüssen verändert sich im Laufe der Zeit die Regeldifferenz. Ist der Vergleich VIW2 >= VIW1 nicht mehr erfüllt, wird der bedingte Sprungbefehl (SPB) überlesen, die Regeldifferenz mit –1 multipliziert und auf < VIW1 verglichen. Hierbei wird der obere Grenzwert der Temperaturhysterese untersucht.

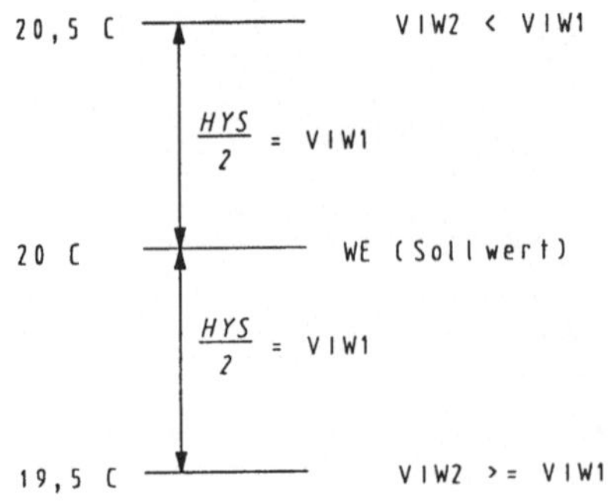

Bild 6.14
Darstellung der Soll-/Istwertabfrage

Übersteigt die Temperatur den Wert von 20,5 °C, ist der Vergleich VIW2 < VIW1 nicht erfüllt. Das bedingte Bausteinende (BEB) wird überlesen und das Stellsignal YA auf 0-Wert gesetzt. Der Befehl SP führt zu einem unbedingten Sprung an das Programmende. Wenn die Abtastzeit abgelaufen ist, wird ein erneuter Soll-/Istwert-Vergleich durchgeführt.

Wird die Baustein-Freigabe aufgehoben, EF = 0, wird das Programm nur bis zum ersten bedingten Bausteinende bei log „0" (BEZ) bearbeitet. Der Zustand des Stellsignals bleibt unverändert.

Der Reglerbaustein kann durch ein 1-Signal auf ER rückgesetzt werden. Durch ER = 1 ist die UND-Bedingung für den bedingten Sprungbefehl bei log „1" auf die Marke ANF nicht mehr erfüllt. Der Prozessor liest die Konstante K0 ein und weist dem Stellsignal YA „0" zu. Der Verwaltungsmerker VIM1 wird ebenfalls auf 0 gesetzt. Damit wird bei einer erneuten Baustein-Freigabe die Abtastzeit gestartet.

Normen und Literatur

Normen

DIN 19226:	Regelungstechnik und Steuerungstechnik; T1 Allgemeine Grundbegriffe T3 Begriffe zum Verhalten von Schaltsystemen T4 Begriffe für Regelungs- und Steuerungssysteme T5 Funktionelle Begriffe
DIN 19235	Messen, Steuern, Regeln; Meldung von Betriebszuständen
DIN ISO 1219	Fluidtechnische Systeme und Geräte; Schaltzeichen
DIN 40719:	Schaltungsunterlagen; T1 Begriffe, Einteilung T2 Kennzeichnung von elektrischen Betriebsmitteln T3 Regeln für Stromlaufpläne der Elektrotechnik T6 Regeln für Funktionspläne
DIN 40900:	Graphische Symbole für Schaltungsunterlagen; T3 Schaltzeichen für Leiter und Verbinder T7 Schaltzeichen für Schalt- und Schutzeinrichtungen T8 Schaltzeichen für Meß-, Melde- und Signaleinrichtungen T12 Binäre Elemente
DIN VDE 0113	Sicherheit von Maschinen – Entwurf

Literatur

- Modicon A120, Programmierung mit Dolog AKF, Teil 1 und 2, AEG, Autor: Jochen Petry
- A120, Dolog AKF Standard-Funktionsbausteine, Bausteinbibliothek,
- Loop CTRL, A120, AKF, Type: CLC12, Software Kit

Firmenverzeichnis

Wir bedanken uns bei den aufgeführten Firmen für Ihre Unterstützung. Verwendetes Bildmaterial und andere Unterlagen sind im Text kenntlich gemacht.

AEG-Schneider-Automation, Steinheimerstr. 117, D-63500 Seligenstadt

Festo Didactic, Postfach 624, D-73707 Esslingen

Klöckner-Moeller GmbH, Hein-Moeller-Str. 7-11, D-53115 Bonn

Lexikon der Fachbegriffe

DEUTSCH	ENGLISCH
Abfallverzögerung	fall-delay time
Ablaufkette	sequence chain
Ablaufschritt	sequence step
Ablaufsteuerung	sequence control
–, prozeßabhängige	process-dependent sequential control
–, zeitgeführte	time-dependent sequential control
Ablaufverzweigung	sequence selection divergence
Ablaufzusammenführung	sequence selection convergence
Anwenderprogramm	application-program
Anzugsverzögerung	time-delay
Ausgabesignal	output signal
Ausgangsgröße	output variable
Baueinheit	physical unit
Befehl	command
–, Art des -s	type of command
–, allgemeiner	common command
–, bedingter	conditional command
–, gespeicherter	stored command
–, verzögerter	delayed command
–, spezifizierter	specified command
Beharrungszustand	steady-state
Betriebsart	operating mode
– Automatik	automatic operation
– Einrichten	setting-up operation
– Hand	manual operation
– Schrittsetzen	step setting operation
– Tippen	tip operation
Boolesche Algebra	Boolean algebra
Boolesche Verknüpfung	Boolean operation
Diagramm	chart
Drehstrommotor	three-phase motor
Drosselventil	throttle valve
Eingabesignal	input signal
Eingangsgröße	input variable
Elektropneumatik	electropneumatic
Fehler	fault
Freigabe	release

Freigabesignal	enable signal
Führungsgröße	reference variable
Funktionsplan	operational diagram
gesetzt	active
Geberkontakt	transmitter-contact
Gefahrenabschaltung	danger switch
Grenzsignal, Grenzwertsignal	limit signal
Größe	variable
– beeinflußte	influenced variable
– verursachende	causing variable
Hilfskontakt	auxiliary contact
Hydraulische Steuerung	hydraulic control
Hydromotor	hydraulic motor
Impulssignal	pulse signal
Informationsparameter	information parameter
Istwert	actual value
Kennlinie	characteristic curve
Magnetventil	solenoid-valve
Meldesignal	status signal
Meldung	status message
Meßeinrichtung	measuring equipment
Motorschutzrelais	motor protective relay
Motorschutzschalter	open-phase circuit breaker
Not-Aus-Schalter	emergency-switch
Operand	operand
Öffner	break
Parallelschaltung	parallel connection
Pneumatische Steuerung	pneumatic control
Programm einer Steuerung	control program
Programmbaustein einer Steuerung	control program modul
Prozeßsteuerung	process control
Reihenschaltung	serial connection
Relais	relay
RS-Speicherglied	RS-flipflop
rückgesetzt	inactive
Rückmeldung	checkback signal
Rücksetzkreis	reset circuit
Rückschlagventil	one-way valve

Schaltfunktion	switching function
Schaltglied	switching element
Schaltplan	diagram
Schaltstellung	operation position
Schalttabelle	state table
Schaltzeichen	circuit site
Schließer	open contact
Schreib-Lese-Speicher	write/read memory
Schütz	gate, contactor
Selbsthalteschaltung	self-holding circuit
Signal	signal
–, analoges	analogue signal
–, binäres	binary signal
–, digitales	digital signal
Sollwert	desired value
Speicherfunktion	storage function
Speicherglied	storage element
Speicherprogrammierbare Steuerung	storage-programmable logic controller
Spule	coil
Stelleinrichtung	final controlling equipment
Stellglied	final controlling element
Stellgröße	manipulating variable
Stellschalter	positioning switch
Steuereinrichtung	controlling equipment
Steuern	open loop control
Steuerstrecke	controlled system, plant
Steuerung	open loop control
–, freiprogrammierbare	programmable logic controller
–, verbindungsprogrammierte	hardwired programmed logic controller
Steueranweisung	control instruction
Steuerungsbefehl	control command
Störgröße	disturbance variable
Stromlaufplan	circut diagram
Stromregelventil	flow-regulating valve
Stromventil	flow controller
Taster	calipers
Übergang	transition
Übergangsbedingung	transition condition
Ventil	valve
Verknüpfungsfunktion	Boolean operation
Verknüpfungsglied, binäres	binary logic element
Verknüpfungssteuerung	logic control
Verriegelung	interlock

Verriegelungssignal	interlock signal
Verzögerungsglied, binäres	binary delay element
Verzweigung	branching point
Wegeventil	directional valve
Wirkverbindung	directed link
Wirkung	action
Wirkungsablauf	action flow
Wirkungsrichtung	action path
Zähler	counter
zeitbegrenzt	time limited
Zeitglied, binäres	binary timing element
Zeitkonstante	delay-invariant transfer element
Zustandbeschreibung	state description
Zylinder	cylinder

Operationen, Operanden und Systemvariable der Modicon A 120[1]

Operationen

AWL	Bedeutung
U	UND
UN	UND negiert
U(	UND mit VKE aus Klammer
UN(	UND negiert mit VKE aus Klammer
O	ODER
ON	ODER negiert
O(	ODER mit VKE aus Klammer
ON(	ODER negiert mit VKE aus Klammer
X	EXKLUSIV-ODER
XN	EXKLUSIV-ODER negiert
XN(	EXKLUSIV-ODER negiert mit VKE aus Klammer
)	Abschluß Klammeroperation
FL	Erkennen einer positiven oder negativen Flanke
FLP	Erkennen einer positiven Flanke
FLN	Erkennen einer negativen Flanke
S	Setzeingang Zähler, Speicher
R	Rückseingang Zähler, Speicher
ZV	Zähler, vorwärts
ZR	Zähler, rückwärts
DZB	Definiere Zeitbasis
SI	Impuls
SV	verlängerter Impuls
SE	Einschaltverzögerung
SS	speichernde Einschaltverzögerung
SA	Ausschaltverzögerung
NOP	Leeroperation
FREI	Platzhalter für freigelassene Eingänge
L	Lade
=	Transfer in Akku
=C	Transfer in Konnektor
ADD	Addition
SUB	Subtraktion
MUL	Multiplikation
DIV	Division
>	Vergleich auf größer

[1] Eine komplette Liste der verfügbaren Operationen, Operanden und System-Variablen ist zu entnehmen: Modicon A120, Programmierung mit Dolog AKF, Teil 1

>=	Vergleich auf größer-gleich
==	Vergleich auf gleich
<	Vergleich auf kleiner
<=	Vergleich auf kleiner-gleich
<>	Vergleich auf ungleich
DEC	Dekrement Akku
INC	Inkrement Akku
BA	Bausteinaufruf
BAB	bedingter Bausteinaufruf bei logisch „1“
BAZ	Bedingter Bausteinaufruf bei logisch „0“
BE	unbedingtes Bausteinende
BEB	bedingtes Bausteinende bei logisch „1“
BEZ	bedingtes Bausteinende bei logisch „0“
SP	unbedingter Sprung
SPB	bedingter Sprung bei logisch „1“
SPZ	Bedingter Sprung bei logisch „0“
***	Netzwerkende

Operanden

E	Eingänge binär
EB	Eingänge Byte
EW	Eingänge Wort
A	Ausgänge binär
AB	Ausgänge Byte
AW	Ausgänge Wort
M	Merker Bit
MB	Merker Byte
MW	Merker Wort
MD	Merker Doppelwort
T	Timer
TIW	Timer Istwert
TSW	Timer Sollwert
Z	Zähler
ZIW	Zähler Istwert
ZSW	Zähler Sollwert
K	Konstanten (dezimale)
SM	Systemmerker Bit

Systemvariable

SM 2	1. Aktualisierungslauf (Einschaltmerker)
SM 12 - SM 15	Blinktakt (1; 2,5; 5; 10 Hz)
SM 19	Arithmetik-Überlauf
SMD 1	Langzeitzähler

Sachwortverzeichnis

E

F

G

H

I

K

L

M